水电站平压设施-调速系统耦合过渡过程与控制

郭文成　周建中　张勇传　著

科 学 出 版 社

北　京

内 容 简 介

本书系统地介绍水电站平压设施-调速系统耦合过渡过程与控制的基本概念、建模方法、分析理论、运行特性、优化控制与工程实践。全书共10章，从水电站平压设施与调速系统基本概念、调压室-水轮机调节系统耦合过渡过程与控制、变顶高尾水洞-水轮机调节系统耦合过渡过程与控制、调压室-变顶高尾水洞-水轮机调节系统耦合过渡过程与控制四个方面进行深入浅出的论述。

本书可供从事水电站安全运行与控制研究、开发、设计、运行、试验和管理工作的专业人员阅读和参考，也可作为水利水电工程等专业的本科生及研究生的教学用书。

图书在版编目(CIP)数据

水电站平压设施-调速系统耦合过渡过程与控制/郭文成，周建中，张勇传著. —北京：科学出版社，2018.8

ISBN 978-7-03-058199-0

I. ①水… II. ①郭… ②周… ③张… III. ①水力发电站-调压调速系统-耦合系统-过渡过程… IV. ①TV737

中国版本图书馆CIP数据核字（2018）第141643号

责任编辑：杨光华/责任校对：董　丽
责任印制：彭　超/封面设计：苏　波

科学出版社 出版
北京东黄城根北街16号
邮政编码：100717
http://www.sciencep.com

武汉精一佳印刷有限公司　印刷
科学出版社发行　各地新华书店经销
*
开本：787×1092　1/16
2018年8月第　一　版　印张：15 1/4
2018年8月第一次印刷　字数：361 600

定价：158.00元

前　言

水电站过渡过程是指水电机组及输水系统由一种稳定工况转换为另一种稳定工况的瞬态变动过程。十三大水电基地、抽水蓄能电站和西藏水电的开发，使众多水电站具有装机容量大、输水系统布置型式复杂、远离负荷中心等特点，同时这些水电站在电网中扮演着重要的调峰调频任务，使此类水电站的过渡过程极为复杂，其中又以平压设施的设置、水轮机调节系统的暂态特性最为突出。平压设施的设置是输水发电系统设计的重要方面，水轮机调节系统暂态特性与控制是保证机组稳定运行与供电质量的关键环节。平压设施与水轮机调节系统耦合暂态过程控制是水电站过渡过程与控制研究的重要课题，为满足越来越复杂的输水发电系统设计、机组运行与调节系统控制的需要，促进我国水电建设的发展、提高水电站的设计水平不可或缺。

水轮机调节系统承担着联合水轮机、发电机、电网、输水系统的任务，根据不同的运行工况进行针对性的调节，使水电站运行满足安全稳定的要求，并保证供电质量。平压设施的设置使输水系统、水力过渡过程复杂化，水轮机调节系统需要对此复杂的水力过渡过程实现有效调节，达到水机电耦合下的过渡过程最优控制。设平压设施的水电站，从布置型式上可以分为以下几类：设调压室水电站、设变顶高尾水洞水电站、设调压室与变顶高尾水洞水电站。

平压设施与水轮机调节系统耦合过渡过程中同时存在着不同性质、不同类型的扰动-波动-控制耦合作用，直接决定了该类系统暂态过程的复杂程度。从科学研究与指导工程应用的角度，需要关注：模型层面上，平压设施作用下水轮机调节系统不同布置型式、不同运行工况下的水机电耦合动力学建模；特性层面上，基于水机电耦合动力学模型，平压设施作用下水轮机调节系统的线性/非线性动态响应与暂态特性；控制层面上，满足水电站运行要求，平压设施作用下水轮机调节系统的技术性能、指标体系、控制模式。针对以上三个层面的关注点，凝练出三个关键问题：平压设施-水轮机调节系统耦合动力学建模、平压设施-水轮机调节系统耦合暂态特性、平压设施-水轮机调节系统耦合控制。

针对上述三个关键问题，在前人研究成果的基础上，本书结合实际工程中遇到的新问题及理论上有待提高拓展的难题，对水电站平压设施-调速系统耦合过渡过程与控制进行深入研究。全书的主要内容包括以下四个方面。

（1）水电站平压设施与调速系统（第 1 章）。系统介绍水电站平压设施与调速系统的基本概念、国内外研究进展，分析平压设施与调速系统的耦合作用过程及其水机电本质，提出水电站平压设施-调速系统耦合过渡过程与控制研究的关键科学问题及思路方法。

（2）调压室-水轮机调节系统耦合过渡过程与控制（第 2～5 章）。提出基于主导极点的降阶方法及基于压力管道的降阶方法，构造设调压室水轮机调节系统低阶等效模型，解决高阶调节系统难于理论分析的难题，形成高阶系统暂态过程评价与控制技术。揭示频率调节、功率调节和开度调节模式下系统的稳定性和调节品质，推导包含压力管道水流惯性和调速器参数的调压室临界稳定断面解析公式，实现引水隧洞、压力管道和调速器在临界稳定断面中的统一。提出调压室水位波动正弦波假定，提出一次调频稳定域、一次调频调压室临界稳定断面及一次调频域的概念，建立设调压室水轮机调节系统一次调频指标体系。

（3）变顶高尾水洞-水轮机调节系统耦合过渡过程与控制（第6～8章）。首次将Hopf分岔理论应用到变顶高尾水洞水电站水轮机调节系统的稳定性研究，提出同时包含水流惯性变化和明流段水位波动两个影响因素的改进的变顶高尾水洞内水流动力方程，建立变顶高尾水洞水轮机调节系统的非线性数学模型，绘制系统的稳定域，分析变顶高尾水洞在机组负荷调整下的稳定性工作原理。设计针对变顶高尾水洞水轮机调节系统的非线性多项式状态反馈控制策略与非线性扰动解耦控制策略，揭示控制策略的作用机理与调节特性，提出基于调节系统技术性能与运行要求的变顶高尾水洞水力设计准则与控制器参数整定依据。

（4）调压室-变顶高尾水洞-水轮机调节系统耦合过渡过程与控制（第9～10章）。进行设上游/下游调压室与变顶高尾水洞水轮机调节系统的Hopf分岔分析，利用稳定域、分岔图、时域响应、相轨迹、庞加莱映射、频谱图呈现系统的动态特性与品质。基于联合作用与波动叠加的视角，分析调速器的作用机理、上游/下游调压室与变顶高尾水洞的联合作用机理、质量波与水击波/重力波的叠加机理及对调节系统暂态特性的影响，提出基于调速器和上游/下游调压室及变顶高尾水洞的系统动态特性的控制方法。

本书的撰写和出版得到过许多支持。由衷地感谢瑞典J.Gust.Richert stiftelse基金会科研项目“Vibration mechanism and damping of fluid power systems and its application in hydropower process”（2017-00317）和国家自然科学基金面上项目“基于超长引水隧洞水电站巨大水流惯性的平压措施与机组运行控制策略的研究”（51379158）的资助，感谢参与项目的James Yang教授、杨建东教授、李玲、王炳豹、陈捷平、滕毅、彭志远、张洋、陈闯闯。特别感谢华中科技大学、武汉大学、皇家理工学院（Royal Institute of Technology）、普渡大学（Purdue University）及国家留学基金管理委员会在作者求学与工作过程中提供的重要帮助。

本书主要是作者的一些科学研究、技术开发与工程实践工作的成果和观点，难免有片面甚至疏漏之处，欢迎广大读者批评指正。

作　者
华中科技大学水电与数字化工程学院
2018年5月

目　　录

第 1 章　水电站平压设施与调速系统

水电站过渡过程是指水电机组及输水系统由一种稳定工况转换为另一种稳定工况的瞬态变动过程，主要特征表现为输水系统和水电机组的水力、机械、电气参数值及工况的变化[1-13]。水机电过渡过程，虽然是一种暂态现象，但并不是一种罕见的现象；相反，机组运行过程中，工况的转换很常见。加之水电站负担主要的电网调峰调频任务，负荷的变化更为频繁，工况改变次数更多，如停机、启动、增荷、减荷及调相、非正常甩负荷等。在如此繁复的过渡过程中，机组特性和系统水力特性都将发生急剧的变化，如果控制不当可能会引起严重的事故，这可能会危及水电站自身安全，甚至会影响电力系统的安全稳定和供电质量。

十三大水电基地、抽水蓄能电站和西藏水电的开发，受地形地质条件的限制，这些水电站普遍建在高山峡谷之中，具有装机容量大、输水系统布置型式复杂、远离负荷中心等特点，同时这些巨型水电站在电网中通常又扮演着重要的调峰调频任务。长/超长的输水发电系统和复杂的机组布置型式，使此类水电站的过渡过程问题极为复杂，其中又以平压设施的设置、水轮机调节系统的暂态特性问题最为突出，直接影响着水电站的安全、稳定和经济运行，制约着我国水电开发的进展。

平压设施的设置是水电站输水发电系统设计的重要方面，水轮机调节系统暂态特性与控制是保证水电站稳定运行与供电质量的关键环节。平压设施与水轮机调节系统耦合暂态过程控制是水电站过渡过程与控制研究的重要课题，为满足越来越复杂的输水发电系统设计、机组运行与调节系统控制的需要，促进我国水电建设的发展、提高水电站的设计水平不可或缺。

1.1　平 压 设 施

平压设施是水电站中专门用来减小过渡过程中的水击压力、保护管道结构安全、保证机组安全稳定运行的设施。目前，最常用、最重要的两类平压设施为调压室和变顶高尾水洞。

1.1.1　调压室

对于具有长引水/尾水管道、复杂布置型式和担负重要调峰调频任务的水电站，就引水发电系统的水机电过渡过程而言，不论是从大波动的角度通过减小有压管道水流惯性的不利影响以满足调节保证的要求，还是从小波动的角度通过改善调节系统的稳定性和调节品质以满足水电站安全稳定运行和供电质量的要求，都需要设置平压设施-调压室。调压室的设置将整个输水发电系统分成两部分，一部分为包含机组的压力管道侧，另一部分为引水/尾水隧洞侧。调压室设置时尽量靠近机组，减小了压力管道的水流惯性，保护了机组；引水/尾水隧洞的体型尺寸与水流惯性决定了调压室的水力设计参数，由于调压室的存在，引水/尾水隧洞与调压室组成了连通的子系统，隧洞无法直接对机组产生不利影响。但是调压室的设置也会对水电站的安全稳定运行与控制带来不利的影响：①在调节过程中，调压室内水体与引水管道内水体质量的交换必然会导致调压室内的水位上下波动，这种波动现象具有非最小相位特征，这样就会带来调压室水位波动稳定性的问题；②调压室的水位波动属于质量波，具有低频率、小阻尼的特点，对于机组运行而言是一个新的干扰源，此干扰源与机组转速、出力等的波动相互联系、相互影响，降低了水电站调节过程的动态品质。

有压引水发电系统于 19 世纪末开始采用调压室[14-18]。对于设有调压室的水电站水轮机调节系统，其稳定性和调节品质与调压室的断面积直接相关[19-21]。调压室临界稳定断面最早由托马（Thoma）于 1910 年[18]提出，即著名的托马公式：$F_{\text{th}} = Lf / 2\alpha gH$（$\alpha$ 为引水隧洞水头损失系数；g 为重力加速度；H 为机组工作水头；F_{th} 为调压量临界稳定断面；L 为引水隧洞长度；f 为引水隧洞断面积）。为了保证大波动衰减，调压室的断面必须大于临界稳定断面，并有一定的安全裕量，一般取放大系数为 1.05～1.1，且目前偏向于采用较小的数字[18,22]。

托马公式的推导采用了以下假定[18]：①波动为小波动；②忽略压力管道；③简单式调压室；④调速器绝对灵敏，水轮机出力、效率保持不变；⑤水电站孤立运行。以上假定只能近似反映水电站的真实运行情况，故托马以后的许多学者从以上几个假定出发，对调压室临界稳定断面进行了大量的、更加深入的研究。

调压室内水位波动的大波动稳定性问题，实质上是如何处理数学模型中的非线性项的问题。对于非线性问题，目前还没有直接的解析求解方法，因而大波动稳定性的研究，通常只能采用近似方法求得近似解。舒勒（Schuller）和卡拉斯（Karas）[18]应用小参数法研究了这个问题，分别得出大波动与小波动所需的调压室临界稳定断面相等及大波动所需的临界稳定断面积为小波动的两倍的结论。Marris[23-24]运用相平面法进行研究，认为为了满足调压室稳定运行的最低要求，必须增大托马断面。弗兰克（Frank）从数值积分开展研究时，得出了大波动所需临界稳定断面大于小波动所需临界稳定断面的结论。中国学者季奎等[25]应用李雅谱诺夫（Lyapunov）稳定性理论，推导出了大波动调压室临界稳定断面公式。总而言之，当考虑大波动问题时，调压室临界稳定断面要大于小波动临界稳定断面。

压力管道对调压室临界稳定断面的影响主要包括压力管道水头损失的影响和压力管道水流惯性的影响。Calame 等[26]研究了压力管道水头损失的影响，结果表明该水头损失不利于调压室水位波动的稳定。

有连接管或阻抗孔的调压室，由于调压室底部的流速水头并未全部损失，有必要考虑流速水头对临界稳定断面的影响。Calame 等[26]从理论分析和模型试验两方面研究了流速水头对上游调压室临界稳定断面的影响，得出了上游调压室底部流速水头有利于调压室水位波动稳定的结论。对于下游调压室，陈鉴治[27]研究得出：下游调压室底部流速水头的作用正好与上游调压室底部流速水头的作用相反，是不利于调压室的水位波动稳定的。杨建东等[28]则从理论上证明了连接管处流速水头对下游调压室的稳定不利，而对动量交换是有利的，两者的作用可大致抵消，因此可按简单式调压室的托马公式来估算下游阻抗式调压室的临界稳定断面。

托马断面是在理想水轮机的前提下求得的，即认为水轮机的效率是不变的。而实际水轮机的效率总是变化的，Calame 等[26]研究了水轮机效率对调压室临界稳定断面的影响，认为水轮机效率对调压室临界稳定断面的影响较大，当效率的变化和水轮机出力的变化一致时，可减小调压室的临界稳定断面；相反，调压室临界稳定断面必须增大。寿梅华[29]研究了水轮机特性对无调压室水电站调节系统的影响，引入了水轮机六个传递系数，较全面地反映了水轮机特性。到了 1991 年，寿梅华又研究了设有调压室的水轮机调节系统稳定性问题，运用水轮机传递系数推导出了调压室临界稳定断面的计算公式，即临界稳定断面等于托马断面与水轮机综合特性系数的乘积[30]。杨建东等[31]通过研究指出：对于中、低水头水电站，设计工况点常位于水轮机综合特性曲线中效率影响最不利的位置，水轮机综合特性系数很大，它的负面影响超过了增加水头的直接正面影响，因此，调压室最危险的稳定断面不是取决于最小水头，而是取决于设计水头。

托马断面是根据调速器绝对灵敏即刚性反馈得出的。实际的水轮机调节系统不可能满足刚性反馈的要求，保持水轮机出力为常数。董兴林[32]根据 Routh-Hurwitz 稳定判据，在忽略次要因素的基础上，推导出了考虑调速器作用的调压室临界稳定断面解析公式。但该公式未能完全满足 Routh-Hurwitz 稳定判据，存在缺陷。董兴林[33]又对下游调压室的临界稳定断面进行了研究，由所有的稳定条件，通过数值计算绘出了系统的稳定域，通过增大调速器参数 b_t、T_d 减小了调压室稳定断面（b_t 为暂态转差率；T_d 为缓冲时间常数）。为提高设有调压室的水电站调节系统的稳定性，郑向阳[34]、李敬恒等[35]提出利用调压室水位作为反馈信号来调节控制导叶开度。以上做法都是以牺牲系统的调节品质为代价的，虽然调速器对调压室临界稳定断面的影响是存在的，但不能简单地认为增大调速器参数就可减小调压室断面积，使系统变好。

郭文成等[36]研究了考虑压力管道水流惯性和调速器特性的调压室临界稳定断面。针对现有的调压室临界稳定断面公式没有考虑压力管道水流惯性和调速器的影响这一现状，建立了考虑这两个因素的水轮机调节系统数学模型，证明出临界稳定断面判据为描述水轮机调节系统的线性常系数齐次微分方程的一阶导数项系数大于零，并据此推导出包含压力管道水流惯性时间常数和调速器参数的临界稳定断面解析公式，此公式由引水隧洞项、压力管道项、调速器项组成，其中引水隧洞项即为托马公式，压力管道项为正值，调速器项为负值。

保证系统满足稳定性要求的调压室断面积不一定能保证系统有良好的调节品质。例如，通过增大调速器参数 b_t、T_d 能使调压室面积在小于托马面积的情况下仍可以保证系统稳定，但却降低了系统的调节品质。设有调压室的水电站调节品质的研究主要集中在调压室断面积、调速器参数对调节品质的影响。

孔昭年[37]研究了设有调压室的水电站在孤立运行时的系统稳定性和调节品质，指出考虑调节品质后，调压室面积的安全系数可降低至 1.0，但不宜过分减小。但他所研究的水电站调压室的水位波动周期很短（30 s 左右），并且转速偏差的允许带宽放宽到±1.5%，而一般大型水电站调压室水位波动周期都可达 100s，甚至更大，并且要求的转速偏差的允许带宽更小（±0.2%/±0.4%）。

李新新[38]通过研究指出调速器参数的增大会对调节系统的负荷响应特性带来不利的影响。潘志秋等[39]则研究了调速器参数对调压室水体质量波的影响，得出调压室水位波动对调节系统动态特性的影响很小的结论，但是他们研究的缺陷在于仅针对某一工程特例，缺乏普遍性。

赵桂连等[40]依靠数值模拟手段得出调速器和励磁调节器对设有调压室系统的低频振荡过程没有帮助，但增大调压室面积和负荷自调节系数可以改善其调节品质。付亮[41]、付亮等[42]建立了针对机组频率尾波的、设有调压室水电站调节品质的评价指标，分析了水轮机特性对设有调压室水电站调节品质的影响，特别是对机组频率尾波的影响，但是他们的研究简化较多，结论有一定局限性。

以上介绍的成果都是围绕托马假定进行研究得到的。关于托马理论在不同形式调压室稳定断面问题中的应用，国内外很多学者做过相应的研究与探讨。分以下几种类型进行相关代表性论著的评述。

1. 上下游双调压室系统

古宾[43]、耶格尔[44]研究了上下游双调压室系统波动稳定性问题。前者得出了两个计算公式，但计算结果不是很合理；后者的研究较全面，但遗憾的是没有给出可供实际应用的解析计算公式。

索丽生[45]对设置上下游双调压室的水轮机调节系统的小波动稳定性进行了分析，导出了描述系统微小波动的线性微分方程组及其系数矩阵。用电算法计算了系数矩阵的特征值，鉴别出了系统的稳定性，计算了特征值对系统参数的灵敏度，评价了各参数对系统稳定的影响；用积分微分方程组，分析了系统的波动过程和动态品质。

杨建东等[46]在理想调节的前提下，详细分析了上下游调压室系统水位波动稳定域的变化规律，导出了稳定域干涉点和共振点的解析公式，提出了上下游调压室稳定断面设计准则和计算方法，并进行了工程实例的计算和验证。

宋东辉[47]采用大型动力学系统理论分析了上下游双调压室系统水位波动稳定问题，并推求出上下游双调压室系统水位波动稳定公式。

赖旭等[48]通过深入研究考虑调速器作用时上下游双调压井水电站稳定域的变化规律，以及调速器各参数对其稳定域的影响，提出了满足实际工程设计需要的上下游双调压井的稳定断面计算公式。

耿清华等[49]研究了上下游双调压室调节保证计算及稳定性，采用有压管道系统非恒定流特征线计算方法，对具有上下游双调压室的某水电站建立了数学模型，分别计算了一段直线关机规律和两段折线关机规律对机组调节保证计算结果的影响，并对引水系统稳定性和波动周期进行了计算分析。

Chen 等[50,51]针对设有上下游双调压室的水电站，在突破托马假定的情况下，建立了包括管道系统和水轮机调节系统的完整的水轮机调节系统数学模型，推导出调速器采用频率调节和功率调节两种不同调节模式下系统的综合传递函数和描述系统动态特性的自由运动方程，通过稳定域分析了托马假定、管道水流惯性、调速器调节模式、调速器参数对系统稳定性的影响，推导了上下游双调压室临界稳定断面的公式，并得到了不同调节模式下调压室面积组合包含的不同项。考虑水轮机调节系统的饱和非线性环节，建立了包含管道系统及水轮机调节系统在内的非线性数学模型，据此分析该非线性动力系统 Hopf 分岔的存在条件及方向，得到发生分岔的代数判据，据此绘制了以比例增益 K_p 为横坐标、积分增益 K_i 为纵坐标的系统稳定域。利用稳定域分析了系统在不同状态参数下的稳定特性。

2. 上游串联双调压室系统

滕毅等[52]开展了带上游串联双调压室的水电站水轮机调节系统的稳定性的研究。首先建立了包括引水管道、调压室、水轮机、调速器、发电机等子系统的完整的水力-调速系统数学模型，推导出描述其系统动态特性的综合传递函数与自由运动方程，然后利用通过系统的稳定条件绘制稳定域的方式，分析了调压室面积和引水管道水流惯性对系统稳定性的影响。

李振轩等[53]结合工程实例，用瞬变流特征线计算方法，研究了串联双调压室系统小波动稳定性的主要影响因素，得出两调压室之间的距离越远，系统需要的总稳定断面积越大，靠近机组的调压室断面积对系统小波动稳定性的作用大于远离机组的另一个调压室。

陈岚等[54]研究了上游串联双调压室系统稳定断面积设计问题。基于托马假定，推导了串联双调压室系统的特征方程，根据 Routh-Hurwitz 稳定判据得出了上游串联双调压室系统调压室临界断面积的稳定域，并分析了串联双调压室系统稳定域的变化规律，推导得出了串联双调压室系统稳定域边界线拐点的解析计算公式，提出了串联双调压室系统调压室临界断面积的设计原则，为串联双调压室系统调压室临界断面积的计算提供了理论依据。

Teng 等[55]、Guo 等[56]分析了上游双调压室水电站主副调压室中涌浪水位特性。原创性地将系统观念引入对上游双调压室水电站主副调压室中涌浪水位波动方程的推导。将引水隧洞、主副调压室及主副调压室之间管道视为一个开环系统，并将压力管道中的流量变化作为下游边界条件，通过推导主副调压室中涌浪水位与流量之间的传递函数，再运用拉普拉斯反变换得到了主副调压室中涌浪水位的波动方程，通过实例计算验证了公式的正确性。运用泰勒级数逼近，推导了主副调压室中涌浪极值水位发生的时间点计算公式，通过误差分析说明了极值发生时间点计算公式的适用范围。根据主副调压室中的涌浪水位波动方程，分析了主副调压室不同面积组合变化及主副调压室之间距离变化情况下，主副调压室中涌浪极值水位大小的变化规律。

3. 气垫式调压室系统

季奎等[57]在考虑附加阻抗和调压室底部流速水头的条件下，进行了气压式调压室小波动稳定断面的理论推导，得到了气压式调压室临界稳定断面的解析表达式。该式适用范围广，既包括了托马的临界稳定断面的理论，又包括了 R.Svee 的临界稳定断面的理论。文中指出，设置阻抗和考虑调压室底部流速水头，可以减小气压式调压室的临界稳定断面。

张永良等[58]在考虑进出气垫式调压室阻抗水头损失相等及不相等情况下，采用李亚普诺夫第二方法等数学理论进行稳定性分析，推导得出了更为合理、更小的气垫式调压室临界稳定断面。

马跃先等[59]从调压室的基本方程入手，利用李雅谱诺夫稳定性理论，导出了气压式调压室水位大波动临界稳定断面的表达式。Yang 等[60]1992 年研究了阻抗损失对于气垫式调压室稳定性的影响。阻抗孔的引入增加了调压室的非线性项，成为影响水位振荡的主要因素。通过线性化方法，分析得出阻抗孔的引入改变了非线性动力系统的分岔特性，提高了系统的稳定性。

张健等[61]从阻抗试验值推求了气垫式调压室临界稳定断面。通过对气垫式调压室底部阻抗模型试验成果的分析研究，采用试验结果与理论计算相结合的方法，得出了能够较真实地反映调压室底部阻抗等因素对气垫式调压室临界稳定断面影响的截面积计算公式，算例表明，在合理考虑调压室底部阻抗等因素的情况下，气垫式调压室的临界稳定断面可予以减小。

范波芹等[62]对气垫式调压室的水电站输水系统的水力-机械微小波动稳定问题进行了初步分析，讨论了调速器参数、气体多变指数、气室高度、气室压力、运行水头对稳定性的影响，为气垫式调压室的合理设计、安全运行提供了依据。

Guo 等[63]针对前人对气垫式调压室水位波动稳定性的研究未计入压力管道、机组及调速器的影响的问题，突破托马假定，建立了带气垫式调压室水电站水力-调速系统的完整的数学模型，并推导出描述此系统动态特性的综合传递函数和线性常系数齐次微分方程，利用系统的稳定条件绘制出定量表征稳定性好坏的稳定域，通过稳定域分析了引水系统水流惯性、气垫式调压室参数、水轮机特性、发电机特性及调速器调节模式对系统稳定性的影响，得出：引水系统水流惯性及水轮机特性对系统的稳定性的影响是不利的，发电机特性对系统稳定性的影响是有利的，气垫式调压室的气室高度和断面积增大、气室气压和气体多方指数减小可使系统的稳定性变好，功率调节模式系统的稳定性优于频率调节模式。

李玲等[64]基于刚性水击理论，考虑了压力管道的水流惯性及实际水轮机特性和调速器作用，运用稳定性理论，推导了气垫式调压室临界稳定断面的详细公式。在此基础上分析最不利稳定断面的取值，根据近年来国内 10 个不同水头段引水式水电站的资料，进行该公式各项参数的统计分析。得出气垫式调压室最不利稳定断面取决于最大水头与设计水头之间的某个水头，不能笼统地判断气垫式调压室适用于高水头水电站，应根据水电站的工程规模做进一步详细论证。

1.1.2　变顶高尾水洞

对于采用中部开发方式或首部开发方式的地下式水电站，特别是当机组容量大、水头中低、尾水道不太长、下游水位变幅大、洪水期要求发电以帮助泄洪或增加季节性电能时，采用变顶高尾水洞是非常有竞争力的方案。变顶高尾水洞利用下游水位的变化，可以有效满足过渡过程中对尾水管进口断面最小绝对压力的要求，从而取代尾水调压室，大大地改善了地下洞室的围岩稳定条件。除了能有效地满足尾水管进口断面最小绝对压力之外，它最大的优点是对下游水位没有限制。但变顶高尾水洞的设置，也将明满流现象引入水电站的过渡过程中。明满流是系统中一种特殊的、复杂的过渡流态，明流与满流同时存在于变顶高尾水洞中，它们的分界面在暂态过程中会来回运动，在尾水洞中产生明满混合流动。在明满流的分界面处，可能会引起较大幅值的流量和压力振荡，给水电站的运行质量造成非常复杂的影响。具体来说，变顶高尾水洞因明满流分界面的移动会引起有压段长度变化（进而引起水流惯性的变化）和明流段水位波动，这两个因素对机组运行暂态特性存在有利与不利的影响，使变顶高尾水洞的工作特性与有压尾水系统和明渠尾水系统区别明显，且更复杂。

变顶高尾水洞是由苏联学者克里夫琴科于20世纪70年代末提出的一种新体型尾水道[65]，后成功应用到越南和平水电站的设计，受到了国内外水电工程界的较大关注[66]。90年代起变顶高尾水洞引入中国，三峡、彭水、向家坝、功果桥、鲁地拉等一批大型水电站采用了该类型尾水洞，体现了较好的技术和经济优势。

对变顶高尾水洞水电站理论与技术的研究，主要包括两个方面，一是变顶高尾水洞的工作原理、洞内明满流现象的模拟及其对机组调节保证参数的影响，二是变顶高尾水洞因明满流而引起的有压段长度变化及明流段水位波动对机组运行稳定性和系统调节品质的影响。

对于第一个研究方面，代表性论著的评述如下。

杨建东等[67]阐明了变顶高尾水洞的工作原理，即利用下游水位的变化，有效地满足过渡过程中对尾水管进口断面最小绝对压力的要求，从而取代尾水调压室，大大地改善地下洞室的围岩稳定条件。并在其工作原理的基础上，尤其是考虑无压明流段水位波动叠加的影响，从工程实际出发，提出了变顶高尾水洞体型设计的基本思路和具体步骤，并且通过与无压尾水洞、设置尾水调压室、常规尾水洞工作特点的比较，进一步明确了变顶高尾水洞的适用范围，以及设计和科研工作中应注意和解决的问题。

程永光等[68]研究了具有变顶高尾水洞的水电站明满流过渡过程。给出了一种将变顶高尾水洞中的明满流与常规水力过渡过程联合起来的计算方法。以某实际工程为例计算分析了明满流的运动特性及其对调保参数的影响。

雷艳等[69]进行了某水电站变顶高尾水洞水力工作特性的模型试验研究。通过水力学模型试验，研究了变顶高尾水洞在各种下游水位时的水力工作特性。试验结果表明，变顶尾水洞能够取代尾水调压室，且保证调保参数满足规范要求。

赖旭等[70]从工程实际出发，经模型试验和数值仿真对大型水电站变顶高尾水洞工作特性进行了全面分析，提出了变顶高尾水洞设计的思路和适用条件。研究表明：在一定条件下，采用变顶高尾水洞新型结构能取代尾水调压室，满足水电站调节保证和机组稳定运行要求。

王建华等[71]以三峡右岸地下水电站为例，对含变顶高尾水洞的地下水电站的过渡过程进行了理论分析与计算，结果表明：蜗壳最大动水压力与尾水系统的布置方式关系不大，主要取决于机组上游侧水流惯性的加速时间、水轮机工作特性和导叶关闭时间及关闭规律；尾水管进口真空度除与下游尾水流道的水流惯性时间、水轮机工作特性、导叶关闭规律等因素有关外，与下游水位的关系也很密切，当下游水位最低时，尾水管进口真空度变化最明显，随着下游水位的上升，尾水管进口真空度逐渐改善。

邓命华等[72]对水电站变顶高尾水洞内明满交替流计算方法及变顶高尾水洞体型设计进行了研究，介绍了变顶高尾水洞的工作特点。采用改进狭缝法模型，结合某大型水电站取消尾水调压室方案进行瞬变流计算，提出了明满交替流分界点的处理方法。分别对具有不同顶坡、底坡和底宽的变顶高尾水洞体型在不利工况下的瞬变流计算成果进行比较分析。结果表明：变顶高尾水洞具有一定的尾水调压室作用，若适当地选取体型参数可不设尾水调压室；顶坡对整个尾水系统的影响非常大，底坡和底宽的影响相对较小。

辜晓原等[73]在研究水电站变顶高尾水洞基本工作原理的基础上，提出了向家坝水电站右岸地下厂房变顶高尾水洞布置方案研究的基本思路和具体步骤，论证了采用变顶高尾水洞方案的可行性和合理性。

张强等[74]进行了向家坝水电站右岸变顶高尾水洞的水力计算。针对向家坝水电站，进行了包含引水系统、机组和调速器在内的计算机仿真程序的水力过渡过程计算，结果表明，变顶高尾水洞方案在明满交替流工况下，未产生气囊，洞顶内水压力变幅不大，对机组没有产生不利影响，水电站调节系统能满足大、小波动稳定的要求。

钮新强等[75]探讨了三峡地下电站变顶高尾水洞技术与应用。在三峡地下电站可行性研究和初步设计中，针对尾水系统设计进行了不设调压室方案、设调压室方案和变顶高尾水洞方案的比较，其中又分别进行了一机一洞方案和两机一洞布置型式的研究。首次在三峡地下电站进行了带模型机组的引水发电系统整体模型试验，通过大量的计算分析和模型试验，不断优化尾水系统的布置，最终采用了一机一洞变顶高尾水洞方案，并已付诸实施。对变顶高尾水洞系统的深入研究，开拓了创新思路，并取得了设计经验，可为类似水电站的工程设计提供借鉴。

李进平等[76]对变顶高尾水洞明满混合流流态进行了分析。针对水电站变顶高尾水洞中恒定流条件下明满混合流的界面呈小范围的来回波动现象，采用无压隧洞充蓄度和气液两相流界面稳定理论分析该流态。结果表明：明满混合流界面处局部的水流不稳定段客观存在，但不可能形成全洞长明满流交替和滞气现象，且基于气液两相流界面稳定理论获得的计算值与试验值吻合，为变顶高尾水洞优化设计提供了理论和计算方法支撑。

张永良等[77]探讨了变顶高尾水洞的顶坡及体型设计方法。基于机组甩负荷工况下变顶高尾水洞尾水管进口处真空度的计算公式，推导出保证尾水管进口满足真空度要求的顶坡计算分析公式。在机组甩负荷后明渠最大负涌浪及安全顶坡分析公式的基础上，提出了变顶高尾水洞体型设计的程序性定量化方法，从而可对变顶高尾水洞的体型进行定量化的分析设计。由顶坡坡度分析公式所获得的计算结果与物理模型试验结果进行了比较，表明该公式是合理的。这些结果和方法可以方便地应用于工程初步设计。

缪明非等[78]研究了甩负荷工况下变顶高尾水管进口真空度的近似计算公式。在水击波相数较大情况下，可忽略水体和尾水洞壁弹性。从非恒定渐变流动的伯努利方程出发，推导出变顶高尾水洞在甩负荷情况下尾水管进口处真空度计算的基本方程。讨论了基本方程中的静力真空项、动力真空项和惯性真空项，得出并简化了最大真空度计算公式。该近似公式计算结果与物理模型试验结果接近。在水轮机导叶缓慢关闭和尾水洞较短的情况下，近似公式可应用于工程初步设计。

对于第二个研究方面，代表性论著的评述如下。

赖旭等[79]研究了变顶高尾水洞水电站机组运行稳定性。在水轮机调节系统基本方程的基础上，引入了变顶高尾水洞明满分界面处水体来回运动的连续性方程。利用MATLAB中的仿真计算软件，研究分析了变顶高尾水洞水电站机组运行的稳定性，为变顶高尾水洞技术的推广应用，提供可靠的理论依据。

周建旭等[80]分析了双机共变顶高尾水洞系统的水力干扰。采用有压管道特征线法、跟踪明满流分界点的明渠改进狭缝法和状态方程数值计算的联合算法，结合相应的边界条件，研究变顶高尾水洞方案的水力干扰问题，并与尾水调压室方案进行了比较分析，结果表明：变顶高尾水洞方案水力干扰对运行机组稳定性和调节品质的影响较尾水调压室方案小，此水力特性为变顶高尾水洞的应用提供了可靠的比选依据。

周建旭等[81]研究了双机共变顶高尾水洞系统的小波动稳定性。双机共尾水管路布置是一种典型的首部/中部开发水电站输水系统布置方案。考虑尾水道较短时，除尾水调压室方案以外，可采用变顶高尾水洞方案。不同于传统的特征分析法，采用基于有压管道特征线法、跟踪明满流分界点的明渠改进狭缝法和状态方程数值计算的联合算法，结合相应的边界条件，研究负荷扰动情况下变顶高尾水洞方案的小波动稳定性和调节品质，并与相应的尾水调压室方案做进一步的比较分析，结果表明：变顶高尾水洞方案小波动稳定性明显优于尾水调压室方案，为变顶高尾水洞的应用提供可靠的比选依据。

李修树等[82]从水力学、水轮机、调速器的基本方程出发，推导了变顶高尾水洞小波动过渡过程的基本方程，并对其进行分析与求解。以某水电站为例，探讨了变顶高尾水洞小波动过渡过程的基本规律。结果表明：建立的数学模型和方程是合理的，从而使变顶高尾水洞小波动稳定计算更为简便。

郭文成等[83]基于Hopf分岔理论研究了变顶高尾水洞水电站水轮机调节系统稳定性。首先建立水轮机调节系统非线性数学模型，其中改进的引水系统动力方程可更准确描述变顶高尾水洞明满流分界面运动特性，据此模型进行了非线性动力系统Hopf分岔的存在性、分岔方向等的分析，推导得到系统发生Hopf分岔的代数判据；然后利用代数判据绘制了系统的稳定域，并分析了系统在不同状态参数下的稳定特性；最后利用稳定域分析了变顶高尾水洞在机组负荷调整下的稳定性工作原理。结果表明：变顶高尾水洞水电站水轮机调节系统的Hopf分岔是超临界的；明满流引起的水流惯性变化在机组减负荷时对系统的稳定性有利，增负荷时对系统的稳定性不利，明流段水位波动的作用对于系统的稳定性在增、减负荷下都是有利的。

1.2 调速系统

水电站的调速系统即为水轮机调节系统。水轮机调节系统是由水轮机控制系统和被控制系统组成的闭环系统。水轮机控制系统是由用于检测被控参量（转速、功率、水位、流量等）与给定参量的偏差，并将它们按一定特性转换成主接力器行程偏差的一些设备所组成的系统，也可以称为调节器。水轮机调速器则是由实现水轮机调节及相应控制的机构和指示仪表等组成的一个或几个装置的总称。从一般意义上讲，水轮机控制系统就是包含油压装置在内的水轮机调速器。被控制系统是由水轮机控制系统控制的系统，它包含水轮机、引水和尾水系统、装有电压调节器的发电机与其所并入的电网及负荷，也可以称为调节对象。水轮机调节系统的工作过程：水轮机控制系统的测量元件把被控制系统的发电机组的频率（与其成比例的被控制机组的转速）、机组功率、机组运行水头、水轮机流量等参量测量出来，将水轮机控制系统的频率给定、功率给定、接力器开度给定等给定信号和接力器实际开度等反馈信号进行综合，由放大校正元件处理后经接力器驱动水轮机导叶机构及轮叶机构，改变被控制的水轮发电机组的功率及频率。

水轮机调节系统是水、机、电互相耦合的复杂非线性、非最小相位系统，系统参数随运行工况改变而发生变化，而且存在电网负荷变化带来的扰动及各个环节时滞惯性的影响[84-89]。水轮机调节系统承担着联合水轮机、发电机、电网、引水/尾水系统的任务，根据不同的运行工况进行针对性的调节，使水电站运行满足安全稳定的要求，并保证供电质量[90-91]。对于水轮机调节系统的研究，主要集中在建模与控制两个方面[92-110]。

水轮机调节系统的建模主要包括线性模型和非线性模型两类。在小波动过渡过程研究中，一般采用线性化近似方法来描述系统的动态特性，这种方法的模型结构简单，可以满足一般的工程要求。水轮机调节系统的线性化模型，采用传递函数和微分方程组形式，这种线性化模型便于运用控制系统理论在频域中进行稳定性分析及各种控制器的优化设计。随着非线性动力学理论和非线性控制系统理论的不断发展及计算机仿真水平的不断提高，水轮机调节系统的非线性模型不断受到人们的关注。相关代表性论著的评述如下。

魏守平[111]研究了水轮机调节系统建模及其分析方法。仿真模型是基于 MATLAB-Simulink 建立的，能实现水轮机调节系统空载运行、甩 100%额定负荷、接力器不动时间、孤立电网运行和一次调频等动态过程的仿真。仿真结果有助于加深对水轮机调节系统基本原理的理解，也有助于了解被控制系统参数和水轮机控制系统参数对水轮机调节系统动态特性的影响。

方红庆等[112]分别推导出了基于线性模型和非线性模型的水轮机调节系统闭环粒子群优化（particle swarm optimization，PSO）控制的微分方程。以水轮发电机组转速偏差相对值的时间乘误差绝对值积分指标作为粒子群优化算法的适应度函数，分别实现了采用这两种不同数学模型的水轮机调速器 PID 参数的优化设计。计算结果表明，比例-积分-微分（proportional-integral-differential，PID）算法对于非线性系统控制参数的优化设计来说是一种有效的方法，采用不同数学模型的水轮机调节系统，其 PID 参数的优化结果相对较好。

郭文成等[113]在不考虑人工死区的前提下推导得到包含压力管道水流惯性的频率调节、功率调节、开度调节下的描述水轮机调节系统的线性常系数齐次微分方程，分析三种调节模式的稳定条件，并结合实际算例对比分析不同因素对三种调节模式稳定域的影响，得出频率调节和功率调节都是有条件稳定的，并且前者的稳定域远小于后者，而开度调节则是无条件稳定的。功率调节的稳定性品质明显优于频率调节。

刘昌玉等[114]针对电力系统稳定计算分析软件中水轮机调速系统模型过于简单、粗略的问题，建立了水轮机调速系统非线性模型，并提出了参数实测与改进粒子群智能优化算法结合的模型辨识方法，获得了调速器模型参数、水轮机-引水道模型参数。现场实测数据的模型仿真结果验证了该模型辨识方法的准确性，该模型优于电力系统稳定计算软件中的模型，更符合实际。

刘昌玉等[115]针对目前电力系统仿真计算中水电机组模型过于简化的问题，建立了一种水电机组原动机及其调节系统精细化模型。该模型不仅包含调压室效应，还考虑分岔管影响，从而可以模拟机组功率的低频振荡和机组间的水力耦合现象。此外，通过分析双曲正切函数的频率特性，提出了一种新的降阶弹性水击方程，在较低的阶数下实现了更好的逼近精度。

凌代俭等[116]通过理论分析提出了水机电系统的非线性模型，该模型具有物理意义清楚、便于理论分析和计算机计算处理的特点。在此基础上应用基于遗传算法的PID控制方法优化控制参数，仿真表明，对非线性模型获得的控制性能是令人满意的。以PID调节参数作为系统分岔参数，运用Hopf分岔存在性的直接代数判据对该非线性模型的Hopf分岔行为进行了分析和仿真，理论解释了水电站中所观察到的持续振荡现象。

水轮机调节系统的控制是另一个研究方面，相关代表性论著的评述如下。

孙郁松等[117]建立了水轮机调速系统的刚性水击鲁棒模型。基于非线性微分几何控制理论和非线性H_∞控制理论，给出了针对具有刚性水击效应的水轮发电机组的调速器非线性鲁棒控制规律，并对该控制规律进行了仿真研究。

魏守平等[118-119]根据水轮机调节系统的特点分析了PID调节规律在水轮机调速器中的具体应用及PID参数的选择，指出现代水轮机调速器中的主导调节规律还是PID调节。研究、总结了适应式变参数控制在水轮机调节系统中的应用情况，指出了现代电力系统对水轮机调速器运行的新要求；现代水轮机调速器主要是起机组频率调节器和机组功率控制器的作用。

周泰斌等[120]设计了一个模糊控制器，进而构建了一个基于模糊控制的自适应PID控制器，对功率反馈的水轮机调节系统进行控制；利用模糊控制器的模糊推理能力来实现PID控制器参数的在线调整，以达到优化控制的目的。对简单电力系统的仿真结果表明，这种控制器与常规PID控制器相比可以取得较好的控制效果，是实现水轮机调节系统自适应控制的一种可行的方法。

张江滨等[121]应用现代状态反馈控制理论，结合水轮机调节系统的恒值调节要求，从水轮机控制系统状态反馈模型出发，给出了与常规水轮机调节系统相似的系统框图。并对二次型性能指标最优化控制参数与传统推荐最佳调节参数进行了比较分析，得到这两种方法所对应的最优调节参数有较大差别，二次型最优控制效果明显优于常规PID控制。

方红庆等[122]针对水轮机调节系统非线性、时变、非最小相位的特点，采用微分几何非线性控制理论中的扰动解耦控制方法，设计了水轮机调节系统的非线性扰动解耦控制策略。在新控制策略中，除了机组转速偏差外，接力器行程偏差和有压引水系统水压力的变化也是控制信号的一部分。仿真结果表明该控制策略能有效地改善水轮机调节系统的动态性能，增强其鲁棒性和抗强干扰的能力。

高慧敏等[123]介绍了水轮机的三种线性模型和三种非线性模型，包括基于全特性曲线的水轮机模型、水轮机内特性模型，水轮机简化解析非线性模型，基于模型综合特性曲线的水轮机线性化模型，基于水轮机内特性解析的线性化模型、理想水轮机模型。针对不同水轮机详细模型对电力系统暂态稳定分析结果的影响和适用范围进行了仿真比较分析。仿真结果表明：不同的水轮机详细模型对电力系统暂态稳定分析结果的影响不大；电力系统的暂态过程对水力系统来说不一定是大扰动；不同的水轮机详细模型得出的电力系统中、长期暂态稳定仿真结果是不同的，因此在进行中、长期暂态稳定仿真分析时应采用水轮机详细模型。

魏守平[124]进行了水轮机调节系统一次调频运行及孤立电网运行动态特性的仿真分析，给出了一次调频运行的动态仿真曲线。仿真结果有助于加深对水轮机调节系统基本原理的理解，也有助于了解被控制系统参数和水轮机控制系统参数对水轮机调节系统一次调频运行及孤立电网运行动态特性的影响。

陈帝伊等[125]深入研究水轮机调节系统的非线性动力学特征，分析刚性水击时水轮机调节系统非线性模型的复杂动力学特征，包括相轨迹图、李雅谱诺夫指数和庞加莱映射图，这些特征加深了对其的认识，同时也证明该水轮机调节系统中含有混沌吸引子。为消除系统的混沌态，基于一种滑模变结构控制方法的数学分析论证推导，将处于混沌态的水轮机调节系统先后控制到任意固定点和任意周期轨道，并用 MATLAB 模拟验证其有效性。

寇攀高等[126]针对传统 PID 控制策略随水轮机工况切换、参数时变适应性差的问题，将滑模变结构控制引入水轮机调节系统中；考虑到传统水轮机调节系统状态空间模型忽略了机组转速给定项无法仿真机组空载扰动且线性最优控制下机组转速存在稳态误差的问题，推导出一种三控制输入的水轮机调节系统状态方程，揭示了状态方程稳态误差产生机制，提出了消除状态方程稳态误差的方法，在此基础上设计了水轮机调节系统的滑模变结构控制器。

吴罗长等[127]针对水轮机调节系统常规 PID 控制存在的适应性不足问题，将模糊 PID 控制作为水轮机调节系统的基本控制策略，为水轮机调节系统的有效控制提供支持。采用基于模型综合特性曲线的非线性水轮机模型，建立水轮机调节系统模糊 PID 控制仿真模型，通过协同进化算法同时优化模糊 PID 控制的三个比例因子和模糊规则，并以实例验证所建水轮机调节系统的控制性能。通过对不同工况点的优化得出一组适合于全工况的通用有效模糊规则。

陈帝伊等[128]为了深入揭示水轮发电机组系统稳定的规律性，建立了含尾水管道和调压井，并考虑弹性水击效应的水力发电机组系统的非线性数学模型。该模型物理意义清晰，便于分析，适用于大波动情况。在此基础上，以 PID 参数为分析参数，运用 Hopf 分岔存在性直接代数判据对系统的稳定性进行了理论分析；通过计算李雅谱诺夫指数，对系统的稳定性及分岔特性做了进一步分析；并对系统的响应特性进行了仿真分析。理论分析及数值模拟分析表明：非线性动力学理论可以很好地为水力发电机组系统稳定性提供参数选择依据，并为水力发电机组出现的低频振荡提供理论解释。

曾云等[129]为了验证水力动态的微分方程模型应用于水力机组暂态计算的准确性，采用仿真方法，对弹性水击下水轮机出力的微分代数系统模型进行了验证。通过推导弹性水击下水力动态非线性微分方程，建立了非线性水轮机的 Simulink 仿真模块。将水力动态微分方程模型与其他传统计算方法，如传递函数、高阶传递函数、不同形式传递函数、特征线方法进行仿真对比，分析水轮机水头和出力的暂态变化，验证模型应用于水轮机暂态的适用性。结果表明，非线性水轮机微分代数模型的水头和出力计算值与其他几种方法计算结果基本一致，所提出的模型能满足研究水轮机暂态特性的需要。

张醒等[130]针对水轮机调节系统中传统 PID 控制规律存在适应性不足的问题，设计了一种新型的分数阶模糊 PID（fractional-order fuzzy PID，FOFPID）控制器，该控制器在模糊 PID（fuzzy PID，FPID）控制器的基础上将微分及积分阶次进行从整数阶到非整数阶的拓展，并利用改进 Oustaloup 滤波算法对该控制器中的分数阶微积分进行数字实现，提出了一种基于 Rechenberg 五分之一法则的动态适应量子粒子群算法（dynamic adaptation quantum-behaved particle swarm optimization，DAQPSO），对水轮机调节系统控制器参数进行优化。仿真试验表明：FOFPID 控制器在水轮机调节系统扰动幅度及运行工况变化时具有较强的适应性，并在水轮机调节系统参数发生变化时具有更好的鲁棒性。

1.3　平压设施与调速系统的耦合作用

水轮机调节系统承担着联合水轮机、发电机、电网、输水系统的任务，根据不同的运行工况进行针对性的调节，使水电站运行满足安全稳定的要求，并保证供电质量。平压设施的设置使水电站的水道系统、水力过渡过程复杂化，水轮机调节系统（核心为水轮机调速器）需要对此复杂的水力过渡过程实现有效调节，达到水机电耦合下的过渡过程最优控制。

对于设平压设施的水电站，从布置型式上可以分为以下几类：设调压室水电站、设变顶高尾水洞水电站、设上游调压室与变顶高尾水洞水电站、设下游调压室与变顶高尾水洞水电站。从调压室、变顶高尾水洞与水轮机调节系统的单独作用和联合作用来说：

（1）调压室的影响主要源自室内水位波动，该水位波动性质上属于质量波，且通常具有周期长（100s 级）、振幅大的特点，是典型的低频振荡。调压室与引水/尾水隧洞组成“引水/尾水隧洞-调压室”子系统，将“引水/尾水隧洞-调压室”子系统内的非恒定水流运动特性反映到调压室水位波动上，再由调压室水位波动通过压力管道传递压力波的形式作用到机组，实现“引水/尾水隧洞-调压室”子系统对于机组的单向影响。反过来，控制机组的水轮机调节系统属于高频控制器（10s 级），且压力管道内的水流惯性也通常远小于引水/尾水隧洞，故水轮机调节系统对于“引水/尾水隧洞-调压室”子系统的影响则非常有限。从这个角度来看，调压室与水轮机调节系统之间近似属于单向作用。

（2）变顶高尾水洞的影响主要源自洞内明满流分界面来回移动引起的有压段水流惯性变化与明流段水位波动，明满流分界面来回移动直接取决于尾水洞内的流量变化。对于只设变顶高尾水洞水电站，尾水洞内的流量变化等于机组的流量变化，都直接受水轮机调节系统的控制。故这种情况下，变顶高尾水洞内的有压段水流惯性变化和明流段水位波动的动态特性与水轮机调节系统在同一个频率量级，即高频（10s 级）。此时，变顶高尾水洞与水轮机调节系统的作用即属于双向作用：调速器的调节可以直接校正尾水洞内的水流运动，反之，尾水洞内的流量振荡和压力振荡也可以直接传递并作用到机组上，引起机组出力与频率的改变。

（3）当调压室与变顶高尾水洞同时引入水电站时，“调压室-水轮机调节系统”的单向作用、“变顶高尾水洞-水轮机调节系统”的双向作用同时存在于整个水电站过渡过程中，且对于不同的布置型式，也会引入“调压室-变顶高尾水洞”作用，不同作用之间也会相互转化、影响。具体来说，对于设上游调压室与变顶高尾水洞水电站，上游调压室与变顶高尾水洞分居机组两侧，“调压室-水轮机调节系统”的单向作用、“变顶高尾水洞-水轮机调节系统”的双向作用会完整地存在于该水电站的过渡过程中；同时，调压室与变顶高尾水洞通过压力管道连通，且压力管道内的水流直接受调速器调节，故引入了“调压室-变顶高尾水洞”作用。对于设下游调压室与变顶高尾水洞水电站，调压室位于机组和变顶高尾水洞的中间，将两者分开，故此时“调压室-水轮机调节系统”的单向作用存在于该水电站的过渡过程中，但“变顶高尾水洞-水轮机调节系统”的双向作用不存在；同时，调压室与变顶高尾水洞直接连通，引入了“调压室-变顶高尾水洞”作用，且该作用有别于设上游调压室与变顶高尾水洞水电站的“调压室-变顶高尾水洞”作用。

从以上分析可以看出，平压设施与水轮机调节系统耦合过渡过程中同时存在着不同性质、不同类型的扰动-波动-控制耦合作用，直接决定了该类系统暂态过程的复杂程度。从科学研究与指导工程应用的角度，需要关注如下层面。

（1）模型层面：平压设施作用下水轮机调节系统不同布置型式、不同运行工况下的水机电耦合动力学建模。

（2）特性层面：基于水机电耦合动力学模型，平压设施作用下水轮机调节系统线性/非线性动态响应与暂态特性。

（3）控制层面：满足水电站运行控制要求，平压设施作用下水轮机调节系统的技术性能、指标体系、控制模式。

针对以上三个层面的关注点，凝练出以下三个关键科学问题。

第一个科学问题：设平压设施水轮机调节系统耦合动力学建模

设平压设施水轮机调节系统在小扰动（包括负荷扰动、频率扰动）作用下的暂态特性与控制，运行工况包括负荷调整与一次调频。该系统包含水力、机械、电气三个子环节，且水力系统子环节复杂；在小扰动、偏差相对值表达的前提下，调节系统耦合动力学完整、准确建模是问题的关键，且所建模型要能满足调节系统暂态特性与控制的应用要求。

对于调压室，负荷调整与一次调频工况下，可以在线性化的范畴内建立调压室内水流运动的数学模型，并与水轮机调节系统其他子环节的线性化数学模型联立，构成线性化的设调压室水轮机调节系统数学模型。但是，调压室的引入增加了调节系统数学模型的阶数，产生了高阶（5 阶及以上）调节系统。高阶数学模型一方面会大大增加系统暂态特性与控制理论分析的难度，另一方面也不利于调速器控制策略的设计和控制效果的实现。如何进行系统的精准降阶、构造调节系统低阶等效数学模型，是设平压设施水轮机调节系统耦合动力学建模面临的关键问题。此外，如何利用“调压室-水轮机调节系统”的单向作用这一本质特点，提出简单又准确的模型来描述调压室水位波动，进而简化整个调节系统的建模过程与理论分析，也是非常有意义和价值的研究方向。

对于变顶高尾水洞，过渡过程中的明满流现象是其最大的特点。负荷扰动或频率扰动引起调速器动作，通过导叶调节引起机组过流量变化，进而改变尾水洞内的流量。受流量变化的影响，明满流分界面发生来回运动，导致分界面与洞顶的交点沿着洞顶来回移动。由于变顶高尾水洞顶坡的存在，分界面处的流量变化存在水平、竖直两个方向的分量，两个分量同时作用，使该流量变化呈现非线性特性，最后导致尾水洞内水流惯性的变化是非线性的。因此，变顶高尾水洞的设置给水轮机调节系统引入了一个水力非线性项。变顶高尾水洞内的非线性水流运动如何精确模拟，是问题的关键。非线性的变顶高尾水洞动力模型与调节系统其他子环节联合，构成水轮机调节系统非线性耦合动力学模型，反映该系统的非线性动态特性本质。

第二个科学问题：平压设施作用下水轮机调节系统暂态特性

基于水机电耦合动力学模型，可以分析调节系统负荷扰动或频率扰动作用下的动态响应。对于线性的水轮机调节系统数学模型，可以借助传递函数理论分析系统的稳定性、动态响应和调节品质；对于非线性的水轮机调节系统数学模型，选择何种数学理论进行分析需要认真探讨。

调节系统暂态特性分析的关键在于揭示平压设施与压力管道、水轮机、发电机、负荷、调速器的联合作用机理，重点研究平压设施如何影响机组的出力响应与频率响应，调速器如何对平压设施的作用进行针对性的调节。具体来说：①对于调压室，调压室水位波动这一低频振荡如何影响机组运行，调速器如何校正这一低频振荡，效果如何；②变顶高尾水洞内的明满流如何影响机组运行，调速器如何校正这一高频非线性振荡，效果如何；③压力管道在水轮机调节系统的调节过程中起到什么作用，对系统暂态特性有哪些有利影响与不利影响；④调压室内的水流运动与变顶高尾水洞内的水流运动如何相互作用，相互作用之后如何影响机组运行，调速器如何调节两者的联合作用。

第三个科学问题：平压设施作用下水轮机调节系统线性/非线性控制

平压设施作用下水轮机调节系统具有复杂的暂态特性，一个系统内同时存在不同性质、不同量级频率的波动及波动的叠加，而这些复杂的作用只能依靠一个调速器进行调节。调速器能否有效地调节调压室、变顶高尾水洞的不利作用、保障系统安全稳定较优的运行，很大程度上依靠调速器控制策略的设计。针对不同的平压设施、耦合动力学模型、线性/非线性因素，设计出合理的控制策略，是实现调节系统有效工作的前提。

依据平压设施作用下水轮机调节系统暂态特性与设计的线性/非线性控制策略，可以完整呈现出水轮机调节系统的技术性能与调节品质。再结合水电站运行控制要求，可以提出平压设施的设计依据（包括调压室临界断面积、变顶高尾水洞顶坡值等）、调速器相关参数的整定依据及调节模式的选择。稳定性要求、响应速度要求、调节品质要求等技术要求共同组成调节系统的指标体系。基于调节系统的技术性能与机组运行的指标体系，综合提出平压设施的水力设计方法及水轮机调节系统的整定控制准则。

针对上述三个关键科学问题，在前人研究成果的基础上，结合实际工程中遇到的新问题及理论上有待提高拓展的难题，对水电站平压设施-调速系统耦合过渡过程与控制进行深入的研究和探讨。全书的主要内容包括以下四个方面。

主要内容一：水电站平压设施与调速系统（第 1 章）

系统介绍了水电站平压设施与调速系统的基本概念、国内外研究进展，分析了平压设施与调速系统的耦合作用过程及其水机电本质，提出了水电站平压设施-调速系统耦合过渡过程与控制研究的关键科学问题及思路方法。

主要内容二：调压室-水轮机调节系统耦合过渡过程与控制（第 2～5 章）

对于孤网运行的设调压室水电站水轮机调节系统，提出了基于主导极点的 5 阶系统的一次降阶和二次降阶方法，解决了高阶系统难于理论分析的难题，研究了频率调节下转速响应的调节品质，得到了调节品质控制的方法。对比研究了压力管道的水流惯性和水头损失对无调压室和有调压室调节系统稳定性与调节品质的作用机理，并据此提出了基于压力管道的调压室水轮机调节系统降阶方法。应用压力管道水流惯性和水头损失的作用机理，提出了改善系统稳定性和调节品质的措施与系统等效模型的构造方法。

针对单管单机单调压室的引水发电系统，在忽略水体和管壁的弹性、忽略调速器的非线性特性（饱和特性和转速死区）及采用发电机一阶模型的前提下，从描述水轮机调节系统动态特性的高阶综合传递函数出发，分析了频率调节模式、功率调节模式和开度调节模式下系统的稳定性和调节品质，推导出了包含压力管道水流惯性时间常数和调速器参数的临界稳定断面解析公式，实现了引水隧洞、压力管道和调速器在临界稳定断面公式中的统一，全面严格地分析了调速器参数对临界稳定断面的影响，揭示了调速器参数影响的数学本质。

针对设调压室水电站，提出了一种机组运行控制研究的新思路，即用一个给定的调压室水位正弦波动来描述引水隧洞与调压室的非恒定水流运动特性，引水隧洞与调压室的水力参数、动态特性反映在假定的调压室水位正弦波动的特征参数中，特征参数通过一系列严格的数学方法确定。采用调压室水位正弦波动的假定及其数学描述，开展水轮机调节系统一次调频工况下稳定性、动态响应特性与暂态控制的研究。分析了开度调节模式与功率调节模式下调节系统的稳定性，提出了一次调频临界稳定断面的概念并推导了解析计算公式，给出了临界稳定断面与调速器参数的联合整定方法。基于调压室水位正弦波动的假定及其数学描述，推导得到了一次调频下机组出力响应的解析表达式，并根据一次调频动态响应的控制要求，提出了一次调频域的概念，分析了特性参数对系统一次调频域的影响。

主要内容三：变顶高尾水洞-水轮机调节系统耦合过渡过程与控制（第 6～8 章）

将 Hopf 分岔理论应用到变顶高尾水洞水电站水轮机调节系统的稳定性分析。首先提出了同时包含水流惯性变化和明流段水位波动两个影响因素的改进的变顶高尾水洞内的水流动力方程，据此建立了变顶高尾水洞水电站水轮机调节系统的非线性数学模型。

然后根据此模型进行了调节系统的 Hopf 分岔的存在性、分岔方向等的分析，推导得到系统发生 Hopf 分岔的代数判据和分岔类型、阐释了 Hopf 分岔方法在该特殊非线性系统上的应用流程与原理。基于分岔分析结果绘制了系统的稳定域，并分析了系统在不同状态参数下的稳定特性。最后利用稳定域分析了变顶高尾水洞在机组负荷调整下的稳定性工作原理、负荷阶跃值、尾水洞坡度、尾水洞断面形状及尾水洞内水深对系统的稳定性的影响，根据分析结果提出了这四个参数的取值优化方法以提高系统的稳定性。

针对变顶高尾水洞水轮机调节系统，基于 Hopf 分岔理论，运用非线性反馈控制策略，研究了调节系统的动态特性及控制方法，构造了线性与非线性形式的控制器，揭示了控制方程线性项、非线性项的作用机理，分析了非线性反馈控制下的系统动态响应特性，提出了控制参数的优化方法。基于微分几何理论，研究了变顶高尾水洞水轮机调节系统输出对扰动解耦的非线性动态控制。依据非线性系统动态响应的控制要求，提出了严格且完整的名义输出函数构造方法，据此设计了适用于变顶高尾水洞水轮机调节系统的非线性扰动解耦控制策略，分析了该控制策略下系统的动态品质，定性/定量分析了调节系统的鲁棒性。

主要内容四：调压室-变顶高尾水洞-水轮机调节系统耦合过渡过程与控制（第9～10章）

运用 Hopf 分岔理论研究了设上游/下游调压室与变顶高尾水洞水电站水轮机调节系统的稳定性。建立了水轮机调节系统非线性数学模型，其中改进的引水系统动力方程可更准确描述变顶高尾水洞明满流分界面运动特性，进行了非线性动力系统 Hopf 分岔分析，利用稳定域、分岔图、时域响应、相轨迹、庞加莱映射、频谱图全方位呈现了系统的动态特性与品质。基于联合作用与波动叠加的视角，分析了调速器的作用机理、上游/下游调压室与变顶高尾水洞的联合作用机理、质量波与水击波/重力波的叠加机理及它们对调节系统暂态特性的影响，提出基于调速器和上游/下游调压室及变顶高尾水洞的系统动态特性的控制方法。

参 考 文 献

[1] 吴荣樵, 陈鉴治. 水电站水力过渡过程. 北京: 中国水利水电出版社, 1997.
[2] 赵桂连. 水电站水机电联合过渡过程研究. 武汉: 武汉大学, 2004.
[3] CHAUDHRY M H. Applied Hydraulic Transients. New York: Springer-Verlag, 2014.
[4] WYLIE E B, STREETER V L. Fluid Transients. New York: Mc Graw-Hill, 1978.
[5] WYLIE E B, STREETER V L, SUO L. Fluid Transients in Systems. Englewood: Prentice Hall, 1993.
[6] THORLEY D A R. Fluid Transients in Pipeline Systems. New York: ASME Press, 2004.
[7] JAEGER C. Fluid Transients in Hydro-Electric Engineering Practice, Glasgow, Blackie, 1977.
[8] WIGGERT D C, TIJSSELING A S. Fluid transients and fluid-structure interaction in flexible liquid-filled piping. Applied Mechanics Reviews, 2001, 54(5): 455-481.
[9] POPESCU M, ARSENIE D, VLASE P. Applied Hydraulic Transients: for Hydropower Plants and Pumping Stations Boca Raton: CRC Press, 2003.
[10] AGUERO J L, ARNERA P L, BARBIERI M B, et al. Hydraulic transients in hydropower plant impact

on power system dynamic stability//Power and Energy Society General Meeting-Conversion and Delivery of Electrical Energy in the 21st Century, 2008 IEEE. New York, IEEE, 2008: 1-6.
[11] 常近时. 水力机械装置过渡过程. 北京: 高等教育出版社, 2005.
[12] 杨开林. 电站与泵站的水力瞬变及调节. 北京: 中国水利水电出版社, 2000.
[13] 郑源, 张健, 周建旭. 水力机组过渡过程. 北京: 北京大学出版社, 2008.
[14] JOHNSON R D. The surge tank in water power plants. Trans. ASME, 1908, 30: 443-474.
[15] JAEGER C. A review of surge-tank stability criteria. Journal of Basic Engineering, 1960, 82(4): 765-775.
[16] MOSONYI E, SETH H B S. The surge tank-a device for controlling water hammer. Water Power & Dam Construction, 1975, 27(2): 69-74.
[17] JAEGER C. Present trends in surge tank design. Proceedings of the Institution of Mechanical Engineers, 1954, 168(1): 91-124.
[18] 刘启钊, 彭守拙. 水电站调压室. 北京: 中国水利水电出版社, 1995.
[19] 郭文成. 基于水轮机调节模式的系统调节品质及调压室稳定断面的研究. 武汉: 武汉大学, 2013.
[20] 付亮, 杨建东, 李进平, 等. 带调压室水电站调节品质的分析. 水力发电学报, 2009, 28(2): 115-120.
[21] 付亮, 杨建东, 鲍海艳. 设调压室水电站负荷扰动下机组频率波动研究. 水利学报, 2008, 39(11): 1190-1196.
[22] 国家能源局. 水电站调压室设计规范: NB/T 35021-2014. 北京: 新华出版社, 2014.
[23] MARRIS A W. Large water-level displacements in the simple surge tank. Journal of Basic Engineering, 1959, 81(12): 446-454.
[24] MARRIS A W. The phase-plane topology of the simple surge-tank equation. Journal of Basic Engineering, 1961, 83(12): 700-708.
[25] 季奎, 马跃先, 王世强. 调压室大波动稳定断面研究. 水利学报, 1990(5): 45-51.
[26] CALAME J, GADEN D. Theorie des Chambers d'equilibre. Paris: Gantur-Villars, 1926.
[27] 陈鉴治. 调压室水位波动稳定的若干问题. 武汉水利电力学院学报, 1957(1): 163-187.
[28] 杨建东, 赖旭, 陈鉴治. 连接管速度头和动量项对调压室稳定面积的影响. 水利学报, 1995(7): 59-65.
[29] 寿梅华. 水轮机特性对调速器参数整定的影响. 水利学报, 1965(4): 32-41.
[30] 寿梅华. 有调压井的水轮机调节问题. 水利水电技术, 1991(7): 28-35.
[31] 杨建东, 赖旭, 陈鉴治. 水轮机特性对调压室稳定面积的影响. 水利学报, 1998(2): 7-11.
[32] 董兴林. 水电站调压井稳定断面问题的研究. 水利学报, 1980(4): 37-48.
[33] 董兴林. 大朝山水电站尾水调压井稳定断面积分析计算报告. 水科院水力学所, 1992.
[34] 郑向阳. 有调压室水电站多机-洞时水力调速系统稳定分析. 武汉: 武汉大学, 2005.
[35] 李敬恒, 刘昌玉. 引入水压反馈减小调压室稳定断面. 水电能源科学, 1990, 8(3): 232-241.
[36] 郭文成, 杨建东, 陈一明, 等. 考虑压力管道水流惯性和调速器特性的调压室临界稳定断面研究. 水力发电学报, 2014, 33(3): 171-178.
[37] 孔昭年. 带有双调压井的水电站调节系统稳定性的研究. 水力机械技术, 1983(5): 1-13.
[38] 李新新. 水轮机调节器特性对调压井稳定性的影响. 水利电力科技, 1993, 20(3): 46-55.
[39] 潘志秋, 杨建设. 调速器参数整定对调压井质量波动稳定性的影响及调节系统动特性分析. 华北水利水电学院院报, 1991(4): 41-47.
[40] 赵桂连, 杨建东, 杨安林. 电气过渡过程对转速调节品质的影响. 水力发电学报, 2007, 26(1): 135-138.
[41] 付亮. 带调压室水电站调节品质及稳定性研究. 武汉: 武汉大学, 2009.

[42] 付亮, 李进平, 杨建东, 等. 尾水调压室水电站调节系统动态品质研究. 水力发电学报, 2010, 29(2): 163- 167, 176.
[43] 古宾. 水力发电站. 徐锐等译. 北京: 水利电力出版社, 1983.
[44] 耶格尔. 水力不稳定流. 王树人, 等译. 大连: 大连工学院出版社, 1987.
[45] 索丽生. 设置上下游双调压室的水力-机械系统的小波动稳定分析. 华东水利学院学报, 1984, 4: 3.
[46] 杨建东, 陈鉴治. 上下游调压室系统水位波动稳定分析. 水利学报, 1993(7): 50-56.
[47] 宋东辉. 上下游双调压室系统水位波动稳定分析. 水利学报, 1996(5): 56-60.
[48] 赖旭, 杨建东. 调速器对上下游双调压井水电站稳定域的影响. 武汉水利电力大学学报, 1997, 30(5): 30-34.
[49] 耿清华, 鞠小明. 上下游双调压室调节保证计算及稳定性分析. 东北水利水电, 2012, 30(1): 10-11.
[50] CHEN J P, YANG J D, GUO W C, et al. Study on the stability of waterpower-speed control system for hydropower station with upstream and downstream surge chambers based on regulation modes//IOP Conference Series: Earth and Env: ronmenfal Science. Poristol: IOP Publishing.
[51] CHEN J P, YANG J D, GUO W C. Bifurcation analysis of hydraulic turbine regulating system with Saturation nonlinearity for hydropower stations with upstream and downstream surge chambers//IOP Conference Series: Earth and Env: ronmenfal Science. Poristol: IOP Publishing.
[52] 滕毅, 杨建东, 郭文成, 等. 带上游串联双调压室电站水力-调速系统稳定性的研究. 水力发电学报, 2015, 34(5): 72-79.
[53] 李振轩, 鞠小明, 陈云良, 等. 上游串联双调压室系统小波动稳定性计算分析. 人民黄河, 2015, 37(3): 103-106.
[54] 陈岚, 赖旭, 邹金. 上游串联双调压室系统稳定断面面积设计. 水电能源科学, 2016, 34(4): 54-57.
[55] TENG Y, YANG J D, GUO W C, et al. The worst moment of superposed surge wave in upstream series double surge tanks of hydropower station//IOP Conference Series: Earth and Env: ronmenfal Science. Poristol: IOP Publishing.
[56] GUO W C, YANG J D, TENG Y. Surge wave characteristics for hydropower station with upstream series double surge tanks in load rejection transient. Renewable Energy, 2017, 108: 488-501.
[57] 季奎, 李乐. 气压式调压室稳定断面研究. 水利学报, 1989(9): 50-54.
[58] 张永良, 刘天雄. 气垫式调压室小波动稳定性的理论研究. 水力发电学报, 1991(2): 52-62.
[59] 马跃先, 季奎. 气压式调压室大波动稳定断面分析. 水利学报, 1992(12): 41-47.
[60] YANG X L, KUNG C S. Stability of air-cushion surge tanks with throttling. Journal of Hydraulic Research, 1992, 30(6): 835-850.
[61] 张健, 索丽生. 从阻抗试验值推求气垫调压室稳定断面. 水电能源科学, 2000, 18(3): 38-40.
[62] 范波芹, 张健, 索丽生, 等. 含气垫调压室的水电站输水系统小波动稳定分析初探. 水利水电技术, 2005, 36(7): 114-115.
[63] GUO W C, YANG J D, CHEN J P, et al. study on the stability of waterpower-speed control system for hydropower station with air cushion surge chamber//IOP Conference Series: Earth and Env: ronmenfal Science. Poristol: IOP Publishing.
[64] 李玲, 陈冬波, 杨建东, 等. 气垫式调压室稳定断面积研究. 水利学报, 2016, 47(5): 700-707.
[65] KRIVEHENKO G I, KVYATKOVSKAYA E V, VASILEV A B, et al. New design of tailrace conduits of hydropower plant. Hydrotechnical Construction, 1985, 19(7): 352-357.
[66] 王明疆, 杨建东, 王煌. 含明渠尾水系统小波动调节稳定性分析. 水力发电学报, 2015, 34(1): 161-168.
[67] 杨建东, 陈鉴治, 陈文斌, 等. 水电站变顶高尾水洞体型研究. 水利学报, 1998, 3: 9-12, 21.
[68] 程永光, 杨建东, 张师华, 等. 具有变顶高尾水洞的水电站明满流过渡过程. 水动力学研究与进

展, 1998, 3: 1-6.
[69] 雷艳, 杨建东. 某电站变顶高尾水洞水力工作特性模型试验研究. 武汉水利电力大学学报, 1999, 32(6): 23-27.
[70] 赖旭, 杨建东. 大型水电站变顶高尾水洞工作特性研究. 中国电力, 2001, 34(10): 24-27.
[71] 王建华, 李修树, 江会福. 三峡右岸地下电站变顶高尾水系统分析研究. 人民长江, 2002, 33(7): 1-3.
[72] 邓命华, 刘德有, 周建旭. 水电站变顶高尾水洞瞬变流计算及体型设计. 河海大学学报(自然科学版), 2003, 31(4): 436-439.
[73] 辜晓原, 李佛炎, 禹芝文. 向家坝水电站地下厂房变顶高尾水系统研究. 水力发电, 2004, 30(6): 23-26.
[74] 张强, 刘保华. 向家坝水电站右岸变顶高尾水洞的水力计算. 水力发电, 2004, 30(3): 32-33.
[75] 钮新强, 杨建东, 谢红兵, 等. 三峡地下电站变顶高尾水洞技术研究与应用. 人民长江, 2009, 23: 1-4.
[76] 李进平, 杨建东. 变顶高尾水洞明满混合流流态分析. 水电能源科学, 2010, 28(8): 79, 86-87.
[77] 张永良, 缪明非. 变顶高尾水洞的顶坡及体形设计方法. 水力发电, 2011, 36(11): 27-29.
[78] 缪明非, 张永良. 变顶高尾水系统尾水管进口真空度的近似公式. 水力发电学报, 2011, 30(2): 130-135.
[79] 赖旭, 陈鉴治, 杨建东. 变顶高尾水洞水电站机组运行稳定性研究. 水力发电学报, 2001, 4: 102-107.
[80] 周建旭, 张健, 刘德有. 双机共变顶高尾水洞系统水力干扰分析. 河海大学学报(自然科学版), 2004, 32(6): 661-664.
[81] 周建旭, 张健, 刘德有. 双机共变顶高尾水洞系统小波动稳定性研究. 水利水电技术, 2004, 35(12): 64-67.
[82] 李修树, 胡铁松, 喻鹤之, 等. 变顶高尾水系统小波动过渡过程稳定性分析研究. 水电能源科学, 2005, 23(1): 28-30.
[83] 郭文成, 杨建东, 王明疆. 基于Hopf分岔的变顶高尾水洞水电站水轮机调节系统稳定性研究. 水利学报, 2016, 47(2): 189-199.
[84] 沈祖诒. 水轮机调节. 3版. 北京: 中国水利水电出版社, 1998.
[85] 魏守平. 水轮机调节. 武汉: 华中科技大学出版社, 2009.
[86] DRTINA P, SALLABERGER M. Hydraulic turbines-basic principles and state-of-the-art computational fluid dynamics applications. Proceedings of the Institution of Mechanical Engineers, Part C: Journal of Mechanical Engineering Science, 1999, 213(1): 85-102.
[87] CASEY M V, KECK H. Hydraulic turbines// SCHETZ J A, FUHS A E, Eds. Handbook of Fluid Dynamics and Fluid Machinery. New York: John Wiley, 1996.
[88] KOSTEREV D. Hydro turbine-governor model validation in pacific northwest. IEEE Transactions on Power Systems, 2004, 19(2): 1144-1149.
[89] HANNETT L N, FELTES J W, FARDANESH B. Field tests to validate hydro turbine-governor model structure and parameters. IEEE Transactions on Power Systems, 1994, 9(4): 1744-1751.
[90] JIANG C, MA Y, WANG C. PID controller parameters optimization of hydro-turbine governing systems using deterministic-chaotic-mutation evolutionary programming (DCMEP). Energy Conversion and Management, 2006, 47(9): 1222-1230.
[91] LI C, ZHOU J. Parameters identification of hydraulic turbine governing system using improved gravitational search algorithm. Energy Conversion and Management, 2011, 52(1): 374-381.
[92] Gioso D R, Henderson A D, Walker J M, et al. physics-based hydraulic twbine model for system

dynamic studies. IEEE Transactions on Power System. 2017, 32(2): 1161-11688.
[93] REPORT I. Dynamic models for steam and hydro turbines in power system studies. IEEE Transactions on Power Apparatus and Systems, 1973(6): 1904-1915.
[94] XU B, CHEN D, ZHANG H, et al. Modeling and stability analysis of a fractional-order Francis hydro-turbine governing system. Chaos, Solitons & Fractals, 2015, 75: 50-61.
[95] ZHANG H, CHEN D, XU B, et al. Nonlinear modeling and dynamic analysis of hydro-turbine governing system in the process of load rejection transient. Energy Conversion and Management, 2015, 90: 128-137.
[96] CHEN D, DING C, MA X, et al. Nonlinear dynamical analysis of hydro-turbine governing system with a surge tank. Applied Mathematical Modelling, 2013, 37(14): 7611-7623.
[97] CHEN D, DING C, DO Y, et al. Nonlinear dynamic analysis for a Francis hydro-turbine governing system and its control. Journal of the Franklin Institute, 2014, 351(9): 4596-4618.
[98] GUO W, YANG J, WANG M, et al. Nonlinear modeling and stability analysis of hydro-turbine governing system with sloping ceiling tailrace tunnel under load disturbance. Energy Conversion and Management, 2015, 106: 127-138.
[99] STRAH B, KULJACA O, VUKIC Z. Speed and active power control of hydro turbine unit. IEEE Transactions on Energy Conversion, 2005, 20(2): 424-434.
[100] LI Z, MALIK O P. An orthogonal test approach based control parameter optimization and its application to a hydro-turbine governor. IEEE Transactions on Energy Conversion, 1997, 12(4): 388-393.
[101] MURTY M S R, HARIHARAN M V. Analysis and improvement of the stability of a hydro-turbine generating unit with long penstock. IEEE Transactions on Power Apparatus and Systems, 1984(2): 360-367.
[102] YE L Q, WEI S P, LI Z H, et al. An intelligent self-improving control strategy and its microprocessor-based implementation for application to a hydro-turbine governing system. Canadian Journal of Electrical and Computer Engineering, 1990, 15(4): 130-138.
[103] KHODABAKHSHIAN A, GOLBON N. Robust load frequency controller design for hydro power systems//Control Applications, 2005. New York: IEEE, 2005: 1510-1515.
[104] GUO W C, YANG J D, CHEN J P. Research on critical stable sectional area of surge chamber considering the fluid inertia in the penstock and characteristics of governor//New York: ASME.
[105] GUO W C, YANG J D, CHEN J P, et al. Time response of the frequency of hydroelectric generator unit with surge tank under isolated operation based on turbine regulating modes. Electric Power Components and Systems, 2015, 43(20): 2341-2355.
[106] JIANG J. Design of an optimal robust governor for hydraulic turbine generating units. IEEE Transactions on Energy Conversion, 1995, 10(1): 188-194.
[107] FANG H, CHEN L, SHEN Z. Application of an improved PSO algorithm to optimal tuning of PID gains for water turbine governor. Energy Conversion and Management, 2011, 52(4): 1763-1770.
[108] KISHOR N, SINGH S P, RAGHUVANSHI A S. Dynamic simulations of hydro turbine and its state estimation based LQ control. Energy Conversion and Management, 2006, 47: 3119-3137.
[109] KISHOR N. Nonlinear predictive control to track deviated power of an identified NNARX model of a hydro plant. Expert Systems with Applications, 2008, 35: 1741-1751.
[110] IEEE Working Group. Hydraulic turbine and turbine control model for system dynamic studies. IEEE Transactions on Power Systems, 1992, 7: 167-179.
[111] 魏守平. 水轮机调节系统的 MATLAB 仿真模型. 水电自动化与大坝监测, 2009, 33(4): 7-11.
[112] 方红庆, 陈龙, 李训铭. 基于线性与非线性模型的水轮机调速器PID参数优化比较. 中国电机工程

学报, 2010, 5: 100-106.
[113] 郭文成, 杨建东, 杨威嘉. 水轮机三种调节模式稳定性比较研究. 水力发电学报, 2014, 33(4): 255-262.
[114] 刘昌玉, 李崇威, 洪旭钢, 等. 基于改进粒子群算法的水轮机调速系统建模. 水电能源科学, 2011, 29(12): 124-127.
[115] 刘昌玉, 何雪松, 何凤军, 等. 水电机组原动机及其调节系统精细化建模. 电网技术, 2015, 1: 236-241.
[116] 凌代俭, 沈祖诒. 水轮机调节系统的非线性模型, PID 控制及其 Hopf 分叉. 中国电机工程学报, 2005, 25(10): 97-102.
[117] 孙郁松, 孙元章, 卢强, 等. 水轮机调节系统非线性 H∞控制规律的研究. 中国电机工程学报, 2001, 21(2): 56-59.
[118] 魏守平, 罗萍, 张富强. 水轮机调节系统的适应式变参数控制. 水电能源科学, 2003, 21(1): 64-67.
[119] 魏守平, 卢本捷. 水轮机调速器的 PID 调节规律. 水力发电学报, 2003, 4: 112-118.
[120] 周泰斌, 周建中, 常黎. 模糊控制在水轮机调节系统中的应用. 电力系统及其自动化学报, 2003, 15(1): 10-14.
[121] 张江滨, 解建仓, 焦尚彬. 水轮机最优控制系统研究. 水力发电学报, 2004, 23(4): 112-116.
[122] 方红庆, 沈祖诒, 吴恺. 水轮机调节系统非线性扰动解耦控制. 中国电机工程学报, 2004, 24(3): 151-155.
[123] 高慧敏, 刘宪林, 徐政. 水轮机详细模型对电力系统暂态稳定分析结果的影响. 电网技术, 2005, 29(2): 5-8.
[124] 魏守平. 水轮机调节系统一次调频及孤立电网运行特性分析及仿真. 水电自动化与大坝监测, 2009, 33(6): 27-33.
[125] 陈帝伊, 杨朋超, 马孝义, 等. 水轮机调节系统的混沌现象分析及控制. 中国电机工程学报, 2011, 31(14): 113-120.
[126] 寇攀高, 周建中, 张孝远, 等. 基于滑模变结构控制的水轮机调节系统. 电网技术, 2012, 8: 157-162.
[127] 吴罗长, 余向阳, 南海鹏, 等. 考虑非线性的水轮机调节系统协同进化模糊 PID 仿真. 西北农林科技大学学报(自然科学版), 2013, 41(9): 229-234.
[128] 陈帝伊, 丁聪, 把多铎, 等. 水轮发电机组系统的非线性建模与稳定性分析. 水力发电学报, 2014, 33(2): 235-241.
[129] 曾云, 张立翔, 钱晶, 等. 弹性水击水轮机微分代数模型的仿真. 排灌机械工程学报, 2014, 32(8): 691-697.
[130] 张醒, 张德虎, 刘莹莹. 基于分数阶模糊 PID 控制的水轮机调节系统. 排灌机械工程学报, 2016, 34(6): 504-510.

第 2 章 基于降阶模型的设调压室水轮机调节系统暂态特性与控制

对于调压室，负荷小扰动下，可以在线性化的范畴内建立调压室内水流运动的数学模型，并与水轮机调节系统其他子环节的线性化数学模型联立，构成线性化的设调压室水轮机调节系统数学模型。但是，调压室的引入增加了调节系统数学模型的阶数，产生了高阶(5阶及以上)调节系统。高阶数学模型一方面会大大增加系统暂态特性与控制理论分析的难度，另一方面不利于调速器控制策略的设计和控制效果的实现。如何进行系统的精准降阶、构造调节系统低阶等效数学模型，是设调压室水轮机调节系统耦合动力学建模与暂态过程控制面临的关键问题。

本章以水轮机调节系统高阶数学模型的降阶处理方法为出发点，针对设调压室水轮机调节系统，提出具有严格理论依据与通用性的降阶方法，构造调节系统的低阶等效数学模型，达到可以解析求解与分析的目的。然后依据低阶等效数学模型，进行设调压室水轮机调节系统的暂态特性分析，并根据水电站运行要求，求解调节品质的性能指标的解析表达式，分析水电站的水力设计参数与机械设计参数对系统调节品质的影响，给出相关参数的取值依据。具体而言，包括以下两个方面。

（1）2.1 节依据调节系统主导极点的分布，通过简化系统的综合传递函数，实现系统的降阶，得到低阶等效数学模型，进行调节系统的暂态特性分析与控制。

（2）2.2 节依据压力管道的水流惯性与水头损失对系统稳定性与调节品质的作用机理，通过简化压力管道动力方程，实现系统的降阶，得到低阶等效数学模型，进行调节系统的暂态特性分析与控制。

2.1 设调压室水轮机调节系统转速响应调节品质

电力系统运行的主要任务之一是在电网负荷不断变化的情况下控制电网频率在额定值附近的一个允许范围内以保证电能质量，负荷频率控制（load frequency control，LFC）则是完成这一任务的主要措施[1-13]。现代电力系统中，水电站因其运行灵活的特点而承担主要的电网调峰调频任务，水轮发电机组的 LFC 由水轮机调节系统（核心是水轮机调速器）实现。

水轮发电机组的运行方式主要有并大电网运行和孤立电网运行，前者是主要的运行方式，后者是一种事故性的和暂时的运行方式。并大电网运行时，电网的 LFC 通过电网自动发电控制（automatic generation control，AGC）系统和电厂 AGC 系统控制水轮机调节系统来实现[14-23]，完成电网的一次调频、二次调频及区域电网间交换功率控制等。学术界在这方面开展了大量的研究，一些先进的控制策略如模糊控制[24-28]、鲁棒控制[29-33]、智能不连续控制[34-37]等都被用于 LFC 系统的控制器设计，并取得了较好的控制效果。孤立电网运行时，受被控机组容量占孤网总容量的比例、突变负荷大小及孤网负荷特性等因素的影响，这种情况下调速器的工作条件十分复杂，只能尽量维持电网频率在一定范围内。中华人民共和国国家标准对孤立电网运行的水轮机调节系统负荷扰动下的机组频率（转速）响应的衰减度有明确的限制[38]，工程实际则要求频率波动在满足稳定性要求的前提下具有良好的调节品质。对于设调压室水轮机调节系统的频率响应调节品质问题，研究成果较少。调压室是水电站重要的平压设施，它的存在使机组频率响应受调压室水位波动的影响而在波形上呈现主波和尾波的特点[39]，显著不同于无调压室的情况，如图2.1 所示。文献[39]～文献[41]通过数值模拟的方法分析了主波和尾波的波动特点、系统参数对调节品质的影响；文献[42]和[43]通过求解尾波波动方程研究了尾波波动特性及其与调节品质的关系。但通过总结可以发现，以上研究存在以下两方面的缺陷:

（1）研究手段多是数值模拟，理论分析较少，对于调节品质机理的揭示和规律的认识比较欠缺。

（2）在进行理论分析时，为了降低系统综合传递函数的阶数而做了过多简化（文献[42]假设调压室水位按正弦规律波动且忽略压力管道的水流惯性、整个引水道的水头损失，文献[43]忽略压力管道的水流惯性和水头损失)，没有建立完整的数学模型，简化模型无法真实反映原始系统。

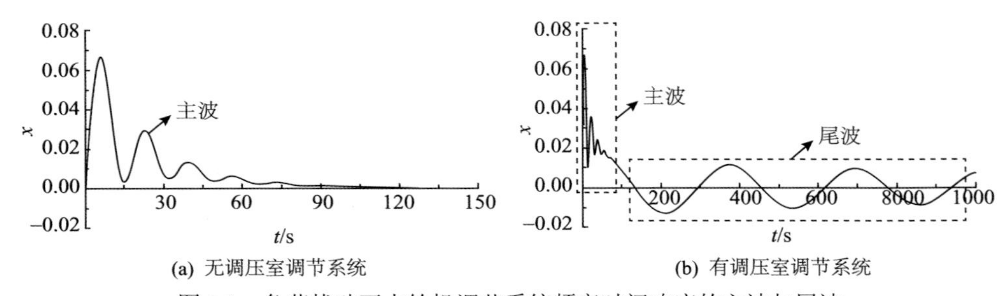

(a) 无调压室调节系统　　(b) 有调压室调节系统

图 2.1　负荷扰动下水轮机调节系统频率时间响应的主波与尾波

为了克服以上两点缺陷，本节针对孤立电网运行的设调压室水电站（以气垫式调压室为例，常规开敞式调压室可以看作气垫式调压室的特例)，深入进行水轮机调节系统转速响应调节品质的研究，以期达到以下目的。

（1）对于孤立电网运行的设调压室水电站，揭示调节系统的主导极点/非主导极点与综合传递函数的分母项的关系，建立主导极点/非主导极点与频率响应主波和尾波的对应关系。

（2）提出调节系统高阶数学模型的降阶方法，求解出可以定量评价系统调节品质的波动特性参数的解析表达式，据此指导孤立电网运行的设调压室水电站的调节品质的改善。

本节分析思路如下: 首先建立包含所有子系统（引水隧洞、调压室、压力管道、水轮机、调速器、发电机等）的完整的水轮机调节系统数学模型，由此数学模型推求调节系统在负荷阶跃扰动下的综合传递函数和机组转速响应。其次基于主导极点，提出水轮机调节系统高阶转速响应的一次降阶和二次降阶方法，解决完整数学模型带来的高阶系统难于理论分析的难题。再次由降阶后的转速响应分离出转速波动的主波和尾波波动方程，据此揭示主波和尾波的形成机理、变化规律及与调节品质的关系。最后根据尾波波动方程推导系统调节品质的动态性能指标调节时间的表达式，并分析调节系统特性参数对转速响应波动特性及调节时间的影响。

2.1.1　数学模型

设调压室水电站引水发电系统水轮机调节系统如图 2.2 所示，建立包含此引水发电系统所有子系统的完整数学模型如下。

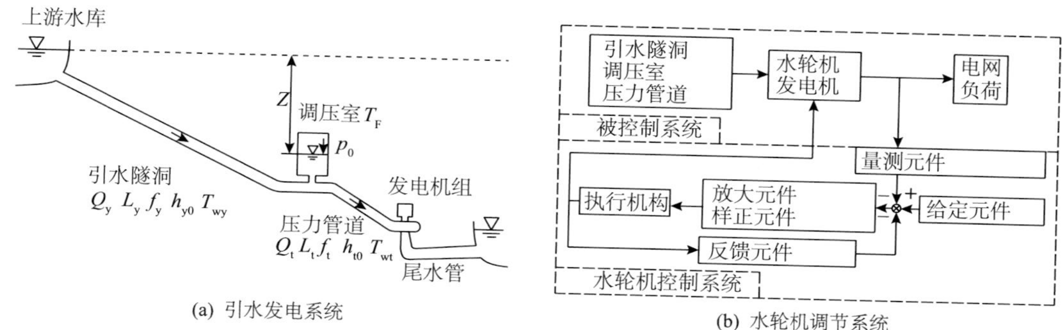

图 2.2　设调压室水电站引水发电系统与水轮机调节系统

1. 管道系统方程

引水隧洞动力方程：

$$h_F = -T_{wy}\frac{dq_y}{dt} - \frac{2h_{y0}}{H_0}q_y \tag{2.1}$$

包含气体状态特性的调压室连续性方程：

$$q_y = \frac{FH_0}{(1+mFp_0/\nabla_0)Q_0}\frac{dh_F}{dt} + q_t \tag{2.2}$$

压力管道动力方程：

$$h_F = T_{wt}\frac{dq_t}{dt} + \frac{2h_{t0}}{H_0}q_t + h \tag{2.3}$$

式（2.1）～式（2.3）中：$h_F=(H_F-H_{F0})/H_0$、$h=(H-H_0)/H_0$、$q_y=(Q_y-Q_{y0})/Q_{y0}$、$q_t=(Q_t-Q_{t0})/Q_{t0}$ 分别为调压室水位离开上游库水位的距离 Z（向下为正）、调压室底部测压管水头 H_F、机组工作水头 H、引水隧洞流量 Q_y、压力管道流量 Q_t 的偏差相对值，$Q_0=Q_{y0}=Q_{t0}$ 为管道初始流量，有下标“0”者均表示初始时刻之值，下同；$T_{wy}=L_yQ_{y0}/gf_yH_0$、h_{y0} 和 $T_{wt}=L_tQ_{t0}/gf_tH_0$、h_{t0} 分别为引水隧洞和压力管道的水流惯性时间常数、水头损失，其中 L_y、f_y 和 L_t、f_t 分别为引水隧洞和压力管道的长度、断面积；F、p_0、∇_0、$l_0=\nabla_0/F$ 分别为调压室面积、初始时刻的室内气体绝对压力、室内气体体积、气室高度；m 为气体多方指数。

令 $T_F = \dfrac{FH_0}{(1+mFp_0/\nabla_0)Q_0}$，称为气垫式调压室时间常数。当 $\nabla_0 \to \infty$ 时 $T_F = FH_0/Q$。即为常规开敞式调压室。

2. 水轮机控制系统方程

水轮机力矩方程、流量方程：

$$m_t = e_h h + e_x x + e_y y \tag{2.4}$$

$$q_t = e_{qh} h + e_{qx} x + e_{qy} y \tag{2.5}$$

发电机一阶方程：

$$T_a \frac{dx}{dt} = m_t - (m_g + e_g x) \tag{2.6}$$

调速器方程：

$$b_t T_d \frac{dy}{dt} = -(T_d \frac{dx}{dt} + x) \tag{2.7}$$

式(2.4)～式(2.7)中：$x=(n-n_0)/n_0$、$y=(Y-Y_0)/Y_0$、$m_t=(M_t-M_{t0})/M_{t0}$、$m_g=(M_g-M_{g0})/M_{g0}$ 分别为水轮机转速 n、导叶开度 Y、动力矩 M_t、阻力矩 M_g 的偏差相对值；e_h、e_x、e_y 为水轮机力矩传递系数；e_{qh}、e_{qx}、e_{qy} 为水轮机流量传递系数；T_a 为机组惯性时间常数；e_g 为负荷自调节系数；b_t 为暂态转差率；T_d 为缓冲时间常数。

2.1.2 综合传递函数的求解

由式（2.1）～式（2.7）可得设调压室水电站在电网负荷小扰动情况下的水轮机调节系统结构框图，如图 2.3 所示。其中，$G_s(s)=H(s)/Q_t(s)$ 为引水系统的传递函数，可由式（2.1）～式（2.3）经过拉普拉斯变换后联立求解得到，$H(s)$、$Q_t(s)$ 分别为 h、q_t 的拉普拉斯变换，s 为拉普拉斯算子。

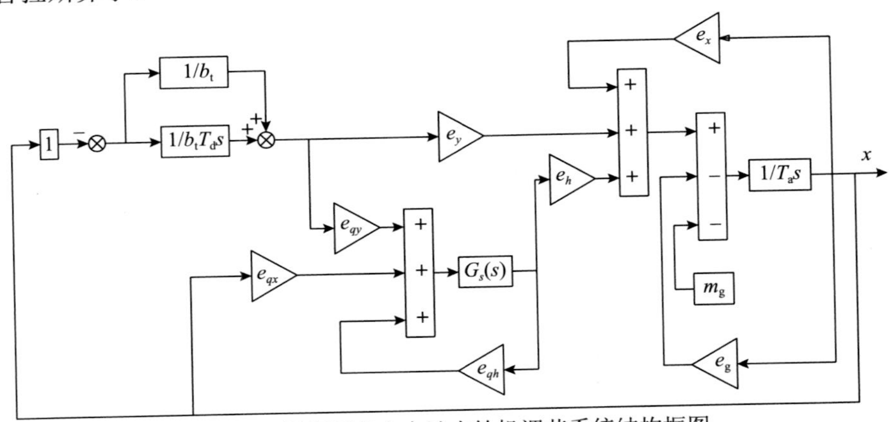

图 2.3 设调压室水电站水轮机调节系统结构框图

根据图 2.3，对基本方程式(2.1)～式(2.7)进行拉普拉斯变换，联立得出设调压室水电站水轮机调节系统的综合传递函数（以负荷阶跃 m_g 为输入信号，转速响应 x 为输出信号）：

$$G(s)=\frac{X(s)}{M_g(s)}=-\frac{b_t T_d s(b_0 s^3+b_1 s^2+b_2 s+b_3)}{a_0 s^5+a_1 s^4+a_2 s^3+a_3 s^2+a_4 s+a_5} \tag{2.8}$$

式中：$X(s)$、$M_g(s)$ 分别为 x、m_g 的拉普拉斯变换，各系数的表达式如下：

$a_0=f_1 f_9$　　$a_1=f_1 f_{10}+f_2 f_9+f_5 f_{12}$

$a_2=f_1 f_{11}+f_2 f_{10}+f_3 f_9+f_5 f_{13}+f_6 f_{12}$　　$a_3=f_2 f_{11}+f_3 f_{10}+f_4 f_9+f_6 f_{13}+f_7 f_{12}$

$a_4=f_3 f_{11}+f_4 f_{10}+f_7 f_{13}+f_8 f_{12}$　　$a_5=f_4 f_{11}+f_8 f_{13}$

$b_0=f_1$　　$b_1=f_2$

$b_2=f_3$　　$b_3=f_4$

$$f_1=e_{qh}T_F T_{wy}T_{wt} \qquad f_2=T_F\left[T_{wy}\left(1+e_{qh}\frac{2h_{t0}}{H_0}\right)+T_{wt}e_{qh}\frac{2h_{y0}}{H_0}\right]$$

$$f_3=e_{qh}(T_{wy}+T_{wt})+T_F\frac{2h_{y0}}{H_0}\left(1+e_{qh}\frac{2h_{t0}}{H_0}\right) \qquad f_4=1+e_{qh}\frac{2(h_{y0}+h_{t0})}{H_0}$$

$$f_5=T_F T_{wy}T_{wt} \qquad f_6=T_F\left(T_{wy}\frac{2h_{t0}}{H_0}+T_{wt}\frac{2h_{y0}}{H_0}\right)$$

$$f_7=T_{wy}+T_{wt}+T_F\frac{2h_{y0}}{H_0}\frac{2h_{t0}}{H_0} \qquad f_8=\frac{2(h_{y0}+h_{t0})}{H_0}$$

$$f_9=b_t T_d T_a \qquad f_{10}=b_t T_d(e_g-e_x)+T_d e_y$$

$$f_{11}=e_y \qquad f_{12}=b_t T_d e_h e_{qx}-T_d e_h e_{qy}$$

$$f_{13}=-e_h e_{qy}$$

2.1.3　水轮机调节系统的一次降阶

负荷发生阶跃变化时，输入响应 $M_g(s)=m_{g0}/s$，其中 m_{g0} 为负荷阶跃相对值。根据式（2.8）可以得到负荷阶跃信号输入下的机组转速输出响应：

$$X(s)=-b_t T_d m_{g0}\frac{\sum_{i=0}^{3}b_i s^{3-i}}{\sum_{i=0}^{5}a_i s^{5-i}} \tag{2.9}$$

式（2.9）表明：利用完整的数学模型得到的水轮机调节系统在负荷阶跃扰动下的机组转速瞬态响应为一 5 阶系统，称为完整 5 阶系统。但此系统表达式分母的次数为 5 次（对应 5 阶线性常系数齐次微分方程），且不能进行因式分解，故不仅无法直接解出机组的转速响应波动方程 $x=x(t)$，而且难于进行理论分析。根据伽罗瓦理论[44]，5 次及以上的方程没有公式解、5 次以下的方程有公式解，故只能通过降阶的方式对式（2.9）进行简化求解。本节依据系统的极点分布进行降阶。

1. 调节系统的极点分析

由于完整 5 阶系统的极点无法解析求解，故只能通过具体水电站的算例来说明系统极点的分布情况。为此，选取三个不同类型的设有上游气垫式调压室方案的水电站（资料见表 2.1），极点分布的计算结果如表 2.2、表 2.3 所示。其中，$n_f=F/F_{\text{th}}$ 为调压室面积放大系数，F_{th} 为调压室临界稳定断面。

表 2.1　算例水电站基本资料

水电站	单机容量/MW	额定水头/m	额定流量/（m^3/s）	T_{wy}/s	T_{wt}/s	h_{y0}/m	h_{t0}/m
A	610.00	288.00	228.60	23.84	1.26	12.92	2.91
B	118.56	177.00	72.50	39.73	1.82	20.53	5.12
C	51.28	89.00	62.70	17.75	2.33	7.57	5.53

表 2.2　算例水电站水轮机调节系统转速响应极点分布（b_t=0.5，T_d=10s，n_f=1.2）

水电站	极点				
	s_1	s_2	s_3	s_4	s_5
A	−0.700109	−0.497736	−0.096566	−0.000297−0.010893i	−0.000297+0.010893i
B	−0.372004−0.252885i	−0.372004+0.252885i	−0.102115	−0.000713−0.008873i	−0.000713+0.008873i
C	−0.599470−0.145486i	−0.599470+0.145486i	−0.089744	−0.001166−0.017323i	−0.001166+0.017323i

表 2.3　水电站 A 不同参数组合下水轮机调节系统转速响应极点分布

参数组合	极点				
b_t，T_d/s，n_f	s_1	s_2	s_3	s_4	s_5
0.2，5，1.1	−0.240190	−0.210205−0.801875i	−0.210205+0.801875i	−0.000112-0.011491i	−0.000112+0.011491i
0.8，15，1.3	−1.144832	−0.259242	−0.048482	−0.000498-0.010323i	−0.000498+0.010323i

分析表 2.2、表 2.3 可知：

（1）完整 5 阶系统五个极点的实部均为负值，说明在所取参数组合下，系统是稳定的。

（2）总存在一对共轭复极点（s_4、s_5），其实部绝对值远小于其他三个极点的实部绝对值（后者是前者的 77～1877 倍），表明其更靠近虚轴，是系统的主导极点[45]；其他三个极点（s_1、s_2、s_3）可以是三个实极点，也可以是一个实极点与一对共轭复极点，且均是系统的非主导极点[45]。

2. 调节系统的一次降阶

删去完整 5 阶系统 $X(s)$ 表达式分母的最高次项 $a_0 s^5$，使分母变成 $\sum_{i=1}^{5} a_i s^{5-i}$，再进行系统极点分布的计算，结果如表 2.4、表 2.5 所示。

表 2.4　删去分母最高次项后算例水电站水轮机调节系统转速响应极点分布（b_t=0.5，T_d=10s，n_f=1.2）

水电站	极点				
	s_1	s_2	s_3	s_4	s_5
A	-	−0.257646	−0.100854	−0.000297-0.010893i	−0.000297+0.010893i
B	-	−0.215164	−0.113299	−0.000713-0.008873i	−0.000713+0.008873i
C	-	−0.285761	−0.092568	−0.001164-0.017329i	−0.001164+0.017329i

表 2.5　删去分母最高次项后水电站 A 不同参数组合下水轮机调节系统转速响应极点分布

参数组合 b_t，T_d/s，n_f	极点				
	s_1	s_2	s_3	s_4	s_5
0.2，5，1.1	-	−0.922001	−0.270904	−0.000112−0.011491i	−0.000112+0.011491i
0.8，15，1.3	-	−0.202107	−0.048979	−0.000498−0.010323i	−0.000498+0.010323i

分析表 2.4、表 2.5 可知：

（1）系统的四个极点的实部同样均为负值，说明删去分母的最高次项 $a_0 s^5$ 不会改变系统的稳定状态。

（2）系统仍总存在一对共轭主导复极点（s_4、s_5），且其取值较原系统几乎不发生变化（仅水电站 C 由−0.001166±0.017323i 变为−0.001164±0.017329i，其余均保持不变），说明删去分母的最高次项 $a_0 s^5$ 不仅不会改变主导极点的类型和数量，而且几乎不会改变主导极点的大小；另两个非主导极点（s_2、s_5）为实极点。

因为闭环系统的主导极点对瞬态过程性能的影响最大，决定响应的类型且在整个响应过程中起着控制作用，所以根据以上的极点分析，对完整 5 阶系统进行一次降阶，得水轮机调节系统在负荷阶跃扰动下的机组转速瞬态响应一次低阶等效系统（4 阶）：

$$X_E(s) = -b_t T_d m_{g0} \frac{\sum_{i=0}^{3} b_i s^{3-i}}{\sum_{i=1}^{5} a_i s^{5-i}} \tag{2.10}$$

用一次低阶等效系统代替式（2.9）表示的完整 5 阶系统，即 $X_E(s) \approx X(s)$。以表 2.1 中的三个水电站为例，对比分析这两个系统的机组转速响应。额定负荷运行突减 10%额定负荷（即 $m_{g0} = -0.1$）下的机组转速瞬态响应过程如图 2.4 所示，各响应曲线的特征参数见表 2.6。

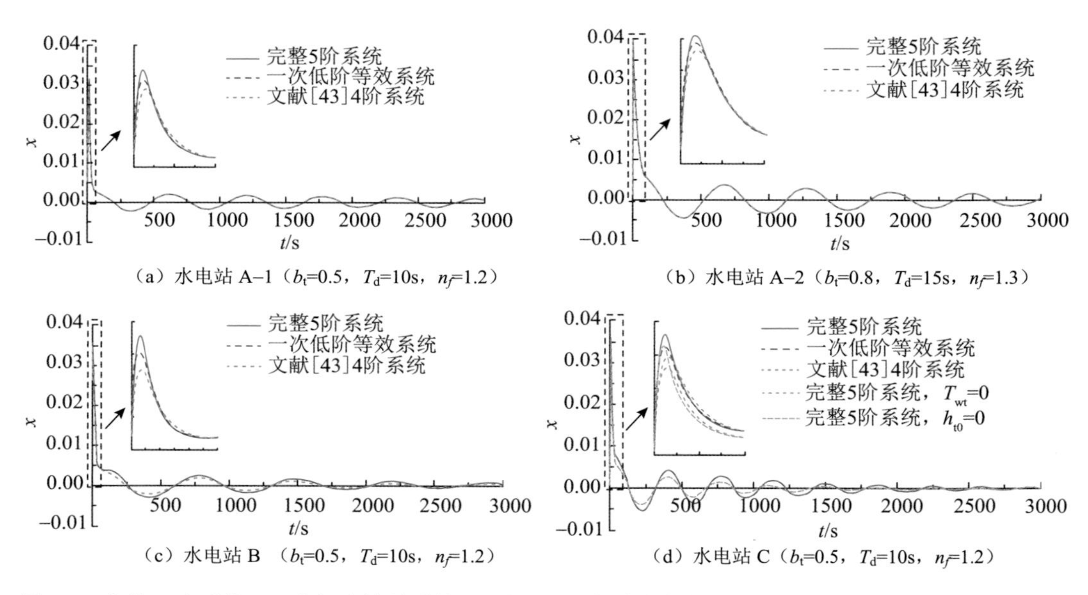

（a）水电站 A–1（b_t=0.5，T_d=10s，n_f=1.2）（b）水电站 A–2（b_t=0.8，T_d=15s，n_f=1.3）

（c）水电站 B（b_t=0.5，T_d=10s，n_f=1.2）（d）水电站 C（b_t=0.5，T_d=10s，n_f=1.2）

图 2.4 完整 5 阶系统、一次低阶等效系统及文献[43]4 阶系统在负荷阶跃扰动（m_{g0}=−0.1）下的机组转速响应对比

表 2.6 完整 5 阶系统、一次低阶等效系统及文献[43]4 阶系统机组转速响应曲线特征参数

响应类型		主波最大值	尾波振幅	尾波周期/s	尾波衰减度
水电站 A–1（b_t=0.5，T_d=10s，n_f=1.2）	1	0.0316	0.0025	576.4385	0.0003
	2	0.0285	0.0025	576.4385	0.0003
	3	0.0255	0.0025	576.4385	0.0003
水电站 A–2（b_t=0.8，T_d=15s，n_f=1.3）	1	0.0398	0.0054	610.0175	0.0005
	2	0.0379	0.0054	610.0175	0.0005
	3	0.0355	0.0052	610.0175	0.0005
水电站 B（b_t=0.5，T_d=10s，n_f=1.2）	1	0.0358	0.0041	705.9753	0.0007
	2	0.0307	0.0041	705.9753	0.0007
	3	0.0252	0.0036	705.9753	0.0009
水电站 C（b_t=0.5，T_d=10s，n_f=1.2）	1	0.0361	0.0071	363.1896	0.0012
	2	0.0326	0.0071	363.1884	0.0012
	3	0.0261	0.0054	356.9989	0.0016
	4	0.0295	0.0071	365.3012	0.0012
	5	0.0329	0.0054	354.9819	0.0016

注：1 为完整 5 阶系统；2 为一次低阶等效系统；3 为文献[43]4 阶系统；4 为完整 5 阶系统；且 T_{wt}=0；5 为完整 5 阶系统，且 h_{t0}=0

分析图 2.4、表 2.6 可知：

（1）删去分母的最高次项 a_0s^5，会使负荷阶跃扰动下机组转速响应波动曲线在开始时段（主波）有小幅的变化，转速最大值略为减小（水电站 A–1、A–2、B、C 的减小幅度分别为 9.83%、4.82%、14.31%、9.62%），后续时段（尾波）几乎不发生变化（仅水

电站 C 的尾波周期由 363.1896s 变为 363.1884s，其余特征参数均保持不变），说明完整 5 阶系统分母的最高次项 a_0s^5 只对主波有微小的影响，对尾波几乎没有影响。

（2）一次低阶等效系统的波动响应曲线的趋势与完整 5 阶系统一致，两者吻合得很好，说明此一次低阶等效系统可以真实反映完整 5 阶系统的波动特性，用其近似代替完整 5 阶系统的处理方法是可行的。

3. 不同 4 阶水轮机调节系统数学模型的对比分析

文献[43]在忽略压力管道的水流惯性和水头损失的情况下得到一 4 阶转速瞬态响应系统（即本节完整 5 阶系统在 $T_{wt}=0$、$h_{t0}=0$ 下的特例）。现对这种模型的适用性及其与完整 5 阶系统、一次低阶等效系统的差异进行分析，同样选取表 2.1 中的三个水电站，$m_{g0}=-0.1$ 下的机组转速瞬态响应过程如图 2.4 所示。

分析图 2.4、表 2.6 可知：

（1）对于不同水头的水电站，文献[43]4 阶系统的机组转速响应主波的最大值均较大程度地小于完整 5 阶系统，水电站 A–1、A–2、B、C 的减小幅度分别为 19.28%、10.75%、29.61%、27.66%，且均大于相应的一次低阶等效系统减小的幅度。

（2）对于高水头水电站 A，不同调速器参数和调压室面积组合下文献[43]4 阶系统的机组转速响应尾波与完整 5 阶系统及一次低阶等效系统的机组转速响应尾波均非常吻合（仅 b_t=0.8、T_d=15s、n_f=1.3 组合下的尾波振幅 0.0052 略小于另两个系统的 0.0054，其余参数相同）；但对于中低水头水电站 B、C，文献[43]4 阶系统的尾波对于完整 5 阶系统及一次低阶等效系统的吻合程度很低，且水头越低，吻合程度越低（水电站 B 的尾波周期不变，尾波振幅减小 12.19%，尾波衰减度增大 28.57%；水电站 C 的尾波振幅、尾波周期分别减小 23.94%、1.70%，尾波衰减度增大 33.33%），说明文献[43]4 阶系统已不能较准确地反映真实的系统（完整 5 阶系统）。

（3）文献[43]4 阶系统是完整 5 阶系统在 $T_{wt}=0$、$h_{t0}=0$ 下的特例，说明两者的差别是由 T_{wt} 和 h_{t0} 的取值共同引起的。从图 2.4（d）可知，$T_{wt}=0$ 下的完整 5 阶系统与 $T_{wt}\neq 0$ 时的完整 5 阶系统及一次低阶等效系统相比主波有一定差别，尾波吻合很好（仅尾波周期增大 0.58%），$h_{t0}=0$ 下的完整 5 阶系统与 $h_{t0}\neq 0$ 时的完整 5 阶系统及一次低阶等效系统的主波吻合很好，与文献[43]4 阶系统的尾波吻合很好（仅尾波周期减小 0.56%），说明 T_{wt}、h_{t0} 对系统在负荷阶跃扰动下的机组转速响应过程有较大的影响，前者主要影响主波，后者主要影响尾波，且影响的程度随水电站水头的减小而增大。

综上分析可知，忽略压力管道的水流惯性 T_{wt} 和水头损失 h_{t0} 的文献[43]4 阶系统只适用于高水头水电站，而对中、低水头水电站的转速响应过程模拟效果很差，所以研究负荷阶跃扰动下的水轮机调节系统转速响应的调节品质问题，同为 4 阶的一次低阶等效系统更为准确合理。

2.1.4　水轮机调节系统转速响应调节品质分析

下面利用一次低阶等效系统进行水轮机调节系统转速响应调节品质分析。

1. 机组转速响应波动特性分析

对一次低阶等效系统式（2.10）表示的机组转速响应波动进行分析。式（2.10）的极点由式（2.11）确定：

$$s^4 + A_3 s^3 + A_2 s^2 + A_1 s + A_0 = 0 \tag{2.11}$$

式中：$A_i = a_{5-i} / a_1$，$i = 0$，1，2，3。

由文献[46-47]可知式（2.11）的四个根与以下两个方程的四个根相同：

$$s^2 + (A_3 + \sqrt{8s' + A_3^2 - 4A_2})\frac{s}{2} + \left(s' + \frac{A_3 s' - A_1}{\sqrt{8s' + A_3^2 - 4A_2}}\right) = 0 \tag{2.12}$$

$$s^2 + (A_3 - \sqrt{8s' + A_3^2 - 4A_2})\frac{s}{2} + \left(s' - \frac{A_3 s' - A_1}{\sqrt{8s' + A_3^2 - 4A_2}}\right) = 0 \tag{2.13}$$

式(2.12)、式(2.13)中：$s' = \sqrt[3]{-\frac{l}{2} + \sqrt{\frac{l^2}{4} + \frac{k^3}{27}}} + \sqrt[3]{-\frac{l}{2} - \sqrt{\frac{l^2}{4} + \frac{k^3}{27}}} + \frac{A_2}{6}$；$k = \frac{A_1 A_3}{4} - A_0 - \frac{A_2^2}{12}$；$l = -\frac{A_2^3}{108} + \frac{A_2(A_1 A_3 - 4A_0)}{24} + \frac{A_0(4A_2 - A_3^2)}{8} - \frac{A_1^2}{8}$。

利用式（2.12）、式（2.13）可将一次低阶等效系统式（2.10）变换为两个二阶系统相加的形式：

$$X_{\mathrm{E}}(s) = X_1(s) + X_2(s) \tag{2.14}$$

$$X_1(s) = \frac{C_5 s + C_6}{s^2 + C_1 s + C_2} \tag{2.15}$$

$$X_2(s) = \frac{C_7 s + C_8}{s^2 + C_3 s + C_4} \tag{2.16}$$

式（2.15）、式（2.16）中：$C_1 = \frac{1}{2}(A_3 + \sqrt{8s' + A_3^2 - 4A_2})$；$C_2 = s' + \frac{A_3 s' - A_1}{\sqrt{8s' + A_3^2 - 4A_2}}$；$C_3 = \frac{1}{2}(A_3 - \sqrt{8s' + A_3^2 - 4A_2})$；$C_4 = s' - \frac{A_3 s' - A_1}{\sqrt{8s' + A_3^2 - 4A_2}}$；$C_5$、$C_6$、$C_7$、$C_8$为待定系数，可由以下的线性方程组求解得到，方程组为

$$\begin{cases} C_5 + C_7 = -b_0 b_{\mathrm{t}} T_{\mathrm{d}} m_{\mathrm{g}0} / a_1 \\ C_3 C_5 + C_6 + C_1 C_7 + C_8 = -b_1 b_{\mathrm{t}} T_{\mathrm{d}} m_{\mathrm{g}0} / a_1 \\ C_4 C_5 + C_3 C_6 + C_2 C_7 + C_1 C_8 = -b_2 b_{\mathrm{t}} T_{\mathrm{d}} m_{\mathrm{g}0} / a_1 \\ C_4 C_6 + C_2 C_8 = -b_3 b_{\mathrm{t}} T_{\mathrm{d}} m_{\mathrm{g}0} / a_1 \end{cases} \tag{2.17}$$

由 2.1.3 小节中的分析可知：水轮机调节系统的一次低阶等效系统式（2.10）存在一对共轭主导复极点和两个非主导实极点。对于稳定的系统，由稳定条件可知共轭主导复

极点的实部一定为负值，且其绝对值在所有极点中是最小的。据此分析式（2.12）、式（2.13），可知 $C_1 > 0$，$C_3 > 0$，进而得 $C_1 > C_3$，所以式（2.13）确定的极点的实部绝对值小于式（2.12）确定的极点的实部绝对值，因此，系统的一对共轭主导复极点由式（2.13）确定，另两个非主导实极点由式（2.12）确定，即式（2.16）表示的二阶系统为包含一对共轭主导复极点的系统，式（2.15）表示的二阶系统为包含两个非主导实极点的系统。

对式（2.14）～式（2.16）进行拉普拉斯反变换，可得水轮机调节系统的一次低阶等效系统在负荷阶跃扰动下的机组转速响应波动方程：

$$x_E(t) = x_1(t) + x_2(t) \tag{2.18}$$

$$x_1(t) = K_{11}e^{-\delta_{11}t} + K_{12}e^{-\delta_{12}t} \tag{2.19}$$

$$x_2(t) = K_2 e^{-\delta_2 t}\sin(\omega t + \varphi) \tag{2.20}$$

式（2.19）、式（2.20）中：$\delta_{11} = (-C_1 + \sqrt{C_1^2 - 4C_2})/2$、$\delta_{12} = (-C_1 - \sqrt{C_1^2 - 4C_2})/2$ 分别为两个非主导实极点；$\delta_2 = C_3/2$、$\omega = \sqrt{4C_4 - C_3^2}/2$ 分别为共轭复极点的实部的相反数和虚部的绝对值；$K_{11} = (C_5\delta_{11} - C_6)/(\delta_{11} - \delta_{12})$；$K_{12} = (C_5\delta_{12} - C_6)/(\delta_{12} - \delta_{11})$；$K_2 = \sqrt{C_7^2 + (C_7\delta_2 + C_8)^2/\omega^2}$；$\varphi = \arctan[C_7\omega/(C_7\delta_2 + C_8)]$。

由式（2.18）可知：机组转速响应波动 $x_E(t)$ 由两个子波动 $x_1(t)$、$x_2(t)$ 叠加组成，如图 2.5 所示。其中：$x_1(t)$ 为两个非主导实极点对应的子波动，衰减快，主要在转速响应的起始阶段起作用，即是主波；$x_2(t)$ 为一对共轭主导复极点对应的子波动，衰减慢，且为周期性波动，在转速响应的整个阶段都起作用，即是尾波。

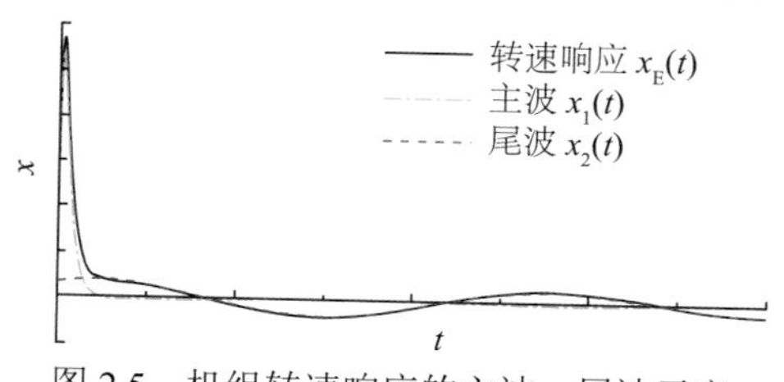

图 2.5　机组转速响应的主波、尾波示意

以水电站 C 为例分析引水隧洞水流惯性时间常数 T_{wy}、压力管道水流惯性时间常数 T_{wt}、调压室面积放大系数 n_f 及调速器参数 b_t、T_d 对负荷阶跃扰动下机组转速响应波动主波、尾波的变化规律的影响，结果如图 2.6 所示。

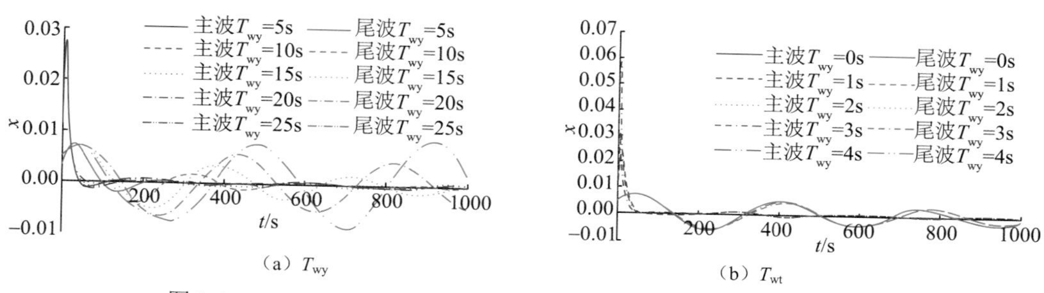

图 2.6　T_{wy}、T_{wt}、n_f、b_t 及 T_d 对机组转速响应波动主波、尾波的影响

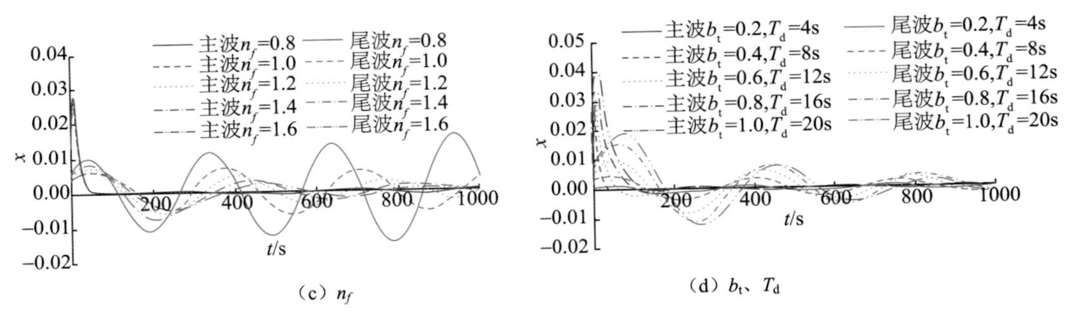

（c）n_f　　（d）b_t、T_d

图 2.6　T_{wy}、T_{wt}、n_f、b_t及T_d对机组转速响应波动主波、尾波的影响（续）

分析图 2.6 可知：

（1）主波：T_{wy}对主波的第一波峰段几乎不产生影响，不同T_{wy}对应的主波转速最大值的大小和发生时间几乎一致；T_{wt}对主波的第一波峰段有明显的影响，随着T_{wt}的增大，主波的转速最大值不断增大，发生时间不断提前；n_f对主波的整个过程均有一定程度的影响，随着n_f的增大，主波转速最大值不断增大，但发生时间几乎不变；b_t、T_d对主波的第一波峰段有明显的影响，随着b_t、T_d的增大，主波转速最大值不断增大，发生时间不断滞后。因为主波衰减很快，所以T_{wy}、T_{wt}、n_f及b_t、T_d对第一波峰段之后的波动几乎不产生影响。

（2）尾波：T_{wy}、n_f和b_t、T_d对尾波均具有明显的影响，均会明显改变尾波波动的振幅、周期、衰减度和初相位；T_{wt}对尾波影响很小。

2. 调节系统的二次降阶

尾波对应系统的共轭主导复极点，是负荷阶跃扰动下机组转速响应波动的主体部分和决定调节品质的主要方面，可依据尾波开展水轮机调节系统转速响应调节品质的分析。

对完整 5 阶系统式（2.9）进行二次降阶，以二阶系统式（2.16）来描述系统的转速响应特性，其对应的转速尾波波动方程为式（2.20），它表示一阻尼振动，其中：K_2、δ_2、ω、φ分别表示阻尼振动的振幅、衰减度、角频率和初相位，$T=2\pi/\omega$表示阻尼振动的周期。

描述系统调节品质最重要的动态性能指标是调节时间，它是阶跃扰动发生时刻开始至调节系统进入新的平衡状态位置所经历的时间，工程上以频率（转速）偏差相对值x对平衡状态时x_0的偏差值不再大于机组频率允许波动带宽$\varDelta$值为调节时间的终点[48]。由式（2.20）可以推导得出系统的调节时间T_p：

$$T_p=\frac{1}{\delta_2}\ln\frac{K_2}{|\varDelta|} \tag{2.21}$$

其中：$\varDelta$的取值一般对大电网为±0.2%，对小电网为±0.4%[48]。

从式（2.21）可知：T_p的取值由K_2和δ_2共同决定。但此式只是近似计算公式，实际上T_p还受到T和φ的影响。

3. 调节品质的影响因素分析

以水电站C为例，分析水轮机调节系统特性参数（压力管道水流惯性时间常数T_{wt}，气垫式调压室参数n_f、p_0、l_0、m，调速器参数b_t、T_d，负荷自调节系数e_g，机组惯性时间常数T_a，负荷阶跃相对值m_{g0}）对调节品质的动态性能指标（调节时间T_p）的影响，为了更好地反映调节时间的变化机理，同时给出波动特性参数（振幅K_2、衰减度δ_2、周期T、初相位φ）的变化曲线，结果如图2.7所示。各影响因素的默认取值为：T_{wy}=23.84s，T_{wt}=1.26s，p_0=200m，$l_0=\nabla_0/F$=20m，m=1.4，n_f=1.2，b_t=0.5，T_d=10s，e_g=0，T_a=9.46s，m_{g0}=−0.1，$|\Delta|$=0.2%。

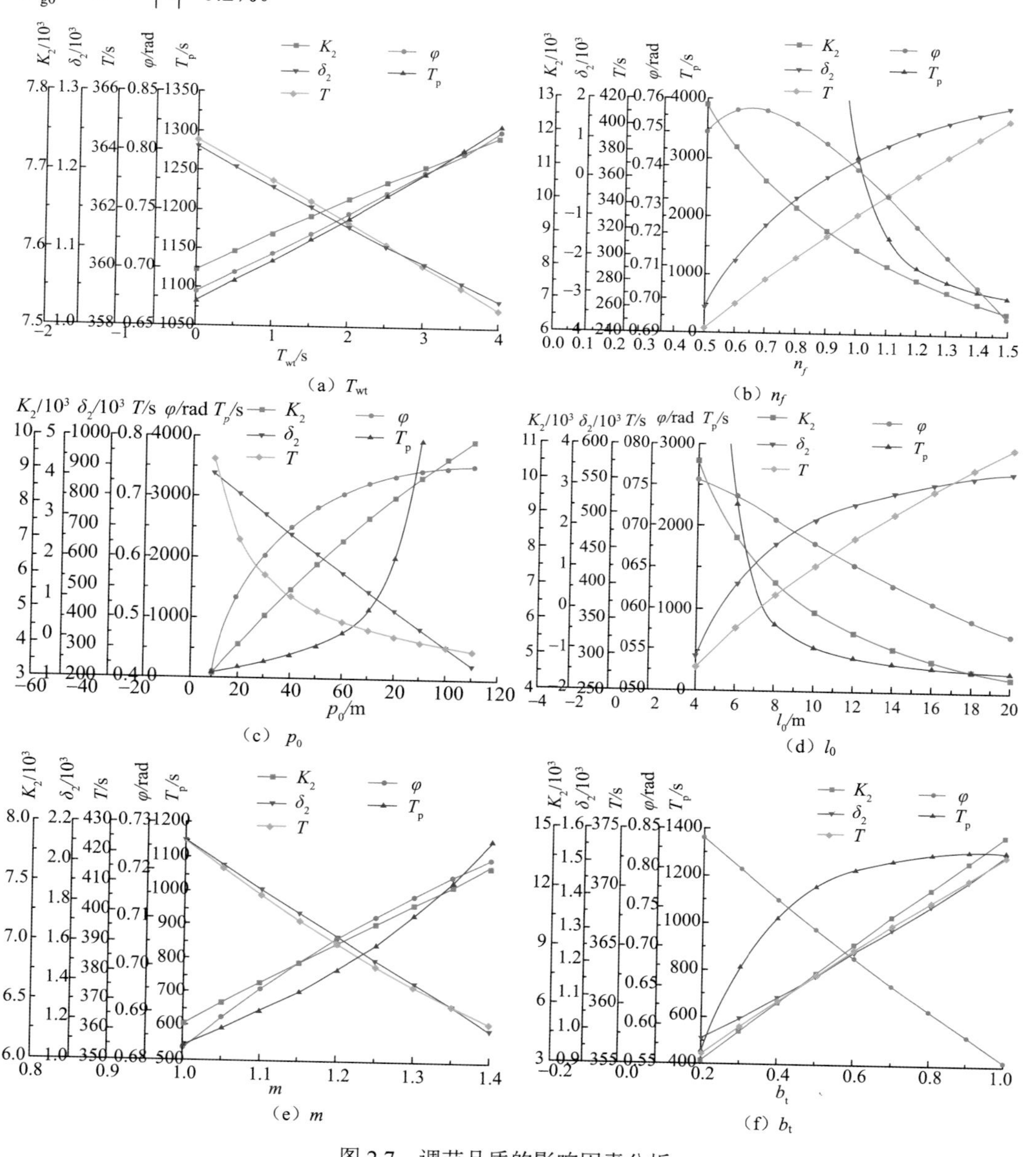

图2.7　调节品质的影响因素分析

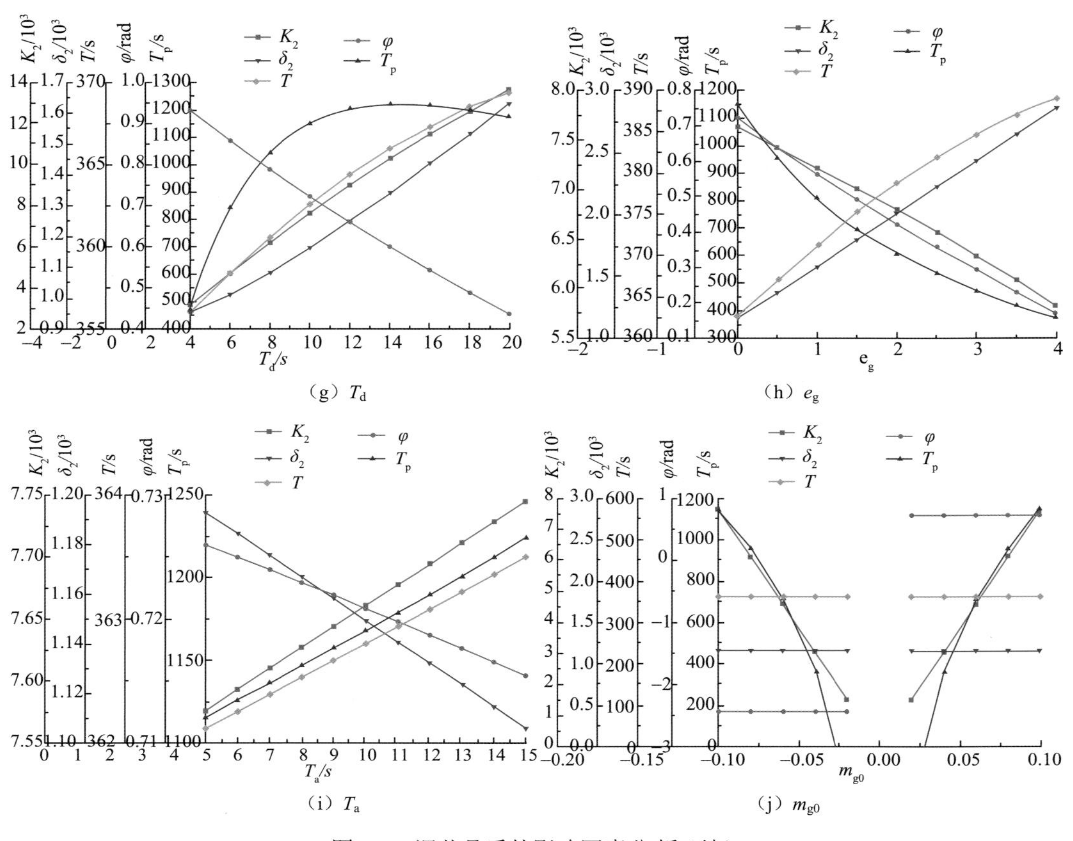

（g）T_d　（h）e_g　（i）T_a　（j）m_{g0}

图 2.7　调节品质的影响因素分析（续）

分析图 2.7 可知：

（1）T_{wt}、T_a 对系统的调节品质动态性能指标及波动特性参数有微弱的影响。随着 T_{wt}、T_a 的增大，T_p 均逐渐增大，系统的调节品质逐渐变差。不同的是，前者是通过逐渐增大 K_2、φ 及逐渐减小 δ_2、T 来恶化调节品质，而后者是通过逐渐增大 K_2、T 及逐渐减小 δ_2、φ 来恶化调节品质，且 T_p、K_2、δ_2、T、φ 随 T_{wt}、T_a 的变化近似线性。

（2）n_f、p_0、l_0、m、b_t、T_d、e_g 对系统的调节品质动态性能指标及波动特性参数有明显的影响。随着 n_f、l_0 的增大和 p_0、m 的减小，T_p 逐渐减小，系统的调节品质逐渐变好，且是通过逐渐减小 K_2、φ 及逐渐增大 δ_2、T 来优化调节品质的，并且存在 n_f、p_0、l_0 的临界值，在 n_f、l_0 临界值的右侧和 p_0 临界值的左侧，δ_2 大于 0，且趋于临界值时 T_p 趋于无穷大，在 n_f、l_0 临界值的左侧和 p_0 界值的右侧，δ_2 小于 0，系统是不稳定的。随着 b_t、T_d 的增大，K_2、δ_2、T 逐渐增大，φ 逐渐减小，T_p 先增大，但增大的速度越来越小，最后会逐渐减小，系统的调节品质则先变差后变好。随着 e_g 的增大，K_2、φ 逐渐减小，δ_2、T 逐渐增大，导致 T_p 逐渐减小，系统的调节品质逐渐变好。

（3）m_{g0} 是外界干扰因素，它的取值变化对反映系统固有特性的参数 δ_2、T、φ 没有影响；当其他参数的取值一致时，机组减负荷（$m_{g0}<0$）与增负荷（$m_{g0}>0$）间的 φ 相

差 π；不论负荷增加或减小，随着负荷阶跃绝对值 $\left|m_{g0}\right|$ 的增大，K_2 增大引起 T_p 逐渐增大，使调节品质越来越差。

2.2 压力管道对水轮机调节系统稳定性和调节品质的影响机理

水轮机调节系统是水电机组 LFC 核心部件。当水电站在孤立电网下运行时，调节系统需要满足稳定性的基本要求，并且还要具有一定的调节品质。稳定性和调节品质是系统响应特性的两个方面，受到水电站水力、机械、电气等各个环节的影响，其中压力管道作为管道系统的关键部分而起着重要、特别的作用，需要详细彻底的认识以为水电站的设计运行提供依据。

对于调节系统的稳定性和调节品质问题，前人的研究多集中于调速器方面，对于压力管道，当水电站不设调压室时，Ruud[49]研究了长压力管道水轮机组的非稳定性，Murty 等[50]研究了长压力管道水体弹性对水电机组稳定性的影响并提出了一种稳定性的改进方法，Souza 等[51]研究了压力管道非线性对稳定性的影响，Sanathanan[52]研究了水轮机-压力管道系统中压力管道的低阶模型，Krivehenko 等[53]则探讨了长压力管道水电站机组运行的一些特殊条件。当水电站设置调压室时，为了简化数学模型，常常将压力管道忽略[43]。

通过总结可以发现，对压力管道水轮机调节系统稳定性和调节品质的影响的研究存在以下两方面缺陷：

（1）主要针对无调压室水电站，且是在压力管道很长的情况下，未能实现压力管道各个方面（水流惯性、水头损失）的系统完整的、机理性的研究。

（2）对于有调压室水电站的研究相当缺乏，调压室是水电站的重要平压设施，它的存在必然会使系统响应特性因受调压室水位波动的影响而明显不同于无调压室的情况。

为了克服以上两点缺陷，本节在水电站孤立运行、刚性水击假设的前提下，研究了压力管道的完整的两个方面（水流惯性、水头损失）对无调压室和有调压室水电站的水轮机调节系统稳定性和调节品质的影响机理。首先建立调节系统的完整的线性化数学模型，由此数学模型推求调节系统的综合传递函数；然后基于综合传递函数推导出描述系统稳定性的自由振荡方程和描述系统在负荷阶跃扰动下动态响应的频率响应方程，由这两个方程分别绘制系统的稳定域和频率响应曲线，分析压力管道水流惯性和水头损失对两种形式的水轮机调节系统稳定性和调节品质的作用机理；最后应用此作用机理提出改善系统稳定性和调节品质的措施及系统等效模型的构造方法。

2.2.1 数学模型

设与不设调压室的水电站引水发电系统如图 2.8 所示。

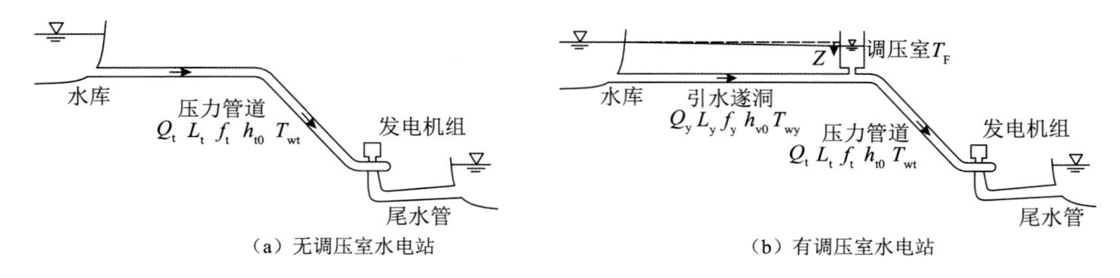

（a）无调压室水电站　　（b）有调压室水电站

图 2.8　设与不设调压室的水电站引水发电系统

1. 基本方程

无调压室水电站可以看作有调压室水电站在引水隧洞长度和调压室面积均为 0 的情况下的特例，故本节参考 2.1.1 小节，首先直接给出有调压室水电站水轮机调节系统的完整数学模型，然后据其得到无调压室水电站的相应数学模型。

1）有调压室水电站水轮机调节系统

$$z = T_{wy}\frac{dq_y}{dt} + \frac{2h_{y0}}{H_0} = q_y \tag{2.22}$$

$$q_y = q_t - T_F\frac{dz}{dt} \tag{2.23}$$

$$h = -T_{wt}\frac{dq_t}{dt} - \frac{2h_{t0}}{H_0}q_t - z \tag{2.24}$$

$$m_t = e_h h + e_x x + e_y y \tag{2.25}$$

$$q_t = e_{qh}h + e_{qx}x + e_{qy}y \tag{2.26}$$

$$T_a\frac{dx}{dt} = m_t - (m_g + e_g x) \tag{2.27}$$

$$\frac{dy}{dt} = -K_p\frac{dx}{dt} - K_i x \tag{2.28}$$

式(2.22)～式(2.28)中：K_p 为比例增益，$K_p = \frac{1}{b_t}$；K_i 为积分增益，$K_i = \frac{1}{b_t T_d}$；$T_F = \frac{FH_0}{Q_0}$；其他参数的定义同 2.1.1 小节。

2）无调压室水电站水轮机调节系统

将式（2.22）、式（2.23）删去，同时将式（2.24）改为如下形式：

$$h = -T_{wt}\frac{dq_t}{dt} - \frac{2h_{t0}}{H_0}q_t \tag{2.29}$$

则式（2.29）、式（2.25）～式（2.28）即为无调压室水电站水轮机调节系统的完整数学模型[等价于式（2.22）～式（2.28）在 T_{wy}=0、h_{y0}=0、T_{F}=0 情况下的特例]。

2. 综合传递函数

设与不设调压室的水电站在电网负荷小扰动情况下的水轮机调节系统结构框图同样可由图 2.3 表示，其中引水系统传递函数 $G_s(s)=H(s)/Q_{\mathrm{t}}(s)$ 对应的结构框图如图 2.9 所示。

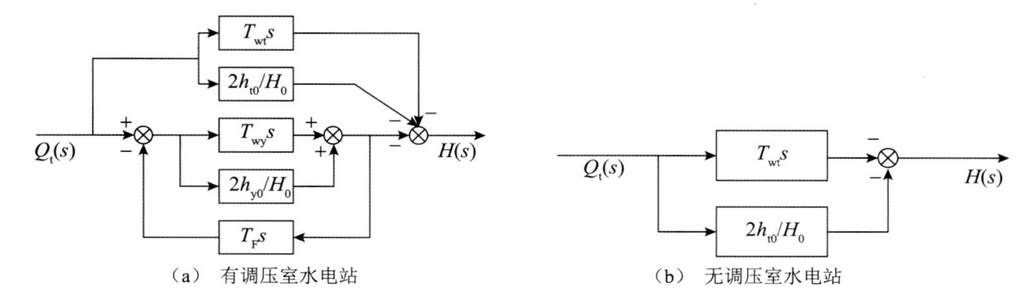

图 2.9　引水系统结构框图

根据图 2.3、图 2.9，对基本方程式（2.22）～式（2.28）进行拉普拉斯变换，联立得出设调压室水电站水轮机调节系统的综合传递函数（以负荷阶跃 m_{g} 为输入信号，转速响应 x 为输出信号）：

$$G(s)=\frac{X(s)}{M_{\mathrm{g}}(s)}=-\frac{s(b_0s^3+b_1s^2+b_2s+b_3)/K_{\mathrm{i}}}{a_0s^5+a_1s^4+a_2s^3+a_3s^2+a_4s+a_5} \tag{2.30}$$

式（2.30）中各系数的表达式如下：

$$a_0=f_1f_9 \qquad a_1=f_1f_{10}+f_2f_9+f_5f_{12}$$

$$a_2=f_1f_{11}+f_2f_{10}+f_3f_9+f_5f_{13}++f_6f_{12} \qquad a_3=f_2f_{11}+f_3f_{10}+f_4f_9+f_6f_{13}+f_7f_{12}$$

$$a_4=f_3f_{11}+f_4f_{10}+f_7f_{13}+f_8f_{12} \qquad a_5=f_4f_{11}+f_8f_{13}$$

$$b_0=f_1 \qquad b_1=f_2$$

$$b_2=f_3 \qquad b_3=f_4$$

$$f_1=e_{qh}T_{\mathrm{F}}T_{\mathrm{wy}}T_{\mathrm{wt}} \qquad f_2=T_{\mathrm{F}}\left[T_{\mathrm{wy}}\left(1+e_{qh}\frac{2h_{\mathrm{t0}}}{H_0}\right)+T_{\mathrm{wt}}e_{qh}\frac{2h_{\mathrm{y0}}}{H_0}\right]$$

$$f_3=e_{qh}(T_{\mathrm{wy}}+T_{\mathrm{wt}})+T_{\mathrm{F}}\frac{2h_{\mathrm{y0}}}{H_0}\left(1+e_{qh}\frac{2h_{\mathrm{t0}}}{H_0}\right) \qquad f_4=1+e_{qh}\frac{2(h_{\mathrm{y0}}+h_{\mathrm{t0}})}{H_0}$$

$$f_5=T_{\mathrm{F}}T_{\mathrm{wy}}T_{\mathrm{wt}} \qquad f_6=T_{\mathrm{F}}\left(T_{\mathrm{wy}}\frac{2h_{\mathrm{t0}}}{H_0}+T_{\mathrm{wt}}\frac{2h_{\mathrm{y0}}}{H_0}\right)$$

$$f_7=T_{\mathrm{wy}}+T_{\mathrm{wt}}+T_{\mathrm{F}}\frac{2h_{\mathrm{y0}}}{H_0}\frac{2h_{\mathrm{t0}}}{H_0} \qquad f_8=\frac{2(h_{\mathrm{y0}}+h_{\mathrm{t0}})}{H_0}$$

$$f_9=T_{\mathrm{a}}/K_{\mathrm{i}} \qquad f_{10}=(e_{\mathrm{g}}-e_x)/K_{\mathrm{i}}+e_yK_{\mathrm{p}}/K_{\mathrm{i}}$$

$f_{11} = e_y$ $\qquad$ $f_{12} = e_h e_{qx} / K_\mathrm{i} - e_h e_{qy} K_\mathrm{p} / K_\mathrm{i}$

$f_{13} = -e_h e_{qy}$

对于无调压室情况，由式（2.29）、式（2.25）～式（2.28）经拉普拉斯变换或者在有调压室水电站的综合传递函数式（2.30）的基础上令 T_wy=0、h_y0=0、T_F=0，可得其综合传递函数：

$$G(s) = \frac{X(s)}{M_\mathrm{g}(s)} = -\frac{s(b_2 s + b_3)/K_\mathrm{i}}{a_2 s^3 + a_3 s^2 + a_4 s + a_5} \tag{2.31}$$

式（2.31）中各参数的表达式为式（2.30）中相应表达式在 T_wy=0、h_y0=0、T_F=0 下的特例。

2.2.2 压力管道对稳定性的影响

稳定性是控制系统的重要性能，是系统正常工作的首要条件，反映系统在输入扰动（即自由振荡）消失后系统恢复到初始平衡状态的性能。自由振荡的类型分为三种：衰减振荡、等幅振荡和发散振荡，根据李雅普诺夫关于稳定性的定义，前两种振荡是稳定振荡，第三种振荡是不稳定振荡，而实际工程中常仅将第一种振荡作为稳定振荡。

1. 自由振动方程与稳定条件

调节系统的稳定性由系统的自由振动方程来描述，由稳定条件来判定。

1）自由振动方程

分别由式（2.31）、式（2.30）可得到无调压室、有调压室水电站水轮机调节系统的自由振动方程，自由振动方程为如下的 3 阶、5 阶线性常系数齐次微分方程：

$$a_2 \frac{\mathrm{d}^3 x}{\mathrm{d}t^3} + a_3 \frac{\mathrm{d}^2 x}{\mathrm{d}t^2} + a_4 \frac{\mathrm{d}x}{\mathrm{d}t} + a_5 = 0 \tag{2.32}$$

$$a_0 \frac{\mathrm{d}^5 x}{\mathrm{d}t^5} + a_1 \frac{\mathrm{d}^4 x}{\mathrm{d}t^4} + a_2 \frac{\mathrm{d}^3 x}{\mathrm{d}t^3} + a_3 \frac{\mathrm{d}^2 x}{\mathrm{d}t^2} + a_4 \frac{\mathrm{d}x}{\mathrm{d}t} + a_5 = 0 \tag{2.33}$$

2）稳定条件

利用 Rourth-Hurwitz 稳定判据[54]可得式（2.32）、式（2.33）描述的无调压室、有调压室水电站水轮机调节系统的稳定条件，稳定条件为：

①无调压室：$\Delta_1 = a_i > 0\ (i = 2,3,4,5)$；$\Delta_2 = a_3 a_4 - a_2 a_5 > 0$。②有调压室：$\Delta_1 = a_i > 0$ $(i = 0,1,2,3,4,5)$；$\Delta_2 = a_1 a_2 - a_0 a_3 > 0$；$\Delta_4 = (a_1 a_2 - a_0 a_3)(a_3 a_4 - a_2 a_5) - (a_1 a_4 - a_0 a_5)^2 > 0$。

当式（2.32）、式（2.33）中的系数 a_i（i=0，1，2，3，4，5）同时满足稳定条件判别式中的所有不等式时，系统是稳定的。

2. 稳定性分析

稳定性可由稳定域来描述，稳定域是坐标系中的满足所有稳定条件的区域。本节选取以 $\dfrac{1}{K_p}$、$\dfrac{K_p}{K_i}$ 为横、纵坐标的坐标系，相应的稳定域如图 2.10（a）所示，坐标系中的区域与调节系统自由振荡类型的对应关系如图 2.10（b）所示。

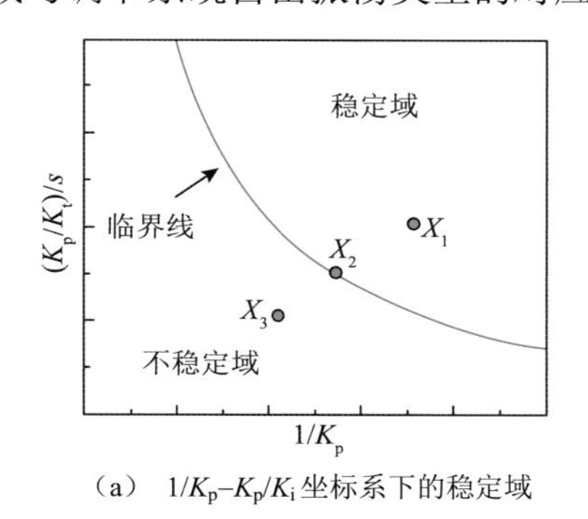

（a）$1/K_p$–K_p/K_i 坐标系下的稳定域

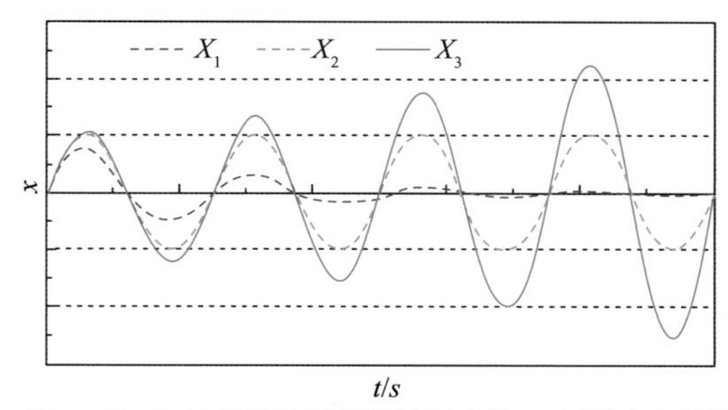

（b）$1/K_p$–K_p/K_i 坐标系不同区域点的参数 x 对应的自由振荡类型

图 2.10　水轮机调节系统稳定域

本节以 2.1.3 小节中的水电站 C（资料见表 2.1）为例进行压力管道的水流惯性与水头损失对调节系统稳定性的影响机理分析。为了使分析结果具有普遍意义，水流惯性和水头损失分别取有普遍适用性的 0～4s（4s 是 T_{wt} 的极限值）、0～10%H_r（H_r 为机组额定水头），并且对水头进行较大变幅的敏感性分析（0.67H_r～1.33H_r），以实现同一水电站不同工况点及不同水头水电站作用差别的体现。

分析分别以水电站 C 无调压室、有调压室两种情况展开。利用控制变量法进行 T_{wt}、h_{t0} 及 H_0 的影响分析，其中 T_{wt}、h_{t0} 及 H_0 的默认值分别为 2.0s、4.0m 及 90m。其他参数的取值：e_h=1.5、e_x= –1、e_y=1、e_{qh}=0.5、e_{qx}=0、e_{qy}=1、T_a=8.34s、e_g=0、n_f =0.9，其中 n_f =F/F_{th} 为调压室面积放大系数，F_{th} 为调压室临界稳定断面；其余参数同表 2.1。

无调压室、有调压室情况的稳定域如图 2.11 所示。

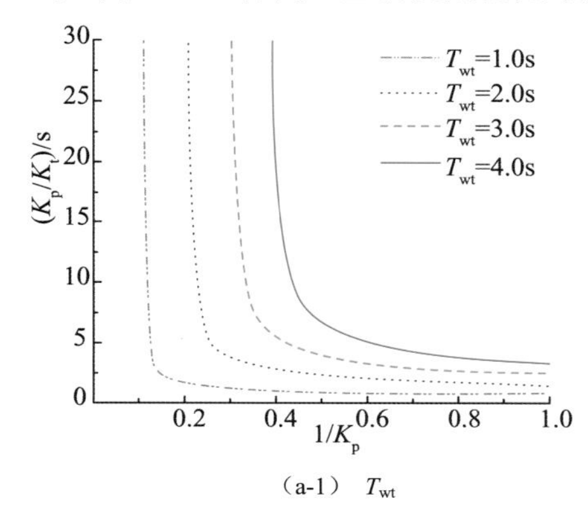

（a-1）T_{wt}

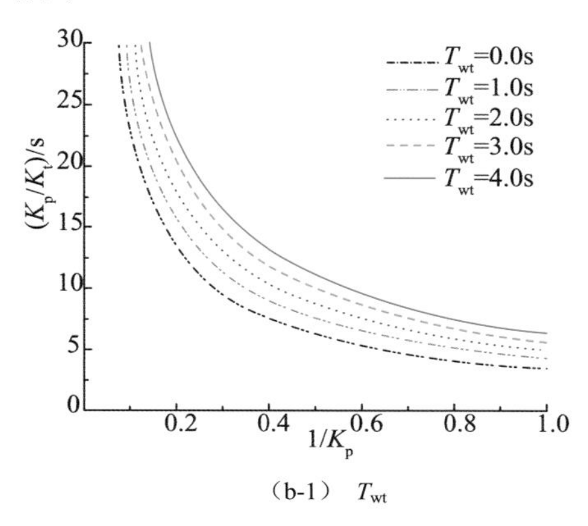

（b-1）T_{wt}

图 2.11　压力管道的水流惯性及水头损失对稳定域的影响

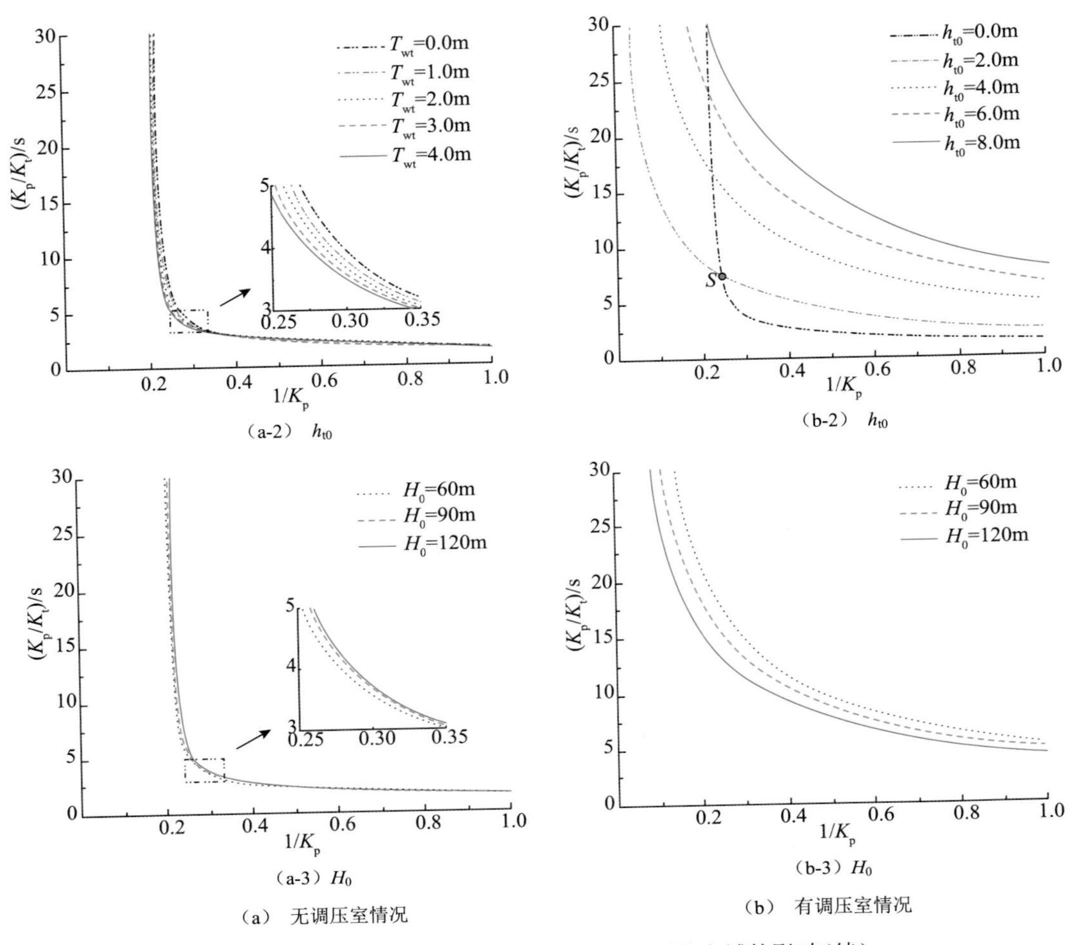

图 2.11 压力管道的水流惯性及水头损失对稳定域的影响（续）

分析图 2.11 可知：

（1）对于无调压室水电站的水轮机调节系统：T_{wt} 对稳定性有非常大的影响，当 T_{wt} 由 1s 增大到 4s，稳定域显著减小，即系统的稳定性有显著的降低；h_{t0} 及 H_0 对稳定性的影响很小，当 h_{t0} 由 0.0m 增大到 8.0m（8.9%H_r）时，稳定域小幅增大，当 H_0 由 60m（0.67H_r）增大到 120m（1.33H_r）时，稳定域小幅减小。

（2）对于有调压室水电站的水轮机调节系统：T_{wt}、h_{t0} 及 H_0 对稳定性都有较大的影响，尤其是 h_{t0}。当 T_{wt} 由 0s 增大到 4s 时，稳定域减小；h_{t0} 由 2.0m（2.2%H_r）增大到 8.0m（8.9%H_r）时，稳定域显著减小，且 h_{t0}=0.0m 与 h_{t0}=2.0m 的稳定曲线存在一交点（图中 S 点），在 S 点右侧稳定域随 h_{t0} 的增大而减小，在 S 点左侧则相反；当 H_0 由 60m（0.67H_r）增大到 120m（1.33H_r）时，稳定域增大。

（3）对比无调压室和有调压室的两种水电站的水轮机调节系统：T_{wt} 对两者稳定性的影响规律是一致的，区别是对前者的影响更大；h_{t0}、H_0 对两者稳定性的影响规律是相反的，且对后者影响的敏感性远大于前者。当 T_{wt}、h_{t0} 及 H_0 变化时，对无调压室水电站的水轮机调节系统，稳定域在 $1/K_p$ 较小的区域的变化幅度大于在 $1/K_p$ 较大的区域的变化幅度，而对有调压室水电站的水轮机调节系统，稳定域在 $1/K_p$ 较小的区域和在 $1/K_p$ 较大的区域的变化幅度比较接近。

2.2.3 压力管道对调节品质的影响

调节品质一般用来描述稳定的调节系统动态响应过程的快速性和平稳性等，可用峰值时间、调节时间、超调量、振荡次数等动态性能指标来衡量，取决于动态响应本身的波动特性。

水轮机调节系统的动态响应通常用机组的频率响应来表示，调节品质由频率响应的时域波动特性来确定。

1. 机组频率响应

负荷发生阶跃变化时，输入响应 $M_g(s)=m_{g0}/s$，其中 m_{g0} 为负荷阶跃相对值。根据式（2.31）、式（2.30）可以分别得到无调压室、有调压室水电站在负荷阶跃信号输入下的机组频率输出响应：

$$X(s)=-\frac{\sum_{i=2}^{3}b_i s^{3-i}}{\sum_{i=2}^{5}a_i s^{5-i}}m_{g0}/K_i \tag{2.34}$$

$$X(s)=-\frac{\sum_{i=0}^{3}b_i s^{3-i}}{\sum_{i=0}^{5}a_i s^{5-i}}m_{g0}/K_i \tag{2.35}$$

2. 调节品质分析

与 2.2.2 节的稳定性分析类似，以水电站 C 为例进行压力管道的水流惯性与水头损失对调节系统调节品质的影响机理分析。分析同样分无调压室、有调压室两种情况展开。

机组额定负荷运行突减 10%额定负荷（即 $m_{g0}=-0.1$）时无调压室、有调压室情况的频率响应过程如图 2.12 所示，其中 K_p 与 K_i 分别取 2.0、$0.1s^{-1}$，其他参数同 2.2.2 节。不同情况下频率响应过程的特征参数如表 2.7 所示。

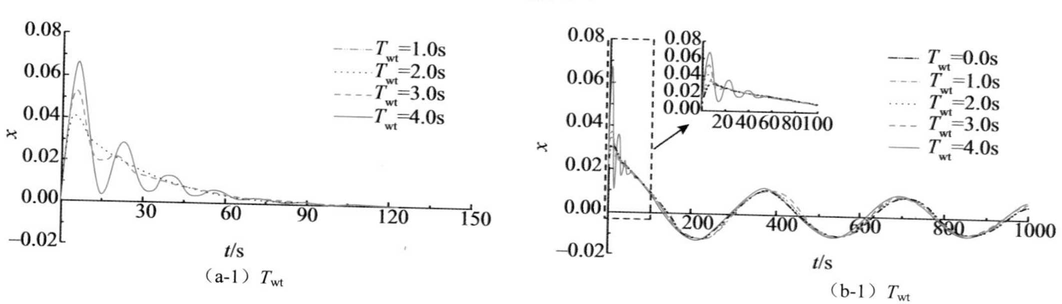

图 2.12 压力管道的水流惯性及水头损失对频率响应的影响

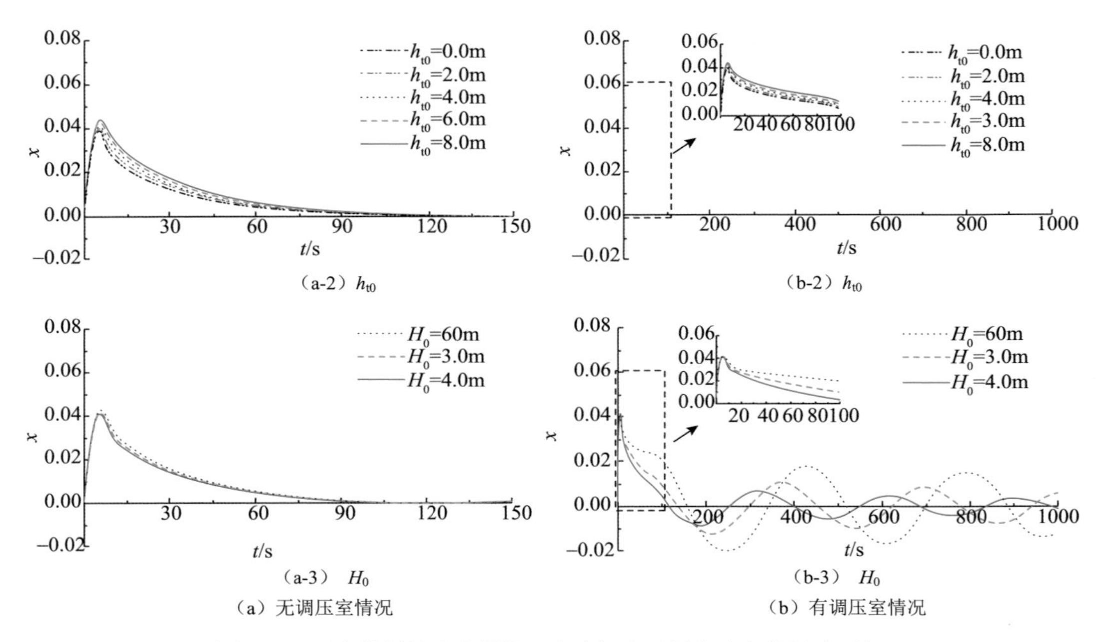

（a-2）h_{t0}　　（b-2）h_{t0}

（a-3）H_0　　（b-3）H_0

（a）无调压室情况　　（b）有调压室情况

图 2.12　压力管道的水流惯性及水头损失对频率响应的影响（续）

表 2.7　频率响应过程特征参数

参数取值		无调压室	有调压室				调压室水位波动
			主波	尾波			
		最大值	最大值	振幅	衰减率	周期/s	周期/s
T_{wt} /s	0	-	0.0318	0.0140	0.0007	323.87	313.91
	1	0.0337	0.0344	0.0141	0.0007	322.21	313.91
	2	0.0416	0.0419	0.0142	0.0007	322.21	313.91
	3	0.0529	0.0534	0.0145	0.0006	322.21	313.91
	4	0.0666	0.0670	0.0145	0.0006	322.21	313.91
h_{t0} /m	0	0.0395	0.0398	0.0122	0.0010	317.33	310.72
	2	0.0404	0.0409	0.0132	0.0008	318.94	312.21
	4	0.0416	0.0419	0.0142	0.0007	322.21	313.91
	6	0.0427	0.0429	0.0156	0.0006	325.55	315.87
	8	0.0439	0.0443	0.0172	0.0004	328.96	318.15
H_0 /m	60	0.0427	0.0426	0.0227	0.0005	356.99	342.11
	90	0.0416	0.0419	0.0142	0.0007	322.21	313.91
	120	0.0410	0.0415	0.0105	0.0013	286.90	305.00

分析图 2.12、表 2.7 可知：

（1）负荷阶跃扰动下，无调压室、有调压室水电站的水轮机调节系统的频率响应有着明显的不同：前者的频率响应为单一性质的波动，此波动是由压力管道中的水击波引起的，具有周期短、振幅大、衰减快的特点，并且系统的调节品质完全由此频率响应决定。后者的频率响应为两种性质的波动叠加而成，发生时间靠前的波动称为主波，靠后的波动称为尾波，其中主波与无调压室水电站的频率响应为同一种性质的波动，而尾波则为由调压室的水位波动（质量波）引起的低频强迫振荡，其波动周期与调压室水位波动的周期一致，具有周期长、振幅小、衰减慢的特点。尾波是频率响应的主体部分，通常决定系统的调节品质。

（2）对于无调压室水电站的水轮机调节系统：T_{wt} 对频率响应有着显著的影响，T_{wt} 增大时，频率响应的最大振幅、超调量和振荡次数明显增大，调节品质明显变差；h_{t0} 及 H_0 对频率响应的影响较小，h_{t0} 增大时，频率响应的最大振幅和超调量增大，调节品质变差，H_0 增大时，频率响应的最大振幅和超调量减小，调节品质变好。

（3）对于有调压室水电站的水轮机调节系统：T_{wt}、h_{t0} 及 H_0 对主波的影响跟无调压室时的频率响应一致；T_{wt} 对尾波影响很小，T_{wt} 增大时，频率响应的周期减小，衰减度增大，最大振幅增大，调节品质可能变好也可能变差；h_{t0} 及 H_0 对频率响应的影响很大，h_{t0} 增大时，频率响应的周期增大，衰减度减小，最大振幅增大，调节品质明显变差，H_0 增大时，频率响应的周期增大，衰减度减小，最大振幅减小，调节品质可能变好也可能变差。

对于高水头水电站，压力管道中的压力振荡与导叶运动的速度限制对过渡过程中的负荷或频率波动稳定很重要。图 2.13 给出了有、无调压室水电站在负荷扰动 $m_{g0}=-0.1$ 下对应于机组频率响应过程的导叶开度响应过程与水轮机工作水头响应过程。

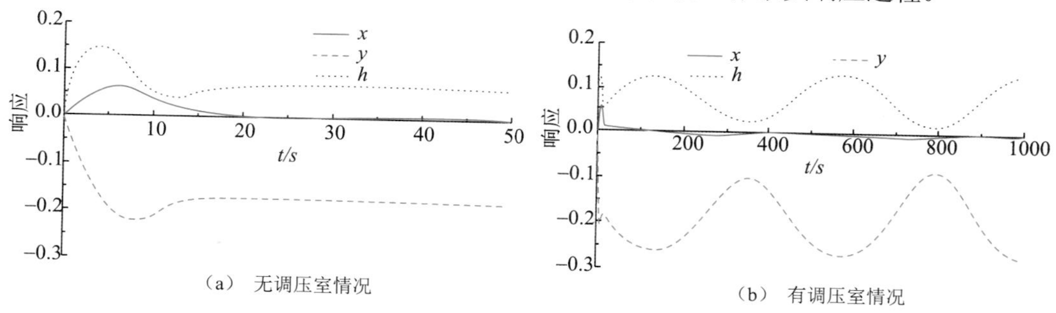

（a） 无调压室情况　　（b） 有调压室情况

图 2.13　导叶开度与水轮机工作水头响应过程

由图 2.13 可知：

（1）当机组频率增加（或减小）时，导叶开度减小（或增大）以减小（或增大）机组流量，然后水轮机工作水头相应地增加（或减小）。这一点对于无调压室和有调压室的水电站是一致的。

（2）同为相对值，导叶开度响应过程的振幅大于水轮机工作水头响应过程的振幅，它们两者的振幅又都大于频率响应过程的振幅，尤其是对于有调压室的情况。

2.2.4　压力管道水流惯性和水头损失的作用机理及其应用

1. 压力管道水流惯性和水头损失的作用机理

分别将无调压室、有调压室水电站的水轮机调节系统称为“压力管道–机组”系统、

“引水隧洞-调压室-压力管道-机组”系统。通过以上压力管道对系统稳定性及调节品质的影响分析，可知：“压力管道-机组”系统的稳定性和调节品质仅取决于压力管道内的水击波动作用于机组的频率响应，而“引水隧洞-调压室-压力管道-机组”系统的稳定性和调节品质则由压力管道内的水击波动和调压室内的水位波动共同确定。具体到压力管道的水流惯性和水头损失：

（1）压力管道水流惯性是影响水击波的主要方面，所以“压力管道-机组”系统的稳定性及频率响应、“引水隧洞-调压室-压力管道-机组”系统的稳定性及频率响应主波均明显受到压力管道水流惯性的影响，但高频的水击波对低频的调压室质量波影响很小，所以压力管道水流惯性对“引水隧洞-调压室-压力管道-机组”系统的频率响应尾波几乎没有影响。

（2）压力管道水头损失为调节系统内的阻尼，主要通过影响“调压室-压力管道”环节的水流运动、能量消耗来影响调压室的水位波动特性，所以“压力管道-机组”系统的稳定性及频率响应几乎不受压力管道水头损失的影响，而“引水隧洞-调压室-压力管道-机组”系统的稳定性及频率响应尾波均明显受到压力管道水头损失的影响。另外，在调节系统的数学模型中，h_{t0} 是以 h_{t0}/H_0 的形式出现的，因此，H_0 实际上是以 h_{t0} 的放大系数（$1/H_0$）的形式来影响系统的稳定性和频率响应的，由此也揭示了 h_{t0} 与 H_0 的作用相反的内在原因。

2. 应用Ⅰ：稳定性和调节品质的改善

依据压力管道水流惯性和水头损失的作用机理，可以有针对性地改善调节系统的稳定性和调节品质。具体改善方法可参见 2.2.2 小节、2.2.3 小节中的结论，此处不再赘述。

反过来，在水电站设计过程中，为了保证系统具有较好的稳定性和调节品质，就需要选取合适的压力管道设计参数（水流惯性、水头损失），所以压力管道水流惯性和水头损失的作用机理就可对水电站的设计提供理论指导依据。

3. 应用Ⅱ：等效模型的构造

应用压力管道水流惯性和水头损失的作用机理，便可通过保留主要因素、忽略次要因素的方式来简化调节系统的数学模型，得到等效模型。

1）“压力管道-机组”系统等效稳定性模型的构造

对于“压力管道-机组”系统的稳定性问题，由 2.2.4 小节第一部分的分析可知压力管道的水流惯性是起主要作用的因素，而水头损失则是次要因素。因此保留水流惯性项而忽略水头损失项[即将图 2.9（b）所示的原引水系统结构框图简化成图 2.14 所示框图]，可以得到式（2.32）的等效自由振动方程，此方程仍为 3 阶。图 2.15 显示了将此等效 3 阶自由振动方程应用到两个水电站实例（水电站 A、水电站 B，2.1.3 小节表 2.1，去除引水隧洞和调压室）后绘制的稳定域对比图，由图可知等效 3 阶自由振动方程对应的稳定域与原 3 阶自由振动方程对应的稳定域非常接近，几乎重合，从而验证了等效 3 阶自由振动方程的合理性。

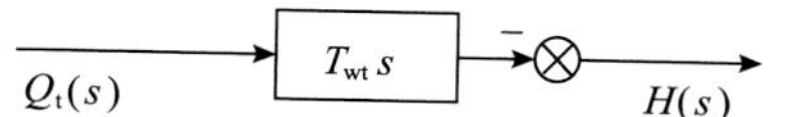

图 2.14　“压力管道-机组”系统等效稳定性模型对应的引水系统结构框图

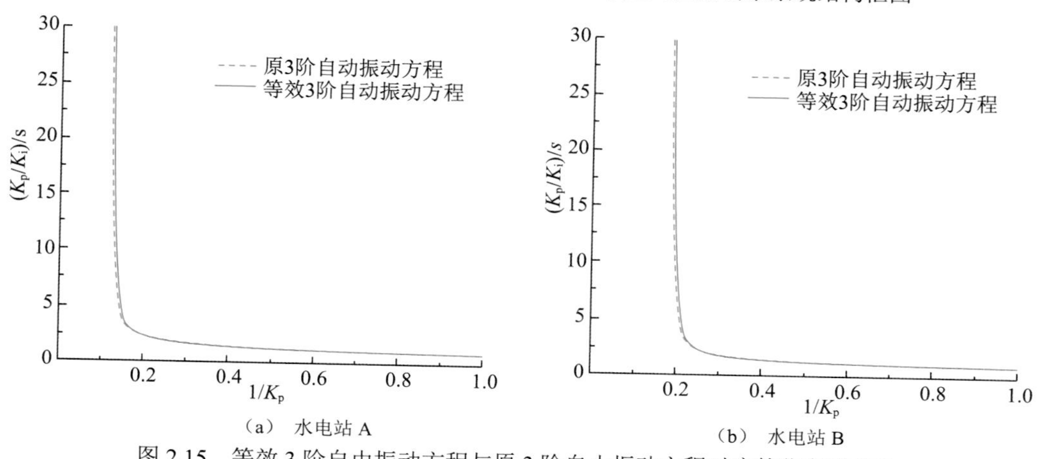

图 2.15　等效 3 阶自由振动方程与原 3 阶自由振动方程对应的稳定域对比

2）“引水隧洞-调压室-压力管道-机组”系统等效频率响应模型的构造

对于“引水隧洞-调压室-压力管道-机组”系统的调节品质问题，由 2.2.4 小节第一部分的分析可知压力管道的水头损失是起主要作用的因素，而水流惯性则是次要因素。因此保留水头损失项而忽略水流惯性项[即将图 2.9（a）所示的原引水系统结构框图简化成图 2.16 所示框图]，可以得到式（2.35）的等效频率响应，如式（2.36）所示：

$$X(s)=-\frac{\sum_{i=1}^{3}b_i s^{3-i}}{\sum_{i=1}^{5}a_i s^{5-i}}m_{g0}/K_i \tag{2.36}$$

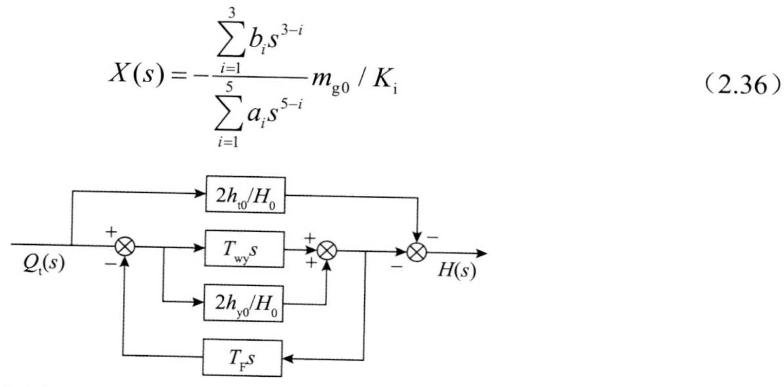

图 2.16　“引水隧洞-调压室-压力管道-机组”系统等效稳定性模型对应的引水系统结构框图

式（2.36）为一 4 阶响应方程，式中的系数为原系数在 T_{wt}=0s 时的特例。由于原响应方程[式（2.35）]为 5 阶方程，根据伽罗瓦理论可知其没有公式解，这就给原响应的理论分析带来了很大的困难；而本节通过忽略压力管道水流惯性得到了等效 4 阶频率响应，实现了降次，使频率响应方程可以理论求解，具有重要的应用价值。

图 2.17 通过水电站 A、水电站 B 对比了等效 4 阶频率响应与原 5 阶频率响应。可以看出，两者吻合得很好，说明等效 4 阶频率响应可以真实反映进而代替原 5 阶频率响应的波动特性。

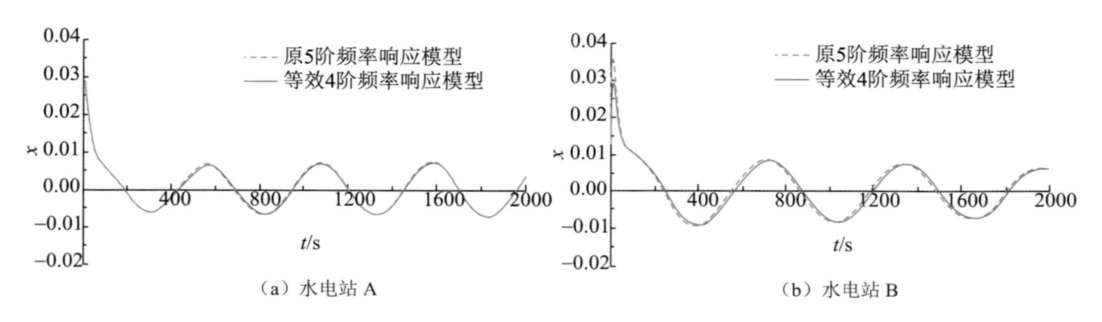

（a）水电站 A　　（b）水电站 B

图 2.17　等效 4 阶频率响应与原 5 阶频率响应对比

2.3　本 章 小 结

本章以水轮机调节系统高阶数学模型的降阶处理方法为出发点，针对设调压室水轮机调节系统，提出了两种具有严格理论依据与通用性的降阶方法，构造了调节系统的低阶等效数学模型，依据低阶等效数学模型，进行了设调压室水轮机调节系统的暂态特性分析，提出了影响参数的取值依据。

（1）针对孤立电网运行的设调压室水电站，通过建立包含所有子系统的完整水轮机调节系统数学模型，推导得到系统在负荷阶跃扰动下的 5 阶机组转速响应；利用提出的基于主导极点的 5 阶系统的一次降阶和二次降阶方法，解决了高阶系统难于理论分析的难题，系统详细地研究了转速响应的调节品质。结果表明：完整 5 阶系统总存在一对共轭主导复极点和三个非主导极点，删除分母 5 次项进行一次降阶后得到的一次低阶等效系统（4 阶）主导极点的取值基本不变，可以真实反映进而代替完整 5 阶系统，且明显优于其他 4 阶系统；一次低阶等效系统由两个非主导实极点对应的 2 阶子系统和一对共轭主导复极点对应的 2 阶子系统叠加而成，在转速响应波动过程中，前者对应快速衰减的主波，后者对应缓慢衰减的、周期性的尾波；用作为转速响应波动的主体部分的尾波 2 阶系统描述转速响应特性从而实现系统的二次降阶，由其推导出系统调节品质的动态性能指标—调节时间；不同的水轮机调节系统特性参数对主波和尾波的变化规律、尾波波动特性参数（振幅、衰减度、周期、初相位）及系统的调节时间有着不同的影响。

（2）在孤网运行和刚性水击的假设前提下，建立了无调压室和有调压室水电站的水轮机调节系统的线性化数学模型，由此模型推导出了总体传递函数，进而得到描述系统稳定性的自由振荡方程和负荷阶跃扰动下动态响应的频率响应方程，基于这两个方程通过分析稳定域和频率响应曲线的方法对比研究了压力管道的水流惯性与水头损失对无调压室和有调压室调节系统稳定性及调节品质的作用机理。结果表明：无调压室系统的稳定性和调节品质仅取决于压力管道内的水击波动作用于机组的频率响应，而有调压室系统则由压力管道内的水击波动和调压室内的水位波动共同确定；压力管道水流惯性主要影响无调压室系统的稳定性及频率响应、有调压室系统的稳定性及频率响应主波，压力管道水头损失主要影响有调压室系统的稳定性及频率响应尾波。应用压力管道水流惯性和水头损失的作用机理，提出了改善系统稳定性和调节品质的措施与系统等效模型的构造方法。

参 考 文 献

[1] SHAYEGHI H A, SHAYANFAR H A, JALILI A. Load frequency control strategies: a state-of-the-art survey for the researcher. Energy Conversion and Management, 2009, 50(2): 344-353.

[2] CHRISTIE R D, BOSE A. Load frequency control issues in power system operations after deregulation. IEEE Transactions on Power Systems, 1996, 11(3): 1191-1200.

[3] CHATURVEDI D K, SATSANGI P S, KALRA P K. Load frequency control: a generalised neural network approach. International Journal of Electrical Power & Energy Systems, 1999, 21(6): 405-415.

[4] ÇAM E, KOCAARSLAN I. Load frequency control in two area power systems using fuzzy logic controller. Energy Conversion and Management, 2005, 46(2): 233-243.

[5] BHATTI T S, AL-ADEMI A A, BANSAL N K. Load frequency control of isolated wind diesel hybrid power systems. Energy Conversion and Management, 1997, 38(9): 829-837.

[6] LIU F, SONG Y H, MA J, et al. Optimal load-frequency control in restructured power systems. IET Proceedings-Generation, Transmission and Distribution, 2003, 150(1): 87-95.

[7] GROSS G, LEE J W. Analysis of load frequency control performance assessment criteria. IEEE Transactions on Power Systems, 2001, 16(3): 520-525.

[8] ASANO H, YAJIMA K, KAYA Y. Influence of photovoltaic power generation on required capacity for load frequency control. IEEE Transactions on Energy Conversion, 1996, 11(1): 188-193.

[9] JIANG L, YAO W, WU Q H, et al. Delay-dependent stability for load frequency control with constant and time-varying delays. IEEE Transactions on Power Systems, 2012, 27(2): 932-941.

[10] ZRIBI M, AL-RASHED M, ALRIFAI M. Adaptive decentralized load frequency control of multi-area power systems. International Journal of Electrical Power & Energy Systems, 2005, 27(8): 575-583.

[11] SATHYA M R, ANSARI M M. Load frequency control using Bat inspired algorithm based dual mode gain scheduling of PI controllers for interconnected power system. International Journal of Electrical Power & Energy Systems, 2015, 64: 365-374.

[12] SAXENA S, HOTE Y V. Load frequency control in power systems via internal model control scheme and model-order reduction. IEEE Transactions on Power Systems, 2013, 28(3): 2749-2757.

[13] SEKHAR G C, SAHU R K, BALIARSINGH A K, et al. Load frequency control of power system under deregulated environment using optimal firefly algorithm. International Journal of Electrical Power & Energy Systems, 2016, 74: 195-211.

[14] JALEELI N, VANSLYCK L S, EWART D N, et al. Understanding automatic generation control. IEEE Transactions on Power Systems, 1992, 7(3): 1106-1122.

[15] LI N, ZHAO C, CHEN L. Connecting automatic generation control and economic dispatch from an optimization view. IEEE Transactions on Control of Network Systems, 2016, 3(3): 254-264.

[16] SRIDHAR S, GOVINDARASU M. Model-based attack detection and mitigation for automatic generation control. IEEE Transactions on Smart Grid, 2014, 5(2): 580-591.

[17] SAHU B K, PATI S, MOHANTY P K, et al. Teaching-learning based optimization algorithm based fuzzy-PID controller for automatic generation control of multi-area power system. Applied Soft Computing, 2015, 27: 240-249.

[18] PANDA S, YEGIREDDY N K. Automatic generation control of multi-area power system using multi-objective non-dominated sorting genetic algorithm-II. International Journal of Electrical Power & Energy Systems, 2013, 53: 54-63.

[19] DEBBARMA S, SAIKIA L C, SINHA N. Automatic generation control using two degree of freedom

fractional order PID controller. International Journal of Electrical Power & Energy Systems, 2014, 58: 120-129.
[20] SAIKIA L C, SAHU S K. Automatic generation control of a combined cycle gas turbine plant with classical controllers using Firefly Algorithm. International Journal of Electrical Power & Energy Systems, 2013, 53: 27-33.
[21] MOHANTY B, PANDA S, HOTA P K. Differential evolution algorithm based automatic generation control for interconnected power systems with non-linearity. Alexandria Engineering Journal, 2014, 53(3): 537-552.
[22] CAMPBELL T, BRADLEY T H. A model of the effects of automatic generation control signal characteristics on energy storage system reliability. Journal of Power Sources, 2014, 247: 594-604.
[23] VARIANI M H, TOMSOVIC K. Distributed automatic generation control using flatness-based approach for high penetration of wind generation. IEEE Transactions on Power Systems, 2013, 28(3): 3002-3009.
[24] YOUSEF H A, KHALFAN A L K, ALBADI M H, et al. Load frequency control of a multi-area power system: an adaptive fuzzy logic approach. IEEE Transactions on Power Systems, 2014, 29(4): 1822-1830.
[25] DATTA M, SENJYU T. Fuzzy control of distributed PV inverters/energy storage systems/electric vehicles for frequency regulation in a large power system. IEEE Transactions on Smart Grid, 2013, 4(1): 479-488.
[26] CHEN Y K, WU Y C, SONG C C, et al. Design and implementation of energy management system with fuzzy control for DC microgrid systems. IEEE Transactions on Power Electronics, 2013, 28(4): 1563-1570.
[27] BERRAZOUANE S, MOHAMMEDI K. Parameter optimization via cuckoo optimization algorithm of fuzzy controller for energy management of a hybrid power system. Energy Conversion and Management, 2014, 78: 652-660.
[28] KAKIGANO H, MIURA Y, ISE T. Distribution voltage control for dc microgrids using fuzzy control and gain-scheduling technique. IEEE Transactions on Power Electronics, 2013, 28(5): 2246-2258.
[29] STANKOVIC A M, TADMOR G, SAKHARUK T A. On robust control analysis and design for load frequency regulation. IEEE Transactions on Power Systems, 1998, 13(2): 449-455.
[30] SHABANI H, VAHIDI B, EBRAHIMPOUR M. A robust PID controller based on imperialist competitive algorithm for load-frequency control of power systems. ISA Transactions, 2013, 52(1): 88-95.
[31] KHOOBAN M H, NIKNAM T. A new and robust control strategy for a class of nonlinear power systems: a daptive general type-II fuzzy. Proceedings of the Institution of Mechanical Engineers, Part I: Journal of Systems and Control Engineering, 2015, 229(6): 517-528.
[32] HOWLADER A M, IZUMI Y, UEHARA A, et al. A robust H∞ controller based frequency control approach using the wind-battery coordination strategy in a small power system. International Journal of Electrical Power & Energy Systems, 2014, 58: 190-198.
[33] PICO H N V, ALIPRANTIS D C, MCCALLEY J D, et al. Analysis of hydro-coupled power plants and design of robust control to damp oscillatory modes. IEEE Transactions on Power Systems, 2015, 30(2): 632-643.
[34] JING L, YE L Q, MALIK O P, et al. An intelligent discontinuous control strategy for hydroelectric generating unit. IEEE Transactions on Energy Conversion, 1998, 13(1): 84-89.
[35] KAYNAK O, ERBATUR K, ERTUGNRL M. The fusion of computationally intelligent methodologies and sliding-mode control-a survey. IEEE Transactions on Industrial Electronics, 2001, 48(1): 4-17.

[36] KHALIGH A, RAHIMI A M, EMADI A. Negative impedance stabilizing pulse adjustment control technique for DC/DC converters operating in discontinuous conduction mode and driving constant power loads. IEEE Transactions on Vehicular Technology, 2007, 56(4): 2005-2016.

[37] LOUKIANOV A G, CAÑEDO J M, UTKIN V I, et al. Discontinuous controller for power systems: sliding- mode block control approach. IEEE Transactions on Industrial Electronics, 2004, 51(2): 340-353.

[38] 中华人民共和国国家质量监督检验检疫总局, 中国国家标准化管理委员会. 水轮机控制系统试验规程: GB/T 9652. 1-2007. 北京: 中国标准出版社, 2008.

[39] 赵桂连, 杨建东, 杨安林. 带调压室电站系统调节品质的调节手段研究. 人民长江, 2006, 37(7): 103-104, 110.

[40] 付亮, 杨建东, 李进平, 等. 设调压室的水电站机组频率波动特征. 武汉大学学报(工学版), 2008, 41(5): 50-53.

[41] 朱克刚, 周建旭. 双机共尾水调压室系统的调节品质分析. 华东电力, 2006, 34(12): 50-53.

[42] 付亮, 杨建东, 李进平, 等. 带调压室水电站调节品质的分析. 水力发电学报, 2009, 28(2): 115-120.

[43] 付亮, 杨建东, 鲍海艳. 设调压室水电站负荷扰动下机组频率波动研究. 水利学报, 2008, 39(11): 1190- 1196.

[44] GALLIAN J A. Contemporary Abstract Algebra. 7th ed. Boston: Cengage Learning, 2009.

[45] 谢克明. 自动控制原理. 第二版. 北京: 电子工业出版社, 2008.

[46] 张建邦, 程邦勤, 王旭. 飞机扰动运动方程特征根的数值求解. 空军工程大学学报(自然科学版), 2002, 3(8): 81-83.

[47] 数学手册编写组. 数学手册. 北京: 人民教育出版社, 1979.

[48] 杨开林. 机组 GD^2 和 PID 调速器参数的优化设计. 水利学报, 1998(3): 1-8.

[49] RUUD F O. Instability of a hydraulic turbine with a very long penstock. Journal of Engineering for Power, 1965, 87(3): 290-293.

[50] MURTY M S, HARIHARAN M V. Analysis and improvement of the stability of a hydro-turbine generating unit with long penstock. IEEE Transactions on Power Apparatus and Systems, 1984, 2: 360-367.

[51] SOUZA O H, BARBIERI N, SANTOS A H. Study of hydraulic transients in hydropower plants through simulation of nonlinear model of penstock and hydraulic turbine model. IEEE Transactions on Power Systems, 1999, 14(4): 1269-1272.

[52] SANATHANAN C K. Accurate low order model for hydraulic turbine-penstock. IEEE Transactions on Energy Conversion, 1987, 2: 196-200.

[53] KRIVEHENKO G I, KWYATKOVSKAYA E V, LYUBITSKY A E, et al. Some special conditions of unit operation in hydropower plant with long penstocks//Proceedings of 8th Symposium of IAHR section for Hydraulic machinery, equipment and cavitation, Leningrad, 465-475, September 1976.

[54] FRANKLIN G F, POWELL D, NAEINI A E. Feedback Control of Dynamic Systems. 6th ed. Englewood: Prentice Hall, 2009.

第3章　基于调节模式的设调压室水轮机调节系统暂态特性与控制

水轮机调节有三种模式：频率调节、功率调节及开度调节[1-4]。在水电站小波动过渡过程分析计算中，通常采用频率调节模式，即通过改变水轮机的开度来跟踪机组频率（转速）的变化，使机组转速进入所规定的范围之内。对于水流惯性大的长引水管道水电站而言，若单一地采用频率调节模式，常会出现机组转速在频率允许波动带宽内等幅振荡的现象，这是调节品质和稳定性之间突出矛盾的一大表现[5-9]。解决该矛盾途径之一是：扩大调压室的断面积，但会带来引水发电系统布置和地下洞室群围岩稳定的问题。解决该矛盾途径之二是：在合理整定调速器参数的前提下，尝试采用功率调节、开度调节或者频率调节与功率调节、开度调节相结合的调节模式。但至今功率调节、开度调节的研究成果较少，更未系统地对比分析三种调节模式的稳定性及调节品质，并且设调压室水电站的频率调节稳定性及调节品质的研究多是在忽略压力管道水流惯性的条件下进行的[10-11]，具有很大的局限性。

对于调节系统稳定性及调节品质的研究，关键在于推导调压室临界稳定断面公式和机组转速波动方程。前人之所以没能实现稳定性及调节品质在调压室临界稳定断面公式中的统一，是因为其研究都是基于托马假定的[12-13]，即调速器绝对灵敏，始终保持出力是恒定的。因此，实现稳定性及调节品质在调压室临界稳定断面公式中的统一就必须首先突破托马假定的局限，建立完整的引水发电系统数学模型（包括引水隧洞动力方程、调压室连续性方程、压力管道动力方程、水轮机力矩方程及流量方程、发电机加速方程和调速器方程），进而得到水力-调速系统的综合传递函数，由此求解调压室临界稳定断面公式和机组转速波动方程，然后由机组转速波动方程求得调节时间限制值的表达式，最后结合调压室临界稳定断面公式与调节时间限制值表达式，提出基于调节品质要求的调压室临界稳定断面公式，从而实现稳定性与调节品质的统一。但是，由于考虑因素的增多，所得综合传递函数是高阶线性常系数齐次微分方程（一般高于5阶），求解非常困难，难以得到严格的解析解。所以寻求高阶线性常系数齐次微分方程系统的简化解法是问题的关键，这一关键问题已在第2章中得到解决。

水轮机调节模式的选取与组合的研究，关键在于系统地对比分析三种调节模式稳定性和调节品质的差异，而三种调节模式下的调节系统的区别又仅存在于调速器方程（开度调节属开环系统，调速器不参与调节），所以此问题的解决只需在高阶线性常系数齐次微分方程系统求解的基础上完成频率调节和功率调节调速器方程在形式上的统一及转换准则的制定即可。

综上所述，稳定性和调节品质是水电站水轮机调节系统的相互矛盾的两个方面，既有联系，又不可分割，共同描述系统的动态特性。第3、4章从高阶常系数线性微分方程的求解出发，研究水轮机频率调节、功率调节和开度调节模式下系统的稳定性和调节品质，力求得到全面考虑管道特性、水轮机特性和调速器特性的调压室临界稳定断面公式，进而将调节品质的要求引入临界稳定断面公式，实现稳定性和调节品质的统一。用此式便可对稳定性和调节品质进行综合分析，协调两者之间的矛盾，为水电站的机组运行控制提供依据。

本章首先开展基于调节模式的设调压室水轮机调节系统暂态特性与控制的研究。

3.1　基于水轮机调节模式的系统稳定性

在水电站实际运行中，带负载的机组总是不断地受到外界负载微小变化的扰动，从而使机组频率（转速）产生微小波动而偏离规定值，控制系统又不断按要求将其调节到规定的范围，这一过程称为小波动过渡过程，其稳定性关系到整个系统过渡过程的品质，直接影响水电站运行安全和电力系统电能质量。

在通常的小波动过渡过程分析计算中，采用的是频率调节模式，即通过改变水轮机的开度来跟踪机组频率（转速）的变化，最终使机组的转速进入所规定的范围之内。分析发现，在不考虑人工死区的情况下，单一的频率调节模式不能很好地解决调节品质与调节稳定性之间的矛盾，常会出现调节系统满足调节品质要求但不稳定的现象。图 3.1、图 3.2 表示了某水电站在小波动工况下通过数值计算得到的负荷阶跃扰动下机组转速和调压室水位波动过程。从中可以看出，当采用频率调节模式时，虽然机组转速波动可以在很短的时间内进入规定的频率波动带宽，但在进入之后其波动并不衰减，机组转速和调压室水位一直处于等幅振荡的状态，即出现了不稳定的现象，而采用功率调节则可使机组转速和调压室水位较快衰减，满足稳定性的要求。

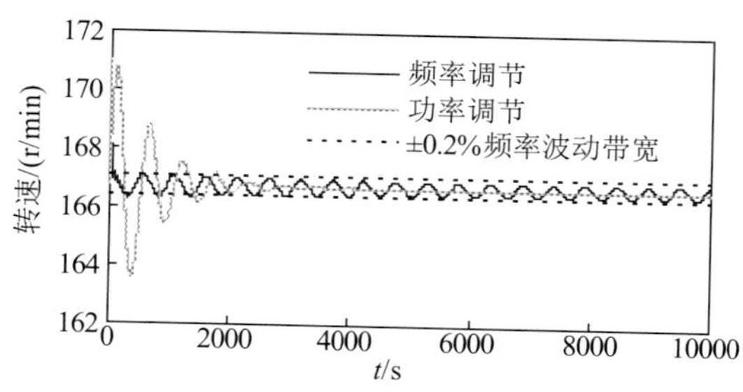

图 3.1　某水电站小波动工况下机组转速波动图

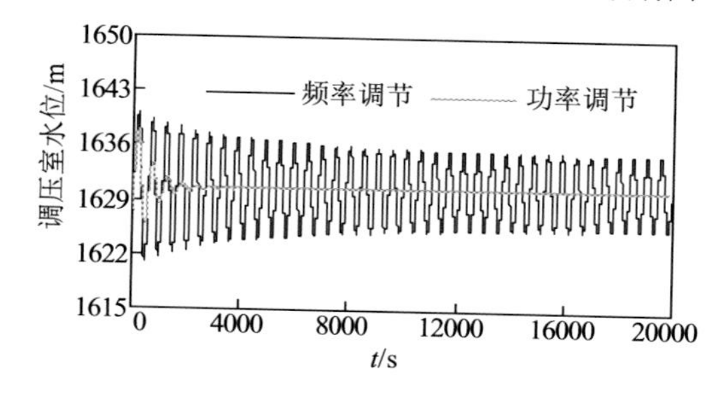

图 3.2　某水电站小波动工况下调压室水位波动图

而采用单一的功率调节模式或者频率调节与功率调节、开度调节相结合的调节模式将是解决此问题的一个突破口。前人对频率调节稳定性已做了较多的研究[14-15]，但对功率调节和开度调节稳定性的研究很少，更未系统地对比三种调节模式的稳定性差异，且对设调压室水电站频率调节稳定性的研究多是在忽略压力管道水流惯性的条件下进行的。为此，本节在不考虑人工死区的前提下建立了如图 3.3 所示的包含压力管道水流惯性的水电站的水轮机调节系统在频率调节、功率调节、开度调节下的数学模型，推导了各自的综合传递函数和描述系统动态特性的线性常系数齐次微分方程，分析了三种调节模式的稳定条件及稳定域的差异，并结合实际算例对比分析了不同调节系统参数和不同的调速器系统结构对不同调节模式稳定域的影响。

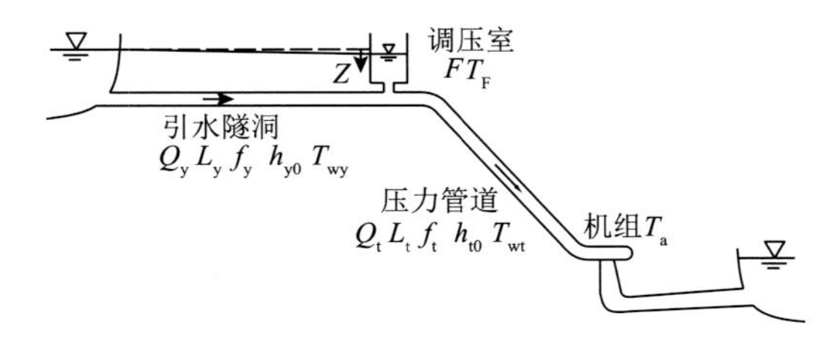

图 3.3 设调压室水电站引水发电系统示意图

本节分析的水轮机调节模式稳定性是针对水电站在孤立电网下运行的情况。虽然并网后的水电站易保证稳定，但对于大中型水电站，不能都靠电网来维持其稳定，因这将会降低供电的质量，同时水电站也有脱网运行的可能[16]。

基本假定：①忽略水体和管壁的弹性，引水隧洞和压力管道都采用刚性水击模型；②忽略调压室底部水头损失和流速水头；③小波动过渡过程采用稳态工况点局部线性化的方法，用水轮机的六个传递系数来表述水轮机稳态特性；④忽略调速器的非线性特性：饱和特性和转速死区。

3.1.1 基本方程的建立与综合传递函数的求解

1. 基本方程的建立

设调压室水电站引水发电系统如图 3.3 所示。

引水隧洞动力方程：

$$z-\frac{2h_{y0}}{H_0}q_y=T_{wy}\frac{\mathrm{d}q_y}{\mathrm{d}t} \tag{3.1}$$

调压室连续性方程：

$$q_y=q_t-T_F\frac{\mathrm{d}z}{\mathrm{d}t} \tag{3.2}$$

压力管道动力方程：

$$h = -T_{\mathrm{wt}} \frac{\mathrm{d}q_{\mathrm{t}}}{\mathrm{d}t} - \frac{2h_{\mathrm{t0}}}{H_0} q_{\mathrm{t}} - z \tag{3.3}$$

水轮机力矩方程、流量方程：

$$m_{\mathrm{t}} = e_h h + e_x x + e_y y \tag{3.4}$$

$$q_{\mathrm{t}} = e_{qh} h + e_{qx} x + e_{qy} y \tag{3.5}$$

发电机加速方程：

$$T_{\mathrm{a}} \frac{\mathrm{d}x}{\mathrm{d}t} = m_{\mathrm{t}} - (m_{\mathrm{g}} + e_{\mathrm{g}} x) \tag{3.6}$$

调速器方程：

频率调节（并联PID型调速器，水电站担负系统调频任务时，以无差运行，即$b_{\mathrm{p}}=0$）：

$$b_{\mathrm{t}} T_{\mathrm{d}} T_{\mathrm{y}} \frac{\mathrm{d}^2 y}{\mathrm{d}t^2} + b_{\mathrm{t}} T_{\mathrm{d}} \frac{\mathrm{d}y}{\mathrm{d}t} = -\left(T_{\mathrm{d}} T_{\mathrm{n}} \frac{\mathrm{d}^2 x}{\mathrm{d}t^2} + T_{\mathrm{d}} \frac{\mathrm{d}x}{\mathrm{d}t} + x \right) \tag{3.7}$$

功率调节（PI型控制模式）：

$$b_{\mathrm{t}} T_{\mathrm{d}} T_{\mathrm{y}} \frac{\mathrm{d}^2 y}{\mathrm{d}t^2} + b_{\mathrm{t}} T_{\mathrm{d}} \frac{\mathrm{d}y}{\mathrm{d}t} = b_{\mathrm{p}} T_{\mathrm{d}} \frac{\mathrm{d}(p_{\mathrm{g}} - p_{\mathrm{t}})}{\mathrm{d}t} + b_{\mathrm{p}} (p_{\mathrm{g}} - p_{\mathrm{t}}) \tag{3.8}$$

开度调节：水轮机导叶开度为一固定值，即$Y = \mathrm{const}$（常数），调速器不参与调节。式（3.1）～式（3.8）中：$z = \dfrac{\Delta Z}{H_0}$为调压室水位变化相对值，其中$\Delta Z$为调压室水位变化值，对于上游调压室以向下为正，对于下游调压室以向上为正，H_0为机组初始工作水头；$q_{\mathrm{y}} = \dfrac{Q_{\mathrm{y}} - Q_{\mathrm{y0}}}{Q_{\mathrm{y0}}}$、$q_{\mathrm{t}} = \dfrac{Q_{\mathrm{t}} - Q_{\mathrm{t0}}}{Q_{\mathrm{t0}}}$、$h = \dfrac{H - H_0}{H_0}$、$m_{\mathrm{t}} = \dfrac{M_{\mathrm{t}} - M_{\mathrm{t0}}}{M_{\mathrm{t0}}}$、$x = \dfrac{n - n_0}{n_0}$、$y = \dfrac{Y - Y_0}{Y_0}$、$m_{\mathrm{g}} = \dfrac{M_{\mathrm{g}} - M_{\mathrm{g0}}}{M_{\mathrm{g0}}}$、$p_{\mathrm{t}} = \dfrac{P_{\mathrm{t}} - P_{\mathrm{t0}}}{P_{\mathrm{t0}}}$、$p_{\mathrm{g}} = \dfrac{P_{\mathrm{g}} - P_{\mathrm{g0}}}{P_{\mathrm{g0}}}$分别为引水隧洞流量、压力管道流量、机组工作水头、水轮机动力矩、水轮机转速、水轮机导叶开度、水轮机阻力矩、机组实际功率、功率给定的偏差相对值，其中Q_{y}、Q_{t}、H、Q_{t}、n、Y、M_{g}、P_{t}、P_g分别为引水隧洞流量、机组引用流量、机组工作水头、水轮机动力矩、水轮机转速、水轮机导叶开度、水轮机阻力矩、机组实际功率、功率给定在任意时刻之值，有下标“0”者为初始时刻之值；h_{y0}、h_{t0}分别为引水隧洞、压力管道的水头损失；T_{wy}、T_{wt}分别为引水隧洞、压力管道的水流惯性时间常数；$T_{\mathrm{F}} = \dfrac{FH_0}{Q_0}$为调压室时间常数，$F$为调压室面积；$Q_0 = Q_{\mathrm{y0}} = Q_{\mathrm{t0}}$为管道初始流量；$T_{\mathrm{a}}$为机组惯性时间常数；$e_h$、$e_x$、$e_y$为水轮机力矩传递

系数；e_{qh}、e_{qx}、e_{qy} 为水轮机流量传递系数；b_t、T_d、T_n、T_y、e_g、b_p 为调速器参数。

2. 综合传递函数的求解

1）频率调节

对基本方程式（3.1）～式（3.7）进行拉普拉斯变换，联立得出频率调节模式下水轮机调节系统的综合传递函数：

$$G(s)=\frac{X(s)}{M_g(s)}=-\frac{b_1^2 b_2(b_t T_d T_y s^2+b_t T_d s)}{a_0 s^7+a_1 s^6+a_2 s^5+a_3 s^4+a_4 s^3+a_5 s^2+a_6 s+a_7} \tag{3.9}$$

将式（3.9）改写为

$$(a_0 s^7+a_1 s^6+a_2 s^5+a_3 s^4+a_4 s^3+a_5 s^2+a_6 s+a_7)X(s)=-b_1^2 b_2(b_t T_d T_y s^2+b_t T_d s)M_g(s) \tag{3.10}$$

由于稳定性是研究在输入扰动消失后系统恢复到初始平衡状态的性能，即考虑 $M_g(s)=0$ 的情况，因此，对此系统的稳定性分析归结为对以下方程的研究：

$$(a_0 s^7+a_1 s^6+a_2 s^5+a_3 s^4+a_4 s^3+a_5 s^2+a_6 s+a_7)X(s)=0 \tag{3.11}$$

由式（3.11）即可得到描述频率调节系统动态特性的 7 阶线性常系数齐次微分方程：

$$a_0\frac{d^7x}{dt^7}+a_1\frac{d^6x}{dt^6}+a_2\frac{d^5x}{dt^5}+a_3\frac{d^4x}{dt^4}+a_4\frac{d^3x}{dt^3}+a_5\frac{d^2x}{dt^2}+a_6\frac{dx}{dt}+a_7x=0 \tag{3.12}$$

式（3.9）～式（3.12）中：

$a_0=f_1f_5b_tT_dT_y$；$a_1=f_1f_5b_tT_d+(f_1f_6+f_2f_5)b_tT_dT_y+f_1f_8T_dT_n$；

$a_2=(f_1f_6+f_2f_5)b_tT_d+(f_1f_7+f_2f_6+f_3f_5)b_tT_dT_y+f_1f_8T_d+(f_1f_9+f_2f_8)T_dT_n$；

$a_3=(f_1f_7+f_2f_6+f_3f_5)b_tT_d+(f_2f_7+f_3f_6+f_4f_5)b_tT_dT_y+f_1f_8+(f_1f_9+f_2f_8)T_d+(f_2f_9+f_3f_8)T_dT_n$；

$a_4=(f_2f_7+f_3f_6+f_4f_5)b_tT_d+(f_3f_7+f_4f_6+c_1)b_tT_dT_y+f_1f_9+f_2f_8+(f_2f_9+f_3f_8)T_d$
$+(f_3f_9+f_4f_8-c_2)T_dT_n$；

$a_5=(f_3f_7+f_4f_6+c_1)b_tT_d+(f_4f_7+c_3)b_tT_dT_y+f_2f_9+f_3f_8+(f_3f_9+f_4f_8-c_2)T_d+(f_4f_9-c_4)T_dT_n$；

$a_6=(f_4f_7+c_3)b_tT_d+f_3f_9+f_4f_8-c_2+(f_4f_9-c_4)T_d$；$a_7=f_4f_9-c_4$；

$b_1=1+e_{qh}\frac{2h_{t0}}{H_0}+e_{qh}T_{wt}s$；$b_2=1+\left(T_Fs+\frac{e_{qh}}{b_1}\right)\left(\frac{2h_{y0}}{H_0}+T_{wy}s\right)$；

$c_1=e_he_{qx}T_{wy}$；$c_2=e_he_{qy}T_{wy}$；$c_3=\frac{2h_{y0}e_he_{qx}}{H_0}$；$c_4=\frac{2h_{y0}e_he_{qy}}{H_0}$；

$f_1=e_{qh}T_FT_{wy}T_{wt}$；$f_2=e_{qh}T_FT_{wt}\frac{2h_{y0}}{H_0}+\left(1+e_{qh}\frac{2h_{t0}}{H_0}\right)T_FT_{wy}$；

$f_3=e_{qh}(T_{wy}+T_{wt})+\left(1+e_{qh}\frac{2h_{t0}}{H_0}\right)\frac{2h_{y0}}{H_0}T_F$；$f_4=1+e_{qh}\frac{2(h_{y0}+h_{t0})}{H_0}$；$f_5=e_{qh}T_aT_{wt}$；

$f_6=\left(1+e_{qh}\dfrac{2h_{t0}}{H_0}\right)T_a+e_{qh}T_{wt}(e_g-e_x)+e_he_{qx}T_{wt}$；$f_7=\left(1+e_{qh}\dfrac{2h_{t0}}{H_0}\right)(e_g-e_x)+e_he_{qx}\dfrac{2h_{t0}}{H_0}$；

$f_8=(e_ye_{qh}-e_he_{qy})T_{wt}$；$f_9=(e_ye_{qh}-e_he_{qy})\dfrac{2h_{t0}}{H_0}+e_y$。

2）功率调节

为了建立功率调节系统的综合传递函数，首先需要将功率调节的调速器方程式（3.8）转换成与频率调节一样的形式，即 y 与 x 间的函数关系：$f(y,y',y'',\cdots)=f(x,x',x'',\cdots)$，为此首先对 p_t、p_g 进行变换。

由 $P_t=M_t\omega=M_t\dfrac{\pi n}{30}$、$p_t=\dfrac{P_t-P_{t0}}{P_{t0}}$ 可得

$$p_t=\frac{M_t\dfrac{\pi n}{30}-M_{t0}\dfrac{\pi n_0}{30}}{M_{t0}\dfrac{\pi n_0}{30}}=\frac{M_tn-M_{t0}n_0}{M_{t0}n_0}=m_tx+m_t+x \tag{3.13}$$

对于小波动稳定问题，m_t 与 x 都是微量，因此为了保持方程的线性性质，略去二阶微量 m_tx，这样方程式（3.13）可简化为：$p_t=m_t+x$。

p_g 为已知量，根据其定义易得：$p_g=m_g$。

利用 p_t、p_g 的简化表达式及式（3.6）将式（3.8）变形如下：

$$b_tT_dT_y\frac{d^2y}{dt^2}+b_tT_d\frac{dy}{dt}=-b_p\left[T_dT_a\frac{d^2x}{dt^2}+(T_de_g+T_d+T_a)\frac{dx}{dt}+(e_g+1)x\right] \tag{3.14}$$

对基本方程式（3.1）～式（3.6）及式（3.14）进行拉普拉斯变换，联立得出功率调节水轮机调节系统的综合传递函数：

$$G(s)=\frac{X(s)}{M_g(s)}=-\frac{b_1^2b_2(b_tT_dT_ys^2+b_tT_ds)}{a_0's^7+a_1's^6+a_2's^5+a_3's^4+a_4's^3+a_5's^2+a_6's+a_7'} \tag{3.15}$$

同样由综合传递函数得到描述功率调节系统动态特性的 7 阶线性常系数齐次微分方程：

$$a_0'\frac{d^7x}{dt^7}+a_1'\frac{d^6x}{dt^6}+a_2'\frac{d^5x}{dt^5}+a_3'\frac{d^4x}{dt^4}+a_4'\frac{d^3x}{dt^3}+a_5'\frac{d^2x}{dt^2}+a_6'\frac{dx}{dt}+a_7'x=0 \tag{3.16}$$

式（3.15）、式（3.16）中：

$a_0'=f_1f_5b_tT_dT_y$；$a_1'=f_1f_5b_tT_d+(f_1f_6+f_2f_5)b_tT_dT_y+f_1f_8b_pT_dT_a$；

$a_2'=(f_1f_6+f_2f_5)b_tT_d+(f_1f_7+f_2f_6+f_3f_5)b_tT_dT_y+f_1f_8d_2+(f_1f_9+f_2f_8)b_pT_dT_a$；

$a_3'=(f_1f_7+f_2f_6+f_3f_5)b_tT_d+(f_2f_7+f_3f_6+f_4f_5)b_tT_dT_y+f_1f_8d_1+(f_1f_9+f_2f_8)d_2$
$\quad+(f_2f_9+f_3f_8)b_pT_dT_a$；

$a_4' = (f_2f_7 + f_3f_6 + f_4f_5)b_tT_d + (f_3f_7 + f_4f_6 + c_1)b_tT_dT_y + (f_1f_9 + f_2f_8)d_1 + (f_2f_9 + f_3f_8)d_2$
$+ (f_3f_9 + f_4f_8 - c_2)b_pT_dT_a$；

$a_5' = (f_3f_7 + f_4f_6 + c_1)b_tT_d + (f_4f_7 + c_3)b_tT_dT_y + (f_2f_9 + f_3f_8)d_1 + (f_3f_9 + f_4f_8 - c_2)d_2$
$+ (f_4f_9 - c_4)b_pT_dT_a$；

$a_6' = (f_4f_7 + c_3)b_tT_d + (f_3f_9 + f_4f_8 - c_2)d_1 + (f_4f_8 - c_4)d_2$；$a_7' = (f_4f_9 - c_4)d_1$；

$d_1 = b_p(e_g + 1)$； $d_2 = b_p(T_de_g + T_d + T_a)$； 其他参数同前。

3）开度调节

由 $Y = \text{const}$ 可得 $y = \dfrac{Y - Y_0}{Y_0} = 0$。

对基本方程式（3.1）～式（3.6）进行拉普拉斯变换，联立得出开度调节水轮机调节系统的综合传递函数：

$$G(s) = \frac{X(s)}{M_g(s)} = -\frac{b_1^2b_2}{a_0''s^5 + a_1''s^4 + a_2''s^3 + a_3''s^2 + a_4''s + a_5''} \tag{3.17}$$

由综合传递函数得到描述开度调节系统动态特性的 5 阶线性常系数齐次微分方程：

$$a_0''\frac{d^5x}{dt^5} + a_1''\frac{d^4x}{dt^4} + a_2''\frac{d^3x}{dt^3} + a_3''\frac{d^2x}{dt^2} + a_4''\frac{dx}{dt} + a_5''x = 0 \tag{3.18}$$

式（3.17）、式（3.18）中：$a_0'' = f_1f_5$；$a_1'' = f_1f_6 + f_2f_5$；$a_2'' = f_1f_7 + f_2f_6 + f_3f_5$；$a_3'' = f_2f_7 + f_3f_6 + f_4f_5$；$a_4'' = f_3f_7 + f_4f_6 + c_1$；$a_5'' = f_4f_7 + c_3$；其他参数同前。

3.1.2 系统稳定条件

利用 Routh-Hurwitz 稳定判据可得三种调节模式的稳定条件如下。

频率调节：

（1）$a_i > 0$（i=0，1，2，3，4，5，6，7）；

（2）$\Delta_2 = a_1a_2 - a_0a_3 > 0$；

（3）$\Delta_4 = \begin{vmatrix} a_1 & a_3 & a_5 & a_7 \\ a_0 & a_2 & a_4 & a_6 \\ 0 & a_1 & a_3 & a_5 \\ 0 & a_0 & a_2 & a_4 \end{vmatrix} > 0$；

（4）$\Delta_6 = \begin{vmatrix} a_1 & a_3 & a_5 & a_7 & 0 & 0 \\ a_0 & a_2 & a_4 & a_6 & 0 & 0 \\ 0 & a_1 & a_3 & a_5 & a_7 & 0 \\ 0 & a_0 & a_2 & a_4 & a_6 & 0 \\ 0 & 0 & a_1 & a_3 & a_5 & a_7 \\ 0 & 0 & a_0 & a_2 & a_4 & a_6 \end{vmatrix} > 0$。

功率调节：

此种调节模式的自由运动方程与频率调节同为7阶常系数微分方程，因此稳定条件一致，判断时只需将频率调节（1）～（4）中的a_i换成a_i'即可。

开度调节：

（1）$a_i''>0$　（i=0，1，2，3，4，5）；

（2）$\Delta_2=a_1''a_2''-a_0''a_3''>0$；

（3）$\Delta_4=(a_1''a_2''-a_0''a_3'')(a_3''a_4''-a_2''a_5'')-(a_1''a_4''-a_0''a_5'')^2>0$。

3.1.3　稳定分析

对于三种调节模式，如果以b_t为横坐标、以T_d为纵坐标，将调节系统处于不同状态时的各特性参数代入，即可在坐标系中得到满足系统稳定条件的区域，称为稳定域。在具体绘制时，可先在b_t-T_d坐标中绘出稳定条件中各式取等号所对应的各条曲线，然后以b_t相同、T_d最大，T_d相同、b_t最大的原则找出各条曲线的包络线，此包络线即为稳定域的稳定边界，设稳定边界上的坐标参数记为b_t'、T_d'，则$b_t>b_t'$、$T_d>T_d'$的区域即为稳定域。

通过分析可知，对于频率调节和功率调节，$a_i>0$、Δ_2>0、Δ_4>0、Δ_6>0都是有条件成立的，所以这两种调节模式是有条件稳定的，其稳定域是b_t-T_d坐标系中位于稳定边界右上部的区域；对于开度调节，$a_i''>0$、Δ_2>0、Δ_4>0恒成立，因此此种调节模式是无条件稳定的，其稳定域就是b_t-T_d坐标系的整个区域。

本节以某水电站为例，对比分析三种调节模式稳定域的差异及不同的调节系统参数和不同的调速器系统结构对不同调节模式稳定域的影响，由于开度调节是无条件稳定的，因此下面的分析只针对频率调节和功率调节。该水电站基本资料：长引水式地下水电站，引水发电系统共有四个水力单元，每个水力单元均采用一洞两机的布置形式，设上游调压室的机组额定出力为610MW，额定水头为288.0m，额定流量为228.6m^3/s，额定转速为166.7r/min，引水隧洞长为16662.16m，当量断面积为113.10m^2，T_{wy}=23.84s，T_{wt}=1.26s。取理想水轮机传递系数为e_h=1.5，$e_x=-1$，e_y=1，e_{qh}=0.5，e_{qx}=0，e_{qy}=1。

1. 调节系统参数影响分析

1）压力管道水流惯性时间常数T_{wt}、调压室面积F对频率调节和功率调节稳定域的影响

取n_f为调压室实际面积与临界稳定断面之比，即$n_f=F/F_{th}$。分别在n_f=0.95时改变压力管道水流惯性时间常数T_{wt}、在T_{wt}=1.26s时改变调压室面积F，绘制频率调节和功率调节的稳定域边界曲线，如图3.4、图3.5所示。在图3.4中同时绘出不考虑压力管道水流惯性时的频率调节和功率调节的稳定域边界曲线。其他参数的取值为：T_a=9.46s，b_p=0.04，e_g=0.0。

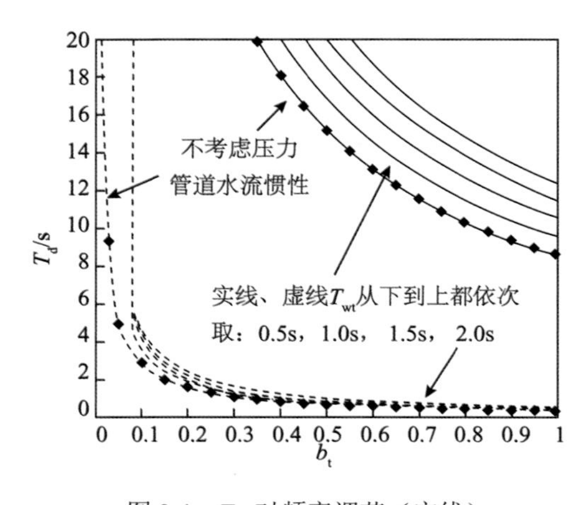

图 3.4 T_{wt}对频率调节（实线）、功率调节（虚线）稳定域的影响

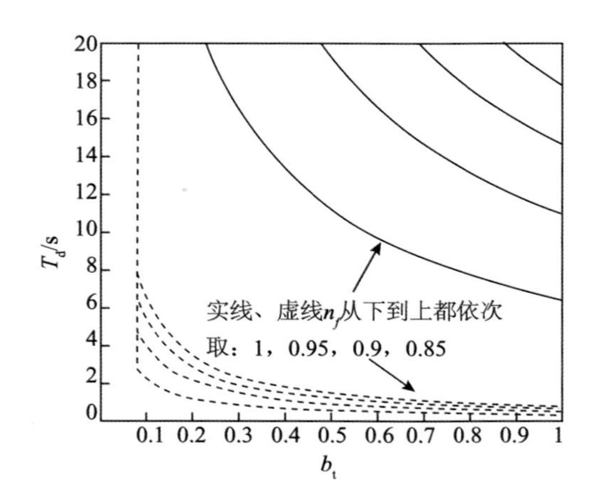

图 3.5 n_f对频率调节（实线）、功率调节（虚线）稳定域的影响

分析图 3.4、图 3.5 可知：

（1）不考虑压力管道水流惯性时的频率调节和功率调节的稳定域边界曲线为一段平滑的曲线，且在b_t趋于 0 时以T_d轴为渐近线，而考虑压力管道水流惯性后相应的稳定域边界曲线则由一段平滑的曲线和一段竖直线组成（由于坐标范围的限制，频率调节的竖直边界曲线未在图中呈现），竖直边界线对应的b_t称为临界b_t，记为b_t^*，b_t^*一般很小甚至趋于 0，当$b_t < b_t^*$时无论T_d取何值系统都是不稳定的，而水轮机调节系统考虑压力管道水流惯性但不考虑调速器特性得出的无条件不稳定结论可以看作是本结论的一个极端情况。

（2）考虑压力管道水流惯性之后，频率调节和功率调节的稳定域都会适当地变小。

（3）随着压力管道水流惯性时间常数T_{wt}的增大，频率调节和功率调节的稳定域曲线都向坐标区域的右上方移动，即稳定域都在减小；相反，随着调压室面积F的增大，频率调节和功率调节的稳定域都在增大。在稳定域变化时，b_t^*保持不变。

（4）相同条件下，功率调节的稳定域远大于频率调节的稳定域，说明当两种调节模式取同一组调速器参数时，前者稳定性好于后者，或者当两者达到相同的稳定状况时，前者所需的调速器参数更小，这样前者的调节品质也就更好；且前者对T_{wt}及n_f的敏感程度远低于后者，当T_{wt}增大或n_f减小时，前者的稳定域相对缓慢地减小，而后者的稳定域则迅速减小。

2）永态转差率b_p、负载自调节系数e_g对频率调节和功率调节稳定域的影响

图 3.6 为T_{wt}=1.26s、n_f=0.95、T_a=9.46s、e_g=0.0 时不同b_p值对功率调节稳定域的影响。图 3.7 为T_{wt}=1.26s、n_f=0.95、T_a=9.46s、b_p=0.04 时不同e_g值对频率调节和功率调节稳定域的影响。

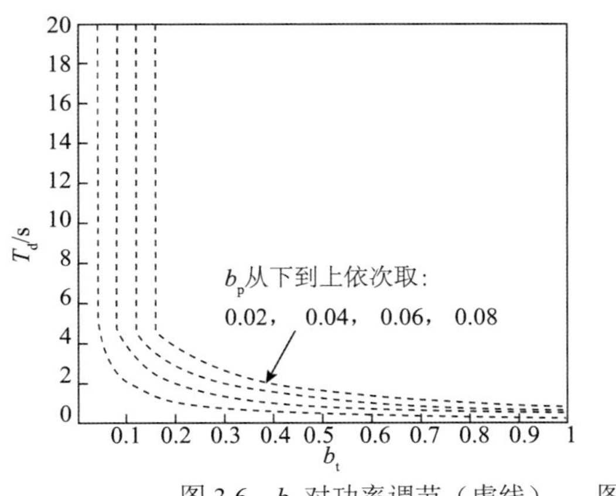

图 3.6　b_p 对功率调节（虚线）稳定域的影响

实线、虚线e_g从下到上都依次取：1.0，0，−0.2

图 3.7　e_g 对频率调节（实线）、功率调节（虚线）稳定域的影响

由图 3.6、图 3.7 可知：

（1）功率调节的稳定域随着 b_p 值的减小而增大，说明减小 b_p 值可以提高功率调节系统的稳定性，且随着 b_p 的减小，b_t^* 也相应减小。

（2）负载自调节系数 e_g 对频率调节的稳定域有明显的影响，e_g=0 相当于无负载自调节系数的作用，e_g 增大到 1 时，稳定域迅速增大，说明 e_g>0 对频率调节系统的稳定性有明显的改善作用，e_g 取−0.2 时，稳定域迅速减小。随着 e_g 的增大，功率调节稳定域同样增大，但十分微小，稳定域变化时 b_t^* 保持不变。

3）机组惯性时间常数 T_a、水轮机特性对频率调节和功率调节稳定域的影响

图 3.8 为 T_{wt}=1.26s、n_f=0.95、b_p=0.04、e_g=0.0 时不同 T_a 值对频率调节、功率调节稳定域的影响。为了计入水轮机特性对调节系统稳定性的影响，分别计算额定水头工况点下的理想水轮机、实际水轮机的频率调节和功率调节稳定域，如图 3.9 所示，其中额定工况点实际水轮机传递系数分别为 e_h=1.493、e_x = −0.985、e_y=0.753、e_{qh}=0.681、e_{qx} = −0.308、e_{qy}=0.869。

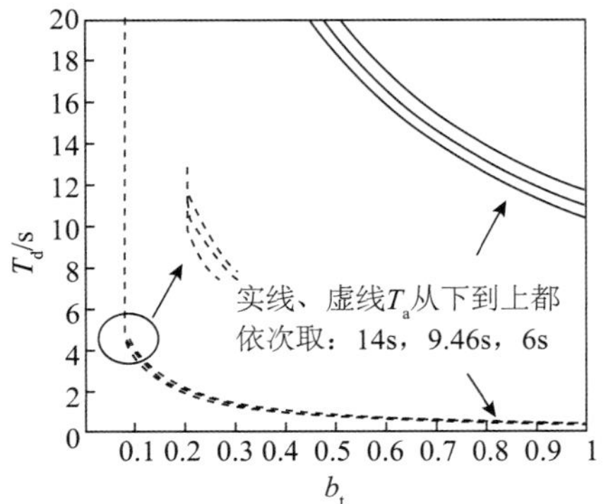

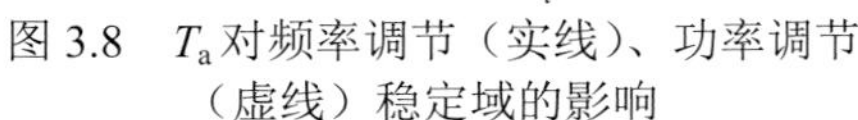
图 3.8　T_a 对频率调节（实线）、功率调节（虚线）稳定域的影响

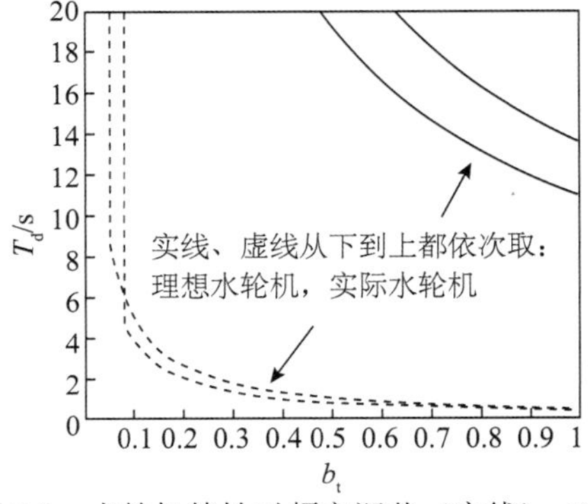

图 3.9　水轮机特性对频率调节（实线）、功率调节（虚线）稳定域的影响

分析图 3.8、图 3.9 可知：

（1）T_a 对稳定域的作用与 e_g 类似，随着 T_a 的增大，频率调节、功率调节稳定域都增大，且对频率调节的稳定域有明显的影响但对功率调节的影响十分微小，同样稳定域变化时 b_t^* 保持不变。

（2）对于频率调节，考虑水轮机特性后稳定域明显变小；对于功率调节，理想水轮机下的 b_t^* 大于实际水轮机下的 b_t^*，两种调节模式的稳定域边界曲线存在一个交点（对应的横坐标记为 b_t'），说明 b_t 大于 b_t' 时理想水轮机的稳定性好于实际水轮机，相反，b_t 小于 b_t' 时实际水轮机的稳定性好于理想水轮机。频率调节稳定域对水轮机特性的敏感程度同样大于功率调节。

2. 调速器系统结构影响分析

1）频率调节模式下的调速器系统结构影响分析

频率调节模式的调速器有三种不同的系统结构：辅助接力器型调速器、中间接力器型调速器和并联 PID 型调速器。并联 PID 型调速器的微分方程可见式（3.7），辅助接力器型调速器和中间接力器型调速器分别见式（3.19）和式（3.20）（同样考虑 $b_p=0$ 的情况）：

$$T_d T_y \frac{d^2 y}{dt^2} + (T_y + b_t T_d)\frac{dy}{dt} = -\left[T_n T_d \frac{d^2 x}{dt^2} + (T_d + T_n)\frac{dx}{dt} + x\right] \tag{3.19}$$

$$b_t T_d T_y \frac{d^2 y}{dt^2} + b_t T_d \frac{dy}{dt} = -\left[T_n T_d \frac{d^2 x}{dt^2} + (T_d + T_n)\frac{dx}{dt} + x\right] \tag{3.20}$$

同并联 PID 型调速器下的处理方法相同，对于辅助接力器型调速器和中间接力器型调速器，可首先由基本方程式（3.1）～式（3.6）与式（3.19）、式（3.20）的拉普拉斯变换联立得出各自的水轮机调节系统综合传递函数，然后由综合传递函数即可得到描述系统动态特性的线性常系数齐次微分方程。对比三者的调速器方程可知：三者对应的线性常系数齐次微分方程均为 7 阶，区别仅仅在于系数不同，将并联 PID 型调速器对应的 7 阶线性常系数齐次微分方程的各个系数中的 $b_t T_d T_y$ 换成 $T_d T_y$，$b_t T_d$ 换成 $(T_Y + b_t T_d)$，T_d 换成 $(T_n + T_d)$，即可得辅助接力器型调速器对应的 7 阶线性常系数齐次微分方程的系数；将并联 PID 型调速器对应的 7 阶线性常系数齐次微分方程的各个系数中的 T_d 换成 $(T_n + T_d)$ 即可得中间接力器型调速器对应的 7 阶线性常系数齐次微分方程的系数，在此不给出具体表达式。

在调速系统参数取 $n_f=1.0$、$T_{wt}=1.26s$、$T_a=9.46s$、$b_p=0.0$、$e_g=0.0$、$T_n=0.6s$、$T_y=0.02s$ 及理想调速器参数的情况下，绘制辅助接力器型调速器、中间接力器型调速器和并联 PID 型调速器的稳定域边界曲线，如图 3.10 所示。

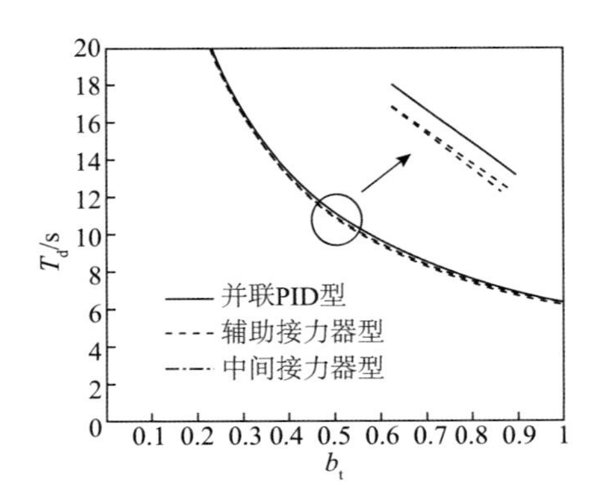

图 3.10　频率调节三种调速器系统结构对应的稳定域对比图

分析图 3.10 可知：

（1）频率调节下的三种调速器系统结构——辅助接力器型调速器、中间接力器型调速器和并联 PID 型调速器对应的系统稳定域相差很小，稳定域边界曲线几乎重合，说明三种调速器系统结构对应的系统稳定性非常接近。

（2）相对来说，辅助接力器型调速器对应的稳定域最大，并联 PID 型调速器对应的稳定域最小，说明采用前者时系统的稳定性最好，采用后者时系统的稳定性最差，而采用中间接力器型调速器时的稳定性居于两者之间。

2）功率调节模式下的调速器系统结构影响分析

功率调节可以分为 PI 型控制模式和“积分＋前馈”控制模式。PI 型控制模式的调速器微分方程如式（3.8）、式（3.14）所示，“积分＋前馈”控制模式的调速器微分方程则如式（3.21）、式（3.22）所示。

$$T_y\frac{\mathrm{d}y}{\mathrm{d}t}+y=p_g+b_p\frac{1}{b_tT_d}\int_0^t(p_g-p_t)\mathrm{d}t \tag{3.21}$$

$$b_tT_dT_y\frac{\mathrm{d}^2y}{\mathrm{d}t^2}+b_tT_d\frac{\mathrm{d}y}{\mathrm{d}t}=-b_pT_a\frac{\mathrm{d}x}{\mathrm{d}t}-b_p(e_g+1)x \tag{3.22}$$

同 PI 型控制模式下的处理方法相同，对于“积分＋前馈”控制模式，可首先由基本方程式（3.1）～式（3.6）与式（3.22）的拉普拉斯变换联立得出水轮机调节系统综合传递函数，然后由综合传递函数即可得到描述系统动态特性的线性常系数齐次微分方程。对比两者的调速器方程可知：两者对应的线性常系数齐次微分方程均为 7 阶，区别仅仅在于系数不同，将 PI 型控制模式对应的 7 阶线性常系数齐次微分方程的各个系数中的包含 $b_pT_dT_a$ 的项舍去，$-b_p(T_de_g+T_d+T_a)$ 换成 $-b_pT_a$，即可得“积分＋前馈”控制模式对应的 7 阶线性常系数齐次微分方程的系数，在此不给出具体表达式。

在调节系统参数取 n_f=1.0、T_{wt}=1.26s、T_a=9.46s、b_p=0.04、e_g=0.0、T_y=0.02s 及理想调速器参数的情况下，绘制功率调节 PI 型控制模式和“积分＋前馈”控制模式的稳定域边界曲线，如图 3.11 所示。

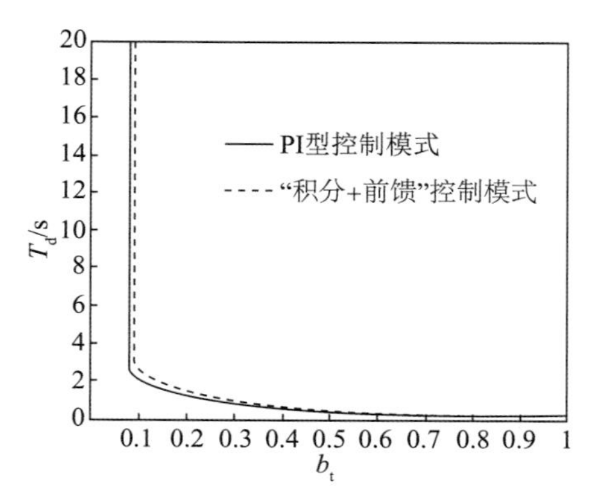

图 3.11 功率调节 PI 型控制模式和“积分＋前馈”控制模式稳定域对比图

分析图 3.11 可知：

（1）功率调节下的两种调速器系统结构——PI 型控制模式和“积分＋前馈”控制模式对应的系统稳定域相差很小，稳定域边界曲线非常接近，说明两种调速器系统结构对应的系统稳定性非常接近。

（2）相对来说，“积分＋前馈”控制模式对应的稳定域略大于 PI 型控制模式对应的稳定域，说明采用前者时系统的稳定性略好于采用后者时系统的稳定性。

3.2 基于水轮机调节模式的系统调节品质

稳定性和调节品质是水电站水轮机调节系统的相互矛盾的两个方面，既有联系，又不可分割，共同描述系统的动态特性。稳定性是水电站安全稳定运行的前提，必须满足；而一般的水电站在电力系统中都承担着调频调峰的任务，要求水电站在满足稳定性要求的前提下还必须具有良好的调节品质。

前人对水电站调节系统调节品质进行了一定的研究：文献[17]通过理论分析和模型试验两种手段研究了无调压室水电站负荷扰动下机组转速的波动过程，得到了调速器参数的最佳整定值和调节品质的主要评价指标；文献[18]通过数值计算的手段研究了设调压室水电站的调节品质，指出了相关参数对系统调节品质的影响；文献[10-11]在忽略压力管道水流惯性的前提下研究了设调压室水电站负荷扰动下机组转速的尾波波动过程，给出了尾波波动方程和调节品质特征参数的表达式。但通过总结可以发现，前人对于设调压室系统调节品质的研究存在以下三方面的缺陷：

（1）研究手段多是数值模拟，理论分析和推导较少，对于调节品质机理的揭示和规律的认识比较欠缺。

（2）在进行理论分析时，所做简化较多，此种做法主要是为了降低系统综合传递函数的阶数，但也往往忽略了一些重要的影响因素，如压力管道水流惯性。

（3）调节模式方面仅仅限于频率调节模式，目前还没有关于功率调节模式和开度调节模式调节品质的研究，更未有三种调节模式调节品质的系统对比分析。

本节为了弥补以上三个方面的缺陷，首先建立包含引水发电系统各个方面（引水隧洞、调压室、压力管道、水轮机、调速器、发电机等）的完整的数学模型，从此数学模型出发推求频率调节、功率调节和开度调节三种模式下系统的综合传递函数。针对综合传递函数阶数太高（5 阶以上）而无法解析求解的情况，运用第 2 章提出的降阶方法，力求把系统阶数降到可以解析求解的范围。然后由降阶后的综合传递函数得到机组转速信号的拉普拉斯变换，进而推求机组转速的波动方程，最后根据转速波动方程便可求得衡量系统调节品质的特征参数，进而对三种调节模式下的系统特征参数进行对比分析，得到调节品质研究的相关结论。

3.2.1　基本方程

采用 3.1.1 节中建立的基本方程和综合传递函数，同时根据研究需要，将三种调节模式下的系统综合传递函数改写成如下的形式。

频率调节：

$$G(s)=\frac{X(s)}{M_{\mathrm{g}}(s)}=-\frac{b_{\mathrm{t}}T_{\mathrm{d}}s\sum_{i=0}^{5}A_{i}s^{5-i}}{\sum_{i=0}^{7}a_{i}s^{7-i}} \tag{3.23}$$

功率调节：

$$G(s)=\frac{X(s)}{M_{\mathrm{g}}(s)}=-\frac{b_{\mathrm{t}}T_{\mathrm{d}}s\sum_{i=0}^{5}A_{i}s^{5-i}}{\sum_{i=0}^{7}a_{i}'s^{7-i}} \tag{3.24}$$

开度调节：

$$G(s)=\frac{X(s)}{M_{\mathrm{g}}(s)}=-\frac{\sum_{i=1}^{5}A_{i}s^{5-i}}{\sum_{i=0}^{5}a_{i}''s^{5-i}} \tag{3.25}$$

式（3.23）～式（3.25）中：$A_1=f_1(k_2+T_{\mathrm{y}}k_1)+f_2T_{\mathrm{y}}k_2$；$A_2=f_1k_1+f_2(k_2+T_{\mathrm{y}}k_1)+f_3T_{\mathrm{y}}k_2$；$A_3=f_2k_1+f_3(k_2+T_{\mathrm{y}}k_1)+f_4T_{\mathrm{y}}k_2$；$A_4=f_3k_1+f_4(k_2+T_{\mathrm{y}}k_1)$；$A_5=f_4k_1$；$k_1=1+e_{qh}\dfrac{2h_{\mathrm{t0}}}{H_0}$；$k_2=e_{qh}T_{\mathrm{wt}}$；其他参数同 3.1.1 节，且开度调节时 A_i 中的 T_{y} 取为 0。

3.2.2　波动方程的推导

1. 高阶系统的降阶

对于三种调节模式的综合传递函数式（3.23）～式（3.25），分子、分母都是高阶多项式，且无法进行因式分解，故不能直接求解，只能对其进行降阶处理。由文献[19]可知：闭环系统的极点决定了瞬态响应的类型，而瞬态响应的形状则主要取决于闭环系统的零点。可以采用各种各样的校正手段来改善系统的动态品质，但从本质上看，无非都是改变其极点和零点的分布情况。由文献[20]可知：主导极点是闭环系统所有极点中离虚轴最近的极点，它对系统瞬态过程性能的影响最大，在整个响应过程中起着主要的决定性作用；工程上往往只用主导极点估算系统的动态特性；在高阶系统的降阶处理中，可以略去一些实际存在的极点和零点，得到近似的结果，其中，略去的零点离虚轴越远，计算结果与实际情况的差别越小。

根据以上分析，对于式（3.23）～式（3.25）所示的高阶系统，结合第 2 章的分析结果，提出如下的降阶方法：

（1）以多个水电站为例，计算式（3.23）～式（3.25）的所有极点与零点，并找出主导极点和离虚轴较近的零点；

（2）将分母的最高阶项（7 阶、5 阶）删除，重新计算其所有极点，与原始的主导极点进行对比，分析主导极点的变化；

（3）若主导极点不变或仅有极其微小的变化，则再删除次最高阶项（6 阶、4 阶），再重新计算其所有极点，也与原始的主导极点进行对比，分析主导极点的变化，并重复这一过程，直至主导极点发生较大变化；

（4）将保持主导极点基本不变的分母最低阶多项式作为此系统的等效分母，在删除分母高阶项的同时，也从高到低依次删除分子高阶项，与分母类似得到等效分子，用由等效分母与等效分子组成的低阶等效系统代替原高阶系统，且有经验知此低阶等效系统的阶数一般小于或等于 4，可以求解；

（5）主导极点基本不变说明系统的动态特性主要由低阶项决定，低阶等效系统一定程度上较完整地保留了原系统的特性，用其来替代原系统是合理可行的。

以工程实例说明以上处理方法。

1）实例一：锦屏二级水电站

基本资料：一洞两机，上游调压室。机组额定出力为 610MW，额定水头为 288.0m，额定流量为 228.6m^3/s，额定转速为 166.7r/min，引水隧洞长为 16662.16m，当量断面积为 113.10m^2，压力管道长为 530.69m，当量断面积为 34.18m^2，$T_{\mathrm{wy}}=23.84\mathrm{s}$，$T_{\mathrm{wt}}=1.26\mathrm{s}$，调压室面积为 411.84m^2，水轮机传递系数取理想值为 $e_h=1.5$、$e_x=-1$、$e_y=1$、$e_{qh}=0.5$、$e_{qx}=0$、$e_{qy}=1$，调速器参数取值为 $b_{\mathrm{t}}=0.8$、$T_{\mathrm{d}}=10\mathrm{s}$、$e_{\mathrm{g}}=0$、$T_{\mathrm{n}}=0.6\mathrm{s}$、$T_{\mathrm{y}}=0.02\mathrm{s}$、$b_{\mathrm{p}}=0.04$。

三种调节模式下的系统极点与零点的分布分析结果见表 3.1、表 3.2，其中频率调节和功率调节的零点分析只针对 $\sum_{i=0}^{5}A_i s^{5-i}$ 对应的零点，不包括取值为 0 的零点（对应 $b_{\mathrm{t}}T_{\mathrm{d}}s$）。

表 3.1 锦屏二级水电站三种调节模式下的系统极点分布分析

调节模式	分母项	极点						
		s_1	s_2	s_3	s_4	s_5	s_6	s_7
频率调节	$\sum_{i=0}^{7} a_i s^{7-i}$	−0.0000166 +0.0119i	−0.0000166 −0.0119i	−0.111	−0.143	−1.605	−1.625	−41.914
	$\sum_{i=1}^{7} a_i s^{7-i}$	−0.0000166 +0.0119i	−0.0000166 −0.0119i	−0.111	−0.143	−1.519 +0.316i	−1.519 −0.316i	—
	$\sum_{i=2}^{7} a_i s^{7-i}$	−0.0000166 +0.0119i	−0.0000166 −0.0119i	−0.109	−0.149	−0.712	—	—
	$\sum_{i=3}^{7} a_i s^{7-i}$	−0.0000158 +0.0119i	−0.0000158 −0.0119i	−0.103 +0.0358i	−0.103 −0.0358i	—	—	—
	$\sum_{i=4}^{7} a_i s^{7-i}$	−0.0000290 +0.0118i	−0.0000290 −0.0118i	−0.0584	—	—	—	—
	$\sum_{i=5}^{7} a_i s^{7-i}$	−0.00122 +0.0117i	−0.00122 −0.0117i	—	—	—	—	—
功率调节	$\sum_{i=0}^{7} a'_i s^{7-i}$	−0.00263 +0.0116i	−0.00263 −0.0116i	−0.00484	−0.106	−1.608	−1.867	−44.734
	$\sum_{i=1}^{7} a'_i s^{7-i}$	−0.00263 +0.0116i	−0.00263 −0.0116i	−0.00484	−0.106	−1.640 +0.303i	−1.640 −0.303i	—
	$\sum_{i=2}^{7} a'_i s^{7-i}$	−0.00263 +0.0116i	−0.00263 −0.0116i	−0.00484	−0.106	−0.815	—	—
	$\sum_{i=3}^{7} a'_i s^{7-i}$	−0.00262 +0.0116i	−0.00262 −0.0116i	−0.00484	−0.0930	—	—	—
	$\sum_{i=4}^{7} a'_i s^{7-i}$	−0.00296 +0.0110i	−0.00296 −0.0110i	−0.00480	—	—	—	—
	$\sum_{i=5}^{7} a'_i s^{7-i}$	−0.00734 +0.00195i	0.00734 −0.00195i	—	—	—	—	—
开度调节	$\sum_{i=0}^{5} a''_i s^{5-i}$	−0.00284 +0.0127i	−0.00284 −0.0127i	−0.106	−1.607 +0.00739i	−1.607 −0.00739i	—	—
	$\sum_{i=1}^{5} a''_i s^{5-i}$	−0.00284 +0.0127i	−0.00284 −0.0127i	−0.106	−0.773	—	—	—
	$\sum_{i=2}^{5} a''_i s^{5-i}$	−0.00283 +0.0127i	−0.00283 −0.0127i	−0.0930	—	—	—	—
	$\sum_{i=3}^{5} a''_i s^{5-i}$	−0.00352 +0.0121i	−0.00352 −0.0121i	—	—	—	—	—

表 3.2 锦屏二级水电站三种调节模式下的系统零点分布分析

调节模式	分子项	零点						
		s_1	s_2	s_3	s_4	s_5	s_6	s_7
频率调节、功率调节	$\sum_{i=0}^{5} A_i s^{5-i}$	−0.00284 +0.0127i	−0.00284 −0.0127i	−1.606	−1.608	−50.000	—	—

续表

调节模式	分子项	零点						
		s_1	s_2	s_3	s_4	s_5	s_6	s_7
频率调节、功率调节	$\sum_{i=1}^{5} A_i s^{5-i}$	−0.00284 +0.0127i	−0.00284 −0.0127i	−1.534 +0.270i	−1.534 −0.270i	—	—	—
	$\sum_{i=2}^{5} A_i s^{5-i}$	−0.00284 +0.0127i	−0.00284 −0.0127i	−0.790	—	—	—	—
	$\sum_{i=3}^{5} A_i s^{5-i}$	−0.00292 +0.0126i	−0.00292 −0.0126i	—	—	—	—	—
	$\sum_{i=4}^{5} A_i s^{5-i}$	−0.0287	—	—	—	—	—	—
开度调节	$\sum_{i=1}^{5} A_i s^{5-i}$	−0.00284 +0.0127i	−0.00284 −0.0127i	−1.606	−1.608	—	—	—
	$\sum_{i=2}^{5} A_i s^{5-i}$	−0.00284 +0.0127i	−0.00284 −0.0127i	−0.802	—	—	—	—
	$\sum_{i=3}^{5} A_i s^{5-i}$	−0.00292 +0.0126i	−0.00292 −0.0126i	—	—	—	—	—
	$\sum_{i=4}^{5} A_i s^{5-i}$	−0.0287	—	—	—	—	—	—

2）实例二：立洲水电站

基本资料：一洞三机，上游调压室。机组额定出力为118.56MW，额定水头为160.00m，额定流量为72.5m^3/s，额定转速为272.7r/min，引水隧洞长为16737.01m，当量断面积为52.84m^2，压力管道长为420.25m，当量断面积为36.730m^2，T_{wy}=43.89s，T_{wt}=1.58s，调压室面积为345.36m^2，水轮机传递系数取理想值为e_h=1.5、$e_x=-1$、e_y=1、e_{qh}=0.5、e_{qx}=0，e_{qy}=1，调速器参数取值为b_t=0.8、T_d=10s、e_g=0、T_n=0.6s、T_y=0.02s、b_p=0.04。

三种调节模式下的系统极点与零点的分布分析结果见表3.3、表3.4，其中频率调节和功率调节的零点分析只针对$\sum_{i=0}^{5} A_i s^{5-i}$对应的零点，不包括取值为0的零点（对应$b_t T_d s$）。

表3.3 立洲水电站三种调节模式下的系统极点分布分析

调节模式	分母项	极点						
		s_1	s_2	s_3	s_4	s_5	s_6	s_7
频率调节	$\sum_{i=0}^{7} a_i s^{7-i}$	−0.000323 +0.00818i	−0.000323 −0.00818i	−0.114 +0.0346i	−0.114 −0.0346i	−1.233	−1.300	−42.672
	$\sum_{i=1}^{7} a_i s^{7-i}$	−0.000323 +0.00818i	−0.000323 −0.00818i	−0.114 +0.0346i	−0.114 −0.0346i	−1.207 +0.222i	−1.207 −0.222i	—

续表

调节模式	分母项	极点						
		s_1	s_2	s_3	s_4	s_5	s_6	s_7
频率调节	$\sum_{i=2}^{7} a_i s^{7-i}$	−0.000323 +0.00818i	−0.000323 −0.00818i	−0.116 +0.0337i	−0.116 −0.0337i	−0.551	—	—
	$\sum_{i=3}^{7} a_i s^{7-i}$	−0.000323 +0.00818i	−0.000323 −0.00818i	−0.0912 +0.0448i	−0.0912 −0.0448i	—	—	—
	$\sum_{i=4}^{7} a_i s^{7-i}$	−0.000323 +0.00815i	−0.000323 −0.00815i	−0.0568	—	—	—	—
	$\sum_{i=5}^{7} a_i s^{7-i}$	−0.000898 +0.00806i	−0.000898 −0.00806i	—	—	—	—	—
功率调节	$\sum_{i=0}^{7} a'_i s^{7-i}$	−0.00323+0.00785i	−0.00323 −0.00785i	−0.00424	−0.0970	−1.304	−1.504	−44.792
	$\sum_{i=1}^{7} a'_i s^{7-i}$	−0.00323 +0.00785i	−0.00323 −0.00785i	−0.00424	−0.0970	−1.338 +0.222i	−1.338 −0.222i	—
	$\sum_{i=2}^{7} a'_i s^{7-i}$	−0.00323 +0.00785i	−0.00323 −0.00785i	−0.00424	−0.0976	−0.657	—	—
	$\sum_{i=3}^{7} a'_i s^{7-i}$	−0.00322 +0.00786i	−0.00322 −0.00786i	−0.00424	−0.0838	—	—	—
	$\sum_{i=4}^{7} a'_i s^{7-i}$	−0.00318 +0.00740i	−0.00318 −0.00740i	−0.00418	—	—	—	—
	$\sum_{i=5}^{7} a'_i s^{7-i}$	−0.00434 +0.00263i	−0.00434 −0.00263i	—	—	—	—	—
开度调节	$\sum_{i=0}^{5} a''_i s^{5-i}$	−0.00328 +0.00937i	−0.00328 −0.00937i	−0.0878	−0.484 +1.281i	−0.484 −1.281i	—	—
	$\sum_{i=1}^{5} a''_i s^{5-i}$	−0.00328 +0.00937i	−0.00328 −0.00937i	−0.0882	−1.758	—	—	—
	$\sum_{i=2}^{5} a''_i s^{5-i}$	−0.00327 +0.00937i	−0.00327 −0.00937i	−0.0837	—	—	—	—
	$\sum_{i=3}^{5} a''_i s^{5-i}$	−0.00358 +0.00886i	−0.00358 −0.00886i	—	—	—	—	—

表 3.4　立洲水电站三种调节模式下的系统零点分布分析

调节模式	分子项	零点						
		s_1	s_2	s_3	s_4	s_5	s_6	s_7
频率调节、功率调节	$\sum_{i=0}^{5} A_i s^{5-i}$	−0.00328 +0.00938i	−0.00328 −0.00938i	−1.303 +0.0101i	−1.303 −0.0101i	−50.000	—	—
	$\sum_{i=1}^{5} A_i s^{5-i}$	−0.00328 +0.00938i	−0.00328 −0.00938i	−1.254 +0.200i	−1.254 −0.200i	—	—	—

续表

调节模式	分子项	零点						
		s_1	s_2	s_3	s_4	s_5	s_6	s_7
频率调节 功率调节	$\sum_{i=2}^{5}A_is^{5-i}$	−0.00328 +0.00938i	−0.00328 −0.00938i	−0.641	—	—	—	—
	$\sum_{i=3}^{5}A_is^{5-i}$	−0.00332 +0.00931i	−0.00332 −0.00931i	—	—	—	—	—
	$\sum_{i=4}^{5}A_is^{5-i}$	−0.0147	—	—	—	—	—	—
开度调节	$\sum_{i=1}^{5}A_is^{5-i}$	−0.00328 +0.00938i	−0.00328 −0.00938i	−1.298	−1.307	—	—	—
	$\sum_{i=2}^{5}A_is^{5-i}$	−0.00328 +0.00938i	−0.00328 −0.00938i	−0.650	—	—	—	—
	$\sum_{i=3}^{5}A_is^{5-i}$	−0.00332 +0.00931i	−0.00332 −0.00931i	—	—	—	—	—
	$\sum_{i=4}^{5}A_is^{5-i}$	−0.0147	—	—	—	—	—	—

分析表 3.1～表 3.4 中的极点、零点分布的结果可知：

（1）对于极点：频率调节模式下的系统综合传递函数有一对共轭复极点，其实部绝对值远小于其他极点，是此系统的主导极点，且依次删除高阶项 a_0s^7 、 a_1s^6 、 a_2s^5 时此主导极点几乎不发生变化，如果再删去 a_3s^4 主导极点就会发生较大变化，所以频率调节的综合传递函数的分母可用 $\sum_{i=3}^{7}a_is^{7-i}$ 等效替代；功率调节模式下的系统综合传递函数有一对共轭复极点和一个负实极点，其实部绝对值远小于其他极点，是此系统的主导极点，且依次删除高阶项 a'_0s^7 、a'_1s^6 、a'_2s^5 、a'_3s^4 时此主导极点几乎不发生变化，如果再删去 a'_4s^3 主导极点就会发生较大变化，所以功率调节的综合传递函数的分母可用 $\sum_{i=4}^{7}a'_is^{7-i}$ 等效替代；开度调节模式下的系统综合传递函数有一对共轭复极点，其实部绝对值远小于其他极点，是此系统的主导极点，且依次删除高阶项 a''_0s^5 、 a''_1s^4 时此主导极点几乎不发生变化，如果再删去 a''_2s^3 主导极点就会发生较大变化，所以开度调节的综合传递函数的分母可用 $\sum_{i=2}^{5}a''_is^{5-i}$ 等效替代。

（2）对于零点：频率调节和功率调节下的系统综合传递函数的零点是相同的，除取值为 0 的零点（对应 b_tT_ds ）外，其有一对共轭复零点，其实部绝对值远小于其他零点，在所有零点中起着主要的作用，且依次删除高阶项 A_0s^5 、 A_1s^4 、 A_2s^3 时此共轭复零点几乎不发生变化，如果再删去 A_3s^2 共轭复零点就会发生较大变化，所以频率调节和功率调节的综合传递函数的分子可用 $b_\mathrm{t}T_\mathrm{d}s\sum_{i=3}^{5}A_is^{5-i}$ 等效替代；开度调节模式下的系统综合传递函数有一对共轭复零点，其实部绝对值远小于其他零点，在所有零点中起着主要的作用，且依次删除高阶项 A_1s^4 、A_2s^3 时此共轭复零点几乎不发生变化，如果再删去 A_3s^2 共轭复零点就会发生较大变化，所以开度调节的综合传递函数的分子可用 $\sum_{i=3}^{5}A_is^{5-i}$（其中 $T_\mathrm{y}=0$）等效替代。

综合以上对系统极点和零点的分析，可以得到三种调节模式高阶系统的等效低阶系统。

频率调节：

$$G(s)=\frac{X(s)}{M_\mathrm{g}(s)}=-\frac{b_\mathrm{t}T_\mathrm{d}s\sum_{i=3}^{5}A_is^{5-i}}{\sum_{i=3}^{7}a_is^{7-i}} \tag{3.26}$$

功率调节：

$$G(s)=\frac{X(s)}{M_\mathrm{g}(s)}=-\frac{b_\mathrm{t}T_\mathrm{d}s\sum_{i=3}^{5}A_is^{5-i}}{\sum_{i=4}^{7}a_i's^{7-i}} \tag{3.27}$$

开度调节：

$$G(s)=\frac{X(s)}{M_\mathrm{g}(s)}=-\frac{\sum_{i=3}^{5}A_is^{5-i}}{\sum_{i=2}^{5}a_i''s^{5-i}} \tag{3.28}$$

2. 波动方程的推导

1）频率调节

频率调节的等效低阶系统式（3.26）的分母为 s 的 4 次多项式，仍难以对其进行直接求解，但由前面的分析可知此 4 次多项式对应的特征方程有一对共轭主导极点，据此可对其进行二次降阶。

式（3.26）的极点由式（3.29）来确定：

$$s^4+B_3s^3+B_2s^2+B_1s+B_0=0 \tag{3.29}$$

式中：$B_0=\dfrac{a_7}{a_3}$；$B_1=\dfrac{a_6}{a_3}$；$B_2=\dfrac{a_5}{a_3}$；$B_3=\dfrac{a_4}{a_3}$。

由文献[21]可知式（3.29）的四个根与以下两个方程的四个根相同：

$$s^2+(B_3+\sqrt{8s'+B_3^2-4B_2})\frac{s}{2}+\left(s'+\frac{B_3s'-B_1}{\sqrt{8s'+B_3^2-4B_2}}\right)=0 \tag{3.30}$$

$$s^2+(B_3-\sqrt{8s'+B_3^2-4B_2})\frac{s}{2}+\left(s'-\frac{B_3s'-B_1}{\sqrt{8s'+B_3^2-4B_2}}\right)=0 \tag{3.31}$$

式（3.30）、式（3.31）中：

$$s'=\sqrt[3]{-\frac{q}{2}+\sqrt{\frac{q^2}{4}+\frac{p^3}{27}}}+\sqrt[3]{-\frac{q}{2}-\sqrt{\frac{q^2}{4}+\frac{p^3}{27}}}+\frac{B_2}{6} \tag{3.32}$$

$$p=\frac{B_1B_3}{4}-B_0-\frac{B_2^2}{12} \tag{3.33}$$

$$q=-\frac{B_2^3}{108}+\frac{B_2(B_1B_3-4B_0)}{24}+\frac{B_0(4B_2-B_3^2)}{8}-\frac{B_1^2}{8} \tag{3.34}$$

负荷发生阶跃变化时，扰动量的传递函数为$m_g(s)=\dfrac{m_{g0}}{s}$，其中m_{g0}为负荷阶跃相对值，根据频率调节的等效低阶系统综合传递函数式（3.26）并结合式（3.30）、式（3.31）可以得到负荷阶跃扰动下机组转速信号的拉普拉斯变换：

$$X(s)=\frac{C_5s+C_6}{s^2+C_1s+C_2}+\frac{C_7s+C_8}{s^2+C_3s+C_4} \tag{3.35}$$

式中：$C_1=\dfrac{1}{2}(B_3+\sqrt{8s'+B_3^2-4B_2})$；$C_2=s'+\dfrac{B_3s'-B_1}{\sqrt{8s'+B_3^2-4B_2}}$；$C_3=\dfrac{1}{2}(B_3-\sqrt{8s'+B_3^2-4B_2})$；$C_4=s'-\dfrac{B_3s'-B_1}{\sqrt{8s'+B_3^2-4B_2}}$；$C_5$、$C_6$、$C_7$、$C_8$为待定系数，可由以下方程组求解得到，方程组为

$$\begin{cases}C_5+C_7=0\\ C_6+C_3C_5+C_8+C_1C_7=-\dfrac{b_tT_dm_{g0}}{a_3}A_3\\ C_4C_5+C_3C_6+C_2C_7+C_1C_8=-\dfrac{b_tT_dm_{g0}}{a_3}A_4\\ C_4C_6+C_2C_8=-\dfrac{b_tT_dm_{g0}}{a_3}A_5\end{cases} \tag{3.36}$$

由3.2.2小节第一部分中的分析可知：频率调节模式的系统综合传递函数存在一对共轭主导极点。根据系统的稳定性可知系统共轭主导极点的实部一定为负值，且其绝对值

在所有极点中是最小的。分析式（3.30）、式（3.31），由稳定性可知：

$$C_1=\frac{1}{2}(B_3+\sqrt{8s'+B_3^2-4B_2})>0$$

$$C_3=\frac{1}{2}(B_3-\sqrt{8s'+B_3^2-4B_2})>0$$

进而可知$C_1>C_3$，所以式（3.31）确定的极点的实部绝对值小于式（3.30）确定的极点的实部绝对值，即系统的一对共轭主导极点由式（3.31）确定。据此结论和式（3.35）可对式（3.26）表示的等效低阶系统进行二次降阶，将其用以下的二阶系统来近似表述：

$$X(s)=\frac{C_7s+C_8}{s^2+C_3s+C_4} \tag{3.37}$$

将式（3.37）进行拉普拉斯反变换可以得到频率调节模式负荷阶跃扰动下机组转速波动方程：

$$x(t)=K\mathrm{e}^{-\delta t}\sin(\omega t+\varphi) \tag{3.38}$$

式中：δ、ω分别为共轭复极点的实部的相反数和虚部的绝对值，即$\delta=-\mathrm{Re}\left(\frac{-C_3\pm\sqrt{C_3^2-4C_4}}{2}\right)=\frac{C_3}{2}$、$\omega=\left|\mathrm{Im}\left(\frac{-C_3\pm\sqrt{C_3^2-4C_4}}{2}\right)\right|=\frac{\sqrt{4C_4-C_3^2}}{2}$，它们的物理意义分别为振荡系统的阻尼比（衰减度）和波动的角频率；$\varphi=\arctan\frac{C_7\omega}{C_7\delta+C_8}$为转速波动的初相位；$K=\sqrt{C_7^2+\left(\frac{C_7\delta+C_8}{\omega}\right)^2}$为转速波动的振幅。频率调节模式下转速波动的周期记为T，且$T=\frac{2\pi}{\omega}$。

2）功率调节

功率调节的等效低阶系统式（3.27）的分母为s的3次多项式，且由前面的分析可知此3次多项式对应的特征方程的主导极点为一对共轭复极点和一个负实极点，可以对其进行直接求解。

与频率调节类似，负荷发生阶跃变化时，扰动量的传递函数为$M_{\mathrm{g}}(s)=\frac{m_{\mathrm{g0}}}{s}$，其中$m_{\mathrm{g0}}$为负荷阶跃相对值，由式（3.27）可以得到负荷阶跃扰动下机组转速信号的拉普拉斯变换：

$$X(s)=-b_{\mathrm{t}}T_{\mathrm{d}}m_{\mathrm{g0}}\frac{\sum_{i=3}^{5}A_is^{5-i}}{\sum_{i=4}^{7}a_i's^{7-i}} \tag{3.39}$$

首先分母 3 次多项式对应的 3 次方程为

$$\sum_{i=4}^{7} a_i' s^{7-i} = 0 \tag{3.40}$$

式（3.40）三个根分别为

$$s_{1,2} = \frac{-a_5' + \frac{1}{2}(\sqrt[3]{D_1} + \sqrt[3]{D_2}) \pm \frac{\sqrt{3}}{2}(\sqrt[3]{D_1} - \sqrt[3]{D_2})\mathrm{i}}{3a_4'},$$

$$s_3 = \frac{-a_5' - (\sqrt[3]{D_1} + \sqrt[3]{D_2})}{3a_4'}。$$

式中：$D_1 = D_3 a_5' + 3a_4'\left(\frac{-D_4 + \sqrt{D_4^2 - 4D_3 D_5}}{2}\right)$；$D_2 = D_3 a_5' + 3a_4'\left(\frac{-D_4 - \sqrt{D_4^2 - 4D_3 D_5}}{2}\right)$；$D_3 = a_5'^2 - 3a_4' a_6'$；$D_4 = a_5' a_6' - 9a_4' a_7'$；$D_5 = a_6'^2 - 3a_5' a_7'$。

由 s_1、s_2、s_3 的表达式可将式（3.39）改写成如下形式：

$$X(s) = \frac{E_4 s + E_5}{s^2 + E_1 s + E_2} + \frac{E_6}{s + E_3} \tag{3.41}$$

式中：$E_1 = \frac{2a_5' - (\sqrt[3]{D_1} + \sqrt[3]{D_2})}{3a_4'}$；$E_2 = \frac{1}{4}\left[E_1^2 + \frac{(\sqrt[3]{D_1} - \sqrt[3]{D_2})^2}{3a_4'^2}\right]$；$E_3 = -s_3$；$E_4$、$E_5$、$E_6$ 可由以下方程组确定，方程组为

$$\begin{cases} E_4 + E_6 = -\frac{b_\mathrm{t} T_\mathrm{d} m_{\mathrm{g}0}}{a_4'} A_3 \\ E_3 E_4 + E_5 + E_1 E_6 = -\frac{b_\mathrm{t} T_\mathrm{d} m_{\mathrm{g}0}}{a_4'} A_4 \\ E_3 E_5 + E_2 E_6 = -\frac{b_\mathrm{t} T_\mathrm{d} m_{\mathrm{g}0}}{a_4'} A_5 \end{cases} \tag{3.42}$$

将式（3.40）进行拉普拉斯反变换可以得到功率调节模式负荷阶跃扰动下机组转速波动方程：

$$x(t) = K_1' \mathrm{e}^{-\delta_1' t} \sin(\omega' t + \varphi') + K_2' \mathrm{e}^{-\delta_2' t} \tag{3.43}$$

式中：$\delta_1' = -\mathrm{Re}\left(\frac{-E_1 \pm \sqrt{E_1^2 - 4E_2}}{2}\right) = \frac{E_1}{2}$；$\omega' = \left|\mathrm{Im}\left(\frac{-E_1 \pm \sqrt{E_1^2 - 4E_2}}{2}\right)\right| = \frac{\sqrt{4E_2 - E_1^2}}{2}$；

$\varphi' = \arctan\dfrac{E_4\omega'}{E_4\delta_1' + E_5}$； $K_1' = \sqrt{E_4^2 + \left(\dfrac{E_4\delta_1' + E_5}{\omega'}\right)^2}$； $K_2' = E_6$； $\delta_2' = E_3$。

从式（3.43）可以看出，功率调节模式下的机组转速波动方程由两个独立的波动叠加而成：

$$x(t) = x_1(t) + x_2(t) \tag{3.44}$$

式中：$x_1(t) = K_1'\mathrm{e}^{-\delta_1' t}\sin(\omega' t + \varphi')$； $x_2(t) = K_2'\mathrm{e}^{-\delta_2' t}$。

其中：K_1'、δ_1'、ω'、φ' 分别为波动 $x_1(t)$ 的振幅、阻尼比（衰减度）、角频率、初相位、周期；K_2'、δ_2' 分别为波动 $x_2(t)$ 的振幅、阻尼比（衰减度）；功率调节模式下转速波动的周期记为 T'，且 $T' = \dfrac{2\pi}{\omega'}$。

3）开度调节

对于开度调节，负荷发生阶跃变化时，扰动量的传递函数为 $M_{\mathrm{g}}(s) = \dfrac{m_{\mathrm{g}0}}{s}$，其中 $m_{\mathrm{g}0}$ 为负荷阶跃相对值，由式（3.28）可以得到负荷阶跃扰动下机组转速信号的拉普拉斯变换：

$$X(s) = -m_{\mathrm{g}0}\frac{\sum\limits_{i=3}^{5} A_i s^{5-i}}{s\sum\limits_{i=2}^{5} a_i'' s^{5-i}} \tag{3.45}$$

与功率调节模式类似，除零极点外，式（3.45）的极点为一对共轭复极点、一个负实极点，故可将式（3.45）改写成如下形式：

$$X(s) = \frac{F_4 s + F_5}{s^2 + F_1 s + F_2} + \frac{F_6}{s + F_3} + \frac{F_7}{s} \tag{3.46}$$

式中：$F_1 = \dfrac{2a_3'' - (\sqrt[3]{G_1} + \sqrt[3]{G_2})}{3a_2''}$； $F_2 = \dfrac{1}{4}\left[F_1^2 + \dfrac{(\sqrt[3]{G_1} - \sqrt[3]{G_2})^2}{3a_2''^2}\right]$； $F_3 = -\dfrac{-a_3'' - (\sqrt[3]{G_1} + \sqrt[3]{G_2})}{3a_2''}$；

F_4、F_5、F_6、F_7 可由以下方程组确定，方程组为

$$\begin{cases} F_4 + F_6 + F_7 = 0 \\ F_5 + F_3F_4 + F_3F_7 + F_1(F_6 + F_7) = -\dfrac{m_{\mathrm{g}0}}{a_2''}A_3 \\ F_3F_5 + F_1F_3F_7 + F_2(F_6 + F_7) = -\dfrac{m_{\mathrm{g}0}}{a_2''}A_4 \\ F_2F_3F_7 = -\dfrac{m_{\mathrm{g}0}}{a_2''}A_5 \end{cases} \tag{3.47}$$

其中：$G_1 = G_3 a_3'' + 3a_2''\left(\dfrac{-G_4 + \sqrt{G_4^2 - 4G_3G_5}}{2}\right)$；$G_2 = G_3 a_3'' + 3a_2''\left(\dfrac{-G_4 - \sqrt{G_4^2 - 4G_3G_5}}{2}\right)$；$G_3 = a_3''^2 - 3a_2''a_4''$；$G_4 = a_3''a_4'' - 9a_2''a_5''$；$G_5 = a_4''^2 - 3a_3''a_5''$。

式（3.47）中的 A_3、A_4、A_5 中的 T_y 取为 0。

将式（3.46）进行拉普拉斯反变换可以得到开度调节模式负荷阶跃扰动下机组转速波动方程：

$$x(t) = K_1''\mathrm{e}^{-\delta_1''t}\sin(\omega''t + \varphi'') + K_2''\mathrm{e}^{-\delta_2''t} + K_3'' \tag{3.48}$$

式中：$\delta_1'' = -\mathrm{Re}\left(\dfrac{-F_1 \pm \sqrt{F_1^2 - 4F_2}}{2}\right) = \dfrac{F_1}{2}$；$\omega'' = \left|\mathrm{Im}\left(\dfrac{-F_1 \pm \sqrt{F_1^2 - 4F_2}}{2}\right)\right| = \dfrac{\sqrt{4F_2 - F_1^2}}{2}$；$\varphi'' = \arctan\dfrac{F_4\omega''}{F_4\delta_1'' + F_5}$；$K_1'' = \sqrt{F_4^2 + \left(\dfrac{F_4\delta_1'' + F_5}{\omega''}\right)^2}$；$K_2'' = F_6$；$\delta_2'' = F_3$；$K_3'' = F_7$。

同样由式（3.48）可知，开度调节模式下的机组转速波动方程由三个独立的波动叠加而成：

$$x(t) = x_1(t) + x_2(t) + x_3(t) \tag{3.49}$$

式中：$x_1(t) = K_1''\mathrm{e}^{-\delta_1''t}\sin(\omega''t + \varphi'')$；$x_2(t) = K_2''\mathrm{e}^{-\delta_2''t}$；$x_3(t) = K_3''$。

其中：K_1''、δ_1''、ω''、φ'' 分别为波动 $x_1(t)$ 的振幅、阻尼比（衰减度）、角频率、初相位、周期；K_2''、δ_2'' 分别为波动 $x_2(t)$ 的振幅、阻尼比（衰减度）；$x_3(t) = K_3''$ 为常数项，表示系统转速波动的最终稳态值；开度调节模式下转速波动的周期记为 T''，且 $T'' = \dfrac{2\pi}{\omega''}$。

3. 算例对比

选取 3.2.2 小节第一部分中的两个实例——锦屏二级水电站和立洲水电站来将本节解得的三种调节模式负荷阶跃扰动下机组转速波动过程的解析公式计算结果与数值计算结果进行对比。计算工况：机组额定水头、额定出力正常运行突甩 10%的额定出力。相关参数的取值与 3.2.2 小节第一部分相同，此时 $m_{g0} = -0.1$，计算结果对比如图 3.12～图 3.17 所示。

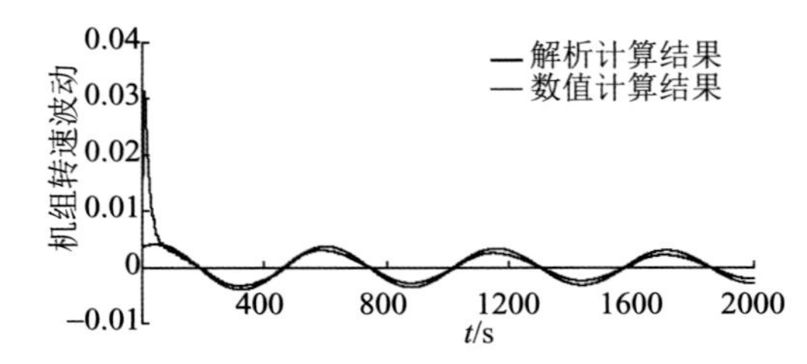

图 3.12 锦屏二级水电站频率调节模式下机组转速波动对比图

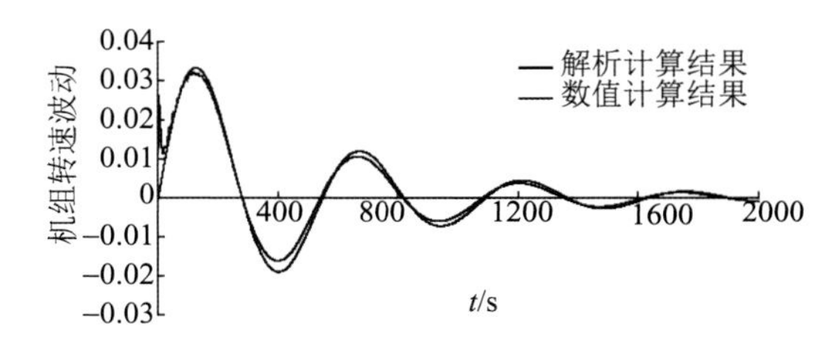

图 3.13　锦屏二级水电站功率调节模式下机组转速波动对比图

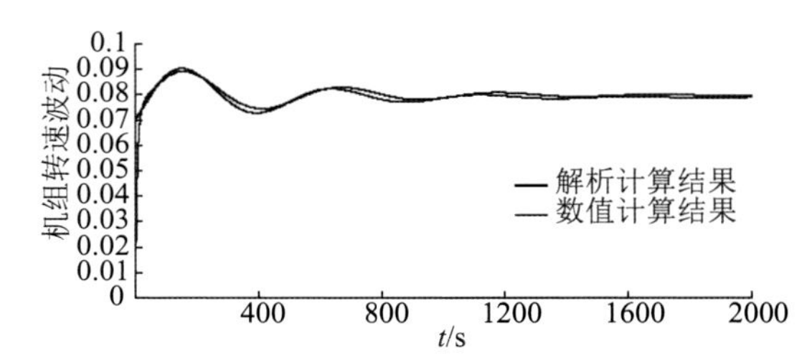

图 3.14　锦屏二级水电站开度调节模式下机组转速波动对比图

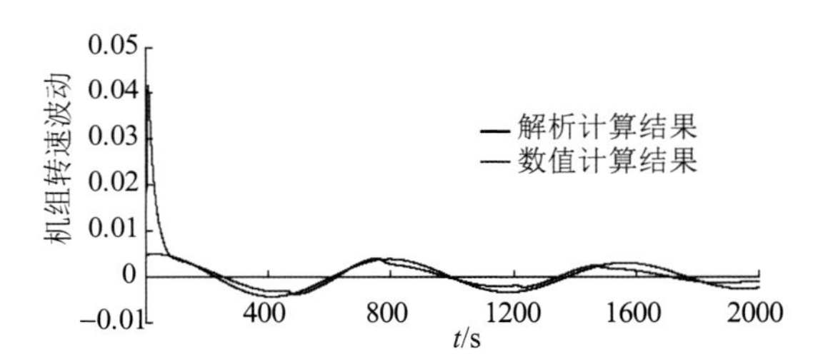

图 3.15　立洲水电站频率调节模式下机组转速波动对比图

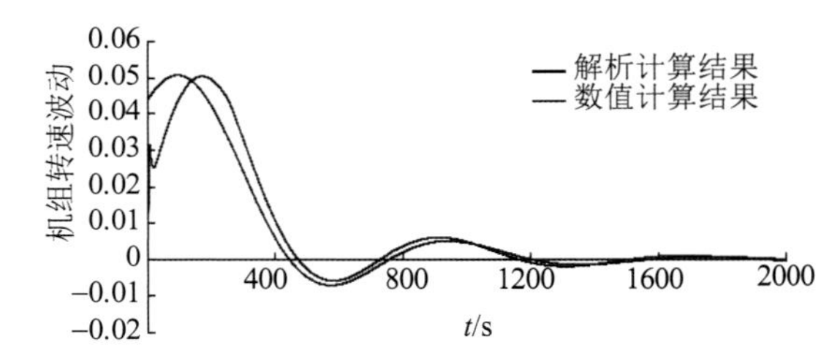

图 3.16　立洲水电站功率调节模式下机组转速波动对比图

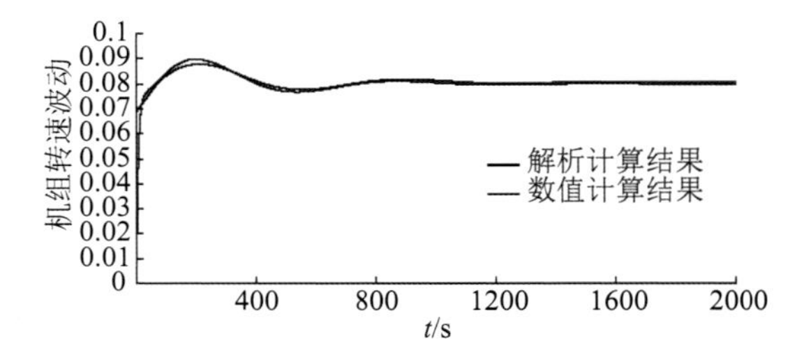

图 3.17　立洲水电站开度调节模式下机组转速波动对比图

分析图 3.12～图 3.17 可知：

（1）三种调节模式下，负荷阶跃扰动引起的机组转速波动的解析计算结果与数值计算结果吻合得较好，相对准确地模拟出了转速波动的振幅、周期、初相位、衰减度等特征参数，说明转速波动的解析公式具有一定的应用价值。

（2）三种调节模式下，解析计算结果与数值计算结果最大的差别出现在初始阶段，这是因为初始阶段主导极点与非主导极点共同起作用，且非主导极点的作用较明显，而本章中的处理方法忽略了非主导极点的作用，所以也就不能很好地模拟出波动初始阶段的过程。

（3）相对来说，开度调节模式下的转速波动过程的模拟要优于频率调节模式和功率调节模式，因为其略去的极点最少，即所做简化最少。

（4）对于频率调节和功率调节，负荷扰动下机组转速发生波动，但最后都会恢复到初始状态，而对于开度调节，负荷扰动下机组转速发生波动，最后会稳定在一个新的平衡状态，这是因为频率调节和功率调节都是闭环系统，调速器参与调节，而开度调节属开环系统，调速器不参与调节。

3.2.3 特征参数的求解与影响因素分析

1. 特征参数的求解

特征参数是描述系统调节品质的主要指标，亦可称为系统的动态性能指标，主要包括调节时间T_s、振幅 K、周期 T、衰减度δ、初相位φ等。下面分别根据三种调节模式下的机组转速波动方程来求解以上特征参数。

1）频率调节

调节时间是衡量系统调节品质的重要参数，它是阶跃扰动发生时刻开始至调节系统进入新的平衡状态位置所经历的时间，工程上以频率（转速）偏差相对值 x 对平衡状态时 x_0 的偏差值不再大于机组频率允许波动带宽 $\varDelta$ 值为调节时间的终点[22]。

由式（3.38）可以推导得出频率调节模式下系统的调节时间T_{p}：

$$T_{\mathrm{p}}=\frac{1}{\delta}\left(\ln\frac{1}{|\varDelta|}+\ln K\right) \tag{3.50}$$

式（3.50）中，机组频率允许波动带宽 $\varDelta$ 一般对大电网为±0.2%，小电网为±0.4%。

振幅 K、周期T、衰减度δ、初相位φ等参数同 3.2.2 小节。

2）功率调节

功率调节模式下的机组转速波动方程由两个独立的波动叠加而成，由算例对比的结果可知这两个波动中起主要作用的是$x_1(t)=K_1'\mathrm{e}^{-\delta_1' t}\sin(\omega' t+\varphi')$，以其相关参数来近似功率调节系统的特征参数，其中调节时间的表达式如下：

$$T_{\mathrm{p}}=\frac{1}{\delta_1'}\left(\ln\frac{1}{|\varDelta|}+\ln K_1'\right) \tag{3.51}$$

其他参数同 3.2.2 小节。

3）开度调节

开度调节模式下的机组转速波动方程由三个独立的波动叠加而成，与功率调节类似，起主要作用的是 $x_1(t)=K_1''\mathrm{e}^{-\delta_1''t}\sin(\omega''t+\varphi'')$，同样以其相关参数来近似开度调节系统的特征参数，其中调节时间的表达式如下：

$$T_{\mathrm{p}}=\frac{1}{\delta_1''}\left(\ln\frac{1}{|\varDelta|}+\ln K_1''\right) \tag{3.52}$$

其他参数同 3.2.2 小节。

2. 影响因素分析

在设有调压室的水电站水轮机调节系统中，影响调节品质的主要因素有调压室面积 F，调速器参数 b_{t}、T_{d}，负荷自调节系数 e_{g}，负荷阶跃相对值 m_{g0}。下面以锦屏二级水电站为例分析以上因素对系统调节品质特征参数的影响，水电站基本资料可参见 3.2.2 小节。

1）调压室面积的影响

取 n_f 为调压室实际面积与临界稳定断面之比，即 $n_f=F/F_{\mathrm{th}}$，称为调压室面积放大系数。在 $b_{\mathrm{t}}=0.8$、$T_{\mathrm{d}}=10\mathrm{s}$、$e_{\mathrm{g}}=0.0$、$m_{\mathrm{g0}}=-0.1$ 时，改变 n_f 的取值，计算三种调节模式下的系统调节品质特征参数，并进行对比，结果如图 3.18～图 3.22 所示，其中机组频率允许波动带宽 $\varDelta$ 取为±0.2%。

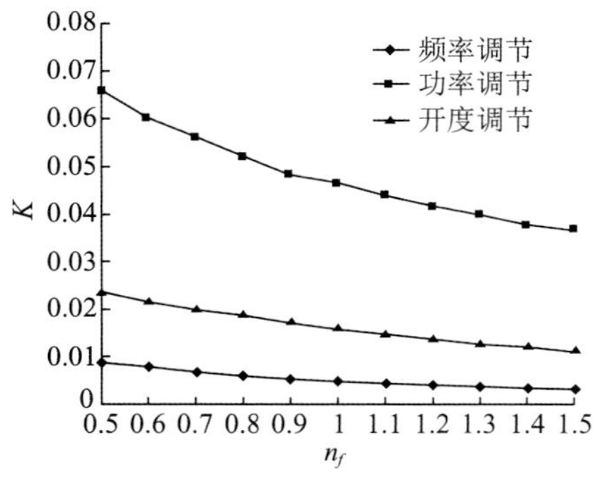

图 3.18 n_f 对 K 的影响

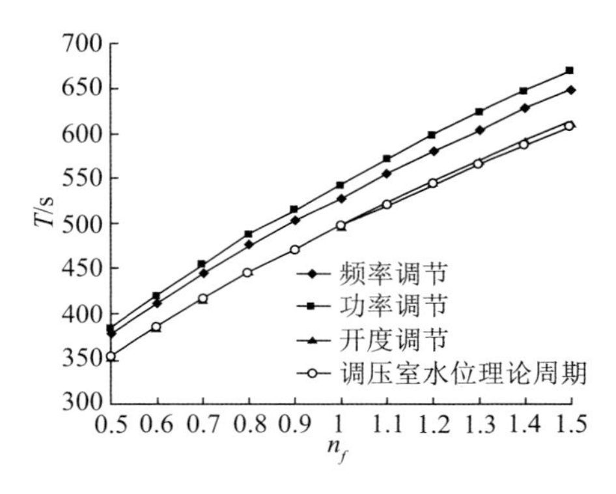

图 3.19 n_f 对 T 的影响

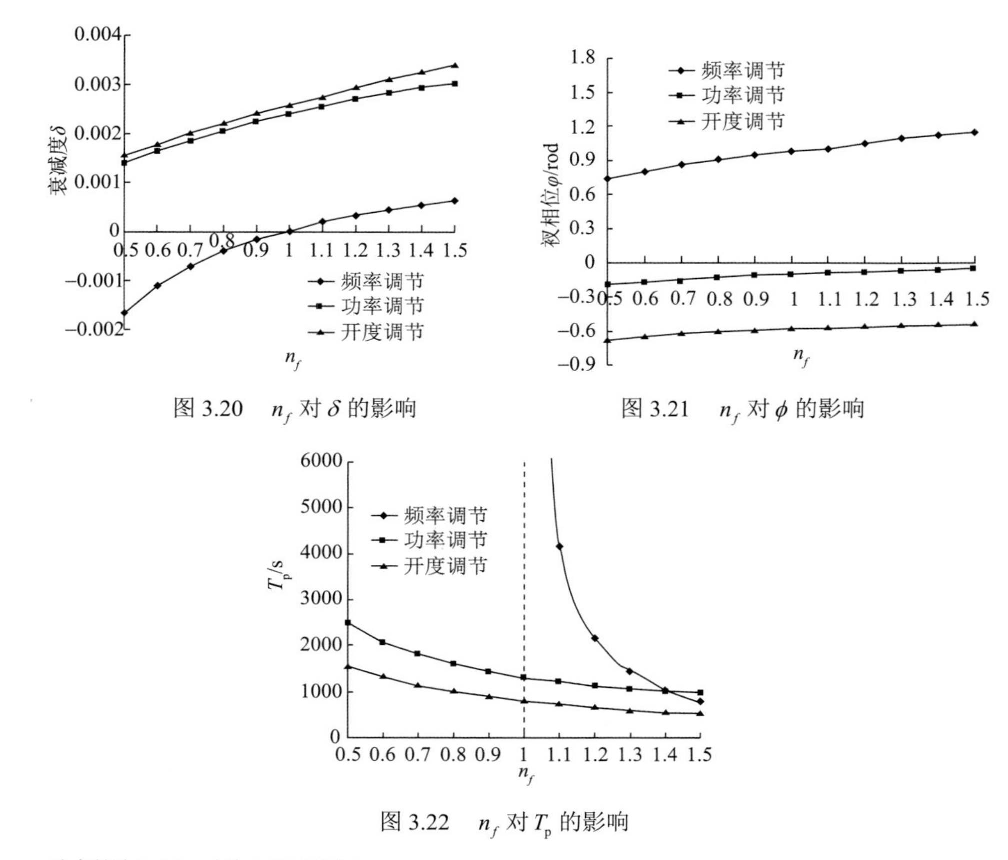

图 3.20 n_f 对 δ 的影响

图 3.21 n_f 对 ϕ 的影响

图 3.22 n_f 对 T_p 的影响

分析图 3.18～图 3.22 可知：

（1）对于频率调节模式、功率调节模式和开度调节模式，随着调压室面积的增大，机组转速波动振幅 K、T_p 逐渐减小，波动周期 T、衰减度 δ、初相位 φ 逐渐增大。

（2）对比三种调节模式，同一调压室面积下，功率调节模式的转速波动振幅 K 最大，频率调节模式的最小，开度调节模式的介于两者之间；功率调节模式的转速波动周期 T 最大，开度调节模式的最小，频率调节模式的介于两者之间，且三者周期较为接近，且与调压室水位波动理论周期 $T = 2\pi\sqrt{LF / gf}$ 也很接近，说明机组转速波动尾波主要由调压室水位波动引起；开度调节模式的转速波动衰减度 δ 最大，频率调节模式的最小，功率调节模式的介于两者之间；频率调节模式的转速波动初相位 φ 最大，开度调节模式的最小，功率调节模式的介于两者之间；频率调节模式的转速波动调节时间 T_p 最大，开度调节模式的最小，功率调节模式的介于两者之间。

（3）对于功率调节模式和开度调节模式，调压室面积即使减到很小（0.5 倍的托马断面），其机组转速波动始终是衰减的（即 δ 始终为正），但对于频率调节模式，在调压室面积小于托马断面时，机组转速波动就变得无法衰减（δ 小于 0），机组就出现了不稳定的情况，这一现象反映在调节时间上，就会使频率调节模式在调压室面积小于托马断面时调节时间趋于无穷大，大于托马断面时调节时间才为有限值，而功率调节模式和开度调节模式的调节时间始终为有限值。

（4）在本节计算的减负荷情况下，频率调节模式下机组转速波动的初相位φ为正值，而功率调节模式和开度调节模式下的机组转速波动初相位φ为负值，但它们的变化范围都为$-\pi/2\sim\pi/2$。

综上分析：对于三种调节模式，增大调压室面积实质上是通过减小机组转速波动的振幅K、增大波动的衰减度δ来使转速波动的调节时间T_p减小，进而使系统的稳定性和调节品质变好。

2）调速器参数的影响

在$n_f=1.1$、$T_d=10s$、$e_g=0.0$、$m_{g0}=-0.1$时，改变b_t的取值，在$n_f=1.1$、$b_t=0.8$、$e_g=0.0$、$m_{g0}=-0.1$时，改变T_d的取值，分别计算频率调节模式和功率调节模式下的系统调节品质特征参数，并进行对比，结果如图3.23～图3.27和图3.28～图3.32所示，其中机组频率允许波动带宽Δ取为±0.2%。

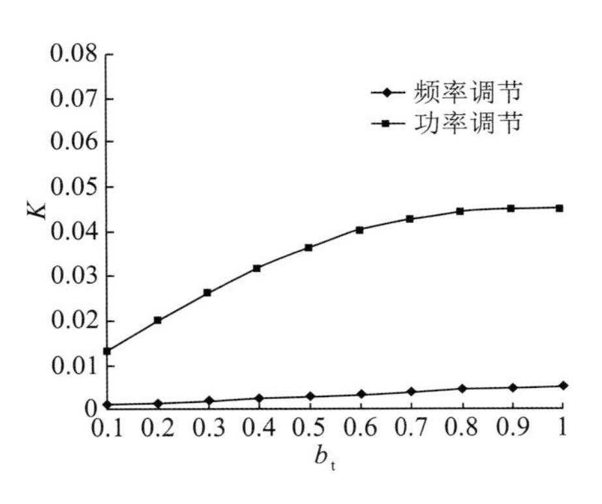

图3.23　b_t对K的影响

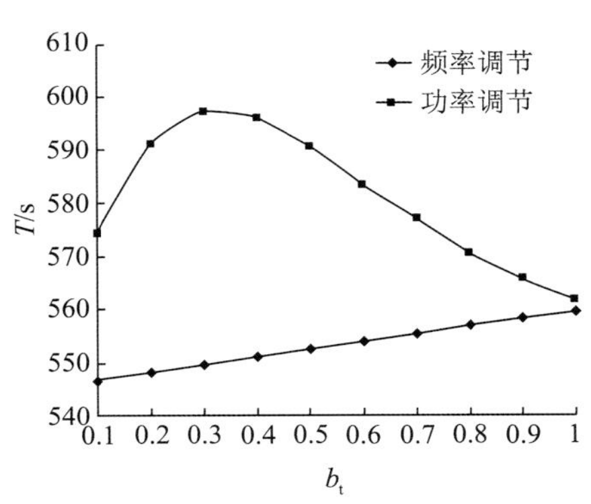

图3.24　b_t对T的影响

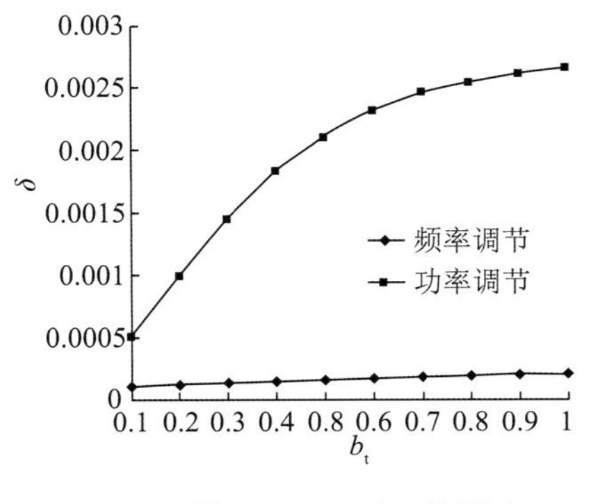

图3.25　b_t对δ的影响

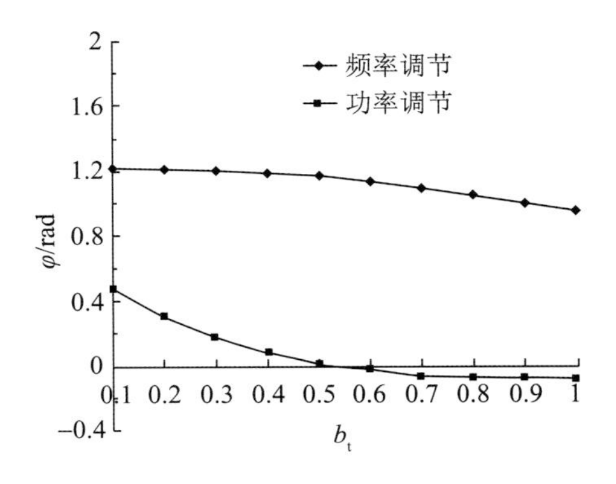

图3.26　b_t对φ的影响

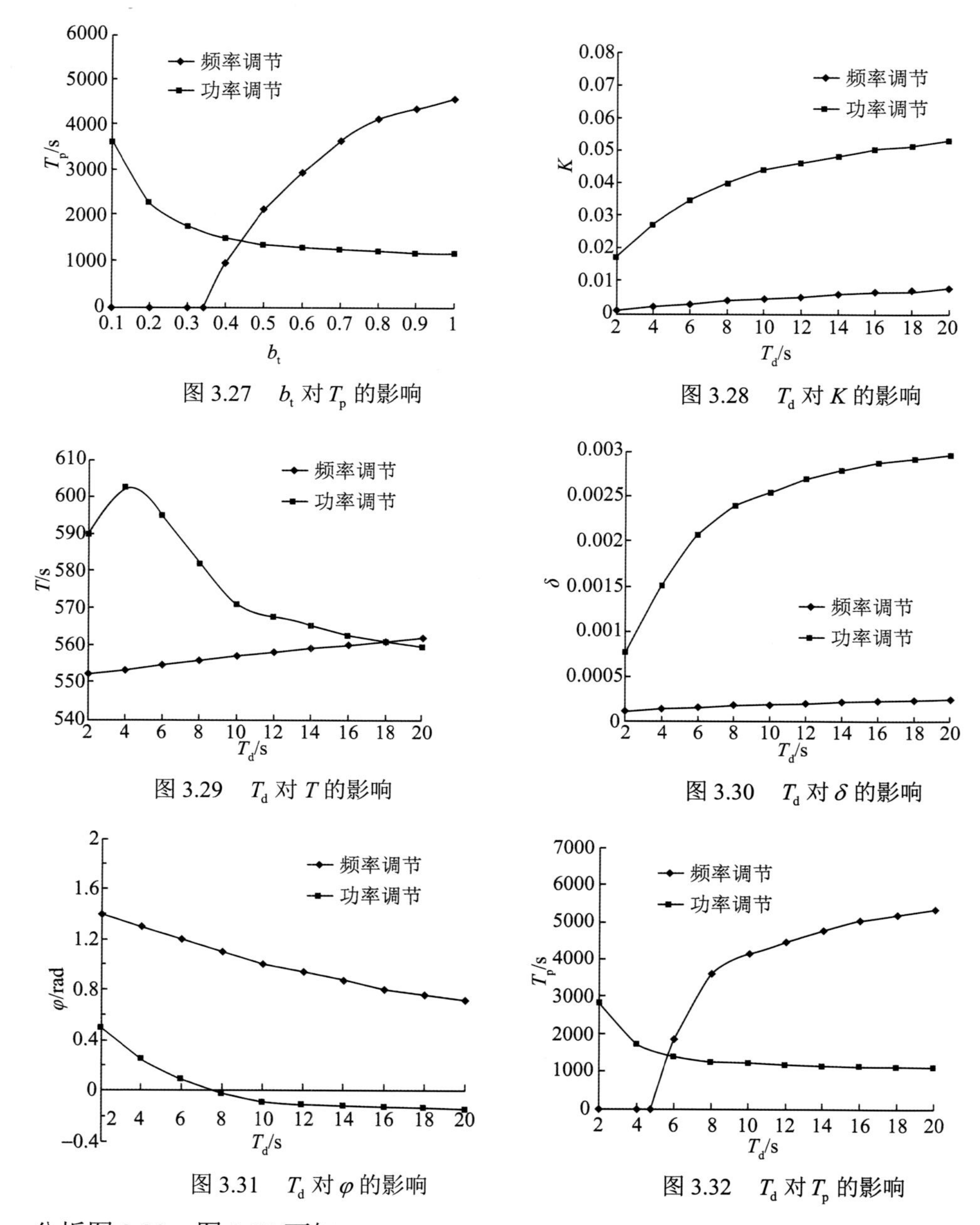

图 3.27 b_t 对 T_p 的影响

图 3.28 T_d 对 K 的影响

图 3.29 T_d 对 T 的影响

图 3.30 T_d 对 δ 的影响

图 3.31 T_d 对 φ 的影响

图 3.32 T_d 对 T_p 的影响

分析图 3.23～图 3.27 可知：

（1）对于频率调节模式：随着 b_t 的增大，机组转速波动振幅 K、周期 T、衰减度 δ 都近似线性地逐渐增大；转速波动初相位 φ 逐渐减小，且减小的速度越来越快；调节时间 T_p 在 b_t 较小时取值为零，这是因为此时转速波动的振幅 K 小于频率允许波动带宽 Δ，b_t 较大时，调节时间 T_p 随着 b_t 的增大逐渐增大，这是因为虽然衰减度 δ 在增加，但波动振幅 K 的增加起到了主导作用，此时调节时间 T_p 增大的速度越来越慢。

（2）对于功率调节模式：机组转速波动振幅 K 和衰减度 δ 随着 b_t 的增大而先快后慢地增大；波动周期 T 随着 b_t 的增大，呈现先增大后减小的变化规律，且周期的极值在 b_t

取较小值时达到；转速波动初相位φ随着b_t的增大而先快后慢地减小，且初相位φ在b_t较小时取正值，在b_t较大时取负值；调节时间T_p随着b_t的增大而先快后慢地减小，这是因为在衰减度δ和波动振幅K的增大过程中，前者的增大起着主导作用。

（3）对比b_t对频率调节模式和功率调节模式的影响：同一b_t值下，功率调节模式的振幅K、周期T、衰减度δ都大于频率调节模式的相应值，而初相位φ小于频率调节模式的初相位；功率调节模式的调节时间在b_t较小时大于频率调节模式的调节时间，在b_t较大时小于频率调节模式的调节时间，这是因为b_t较小时功率调节模式的振幅大于频率调节模式的振幅，并起着主导作用，而b_t的增大对功率调节衰减的加快作用明显大于频率调节，且b_t较大时衰减度的增大在功率调节模式中起主导作用，而振幅的增大在频率调节模式中起主导作用。

综上分析：b_t的增大虽然可使频率调节模式和功率调节模式的波动振幅K与衰减度δ都增大，但由于在增大过程中K和δ的作用的差异，机组转速波动的调节时间T_p呈现相反的变化规律。由此说明，增大b_t可使频率调节模式和功率调节模式系统的稳定性变好，且可使功率调节模式的调节品质变好，但却使频率调节模式的调节品质变差。

分析图3.28～图3.32可知：

（1）增大T_d对频率调节模式和功率调节模式下系统的稳定性及调节品质的影响与增大b_t类似。

对于频率调节模式：随着T_d的增大，机组转速波动振幅K、周期T、衰减度δ都近似线性地逐渐增大；转速波动初相位φ逐渐减小；调节时间T_p在T_d较小时取值为零，在T_d较大时，调节时间T_p随着T_d的增大逐渐增大。

对于功率调节模式：机组转速波动振幅K和衰减度δ随着T_d的增大而先快后慢地增大；波动周期T随着T_d的增大，呈现先增大后减小的变化规律，且周期的极值在T_d取较小值时达到；转速波动初相位φ随着T_d的增大而先快后慢地减小，且初相位φ在T_d较小时取正值，在T_d较大时取负值；调节时间T_p随着T_d的增大而先快后慢地减小。

（2）对比T_d对频率调节模式和功率调节模式的影响：同一T_d值下，功率调节模式的振幅K、周期T、衰减度δ都大于频率调节模式的相应值，而初相位φ小于频率调节模式的初相位，当然在T_d取值达到18s以上时，功率调节模式的周期T会变得小于频率调节模式的周期；功率调节模式的调节时间在T_d较小时大于频率调节模式的调节时间，在T_d较大时小于频率调节模式的调节时间，这是因为T_d较小时功率调节模式的振幅大于频率调节模式的振幅，并起着主导作用，而T_d的增大对功率调节衰减的加快作用明显大于频率调节，且T_d较大时衰减度的增大在功率调节模式中起主导作用，而振幅的增大在频率调节模式中起主导作用。

综上分析：T_d的增大虽然可使频率调节模式和功率调节模式的波动振幅K与衰减度δ都增大，但由于在增大过程中K和δ的作用的差异，机组转速波动的调节时间T_p呈现相反的变化规律。由此说明，增大T_d可使频率调节模式和功率调节模式系统的稳定性变好，且可使功率调节模式的调节品质变好，但却使频率调节模式的调节品质变差。

3）负荷自调节系数的影响

在 n_f =1.1、b_t =0.8、T_d =10s、$m_{g0}=-0.1$ 时，改变负荷自调节系数 e_g 的取值，计算三种调节模式下的系统调节品质特征参数，并进行对比，结果如图 3.33～图 3.37 所示，其中机组频率允许波动带宽 Δ 取为±0.2%。

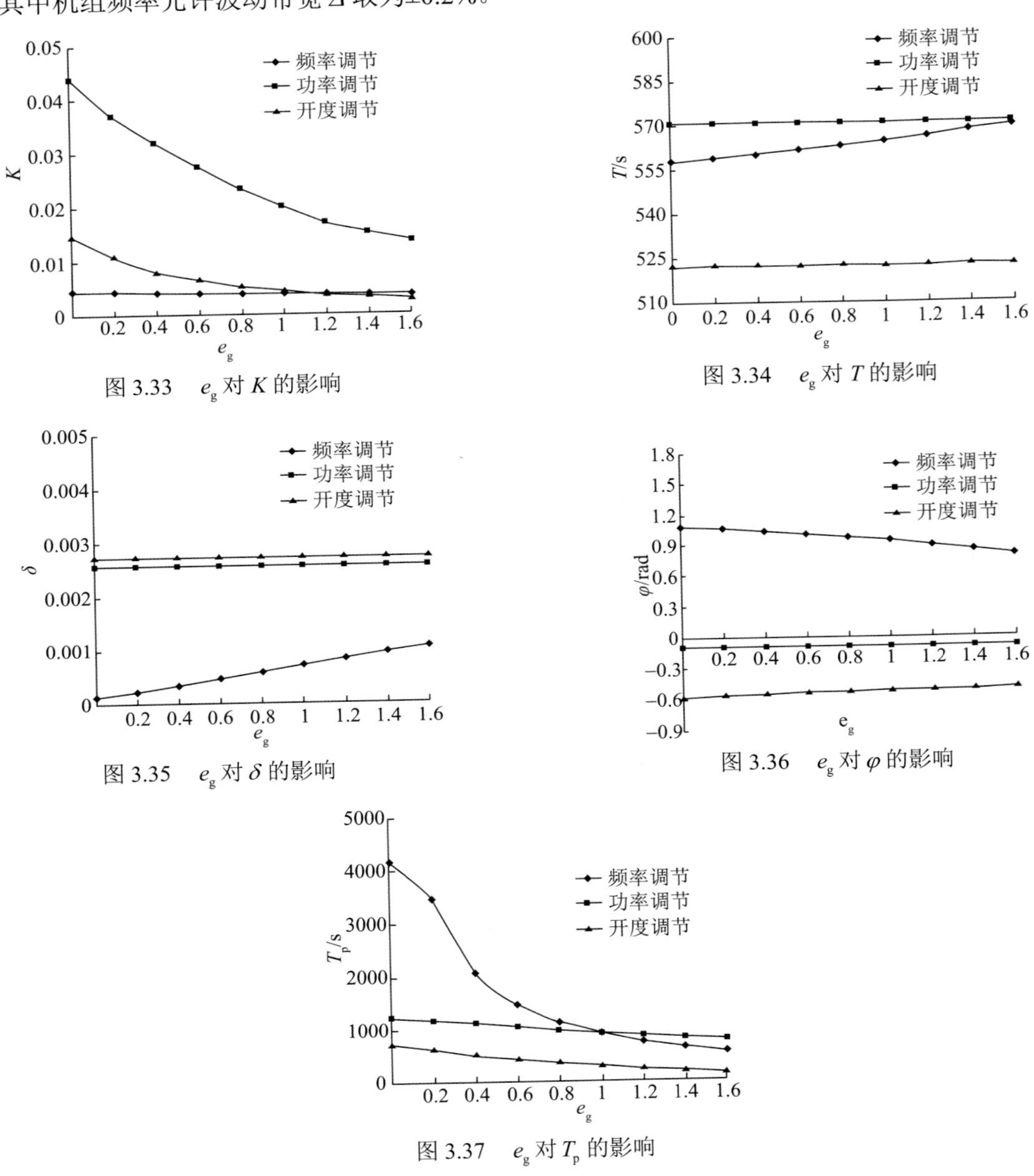

图 3.33 e_g 对 K 的影响

图 3.34 e_g 对 T 的影响

图 3.35 e_g 对 δ 的影响

图 3.36 e_g 对 φ 的影响

图 3.37 e_g 对 T_p 的影响

分析图 3.33～图 3.37 可知：

（1）负荷自调节系数 e_g 的增大对功率调节模式和开度调节模式的作用比较类似，对频率调节模式的作用与前两者差别较大：随着负荷自调节系数 e_g 的增大，功率调节模式和开度调节模式的机组转速波动振幅 K 明显减小，但频率调节模式的机组转速波动振幅

K 只有微小的减小；随着负荷自调节系数 e_g 的增大，功率调节模式和开度调节模式的转速波动周期 T、衰减度 δ 保持不变，频率调节模式的转速波动周期 T、衰减度 δ 在逐渐增大；随着负荷自调节系数 e_g 的增大，功率调节模式和开度调节模式的转速波动初相位 φ 取值为负且小幅度地增大，频率调节模式的转速波动初相位 φ 值为正且逐渐减小；随着负荷自调节系数 e_g 的增大，功率调节模式，开度调节模式和频率调节模式的调节时间 T_p 都逐渐减小，但前两者的减小近似线性，后者的减小呈现先慢后快再慢的规律。

（2）同一 e_g 值下三种调节模式间的同一调节品质特征参数取值的大小关系与同一调压室面积下的规律一致。

综上分析：增大负荷自调节系数 e_g 可使三种调节模式的系统调节品质变好，但作用的原理却是不同的，对于功率调节模式和开度调节模式，增大 e_g 是通过减小波动的振幅 K 来改善调节品质的，对于频率调节模式，增大 e_g 则是通过增加波动的衰减度 δ 来改善调节品质的。同时也可看出，增大负荷自调节系数 e_g 可使频率调节系统的稳定性变好，但对功率调节和开度调节的稳定性却几乎不起改善作用。

4）负荷阶跃值的影响

在 $n_f=1.1$、$b_t=0.8$、$T_d=10\text{s}$、$e_g=0.0$ 时，改变负荷阶跃相对值 m_{g0} 的取值，计算三种调节模式下的系统调节品质特征参数，并进行对比，结果如图 3.38～图 3.42 所示，其中机组频率允许波动带宽 Δ 取为±0.2%。

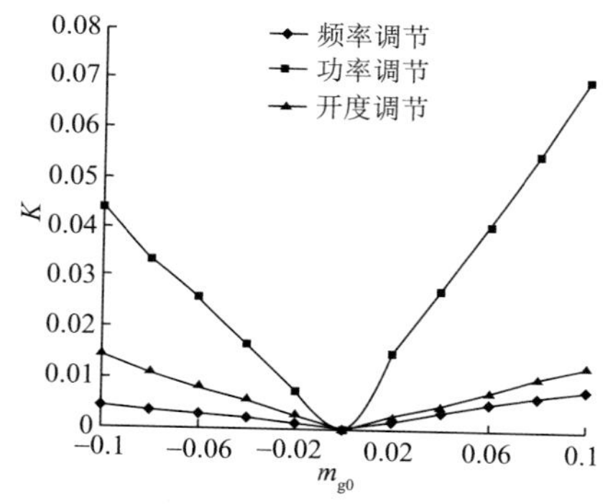

图 3.38　m_{g0} 对 K 的影响

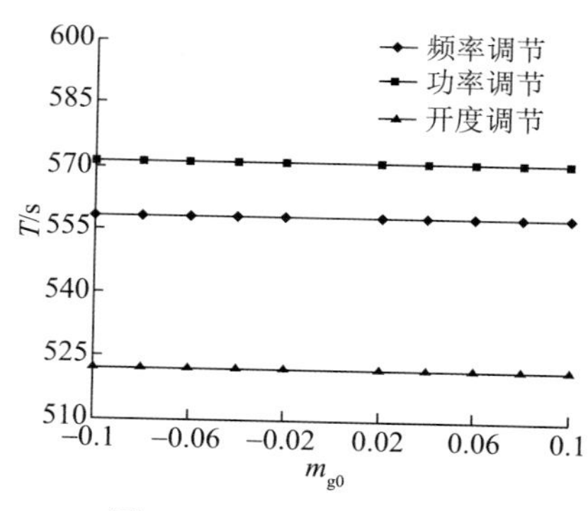

图 3.39　m_{g0} 对 T 的影响

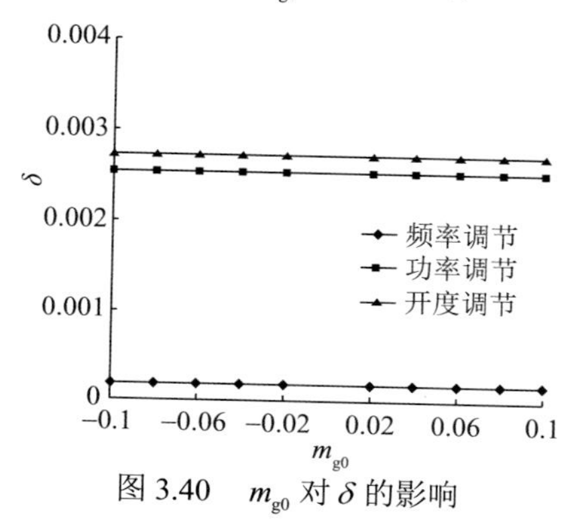

图 3.40　m_{g0} 对 δ 的影响

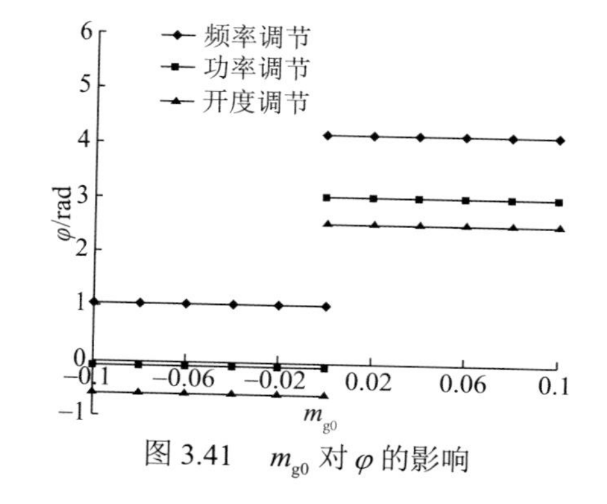

图 3.41　m_{g0} 对 φ 的影响

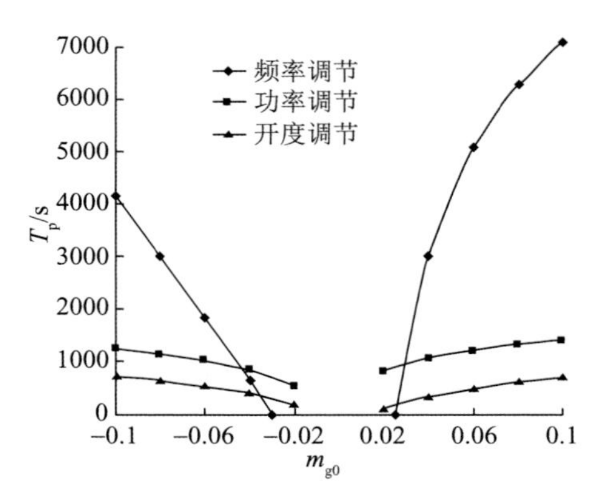

图 3.42 m_{g0} 对 T_p 的影响

分析图 3.38～图 3.42 可知：

（1）因为负荷阶跃值 m_{g0} 是外界干扰因素，所以它取值的大小对反映系统自身特性的调节品质参数周期 T、衰减度 δ、初相位 φ 没有影响，只是其取值的正负会影响初相位 φ 取值的大小及正负，当 m_{g0} 取负值（机组减负荷）时，三种调节模式的初相位 φ 的取值范围为 $-\pi/2\sim\pi/2$，当 m_{g0} 取正值（机组增负荷）时，三种调节模式的初相位 φ 的取值范围为 $\pi/2\sim3\pi/2$，且当 n_f、b_t、T_d、e_g 的取值都相同时，同一调节模式下增负荷与减负荷间的初相位 φ 相差 π。

（2）对于三种调节模式，不论负荷增加或减小，随着负荷阶跃绝对值 $|m_{g0}|$ 的增大，机组转速波动振幅 K 逐渐增大，相应地机组调节时间 T_p 也在逐渐增大。

综上分析：改变负荷阶跃值 m_{g0} 不会对系统的稳定性（衰减度 δ）产生影响，但却可以通过改变机组转速波动的振幅 K 来影响系统的调节品质。对于三种调节模式，随着负荷阶跃绝对值 $|m_{g0}|$ 的增大，系统的调节品质越来越差。

3.3 本 章 小 结

本章针对单管单机单调压室的水电站引水发电系统，在忽略水体和管壁的弹性、忽略调速器的非线性特性（饱和特性和转速死区）及采用发电机一阶模型的前提下，从描述水轮机调节系统动态特性的高阶综合传递函数出发，在分析总结前人工作的基础上，对频率调节模式、功率调节模式和开度调节模式下系统的稳定性和调节品质进行了深入的研究。

（1）建立了设调压室水电站频率调节模式、功率调节模式和开度调节模式下水轮机调节系统完整的数学模型（考虑引水隧洞、调压室、压力管道、水轮机、调速器、发电机等），推导了三种调节模式下系统的综合传递函数，由综合传递函数求得描述调节系统动态特性的高阶线性常系数齐次微分方程，据此微分方程的各项系数结合 Routh-Hurwitz 稳定判据得到系统的稳定条件，然后在 b_t - T_d 坐标系中绘制三种调节模式的稳定域，进行对比分析，得出频率调节系统和功率调节系统都是有条件稳定的，并且前者的稳定域远小于后者，而开度调节系统则是无条件稳定的，并讨论了不同调节系统参数和不同的调速器系统结构对不同调节模式稳定域的影响。

（2）根据稳定性研究时得到的三种调节模式下系统的综合传递函数，得到负荷阶跃扰动下机组转速信号的拉普拉斯变换，利用保留主导极点、舍去非主导极点的方法完成了对此高阶系统的降阶处理，简化到可以解析求解的程度。主导极点实际上体现了调压室水位波动引起的机组转速振荡，周期长，衰减慢，形成的是尾波，是动态过程的主体部分和决定调节品质的主要方面；非主导极点实际上体现了水击波引起的机组转速振荡，周期短，衰减快，形成的是主波，在设置调压室、压力管道水流惯性较小的情况下可被调速器有效地调节校正。由降阶后的机组转速信号的拉普拉斯变换推求了机组转速的波动方程，并根据转速波动方程求得衡量系统调节品质的特征参数的计算表达式，进而对三种调节模式下的系统特征参数（转速进入频率允许波动带宽的调节时间、衰减度、振幅等）进行对比分析，揭示了三种调节模式系统调节品质间的差异与联系。

参 考 文 献

[1] 沈祖诒. 水轮机调节. 第三版. 北京: 中国水利水电出版社, 1998.

[2] 魏守平. 水轮机调节. 武汉: 华中科技大学出版社, 2009.

[3] DRTINA P, SALLABERGER M. Hydraulic turbines-basic principles and state-of-the-art computational fluid dynamics applications. Proceedings of the Institution of Mechanical Engineers, Part C: Journal of Mechanical Engineering Science, 1999, 213(1): 85-102.

[4] CASEY M V, KECK H. Hydraulic turbines//Schetz J A, Fuhs A E. Eds. Handbook of Fluid Dynamics and Fluid Machinery. New York: John Wiley, 1996.

[5] GUO W C, YANG J D, YANG W J, et al. Regulation quality for frequency response of turbine regulating system of isolated hydroelectric power plant with surge tank. International Journal of Electrical Power & Energy Systems, 2015, 73: 528-538.

[6] GUO W C, YANG J D, CHEN J P, et al. Time response of the frequency of hydroelectric generator unit with surge tank under isolated operation based on turbine regulating modes. Electric Power Components and Systems, 2015, 43(20): 2341-2355.

[7] GUO W C, YANG J D, CHEN J P, et al. Study on the… surge chamber. IOP Conference Series: Ealth and Environmental Science, 22(4). Bristol: IOP Publishing, 2014.

[8] 郭文成, 杨建东, 陈一明, 等. 考虑压力管道水流惯性和调速器特性的调压室临界稳定断面研究. 水力发电学报, 2014, 33(3): 171-178.

[9] 郭文成, 杨建东, 杨威嘉. 水轮机三种调节模式稳定性比较研究. 水力发电学报, 2014, 33(4): 255-262.

[10] 付亮, 杨建东, 李进平, 等. 带调压室水电站调节品质的分析. 水力发电学报, 2009, 28(2): 115-120.

[11] 付亮, 杨建东, 鲍海艳. 设调压室水电站负荷扰动下机组频率波动研究. 水利学报, 2008, 39(11): 1190-1196.

[12] 刘启钊, 彭守拙. 水电站调压室. 北京: 水利电力出版社, 1995.

[13] CHAUDHRY M H. Applied Hydraulic Transients. New York: Springer-Verlag, 2014.

[14] 赖旭, 杨建东, 陈鉴治. 调压室断面积对调节系统稳定域的影响. 武汉水利电力大学学报, 1997, 30(4): 13-17.

[15] 孔昭年. 带有调压井的水轮机调节系统稳定性的研究. 水力发电学报, 1983(1): 42-51.
[16] 董兴林. 水电站调压井稳定断面问题的研究. 水利学报, 1980(4): 37-48.
[17] STEIN T. Frequency control under isolated network conditions. Water Power, 1970(9): 320-324.
[18] 赵桂连, 杨建东, 杨安林. 带调压室电站系统调节品质的调节手段研究. 人民长江, 2006, 37(7): 103-104, 110.
[19] 魏守平. 综合主导极点配置及其在水轮机调速系统中的应用. 电力系统自动化, 1982(3): 40-54.
[20] 谢克明. 自动控制原理. 第二版. 北京: 电子工业出版社, 2008.
[21] 张建邦, 程邦勤, 王旭. 飞机扰动运动方程特征根的数值求解. 空军工程大学学报(自然科学版), 2002, 3(8): 81-83.
[22] 杨开林. 机组 GD^2 和 PID 调速器参数的优化设计. 水利学报, 1998(3): 1-8.

第 4 章　考虑调节品质要求的调压室临界稳定断面

调压室临界稳定断面的研究始于托马（Thoma）[1-4]，自托马于 1910 年提出著名的托马公式之后，很多学者，如 Evangelisti、Gaden、Calame 等通过研究提出了考虑更多因素的修正公式[5]，但这些公式都未能突破托马假定（调速器绝对灵敏能保持出力恒定）的局限；国内学者寿梅华、董兴林分别研究了水轮机和调速器对调节系统的影响[6-7]，但未能实现对引水发电系统（引水隧洞、压力管道、水轮机、调速器）的统一考虑。目前还没有将压力管道水流惯性和调速器特性引入调压室临界稳定断面公式的研究，正是由于这方面研究的缺失，当前的学术界与工程界对调速器参数对临界稳定断面的影响的认识存在相当大的分歧，甚至产生了完全相反的观点[7-8]。对此，本章建立了考虑压力管道水流惯性和调速器特性的频率调节模式与功率调节模式下的水轮机调节系统 7 阶数学模型，证明出临界稳定断面判据为描述调节系统的线性常系数齐次微分方程的一阶导数项系数大于零，并据此推导出了两种调节模式下的包含压力管道水流惯性时间常数和调速器参数的临界稳定断面解析公式，实现了引水隧洞、压力管道和调速器在临界稳定断面公式中的统一，并通过实例验证了此公式的正确性，而且全面严格地分析了调速器参数对临界稳定断面的影响，揭示了调速器参数影响的数学本质。

结合第 3 章的分析结果，从调节品质对于调速器参数要求的角度出发，对临界稳定断面公式中的调速器参数 b_t 、T_d 的取值给出限制范围，并据此提出考虑调节品质要求的调压室临界稳定断面的概念，实现了稳定性和调节品质的统一。

4.1　基本方程与稳定条件

由第 3 章的分析可知：频率调节系统与功率调节系统是闭环系统，且是有条件稳定的，故其存在调压室临界稳定断面的问题，而开度调节系统是开环系统，无条件稳定，故其不存在调压室临界稳定断面的问题，所以本章对于临界稳定断面的研究针对频率调节系统和功率调节系统开展。

研究中采用 3.1.1 小节中建立的水电站水轮机调节系统基本方程和相应的频率调节模式与功率调节模式下系统的综合传递函数。

系统的稳定条件已在 3.1.2 节中给出，在此不再赘述。

4.2　考虑压力管道水流惯性和调速器特性的调压室临界稳定断面

4.2.1　临界稳定断面公式推导

对于一种调节模式，只有当 Routh-Hurwitz 稳定判据中的所有不等式判据同时成立时，调节系统才是稳定的，但只有部分不等式判据中包含调压室面积项，且托马稳定条件只是所有并列的不等式判据中的一个，临界稳定断面可由这一个判据在取等号时求出，称此判据为临界稳定断面判据。对于本章所建立的频率调节、功率调节 7 阶调节系统，则要求 $a_i > 0$（i=0，1，2，3，4，5，6，7）、$\Delta_2 > 0$、$\Delta_4 > 0$、$\Delta_6 > 0$（功率调节时只需将 a_i 换成 a_i'）所表示的 11 个不等式判据同时成立，而临界稳定断面判据只是这 11 个并列判据中的一个。

本节旨在由描述调节系统的齐次微分方程推导临界稳定断面，而推导的关键在于正确找出临界稳定断面判据。为此，下面首先在基本方程式（3.1）～式（3.7）、式（3.14）的基础上建立两种简化的水轮机调节系统数学模型——2 阶模型、3 阶模型，分别由 Routh-Hurwitz 稳定判据推导相应的临界稳定断面，然后据此找出临界稳定断面判据，并将此判据应用在 3.1.1 小节建立的水轮机调节系统 7 阶模型，推导考虑压力管道水流惯性和调速器特性的临界稳定断面公式。同时为了探讨临界稳定断面公式的形式随调节系统模型阶数的变化规律，下面也给出水轮机调节系统 5 阶模型下的临界稳定断面公式。

1. 水轮机调节系统 2 阶模型

简化假定：（1）忽略压力管道水流惯性；（2）水轮机出力不变，转速不变。

由假定（1）可将式（3.3）变为

$$h = -z \tag{4.1}$$

由假定（2）可知：$m_{\mathrm{t}} = 0$，$x = 0$。

最后由式（3.1）、式（3.2）、式（4.1）、式（3.4）～式（3.6）及 $m_{\mathrm{t}} = 0$、$x = 0$ 可得水轮机调节系统的 2 阶齐次微分方程：

$$r_0 \frac{\mathrm{d}^2 z}{\mathrm{d}t^2} + r_1 \frac{\mathrm{d}z}{\mathrm{d}t} + r_2 z = 0 \tag{4.2}$$

式中：$r_0 = T_{\mathrm{F}} T_{\mathrm{wy}}$；$r_1 = T_{\mathrm{F}} \dfrac{2h_{\mathrm{y0}}}{H_0} - eT_{\mathrm{wy}}$；$r_2 = 1 - e\dfrac{2h_{\mathrm{y0}}}{H_0}$。

其中：$e = \dfrac{e_{qy}}{e_y} e_h - e_{qh}$，为水轮机综合特性系数[9-10]。

$r_0 > 0$ 恒成立；由 $r_1 > 0$ 可得 $F > e\dfrac{L_{\mathrm{y}} f_{\mathrm{y}}}{2\alpha_{\mathrm{y}} g H_0}$，右侧即为托马公式（考虑水轮机特性），其中，$a_{\mathrm{y}} = \dfrac{h_{\mathrm{y0}}}{v_{\mathrm{y0}}^2}$，$L_{\mathrm{y}}$、$f_{\mathrm{y}}$、$v_{\mathrm{y0}}$ 分别为引水隧洞的长度、断面积、初始流速；由 $r_2 > 0$ 可得 $H_0 > 2eh_{\mathrm{y0}}$。由此可知 2 阶模型的临界稳定断面判据为齐次微分方程的一阶导数项系数大于零（$r_1 > 0$）。

2. 水轮机调节系统 3 阶模型

简化假定：水轮机出力不变，转速不变。

由式（3.1）～式（3.6）及 $m_{\rm t}=0$、$x=0$ 可得水轮机调节系统的 3 阶齐次微分方程：

$$r_0'\frac{{\rm d}^3z}{{\rm d}t^3}+r_1'\frac{{\rm d}^2z}{{\rm d}t^2}+r_2'\frac{{\rm d}z}{{\rm d}t}+r_3'z=0 \tag{4.3}$$

式中：$r_0'=-T_{\rm F}T_{\rm wy}T_{\rm wt}$；$r_1'=T_{\rm F}\left[T_{\rm wy}\left(\frac{1}{e}-\frac{2h_{\rm t0}}{H_0}\right)-T_{\rm wt}\frac{2h_{\rm y0}}{H_0}\right]$；$r_2'=T_{\rm F}\frac{2h_{\rm y0}}{H_0}\left(\frac{1}{e}-\frac{2h_{\rm t0}}{H_0}\right)-(T_{\rm wy}+T_{\rm wt})$；$r_3'=\frac{1}{e}-\frac{2(h_{\rm y0}+h_{\rm t0})}{H_0}$。

$r_0'<0$ 恒成立；由 $r_1'>0$ 可得 $\frac{L_{\rm y}f_{\rm t}}{L_{\rm t}f_{\rm y}}>\frac{2eh_{\rm y0}}{H_0-2eh_{\rm t0}}$，与调压室面积无关，其中，$L_{\rm t}$、$f_{\rm t}$ 分别为压力管道的长度、断面积；由 $r_2'>0$ 可得 $F>e\frac{L_{\rm y}f_{\rm y}}{2\alpha_{\rm y}g(H_0-2eh_{\rm t0})}+e\frac{L_{\rm t}f_{\rm t}}{2\alpha_{\rm t}g(H_0-2eh_{\rm t0})}$，右侧即为托马公式（考虑水轮机特性、压力管道水头损失），且第二项表示压力管道水流惯性对临界稳定断面所起的增大作用，其中，$a_{\rm t}=\frac{h_{\rm y0}}{v_{\rm t0}^2}$，$v_{\rm t0}$ 表示压力管道的初始流速；由 $r_3'>0$ 可得 $H_0>2e(h_{\rm y0}+h_{\rm t0})$；$r_1'>0$、$r_3'>0$ 一般都能满足，当 $r_2'>0$ 成立时，因为 $r_0'<0$ 恒成立，所以 $r_1'r_2'-r_0'r_3'>0$ 必成立。由此可知 3 阶模型的临界稳定断面判据同样为齐次微分方程的一阶导数项系数大于零（$r_2'>0$）。

另外需要指出，虽然由 $r_2'>0$ 推导出的临界稳定断面为一有限值，但 $r_0'>0$、$r_1'>0$、$r_2'>0$、$r_3'>0$、$r_1'r_2'-r_0'r_3'>0$ 不可能同时成立，说明此 3 阶模型对应的水轮机调节系统是无条件不稳定的。

通过对水轮机调节系统 2 阶模型、3 阶模型的分析可知：临界稳定断面判据总为齐次微分方程的一阶导数项系数大于零，令一阶导数项系数为零即可推导出临界稳定断面。现将此结论推广到 3 阶以上的水轮机调节系统，研究 5 阶模型、7 阶模型下的临界稳定断面公式。

3. 水轮机调节系统 5 阶模型

简化假定：忽略压力管道水流惯性。

由式（3.1）、式（3.2）、式（5.1）、式（3.4）～式（3.7）可得频率调节模式下水轮机调节系统的 5 阶齐次微分方程：

$$k_0\frac{{\rm d}^5x}{{\rm d}t^5}+k_1\frac{{\rm d}^4x}{{\rm d}t^4}+k_2\frac{{\rm d}^3x}{{\rm d}t^3}+k_3\frac{{\rm d}^2x}{{\rm d}t^2}+k_4\frac{{\rm d}x}{{\rm d}t}+k_5x=0 \tag{4.4}$$

式中：$k_0=b_tT_{\rm d}T_{\rm y}T_{\rm a}T_{\rm F}T_{\rm wy}$；$k_1=b_tT_{\rm d}(T_{\rm y}T_{\rm a}T_{\rm wy}g_2+T_{\rm y}T_{\rm a}g_0+T_{\rm a}T_{\rm F}T_{\rm wy})+e_yT_{\rm d}T_{\rm n}T_{\rm F}T_{\rm wy}$；$k_2=b_tT_{\rm d}\cdot(T_{\rm y}g_0g_2+T_{\rm y}T_{\rm a}g_1+T_{\rm y}T_{\rm wy}e_he_{qx}+T_{\rm F}T_{\rm wy}g_2+T_{\rm a}g_0)-T_{\rm d}T_{\rm n}(T_{\rm wy}e_he_{qy}-e_yg_0)+e_yT_{\rm d}T_{\rm F}T_{\rm wy}$；$k_3=b_tT_{\rm d}\cdot(T_{\rm y}g_1g_2+T_{\rm y}e_{qx}g_3+g_0g_2+T_{\rm a}g_1+T_{\rm wy}e_he_{qy})-T_{\rm d}T_{\rm n}(e_{qy}g_3-e_yg_1)-T_{\rm d}(T_{\rm wy}e_he_{qy}-e_yg_0)+e_yT_{\rm F}T_{\rm wy}$；

$k_4 = b_t T_d (g_1 g_2 + e_{qx} g_3) - T_d (e_{qy} g_3 - e_y g_1) - (T_{wy} e_h e_{qy} - e_y g_0)$；$k_5 = e_y g_1 - e_{qy} g_3$；$g_0 = T_F \dfrac{2h_{y0}}{H_0}$ $+ e_{qh} T_{wy}$；$g_1 = e_{qh} \dfrac{2h_{y0}}{H_0} + 1$；$g_2 = e_g - e_x$；$g_3 = e_h \dfrac{2h_{y0}}{H_0}$。

式（4.4）的一阶导数项系数为k_4，首先令$k_4 = 0$（$k_4>0$ 的临界情况），再将$T_F = \dfrac{FH_0}{Q_{y0}}$中的$F$换成调压室临界稳定断面$F_{th}$，并把包含$F_{th}$的项移到等式左边，其他项移到等式右边，最后将$F_{th}$的系数化为 1，便得到频率调节模式 5 阶模型下的临界稳定断面公式：

$$F_{th} = e\frac{L_y f_y}{2\alpha_y g H_0} - \left\{\left(1 + b_t \frac{e_g - e_x}{e_y}\right) + \left[b_t \frac{(e_g - e_x)e_{qh} + e_h e_{qx}}{e_y} - e\right]\frac{2h_{y0}}{H_0}\right\}\frac{Q_{y0}}{2h_{y0}} T_d \quad (4.5)$$

同理对于功率调节模式，水轮机调节系统的 5 阶齐次微分方程为

$$k_0' \frac{d^5 x}{dt^5} + k_1' \frac{d^4 x}{dt^4} + k_2' \frac{d^3 x}{dt^3} + k_3' \frac{d^2 x}{dt^2} + k_4' \frac{dx}{dt} + k_5' x = 0 \quad (4.6)$$

式 中 ：$k_0' = k_0$；$k_1' = b_t T_d (T_y T_F T_{wy} g_2 + T_y T_a g_0 + T_a T_F T_{wy}) + e_y T_F T_{wy} g_6$；$k_2' = b_t T_d (T_y g_0 g_2 + T_y T_a g_1 + T_y T_{wy} e_h e_{qx} + T_F T_{wy} g_2 + T_a g_0) - (T_{wy} e_h e_{qy} - e_y g_0) g_6 + e_y T_F T_{wy} g_4$；$k_3' = b_t T_d (T_y g_1 g_2 + T_y e_{qx} g_3 + g_0 g_2 + T_a g_1 + T_{wy} e_h e_{qx}) - (e_{qy} g_3 - e_y g_1) g_6 - (T_{wy} e_h e_{qy} - e_y g_0) g_4 + e_y T_F T_{wy} g_5$；$k_4' = b_t T_d (g_1 g_2 + e_{qx} g_3) -(e_{qy} g_3 - e_y g_1) g_4 - (T_{wy} e_h e_{qy} - e_y g_0) g_5$；$k_5' = (e_y g_1 - e_{qy} g_3) g_5$；$g_4 = b_p (T_d e_g + T_d + T_a)$；$g_5 = b_p (e_g + 1)$; $g_6 = b_p T_d T_a$。

令$k_4'=0$，可得到功率调节模式 5 阶模型下的临界稳定断面公式：

$$F_{th}' = e\frac{L_y f_y}{2\alpha_y g H_0} - \left\{\left(1 + b_t \frac{e_g - e_x}{e_y b_p (e_g + 1)}\right) + \left[b_t \frac{(e_g - e_x)e_{qh} + e_h e_{qx}}{e_y b_p (e_g + 1)} - e\right]\frac{2h_{y0}}{H_0}\right\}\frac{Q_{y0}}{2h_{y0}} T_d - \frac{H_0 - 2eh_{y0}}{(e_g + 1)H_0}\frac{Q_{y0}}{2h_{y0}} T_a \quad (4.7)$$

4. 水轮机调节系统 7 阶模型

频率调节模式 7 阶齐次微分方程式（3.12）的一阶导数项系数为a_6，由$a_6=0$ 可得考虑压力管道水流惯性和调速器特性的频率调节临界稳定断面公式：

$$F_{th} = F_{th1} + F_{th2} + F_{th3} \quad (4.8)$$

式中：F_{th1}为考虑水轮机特性的引水隧洞水流惯性项；F_{th2}为考虑水轮机特性的压力管道水流惯性项；F_{th3}为考虑水轮机特性的调速器特性项；F_{th1}、F_{th2}、F_{th3}分别简称为引水隧洞项、压力管道项、调速器项。

式（4.8）中的各项表达式如下：

$$F_{\mathrm{th1}} = e\frac{L_{\mathrm{y}} f_{\mathrm{y}}}{2\alpha_{\mathrm{y}} g(H_0 - 2eh_{\mathrm{t0}})};$$

$$F_{\mathrm{th2}} = e'\frac{L_{\mathrm{t}} f_{\mathrm{t}}}{2\alpha_{\mathrm{t}} g(H_0 - 2eh_{\mathrm{t0}})};$$

$$F_{\mathrm{th3}} = -\frac{[H_0 + 2e_{qh}(h_{\mathrm{y0}} + h_{\mathrm{t0}})]\left\{\left(1 + b_{\mathrm{t}}\dfrac{e_g - e_x}{e_y}\right)H_0 + 2\left[b_{\mathrm{t}}\dfrac{(e_{\mathrm{g}} - e_x)\mathrm{e}_{qh} + e_h e_{qx}}{e_y} - e\right]h_{\mathrm{t0}}\right\} + 2\dfrac{e_h}{e_y}(b_{\mathrm{t}} e_{qx} - e_{qy})h_{\mathrm{y0}} H_0}{(H_0 - 2eh_{\mathrm{t0}})(H_0 + 2e_{qh} h_{\mathrm{t0}})} \cdot \frac{Q_{\mathrm{y0}}}{2h_{\mathrm{y0}}} T_{\mathrm{d}}。$$

式中：$e' = \dfrac{(e - e_{qh})H_0 + 2ee_{qh}(h_{\mathrm{y0}} + 2h_{\mathrm{t0}})}{H_0 + 2e_{qh} h_{\mathrm{t0}}}$。

功率调节模式 7 阶齐次微分方程式（3.16）的一阶导数项系数为 a_6'，由 $a_6'=0$ 可得考虑压力管道水流惯性和调速器特性的功率调节临界稳定断面公式：

$$F_{\mathrm{th}}' = F_{\mathrm{th1}}' + F_{\mathrm{th2}}' + F_{\mathrm{th3}}' + F_{\mathrm{th4}}' \tag{4.9}$$

式中：F_{th1}' 为考虑水轮机特性的引水隧洞水流惯性项；F_{th2}' 为考虑水轮机特性的压力管道水流惯性项；F_{th3}' 为考虑水轮机特性的调速器特性项；F_{th4}' 为考虑水轮机特性的机组惯性项；F_{th1}'、F_{th2}'、F_{th3}'、F_{th4}' 分别简称为引水隧洞项、压力管道项、调速器项、机组惯性项。

式（4.9）中的各项表达式如下：

$$F_{\mathrm{th1}}' = F_{\mathrm{th1}};$$

$$F_{\mathrm{th2}}' = F_{\mathrm{th2}};$$

$$F_{\mathrm{th3}}' = -\frac{[H_0 + 2e_{qh}(h_{\mathrm{y0}} + h_{\mathrm{t0}})]\left\{\left[1 + b_{\mathrm{t}}\dfrac{e_g - e_x}{e_y b_{\mathrm{p}}(e_{\mathrm{g}} + 1)}\right]H_0 + 2\left[b_{\mathrm{t}}\dfrac{(e_{\mathrm{g}} - e_x)\mathrm{e}_{qh} + e_h e_{qx}}{e_y b_{\mathrm{p}}(e_{\mathrm{g}} + 1)} - e\right]h_{\mathrm{t0}}\right\} + 2\dfrac{e_h}{e_y}\left[\dfrac{b_{\mathrm{t}} e_{qx}}{b_{\mathrm{p}}(e_{\mathrm{g}} + 1)} - e_{qy}\right]h_{\mathrm{y0}} H_0}{(H_0 - 2eh_{\mathrm{t0}})(H_0 + 2e_{qh} h_{\mathrm{t0}})} \cdot \frac{Q_{\mathrm{y0}}}{2h_{\mathrm{y0}}} T_{\mathrm{d}};$$

$$F_{\mathrm{th4}}' = -\frac{[H_0 + 2e_{qh}(h_{\mathrm{y0}} + h_{\mathrm{t0}})](H_0 - 2eh_{\mathrm{t0}}) - 2\dfrac{e_h}{e_y} e_{qy} h_{\mathrm{y0}} H_0}{(H_0 - 2eh_{\mathrm{t0}})(H_0 + 2e_{qh} h_{\mathrm{t0}})(e_{\mathrm{g}} + 1)} \frac{Q_{\mathrm{y0}}}{2h_{\mathrm{y0}}} T_{\mathrm{a}}。$$

对于频率调节模式 7 阶模型，如果不考虑压力管道水流惯性和调速器特性，即令 $T_{\mathrm{wt}} = 0$、$b_{\mathrm{t}} = 0$、$T_{\mathrm{d}} = 0$，可得 $F_{\mathrm{th}} = F_{\mathrm{th1}}$，即为托马公式（考虑水轮机特性）；如果不考虑调速器特性，即令 $b_{\mathrm{t}} = 0$、$T_{\mathrm{d}} = 0$，可得 $F_{\mathrm{th}} = F_{\mathrm{th1}} + F_{\mathrm{th2}}$，为一有限值，但此时 $a_0 = a_1 = a_2 = 0$，自由运动方程降为 4 阶，且 $a_3 = f_1 f_8 < 0$，说明此时的水轮机调节系统是无条件不稳定的，与水轮机调系统 3 阶模型所推结果一致。由以上两点可知本节所得临界稳定断面判据为

齐次微分方程的一阶导数项系数大于零的结论是正确的。

4.2.2　临界稳定断面公式分析

将水轮机调节系统 2 阶、3 阶、5 阶、7 阶模型下的调压室临界稳定断面公式列表对比，如表 4.1 所示。

表 4.1　不同水轮机调节系统模型调压室临界稳定断面公式对比

水轮机调节系统模型阶数	引水隧洞项	压力管道项	机组惯性项	
			频率调节	功率调节
2 阶	$e\dfrac{L_y f_y}{2\alpha_y g H_0}$	—	—	—
3 阶	$e\dfrac{L_y f_y}{2\alpha_y g(H_0-2eh_{t0})}$	$e\dfrac{L_t f_t}{2\alpha_t g(H_0-2eh_{t0})}$	—	—
5 阶	$e\dfrac{L_y f_y}{2\alpha_y g H_0}$	—	—	$-\dfrac{H_0-2eh_{y0}}{(e_g+1)H_0}\dfrac{Q_{y0}}{2h_{y0}}T_a$
7 阶	$e\dfrac{L_y f_y}{2\alpha_y g(H_0-2eh_{t0})}$	$e'\dfrac{L_t f_t}{2\alpha_t g(H_0-2eh_{t0})}$	—	$-\dfrac{[H_0+2e_{qh}(h_{y0}+h_{t0})](H_0-2eh_{t0})-2\dfrac{e_h}{e_y}e_{qy}h_{y0}H_0}{(H_0-2eh_{t0})(H_0+2e_{qh}h_{t0})(e_g+1)}\dfrac{Q_{y0}}{2h_{y0}}T_a$

水轮机调节系统模型阶数		调速器项
2 阶		—
3 阶		—
5 阶	频率调节	$-\left\{\left(1+b_t\dfrac{e_g-e_x}{e_y}\right)+\left[b_t\dfrac{(e_g-e_x)e_{qh}+e_h e_{qx}}{e_y}-e\right]\dfrac{2h_{y0}}{H_0}\right\}\dfrac{Q_{y0}}{2h_{y0}}T_d$
	功率调节	$-\left\{\left[1+b_t\dfrac{e_g-e_x}{e_y b_p(e_g+1)}\right]+\left[b_t\dfrac{(e_g-e_x)e_{qh}+e_h e_{qx}}{e_y b_p(e_g+1)}-e\right]\dfrac{2h_{y0}}{H_0}\right\}\dfrac{Q_{y0}}{2h_{y0}}T_d$
7 阶	频率调节	$-\dfrac{[H_0+2e_{qh}(h_{y0}+h_{t0})]\left\{\left(1+b_t\dfrac{e_g-e_x}{e_y}\right)H_0+2\left[b_t\dfrac{(e_g-e_x)e_{qh}+e_h e_{qx}}{e_y}-e\right]h_{t0}\right\}+2\dfrac{e_h}{e_y}(b_t e_{qx}-e_{qy})h_{y0}H_0}{(H_0-2eh_{t0})(H_0+2e_{qh}h_{t0})}\dfrac{Q_{y0}}{2h_{y0}}T_d$
	功率调节	$-\dfrac{[H_0+2e_{qh}(h_{y0}+h_{t0})]\left\{\left[1+b_t\dfrac{e_g-e_x}{e_y b_p(e_g+1)}\right]H_0+2\left[b_t\dfrac{(e_g-e_x)e_{qh}+e_h e_{qx}}{e_y b_p(e_g+1)}-e\right]h_{t0}\right\}+2\dfrac{e_h}{e_y}\left[\dfrac{b_t e_{qx}}{b_p(e_g+1)}-e_{qy}\right]h_{y0}H_0}{(H_0-2eh_{t0})(H_0+2e_{qh}h_{t0})}\cdot\dfrac{Q_{y0}}{2h_{y0}}T_d$

1. 引水隧洞项

频率调节模式和功率调节模式下临界稳定断面公式中的引水隧洞项相同。

四种水轮机调节系统模型都包含引水隧洞项，且此项即为托马公式，而水轮机综合特性系数 e 则起到了安全系数[6]的作用。当考虑压力管道水流惯性后可以发现，e 还以压力管道水头损失 h_{t0} 的放大系数的形式（eh_{t0}）来增大临界稳定断面。

2. 压力管道项

频率调节模式和功率调节模式下临界稳定断面公式中的压力管道项相同。

只有考虑了压力管道水流惯性才会使临界稳定断面公式中出现压力管道项。压力管道项的形式与引水隧洞项完全相同，且一般情况下有 $e>0$、$e'>0$，所以此项为正值，说明压力管道水流惯性在水轮机调节系统中起着正反馈、增大调压室临界稳定断面的作用。

3. 调速器项

只有基本方程中包含调速器方程才会使临界稳定断面公式中出现调速器项，并且 5 阶模型的调速器项是 7 阶模型的调速器项在 $h_{t0}=0$ 时的特例。频率调节模式和功率调节模式调速器项的区别与联系在于：将频率调节模式下调速器项中的 b_t 换成 $\dfrac{1}{b_p(e_g+1)}b_t$ 即是功率调节模式下的调速器项。下面先讨论频率调节模式 7 阶模型下的调速器项（即 F_{th3}）的取值问题。

首先讨论调速器项取值正负的问题。

对于一个水电站，在某一工况点下，H_0、h_{y0}、h_{t0} 及水轮机传递系数都是已知的，而 e_g、b_t、T_d 为未知量，为了分析调速器参数对此项的影响，将 b_t、T_d 选为自变量，e_g 选为因变量。令 $F_{th3}=0$，可得

$$e_g^*=\left\{-2e_he_{qx}\frac{[H_0+2e_{qh}(h_{y0}+h_{t0})]h_{t0}+H_0h_{y0}}{[H_0+2e_{qh}(h_{y0}+h_{t0})](H_0+2e_{qh}h_{t0})}+e_x\right\}$$
$$+\frac{2e_he_{qy}H_0h_{y0}-e_y[H_0+2e_{qh}(h_{y0}+h_{t0})](H_0-2eh_{t0})}{[H_0+2e_{qh}(h_{y0}+h_{t0})](H_0+2e_{qh}h_{t0})}\frac{1}{b_t}$$

当 $e_g>e_g^*$ 时，$F_{th3}<0$，当 $e_g<e_g^*$ 时，$F_{th3}>0$。

为了清楚地说明 e_g^* 的取值情况，下面以三个不同类型的水电站计算实例来进行分析，结果见表 4.2。

表 4.2 不同水电站 e_g^* 计算结果

水电站	H_0 /m	h_{y0} /m	h_{t0} /m	水轮机传递系数						e_g^*
				e_h	e_x	e_y	e_{qh}	e_{qx}	e_{qy}	
水电站一	288.00	12.924	2.911	1.493	−0.985	0.753	0.681	−0.308	0.869	$e_g^*=-0.938-0.62\frac{1}{b_t}$
水电站二	177.00	20.764	5.173	1.380	−0.936	0.573	0.672	−0.416	0.769	$e_g^*=-0.795-0.313\frac{1}{b_t}$
水电站三	95.00	2.151	1.354	1.453	−0.900	0.415	0.565	−0.132	0.682	$e_g^*=-0.886-0.345\frac{1}{b_t}$

因为b_t的取值一般为0～1，所以对于水电站一、二、三，有e_g^*远小于0。又因为$e_g>0$（一般$e_g\geqslant 1$），因此一般情况下$e_g>e_g^*$都能够满足，所以可知$F_{th3}<0$，即调速器项为负值，说明调速器在水轮机调节系统中起着负反馈、减小调压室临界稳定断面的作用。

然后讨论调速器项取值随b_t、T_d变化的问题。

F_{th1}、F_{th2}与b_t、T_d无关，所以$\frac{\partial F_{th}}{\partial b_t}=\frac{\partial F_{th3}}{\partial b_t}$、$\frac{\partial F_{th}}{\partial T_d}=\frac{\partial F_{th3}}{\partial T_d}$。$F_{th3}=F_{th3}(b_t,T_d)$，因为$F_{th3}$与$T_d$成正比，所以$\frac{\partial F_{th3}}{\partial T_d}=\frac{F_{th3}}{T_d}$，故$\frac{\partial F_{th3}}{\partial T_d}$与$F_{th3}$同号，都小于0，所以$F_{th3}$是$T_d$的单调递减函数，$F_{th3}$随着$T_d$的增大而减小，由此可知增大$T_d$可以减小调压室的临界稳定断面，即可以提高调节系统的稳定性。

同理：

$$\frac{\partial F_{th3}}{\partial b_t}=-\frac{[H_0+2e_{qh}(h_{y0}+h_{t0})](H_0+2eh_{t0})(e_g-e_x)+2e_he_{qx}\{[H_0+2e_{qh}(h_{y0}+h_{t0})]H_0h_{y0}\}}{(H_0-2eh_{t0})(H_0+2e_{qh}h_{t0})}\cdot\frac{Q_{y0}}{2h_{y0}}T_d$$

令$\frac{\partial F_{th3}}{\partial b_t}=0$，可得

$$e_g^{**}=-2e_he_{qx}\frac{[H_0+2e_{qh}(h_{y0}+h_{t0})]h_{t0}+H_0h_{y0}}{[H_0+2e_{qh}(h_{y0}+h_{t0})](H_0+2e_{qh}h_{t0})}+e_x$$

当$e_g>e_g^{**}$时，$\frac{\partial F_{th3}}{\partial b_t}<0$；当$e_g<e_g^{**}$时，$\frac{\partial F_{th3}}{\partial b_t}>0$。对比$e_g^*$、$e_g^{**}$的表达式可知后者是前者的常数项，且由表 4.2 可知，一般情况下e_g^{**}远小于0，所以$e_g>e_g^{**}$通常都能够满足，据此可知：增大b_t可以减小调压室的临界稳定断面，即可以提高调节系统的稳定性。

综合以上对调速器项的分析可知：调速器项的取值正负性及b_t、T_d对临界稳定断面

增减性的影响都存在e_g的临界值（e_g^*、e_g^{**}），在临界值两端变化规律相反，但此临界值只是数学意义上的存在，对于工程实际来讲并不会出现，所以调速器项取负值、增大b_t和T_d可以减小调压室临界稳定断面都是成立的。

对于功率调节模式 7 阶模型下的调速器项（即F'_{th3}），由其与频率调节模式 7 阶模型下的调速器项（即F_{th3}）的关系可知两者的e_g^{**}相同，功率调节的e_g^*也远小于 0，所以功率调节调速器项的取值的正负性及b_t、T_d对临界稳定断面增减性的影响与频率调节下的相同。

4. 机组惯性项

机组惯性项只出现在功率调节模式下的临界稳定断面公式中，并且只有基本方程中包含调速器方程才会使临界稳定断面公式中出现此项（因为变换后的功率调节调速器方程中包含T_a），并且 5 阶模型的机组惯性项是 7 阶模型的机组惯性项在$h_{t0}=0$时的特例。

分析机组惯性项的计算表达式可知：此项取值为负值，且与T_a成正比，说明机组惯性项在水轮机调节系统中起着负反馈、减小调压室临界稳定断面的作用，且增大T_a，负反馈作用就更加明显，水轮机调节系统的稳定性变好。

5. 7 阶模型临界稳定断面公式总结

由以上分析可知：同时不考虑压力管道水流惯性和调速器特性（2 阶模型）时得到的临界稳定断面公式即为托马公式；只考虑压力管道水流惯性而不考虑调速器特性（3 阶模型）时，会得到临界稳定断面为一有限值，但系统无条件不稳定的结论；只考虑调速器特性而不考虑压力管道水流惯性（5 阶模型）时，得出的临界稳定断面一定小于$e\dfrac{L_y f_y}{2\alpha_y g H_0}$，将其直接应用于工程显然是偏于危险的。所以，压力管道水流惯性和调速器特性必须同时考虑，由此时的 7 阶模型得到的临界稳定断面公式同时包含了系统中的正、负反馈（即不利、有利影响），是合理的。

4.2.3　实例验证

下面以某水电站为例验证 7 阶模型临界稳定断面公式的正确性。该水电站基本资料：三机一洞，设有上游调压室；水轮机额定出力为 118.56MW，额定转速为 272.7r/min，额定水头为 157m，最小水头为 141m，额定流量为 81.5m^3/s；引水隧洞长为 14537.01m，平均断面积为 52.84m^2，压力管道长为 720.25m，平均断面积为 31.73m^2。取理想水轮机特性系数：e_h=1.5，$e_x=-1$，e_y=1，e_{qh}=0.5，e_{qx}=0，e_{qy}=1。在b_t=0.3、T_d=6s、e_g=0 时频率调节临界稳定断面各项的取值分别为：F_{th}=320.781m^2，F_{th1}=345.364m^2，F_{th2}=19.133m^2，$F_{th3}=-43.716$ m^2。

在调压室面积分别取 320.781m^2、345.364m^{2}的情况下，数值计算机组额定出力运行突甩 10%额定出力工况的调压室水位波动过程，如图 4.1 所示。

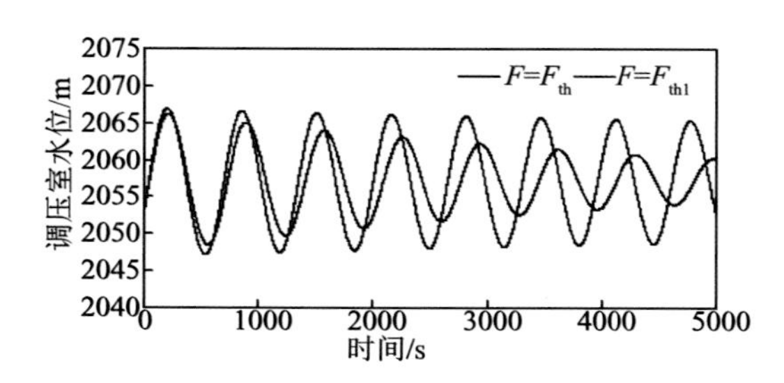

图 4.1 频率调节模式下调压室面积分别取 F_{th}、F_{th1} 时的调压室水位波动数值计算结果

分析图 4.1 可知：

（1）当调压室面积取 F_{th1}（345.364m^2）时，水位波动较快地衰减，说明此面积大于临界稳定断面。

（2）调压室面积取 F_{th}（320.781m^2）时，水位波动基本呈等幅振荡，说明此面积为临界稳定断面，7 阶模型临界稳定断面公式是正确的；另外此时波动有微弱衰减是因为公式推导中忽略调压室底部流速水头等因素而使引水隧洞项略微偏大。

4.3 考虑调节品质要求的调压室临界稳定断面

由 4.2.1 小节得到的频率调节临界稳定断面公式（4.8）可知临界稳定断面积随着 b_t、T_d 值的增大而减小，这实质上是因为随着 b_t、T_d 值的增大，水轮机调节系统的稳定性越来越好，故波动衰减所需的调压室断面越来越小。但从第 3 章的分析可知：增大 b_t、T_d 会使频率调节系统的调节时间增大，即会恶化频率调节系统的调节品质，所以对于频率调节系统而言，考虑调速器特性后的临界稳定断面实际上是以牺牲调节品质来换取稳定性。适当牺牲调节品质来满足稳定性是合理的，但是，因为系统有调节时间的限制，故 b_t、T_d 值不能无限制地增大，有一个上限值（b_t^*、T_d^*），称为满足调节品质要求的 b_t、T_d 值，当 $b_t \leqslant b_t^*$ 或 $T_d \leqslant T_d^*$ 时，系统能满足调节品质的要求，否则不能。将 b_t、T_d 取值的要求应用到频率调节临界稳定断面公式（4.8），便可提出考虑调节品质要求的调压室临界稳定断面的概念：

$$F_{th} = F_{th1} + F_{th2} + F_{th3},\ b_t \leqslant b_t^* \text{或} T_d \leqslant T_d^* \tag{4.10}$$

b_t^* 值的确定：通过系统的机组转速波动方程 $x = x(t)$ 根据频率波动带宽允许值 Δ 推求调节时间关于 b_t 的表达式 $T_p = f(b_t)$，再由调节时间限制值 $[T_p]$ 反求 b_t^* 值。由 $f(b_t) \leqslant [T_p]$ 得 $f(b_t^*) = [T_p]$，进而得 $b_t^* = f^{-1}[f(b_t^*)] = f^{-1}([T_p])$，其中 $T_p = f(b_t)$ 的求解可采用第 3 章的相关结果，f^{-1} 是 f 的反函数。T_d^* 值的确定与 b_t^* 类似。

需要说明的是，鉴于 $T_p = f(b_t)$ 表达式的复杂性，要解出 b_t^*、T_d^* 的显式表达式非常困难，所以上面只给出了求解思路而没给出具体结果。另外，对于功率调节系统，从第 3 章的分析可知：增大 b_t、T_d 会使其调节时间一定程度地减小，即会改善调节系统的调节品质，所以对于功率调节系统而言，就不存在考虑调节品质要求的调压室临界稳定断面的问题。

4.4 本章小结

本章通过对考虑调节品质要求的调压室临界稳定断面的研究，得到以下结论：

（1）临界稳定断面判据为描述调节系统动态特性的线性常系数齐次微分方程的一阶导数项系数大于零，临界稳定断面可由其在取等号时求出。

（2）压力管道水流惯性和调速器特性必须同时考虑。由同时考虑这两个因素的 7 阶模型得到的临界稳定断面公式同时包含了系统中的正、负反馈（即不利、有利影响），是合理的。相应的频率调节系统临界稳定断面由三项组成，即引水隧洞项、压力管道项、调速器项，功率调节系统临界稳定断面由四项组成，即引水隧洞项、压力管道项、调速器项、机组惯性项；其中两种调节模式下的引水隧洞项和压力管道项相同，且引水隧洞项即为托马公式，压力管道项为正值，起正反馈、增大调压室临界稳定断面的作用；调速器项为负值，起负反馈、减小调压室临界稳定断面的作用；机组惯性项为负值，起负反馈、减小调压室临界稳定断面的作用。

（3）b_t、T_d 对频率调节和功率调节临界稳定断面增减性的影响存在 e_g 的临界值（e_g^*、e_g^{**}），在临界值两端变化规律相反，但此临界值只是数学意义上的存在，对于工程实际不会出现，通常临界稳定断面是 b_t、T_d 的单调递减函数，所以增大 b_t、T_d 可以减小调压室临界稳定断面，即可以提高调节系统的稳定性。

（4）频率调节系统在考虑调速器特性后，临界稳定断面随着 b_t、T_d 的增大而减小，实际上是以牺牲调节品质来换取稳定性，但受系统调节时间的限制，b_t、T_d 的取值存在上限 b_t^*、T_d^*，在临界稳定断面的公式中限制 b_t、T_d 的取值范围（$b_t \leqslant b_t^*$ 或 $T_d \leqslant T_d^*$），就把调节品质的要求引入了临界稳定断面公式，此即为考虑调节品质要求的调压室临界稳定断面的概念。

参考文献

[1] JAEGER C. A review of surge-tank stability criteria.Journal of Basic Engineering, 1960, 82(4): 765-775.

[2] MOSONYI E, SETH H B S. The surge tank-a device for controlling water hammer.Water Power & Dam Construction, 1975, 27(2): 69-74.

[3] JAEGER C. Present trends in surge tank design.Proceedings of the Institution of Mechanical Engineers, 1954, 168(1): 91-124.

[4] 刘启钊, 彭守拙. 水电站调压室. 北京: 水利电力出版社, 1995.

[5] CALAME J, GADEN D.Theorie des Chambers d'equilibre.Paris: Gantur-Villars, 1926.

[6] 寿梅华. 有调压井的水轮机调节问题.水利水电技术, 1991(7): 28-35.

[7] 董兴林. 水电站调压井稳定断面问题的研究. 水利学报, 1980(4): 37-48.

[8] 李新新. 水轮机调节器特性对调压井稳定性的影响. 水利电力科技, 1993, 20(3): 46-55.

[9] 杨建东, 赖旭, 陈鉴治. 水轮机特性对调压室稳定面积的影响. 水利学报, 1998(2): 7-11.

[10] 郭文成,杨建东, 陈一明,等.考虑压力管道水流惯性和调速器特性的调压室临界稳定断面研究. 水力发电学报, 2014, 33(3): 171-178.

第 5 章　设调压室水轮机调节系统一次调频稳定性与动态响应

调压室水位波动反映了过渡过程中“引水隧洞-调压室”子系统的非恒定水流运动特性，通常具有周期长的特点。调压室的水位波动过程可以近似看作衰减的正弦波动，该波动通过压力管道将调压室的压力波传递到机组，对机组的出力和频率产生影响。同时，由于调压室水位波动属于低频振荡，受调速器的作用非常有限，故可认为调压室水位波动对于机组的作用是单向的。

基于以上分析，本章针对设调压室水电站，拟提出一种机组运行控制研究的新思路，即用一个给定的调压室水位正弦波动来描述引水隧洞与调压室的非恒定水流运动特性，引水隧洞与调压室的水力参数、动态特性反映在假定的调压室水位正弦波动的特征参数中，特征参数通过一系列严格的数学方法确定。采用调压室水位正弦波动的假定及其数学描述，开展水轮机调节系统一次调频工况下机组动态响应特性与暂态控制的研究。

稳定性与动态响应调节品质是动态系统特性的两个方面。其中，前者反映的是系统在一个状态点下的频域特性，可由系统的临界稳定状态来界定；后者反映的是系统在一个响应过程下的时域特性，可由系统的调节品质来衡量。调压室水位正弦波动的假定本质上属于时域内的响应过程，故对于本章研究的设调压室水轮机调节系统一次调频特性，稳定性的分析不需要在调压室水位正弦波动的假定下进行，而机组动态响应特性的分析需要借助此假定展开深入的理论研究。本章的研究从以下两个方面展开：

（1）5.1 节依据调节系统一次调频工况下的数学模型，进行系统稳定性分析，提出准确、定量衡量与评价系统稳定性的指标——一次调频稳定域与一次调频调压室临界稳定断面。

（2）5.2 节提出调压室水位正弦波动的假定，基于此假定，推导一次调频下机组出力响应的解析表达式，并根据一次调频动态响应的控制要求，提出一次调频域的概念，分析特性参数对系统一次调频域的影响。

5.1　设调压室水电站水轮机调节系统一次调频稳定性

电力系统运行的主要任务之一是控制电网频率在 50Hz 附近的一个允许范围内。电网频率偏离额定值 50Hz 的原因是能源侧（水电、火电、核电等）的供电功率与负荷侧的用电功率之间的平衡被破坏。负荷的用电功率经常在变化，因此，电网频率控制的实质是：根据电网频率偏离 50Hz 的方向和数值，实时在线地通过水电和火电发电机组的调节系统与电网 AGC 系统调节能源侧的供电功率，以适应负荷侧用电功率的变化，达到电网发电/用电功率的平衡，从而使电网频率恢复到 50Hz 附近的一个允许范围内。电网频率控制的手段有一次调频、二次调频、高频切机、自动低频减负载和机组低频自启动等，其中一次调频和二次调频与水轮机调节系统有着密切的关系。

通过水轮发电机组调节系统的自身负荷/频率静态和动态特性对电网的控制，称为一次调频。调速器的输入量是电网频率，一次调频由水轮机调速器的电网频率和机组功率的静态特性与调速器 PID 调节特性实现，以达到频率扰动下电网负荷供需的平衡[1]。当参与一次调频的机组接收到频率变化的信号之后，会自动进行调节来增/减自己的出力[2-3]。

对于水轮机调节系统一次调频的研究，前人多关注调速器控制策略的设计，且研究对象多为无调压室的水电站。魏守平[4]进行了无调压室水轮机调节系统一次调频运行及孤立电网运行动态特性的仿真分析，给出了一次调频运行的动态仿真曲线。Zhao 等[5]通过将最优负荷控制问题公式化，提出了电力系统一次调频普适连续快速响应负荷控制的系统化设计方法。Miao 等[6]提出了一次调频的协调控制策略。Bao 等[7]设计了一种混合分层需求响应控制策略以支撑一次调频运行，并详细讨论了参数的调试。Pourmousavi 等[8]提出了一种频率调节的综合中心需求响应算法，可以最小化可操作负荷的数量。Morel 等[9]提出了一种鲁棒控制方法，以加强变速机组的调节参与程度。但是，作为一个新的课题，设调压室水轮机调节系统一次调频稳定性尚无系统而深入的研究。

对于设调压室水电站，在一次调频运行工况下，水轮机调节系统的动态特性如何？如何定量衡量与评价调节系统在一次调频下的稳定性？影响因素对系统的稳定性有何作用？如何整定优化调速器参数即调压室断面积，以满足水电站安全稳定运行的要求？以上问题是设调压室水轮机调节系统一次调频稳定性研究必须要回答的，解决以上问题是本节的研究动机。

本节分析思路如下：首先，对于设调压室水电站，建立一次调频运行工况下水轮机调节系统的基本方程，推导开度调节模式与功率调节模式下系统的综合传递函数，并给出系统的稳定判据。然后，依据稳定判据分析系统的稳定性，提出一次调频稳定域的概念，分析影响参数对功率控制模式下系统稳定性的作用。最后，提出一次调频调压室临界稳定断面的概念，并推导解析公式，基于临界稳定断面的解析公式，提出调速器参数与调压室断面积的联合整定与优化方法。

5.1.1　数学模型

设调压室水电站引水发电系统与一次调频工况示意图如图 5.1 所示。对于本节研究的一次调频工况，机组频率阶跃扰动（即 x_s）为外界扰动，作为输入信号进入水轮机调节系统，然后调节系统的引水隧洞、调压室及压力管道中的水流、水轮机、发电机与调速器均进入暂态过程，水力参数与机械参数发生动态响应，其中机组出力动态响应（即 p_t）为最重要的参数，其动态响应过程为衡量一次调频稳定性与调节品质好坏的关键指标。

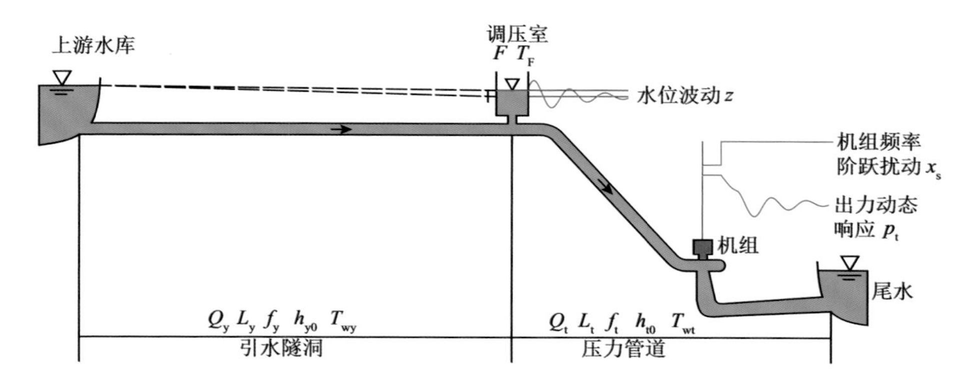

图 5.1 设调压室水电站引水发电系统与一次调频工况

1. 基本方程

一次调频工况下，水轮机调节系统（包括子系统：引水隧洞、调压室、压力管道、水轮机、发电机与调速器）的非恒定基本方程如下，其中调速器包含开度调节与功率调节两种调节模式。

引水隧洞动力方程：

$$z-\frac{2h_{\mathrm{y0}}}{H_0}q_{\mathrm{y}}=T_{\mathrm{wy0}}\frac{\mathrm{d}q_{\mathrm{y}}}{\mathrm{d}t} \tag{5.1}$$

调压室连续性方程：

$$q_{\mathrm{y}}=q_{\mathrm{t}}-T_{\mathrm{F}}\frac{\mathrm{d}z}{\mathrm{d}t} \tag{5.2}$$

压力管道动力方程：

$$h=-z-T_{\mathrm{wt0}}\frac{\mathrm{d}q_{\mathrm{t}}}{\mathrm{d}t}-\frac{2h_{\mathrm{t0}}}{H_0}q_{\mathrm{t}} \tag{5.3}$$

水轮机力矩方程、流量方程：

$$m_{\mathrm{t}}=e_h h+e_x x+e_y y \tag{5.4}$$

$$q_{\mathrm{t}}=e_{qh}h+e_{qx}x+e_{qy}y \tag{5.5}$$

发电机方程：

$$p_{\mathrm{t}}=m_{\mathrm{t}}+x \tag{5.6}$$

调速器方程：

开度调节模式：

$$\frac{\mathrm{d}y}{\mathrm{d}t}+b_{\mathrm{p}}K_{\mathrm{i}}y=-K_{\mathrm{p}}\frac{\mathrm{d}x}{\mathrm{d}t}-K_{\mathrm{i}}x \tag{5.7}$$

功率调节模式：

$$\frac{\mathrm{d}y}{\mathrm{d}t}+e_{\mathrm{p}}K_{\mathrm{i}}p_{\mathrm{t}}=-K_{\mathrm{p}}\frac{\mathrm{d}x}{\mathrm{d}t}-K_{\mathrm{i}}x \tag{5.8}$$

图 5.1、式（5.1）～式（5.8）及下文“注意”中：Q_{y} 为引水隧洞流量，$\mathrm{m^3/s}$；Q_{t} 为压力管道流量，即机组流量，$\mathrm{m^3/s}$；L_{y} 为引水隧洞长度，m；L_{t} 为压力管道长度，m；f_{y} 为引水隧洞断面积，$\mathrm{m^2}$；f_{t} 为压力管道断面积，$\mathrm{m^2}$；h_{y0} 为引水隧洞水头损失，m；h_{t0} 为压力管道水头损失，m；T_{wy} 为引水隧洞水流惯性时间常数，s；T_{wt} 为压力管道水流惯性时间常数，s；H 为水轮机工作水头，m；Z 为调压室水位变化（相对初始水位，向下为正），m；F 为调压室断面积，$\mathrm{m^2}$；T_{F} 为调压室时间常数，s；M_{t} 为动力矩，N·m；P_{t} 为机组出力动态响应，kW；n 为机组频率，Hz；Y 为导叶开度，mm；e_h、e_x、e_y 为水轮机力矩传递系数；e_{qh}、e_{qx}、e_{qy} 为水轮机流量传递系数；K_{p} 比例增益；K_{i} 为积分增益，$\mathrm{s^{-1}}$；b_{p} 为永态差值系数；e_{p} 为功率永态差值系数；g 为重力加速度，$\mathrm{m/s^2}$。

注意：

（1）$h=\frac{H-H_0}{H_0}$、$z=\frac{Z}{H_0}$、$q_{\mathrm{y}}=\frac{Q_{\mathrm{y}}-Q_{\mathrm{y0}}}{Q_{\mathrm{y0}}}$、$q_{\mathrm{t}}=\frac{Q_{\mathrm{t}}-Q_{\mathrm{t0}}}{Q_{\mathrm{t0}}}$、$x=\frac{n-n_0}{n_0}$、$y=\frac{Y-Y_0}{Y_0}$、$m_{\mathrm{t}}=\frac{M_{\mathrm{t}}-M_{\mathrm{t0}}}{M_{\mathrm{t0}}}$ 与 $p_{\mathrm{t}}=\frac{P_{\mathrm{t}}-P_{\mathrm{t0}}}{P_{\mathrm{t0}}}$ 为相应变量的偏差相对值，下标“0”表示初始值。

（2）$T_{\mathrm{wy0}}=\frac{L_{\mathrm{y}}Q_{\mathrm{y0}}}{gH_0f_{\mathrm{y}}}$、$T_{\mathrm{wt0}}=\frac{L_{\mathrm{t}}Q_{\mathrm{t0}}}{gH_0f_{\mathrm{t}}}$、$T_{\mathrm{F}}=\frac{FH_0}{Q_{\mathrm{y0}}}$、$Q_{\mathrm{y0}}=Q_{\mathrm{t0}}$。

（3）$e_h=\frac{\partial m_{\mathrm{t}}}{\partial h}$、$e_x=\frac{\partial m_{\mathrm{t}}}{\partial x}$、$e_y=\frac{\partial m_{\mathrm{t}}}{\partial y}$、$e_{qh}=\frac{\partial q_{\mathrm{t}}}{\partial h}$、$e_{qx}=\frac{\partial q_{\mathrm{t}}}{\partial x}$、$e_{qy}=\frac{\partial q_{\mathrm{t}}}{\partial y}$。

（4）一次调频工况下，机组频率阶跃扰动记为 x_{S}。

2. 综合传递函数

一次调频工况下，水轮机调节系统的输入量是机组频率的阶跃扰动（即 x_{S}），输出量为机组出力动态响应（即 p_{t}）。输入量与输出量间的关系可由综合传递函数来描述，综合传递函数表达了动态系统内在的固有特性。下面分别推导开度调节与功率调节两种调节模式下一次调频工况的系统综合传递函数。

1）开度调节模式

开度调节模式下水轮机调节系统的基本方程为式（5.1）～式（5.7），将式（5.1）～式（5.7）进行拉普拉斯变换，可得

$$z_{\mathrm{L}}(s)-\frac{2h_{\mathrm{y0}}}{H_0}q_{\mathrm{yL}}(s)=T_{\mathrm{wy0}}q_{\mathrm{yL}}(s)s \tag{5.9}$$

$$q_{\mathrm{yL}}(s)=q_{\mathrm{tL}}(s)-T_{\mathrm{F}}z_{\mathrm{L}}(s)s \tag{5.10}$$

$$h_{\mathrm{L}}(s)=-z_{\mathrm{L}}(s)-T_{\mathrm{wt0}}q_{\mathrm{tL}}(s)s-\frac{2h_{\mathrm{t0}}}{H_0}q_{\mathrm{tL}}(s) \tag{5.11}$$

$$m_{\mathrm{tL}}(s)=e_h h_{\mathrm{L}}(s)+e_x x_{\mathrm{L}}(s)+e_y y_{\mathrm{L}}(s) \tag{5.12}$$

$$q_{\mathrm{tL}}(s)=e_{qh}h_{\mathrm{L}}(s)+e_{qx}x_{\mathrm{L}}(s)+e_{qy}y_{\mathrm{L}}(s) \tag{5.13}$$

$$p_{\mathrm{tL}}(s)=m_{\mathrm{tL}}(s)+x_{\mathrm{L}}(s) \tag{5.14}$$

$$y_{\mathrm{L}}(s)s+b_{\mathrm{p}}K_{\mathrm{i}}y_{\mathrm{L}}(s)=-K_{\mathrm{p}}x_{\mathrm{L}}(s)s-K_{\mathrm{i}}x_{\mathrm{L}}(s) \tag{5.15}$$

式中：s 为拉普拉斯算子；$h_{\mathrm{L}}(s)$、$q_{\mathrm{yL}}(s)$、$q_{\mathrm{tL}}(s)$、$z_{\mathrm{L}}(s)$、$m_{\mathrm{tL}}(s)$、$p_{\mathrm{tL}}(s)$、$x_{\mathrm{L}}(s)$、$y_{\mathrm{L}}(s)$ 分别为时域变量 h、q_{y}、q_{t}、z、m_{t}、p_{t}、x、y 的频域形式。

联立式（5.9）～式（5.15），可得开度调节模式下系统的综合传递函数，为

$$\begin{aligned}G(s)&=\frac{p_{\mathrm{tL}}(s)}{x_{\mathrm{L}}(s)}\\&=\frac{\left\{(e_x+1)A_1+\left[e_{qh}(e_x+1)-e_h e_{qx}\right]A_2\right\}(s+b_{\mathrm{p}}K_{\mathrm{i}})+\left[-e_y A_1+(e_h e_{qy}-e_{qh}e_y)A_2\right](K_{\mathrm{p}}s+K_{\mathrm{i}})}{a_0 s^4+a_1 s^3+a_2 s^2+a_3 s+a_4}\end{aligned} \tag{5.16}$$

式中：$a_0=b_0$；$a_1=b_{\mathrm{p}}K_{\mathrm{i}}b_0+b_1$；$a_2=b_{\mathrm{p}}K_{\mathrm{i}}b_1+b_2$；$a_3=b_{\mathrm{p}}K_{\mathrm{i}}b_2+b_3$；$a_4=b_{\mathrm{p}}K_{\mathrm{i}}b_3$；$b_0=e_{qh}T_{\mathrm{wy0}}T_{\mathrm{wt0}}T_{\mathrm{F}}$；$b_1=\left[T_{\mathrm{wy0}}+e_{qh}\left(T_{\mathrm{wy0}}\frac{2h_{\mathrm{t0}}}{H_0}+T_{\mathrm{wt0}}\frac{2h_{\mathrm{y0}}}{H_0}\right)\right]T_{\mathrm{F}}$；$b_2=e_{qh}(T_{\mathrm{wy0}}+T_{\mathrm{wt0}})+\left(1+e_{qh}\frac{2h_{\mathrm{t0}}}{H_0}\right)\frac{2h_{\mathrm{y0}}}{H_0}T_{\mathrm{F}}$；$b_3=1+e_{qh}\frac{2(h_{\mathrm{y0}}+h_{\mathrm{t0}})}{H_0}$；$A_1=T_{\mathrm{wy0}}T_{\mathrm{F}}s^2+\frac{2h_{\mathrm{y0}}}{H_0}T_{\mathrm{F}}s+1$；$A_2=T_{\mathrm{wy0}}T_{\mathrm{wt0}}T_F s^3+\left(T_{\mathrm{wy0}}\frac{2h_{\mathrm{t0}}}{H_0}+T_{\mathrm{wt0}}\frac{2h_{\mathrm{y0}}}{H_0}\right)\cdot T_{\mathrm{F}}s^2+\left(T_{\mathrm{wy0}}+T_{\mathrm{wt0}}+\frac{2h_{\mathrm{y0}}}{H_0}\frac{2h_{\mathrm{t0}}}{H_0}T_{\mathrm{F}}\right)s+\frac{2(h_{\mathrm{y0}}+h_{\mathrm{t0}})}{H_0}$。

将式（5.16）变换为如下形式

$$\begin{aligned}&(a_0 s^4+a_1 s^3+a_2 s^2+a_3 s+a_4)p_{tL}(s)\\&=\Big(\left\{(e_x+1)A_1+\left[e_{qh}(e_x+1)-e_h e_{qx}\right]A_2\right\}(s+b_{\mathrm{p}}+K_{\mathrm{i}})\\&+\left[-e_y A_1+(e_h e_{qy}-e_{qh}e_y)A_2\right](K_p s+K_i)\Big)x_{\mathrm{L}}(s)\end{aligned} \tag{5.17}$$

由于稳定性是研究在输入扰动消失后系统恢复到初始平衡状态的性能，即考虑 $x_{\mathrm{L}}(s)=0$ 的情况，因此，对此系统的稳定性分析归结为对以下方程的研究：

$$(a_0 s^4+a_1 s^3+a_2 s^2+a_3 s+a_4)p_{\mathrm{tL}}(s)=0 \tag{5.18}$$

将式（5.18）进行拉普拉斯反变换，可得

$$a_0\frac{\mathrm{d}^4 p_\mathrm{t}}{\mathrm{d}t^4}+a_1\frac{\mathrm{d}^3 p_\mathrm{t}}{\mathrm{d}t^3}+a_2\frac{\mathrm{d}^2 p_\mathrm{t}}{\mathrm{d}t^2}+a_3\frac{\mathrm{d}p_\mathrm{t}}{\mathrm{d}t}+a_4 p_\mathrm{t}=0 \tag{5.19}$$

式（5.19）即为系统的自由振动方程，其特征方程为

$$a_0\lambda^4+a_1\lambda^3+a_2\lambda^2+a_3\lambda+a_4=0 \tag{5.20}$$

式中：λ 为特征方程的根。

2）功率调节模式

功率调节模式下水轮机调节系统的基本方程为式（5.1）～式（5.6）及式（5.8），式（5.1）～式（5.6）的拉普拉斯变换为式（5.9）～式（5.14），式（5.8）的拉普拉斯变换如下所示：

$$y_\mathrm{L}(s)s+e_\mathrm{p}K_\mathrm{i}p_\mathrm{tL}(s)=-K_\mathrm{p}x_\mathrm{L}(s)s-K_\mathrm{i}x_\mathrm{L}(s) \tag{5.21}$$

化简式（5.9）～式（5.14）及式（5.21），可得功率调节模式下系统的综合传递函数，为

$$G(s)=\frac{p_\mathrm{tL}(s)}{x_\mathrm{L}(s)}=\frac{\left\{(e_x+1)A_1+\left[e_{qh}(e_x+1)-e_h e_{qx}\right]A_2\right\}s+\left[-e_y A_1+(e_h e_{qy}-e_{qh}e_y)A_2\right](K_\mathrm{p}s+K_\mathrm{i})}{e_0 s^4+e_1 s^3+e_2 s^2+e_3 s+e_4} \tag{5.22}$$

式中：$e_0=b_0$；$e_1=e_y e_\mathrm{p}K_\mathrm{i}b_0+b_1+f_0$；$e_2=e_y e_\mathrm{p}K_\mathrm{i}b_1+b_2+f_1$；$e_3=e_y e_\mathrm{p}K_\mathrm{i}b_2+b_3+f_2$；$e_4=e_y e_\mathrm{p}K_\mathrm{i}b_3+f_3$；$f_0=-e_h e_{qy}e_\mathrm{p}K_\mathrm{i}T_\mathrm{wy0}T_\mathrm{wt0}T_\mathrm{F}$；$f_1=-e_h e_{qy}e_\mathrm{p}K_\mathrm{i}\left(T_\mathrm{wy0}\frac{2h_\mathrm{t0}}{H_0}+T_\mathrm{wt0}\frac{2h_\mathrm{y0}}{H_0}\right)T_\mathrm{F}$；$f_2=-e_h e_{qy}e_\mathrm{p}K_\mathrm{i}\left(T_\mathrm{wy0}+T_\mathrm{wt0}+\frac{2h_\mathrm{y0}}{H_0}\frac{2h_\mathrm{t0}}{H_0}T_\mathrm{F}\right)$；$f_3=-e_h e_{qy}e_\mathrm{p}K_\mathrm{i}\frac{2(h_\mathrm{y0}+h_\mathrm{t0})}{H_0}$。

类似开度调节模式，可以得到功率调节模式下系统的自由振动方程与特征方程：

$$e_0\frac{\mathrm{d}^4 p_\mathrm{t}}{\mathrm{d}t^4}+e_1\frac{\mathrm{d}^3 p_\mathrm{t}}{\mathrm{d}t^3}+e_2\frac{\mathrm{d}^2 p_\mathrm{t}}{\mathrm{d}t^2}+e_3\frac{\mathrm{d}p_\mathrm{t}}{\mathrm{d}t}+e_4 p_\mathrm{t}=0 \tag{5.23}$$

$$e_0\lambda^4+e_1\lambda^3+e_2\lambda^2+e_3\lambda+e_4=0 \tag{5.24}$$

3. 稳定判据

对于特征方程式（5.20）与式（5.24）表示的动态系统，其稳定性可由 Routh-Hurwitz 判据进行判断。首先对于开度调节模式，利用 Routh-Hurwitz 稳定判据可得系统稳定的充分必要条件如下：

$$a_i>0\quad(i=0,1,2,3,4) \tag{5.25}$$

$$\varDelta_3 = \begin{vmatrix} a_1 & a_0 & 0 \\ a_3 & a_2 & a_1 \\ 0 & a_4 & a_3 \end{vmatrix} = a_1a_2a_3 - a_1^2a_4 - a_0a_3^2 > 0 \tag{5.26}$$

当系统状态参数和调速器参数的取值使稳定判据式（5.25）、式（5.26）同时成立时，系统即是稳定的。

类似地，功率调节模式下系统稳定的充分必要条件如下：

$$e_i > 0 \quad (i=0,1,2,3,4) \tag{5.27}$$

$$\varDelta_3 = \begin{vmatrix} e_1 & e_0 & 0 \\ e_3 & e_2 & e_1 \\ 0 & e_4 & e_3 \end{vmatrix} = e_1e_2e_3 - e_1^2e_4 - e_0e_3^2 > 0 \tag{5.28}$$

5.1.2　调节系统稳定性分析

1. 一次调频稳定域

对于水轮机调节系统来说，一次调频工况下，当机组频率发生阶跃扰动 x_{S} 时，系统就会进入暂态过程。暂态过程中系统的各变量响应受调速器调节，在不同的系统状态参数和调速器参数下，系统处于不同的过渡状态，暂态过程亦表现出不同的动态特性。从稳定性的角度来看，系统的暂态过程可以分为稳定、临界稳定和不稳定三种，分别对应系统的状态变量的动态响应为衰减的、等幅振荡的和发散的。

实际应用中，调速器参数的优化是系统稳定运行与控制的关键，以调速器参数为坐标轴，在坐标平面内绘制系统稳定状态的区域，对于指导调速器参数的优化与取值、保证调节系统稳定运行及提高供电品质有重要意义。对于本节研究的一次调频工况，开度调节模式下选取调速器参数 b_{p} 与 K_{i} 为横纵坐标，功率调节模式下选取调速器参数 e_{p} 与 K_{i} 为横纵坐标，根据稳定判据[开度调节模式稳定判据式（5.25）、式（5.26）、功率调节模式稳定判据式(5.27）、式（5.28)] 可以在 b_{p} - K_{i} 平面或 e_{p} - K_{i} 平面内绘制系统达到稳定状态的区域，称为一次调频稳定域。

1）开度调节模式

对于开度调节模式，稳定判据为式(5.25)、式(5.26)。很容易判断出 $a_i > 0$（i=0,1,2,3,4）恒成立，对于 $\varDelta_3 = a_1a_2a_3 - a_1^2a_4 - a_0a_3^2$，由水轮机调节理论可知 $b_{\mathrm{p}} \to +\infty$ 且 $K_{\mathrm{i}} \to +\infty$ 为系统在 b_{p} - K_{i} 平面稳定性最差的点。在点 $S_{+\infty}(+\infty,+\infty)$ 处，有 $b_{\mathrm{p}}K_{\mathrm{i}} \to (+\infty)^2$。下面首先判断该点处开度调节模式下系统的稳定性。将 $\varDelta_3$ 改写为 $\varDelta_3 = a_1(a_2a_3 - a_1a_4) - a_0a_3^2$，其中 $a_2a_3 - a_1a_4 = (b_{\mathrm{p}}K_{\mathrm{i}})^2(b_1b_2 - b_0b_3) + b_{\mathrm{p}}K_{\mathrm{i}}b_2^2 + b_2b_3$，由于 b_0、b_1、b_2、b_3 均恒大于 0，且容易证明出 $b_1b_2 - b_0b_3$ 也恒大于 0，故可知当 $b_{\mathrm{p}}K_{\mathrm{i}} \to (+\infty)^2$ 时，$a_2a_3 - a_1a_4 \to (+\infty)^4$，进而有 $a_1(a_2a_3 - a_1a_4) \to (+\infty)^6$，而 $a_0a_3^2 \to (+\infty)^4$，故可知当 $b_{\mathrm{p}}K_{\mathrm{i}} \to (+\infty)^2$ 时，$\varDelta_3 = a_1(a_2a_3 - a_1a_4) -$

$a_0a_3^2>0$ 恒成立。又由于 $b_{\mathrm{p}}\to+\infty$ 且 $K_{\mathrm{i}}\to+\infty$ 为系统稳定性最差的点，在此点系统是稳定的，故在其他点系统也必然是稳定的。所以可以得出：对于开度调节模式，一次调频工况下水轮机调节系统在 b_{p} - K_{i} 平面内是恒稳定的。相应的稳定域如图 5.2 所示。

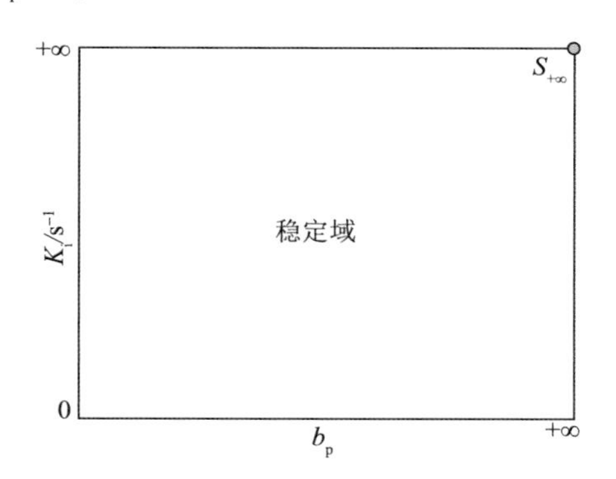

图 5.2　开度控制模式下水轮机调节系统一次调频稳定域

选取某设调压室水电站为算例。该水电站基本资料如下：H_0=45.45m、Q_0=97.70m^3/s、T_{wy0}=42.80s、T_{wt0}=2.66s、h_{y0}=3.80m、h_{t0}=0.79m、F=100m^2、K_{p}=5 及 g=9.81m/s^2。水轮机传递系数取理想值：e_h=1.5、e_x=−1、e_y=1、e_{qh}=0.5、e_{qx}=0 及 e_{qy}=1。运行工况为：机组带 80%额定负荷正常运行，在 t=50s 时发生频率阶跃扰动，频率扰动为从额定频率 50Hz 突降至 49.8Hz，即 x_{S}=−0.004。

通过计算可以发现对于 b_{p} - K_{i} 平面内的所有点，均有 $a_i>0$（i=0,1,2,3,4）、$\varDelta_3$= $a_1a_2a_3-a_1^2a_4-a_0a_3^2>0$，验证了前面论证的正确性。

2）功率调节模式

对于功率调节模式，则无法通过上述方法证明系统是恒稳定的。同样选取开度调节模式提供的水电站为算例，首先绘制稳定判据式 $e_i=0$（i=0，1，2，3，4）与 $\varDelta_3=e_1e_2e_3-e_1^2e_4-e_0e_3^2=0$ 成立时的曲线，称为稳定判别线，如图 5.3（b）所示，由此可以说明：对于功率调节模式，一次调频工况下水轮机调节系统在 e_{p} - K_{i} 平面内是有条件稳定的。故下面重点对功率调节模式下系统的稳定性进行研究与分析。利用图 5.3（b）分析系统的稳定域，同时，为了展现不同调压室面积下稳定判别线的位置及相对位置关系的变化，也给出 F 分别取 50m^2、200m^2、400m^2 的计算结果，如图 5.3（a）、（c）、（d）所示。

从图 5.3 可知：

（1）调节系统一次调频稳定判别线共包含四条平滑的曲线，其中 $e_i=0$ 包含两条曲线（$e_1=0$ 与 $e_3=0$），而 $e_i>0$（i=0,2,4）恒成立，$\varDelta_3$=0 包含两条曲线，分别记为$(\varDelta_3=0)_1$ 与 $(\varDelta_3=0)_2$。$e_1=0$ 与 $e_3=0$ 分布在 $(\varDelta_3=0)_1$ 与 $(\varDelta_3=0)_2$ 所包含的区域内部，且 $e_1=0$ 靠近 $(\varDelta_3=0)_1$，而 $e_3=0$ 靠近 $(\varDelta_3=0)_2$。当调压室面积逐渐增大时，$e_1=0$ 与 $(\varDelta_3=0)_1$ 间的间隔越来越小，而 $e_3=0$ 与 $(\varDelta_3=0)_2$ 间的间隔越来越大，但 $e_1=0$ 与 $(\varDelta_3=0)_1$、$e_3=0$ 与 $(\varDelta_3=0)_2$ 间的相对位置关系保持不变。

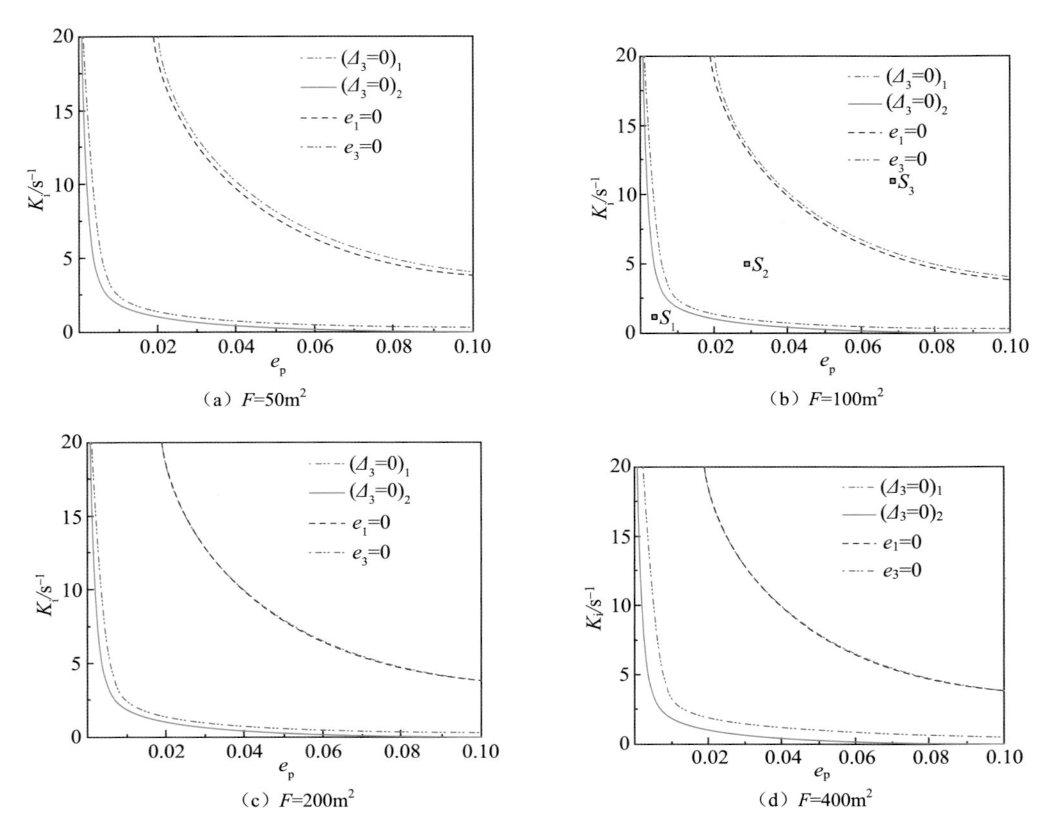

(a) F=50m²　(b) F=100m²　(c) F=200m²　(d) F=400m²

图 5.3　功率调节模式下水轮机调节系统一次调频稳定判别线

（2）以 $F=100\text{m}^2$ 为例，在 e_p-K_i 平面内选取三个状态点—— S_1、S_2 与 S_3，如图 5.3（b）和表 5.1 所示，分别计算系统处于这三个状态时 e_1、e_3 与 $\varDelta_3$ 的取值，结果如表 5.1 所示。对于 e_1，S_1、S_2 状态参数下 $e_1>0$，S_3 状态参数下 $e_1<0$，由此可知 $e_1>0$ 成立的区域位于曲线 $e_1=0$ 的左下角；对于 e_3，S_1 状态参数下 $e_1>0$，S_2、S_3 状态参数下 $e_1<0$，由此可知 $e_3>0$ 成立的区域也位于曲线 $e_3=0$ 的左下角；对于 $\varDelta_3$，S_1、S_3 状态参数下 $\varDelta_3>0$，S_2 状态参数下 $\varDelta_3<0$，由此可知 $\varDelta_3>0$ 成立的区域位于曲线 $(\varDelta_3=0)_1$ 的右上角及 $(\varDelta_3=0)_2$ 的左下角。

表 5.1　F=100m² 时 S_1、S_2 与 S_3 状态点下 e_1、e_3 与 $\varDelta_3$ 取值

状态点：数值	e_1	e_3	$\varDelta_3$
S_1:e_p=0.01,K_i=1 s^{-1}	1983.0	0.7215	38283
S_2:e_p=0.03,K_i=5 s^{-1}	1241.6	−4.5917	−2040800
S_3:e_p=0.07,K_i=10 s^{-1}	−1671.3	−25.4651	54666000

（3）综合以上关于 $e_1=0$、$e_3=0$、$(\varDelta_3=0)_1$ 与 $(\varDelta_3=0)_2$ 的相对位置的分析，以及 S_1、S_2 与 S_3 状态下 e_1、e_3 和 $\varDelta_3$ 的取值的计算结果，可以得到在 e_p-K_i 平面内使稳定判据式（5.27）、式（5.28）同时成立的区域为 $(\varDelta_3=0)_2$ 的左下角的区域，该区域即为调节系统一

次调频稳定域，如图 5.4 所示。相应地，$(\varDelta_3=0)_2$ 为稳定临界线，$(\varDelta_3=0)_2$ 右上角的区域为不稳定域。同样以 $F=100\text{m}^2$ 为例，对于系统的综合传递函数式（5.22）及频率阶跃扰动的拉普拉斯变换 $x_\text{L}(s)=x_\text{S}/s$，在 MATLAB 环境中，利用 residue（·）函数[10]可以解出 S_1、S_2 与 S_3 状态下机组出力动态响应 p_t 的变化过程，结果如图 5.5 所示。由图 5.5 可知 S_1 状态下机组出力动态响应 p_t 的变化过程是衰减的，而 S_2 与 S_3 状态下机组出力动态响应 p_t 的变化过程均是发散的，这一现象与稳定域的分布是一致的，从侧面验证了以上分析的正确性。

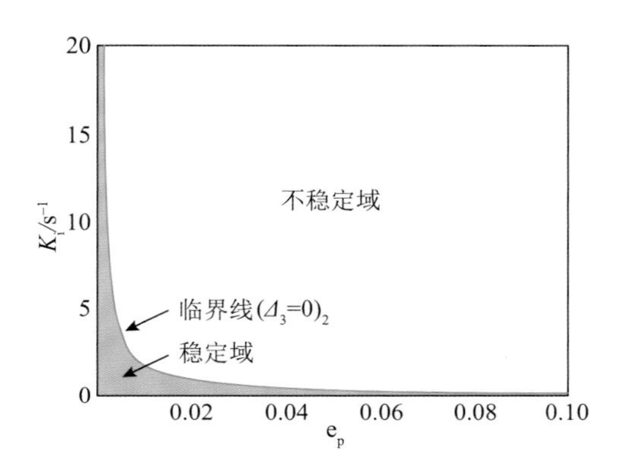

图 5.4　功率调节模式下水轮机调节系统一次调频稳定域、临界线与不稳定域

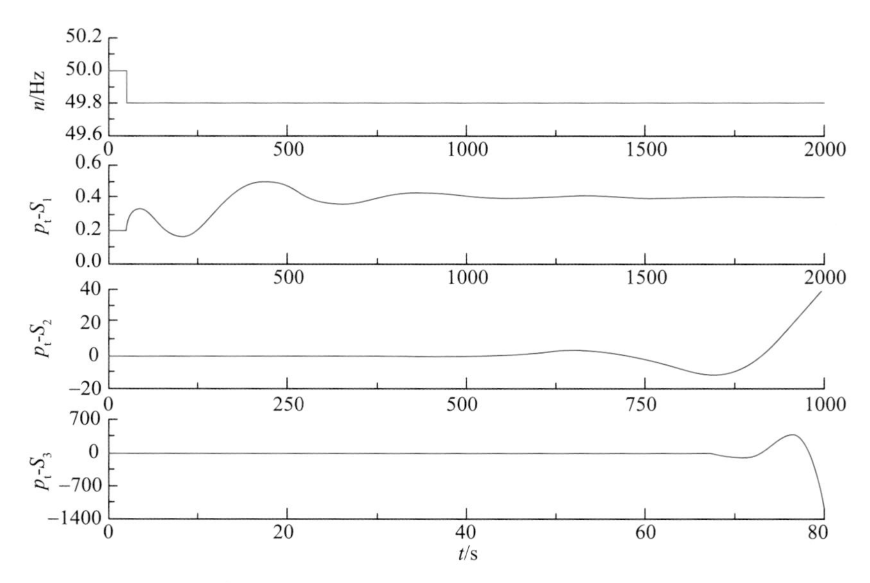

图 5.5　F=100m^2 时 S_1、S_2 与 S_3 状态点下机组出力动态响应 p_t 的变化过程

在水电站的设计和运行过程中，对于一次调频工况，可以利用图 5.4 的方法，首先绘制出系统的稳定域，然后在选取调速器参数时，使 (e_p, K_i) 点落在稳定域内，即可保证系统在一次调频工况下的出力响应是稳定的。需要指出的是，由以上的分析可知，一次调频工况系统的稳定域与 K_P 无关，说明 K_P 对系统的稳定性没有影响，K_P 取不同的值不

会改变系统的稳定状态，但是K_p的取值会影响系统动态响应的调节品质，故K_p的优化不能通过稳定域的绘制来实现，只能通过一次调频的动态响应调节品质的控制要求进行优化。

2. 稳定域影响因素分析

由 5.1.2 小节第一部分可知：

（1）对于开度调节模式，一次调频工况下水轮机调节系统在b_p - K_i平面内是恒稳定的。

（2）对于功率调节模式，一次调频工况下水轮机调节系统在e_p - K_i平面内是有条件稳定的。

功率调节模式下，调节系统在不同的状态参数和系统参数下可能是稳定的也可能是不稳定的。鉴于稳定特性的复杂性，本节详细讨论影响因素对于功率调节模式下水轮机调节系统一次调频稳定性的作用。

稳定域体现了调节系统在调速器参数e_p - K_i平面内的稳定状态，借助稳定域可以方便地进行调速器参数的整定与优化。同时，稳定域对于水轮机调节系统管道系统参数的优化也具有重要意义。对于影响水电站设计运行的重要管道系统参数，即H_0、h_{t0}、T_{wt0}及F，分析它们在不同取值情况下的系统稳定域的大小及相互间的差异，可以揭示出各个参数对系统稳定性作用的方向与大小，从而提供基于稳定性的参数取值的依据，指导水电站管道系统的设计。本节进行该方面的分析，以 5.1.2 小节第一部分的水电站为例，分别绘制H_0、h_{t0}、T_{wt0}及F取不同值时系统的稳定域，同时给出系统出力的动态响应过程辅助分析，结果如图 5.6 所示。其中，参数的默认取值为：H_0=45.45m、h_{t0}=0.79m、T_{wt0}=2.66s、F=100m^2，其他参数的取值同一次调频稳定域。图 5.6 中各参数的取值均在合理变化范围内。

由图 5.6 可知：

（1）总体而言，H_0、h_{t0}、T_{wt0}及F在正常合理的范围内变化时，系统的稳定域仅发生较小幅度的变化，说明对于水轮机调节系统的一次调频工况，功率调节模式下系统

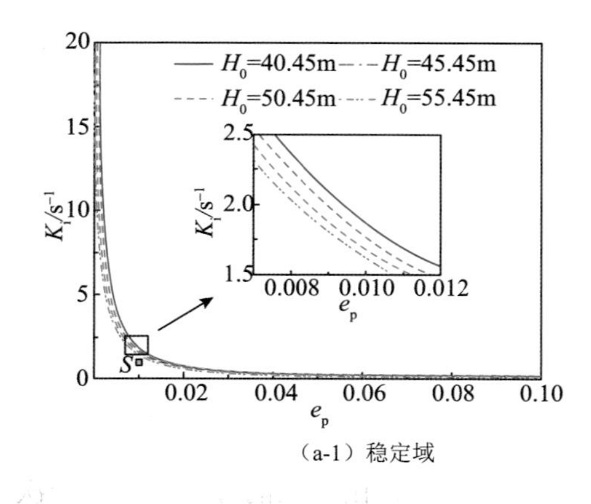

（a-1）稳定域

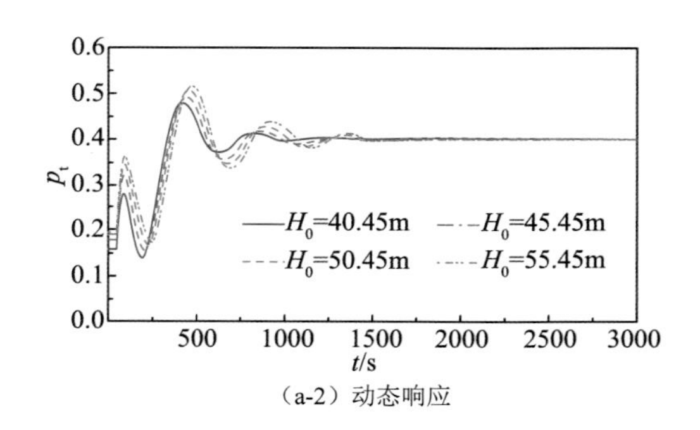

（a-2）动态响应

（a）H_0

图 5.6　H_0、h_{t0}、T_{wt0}及F对功率调节模式下系统稳定性的影响

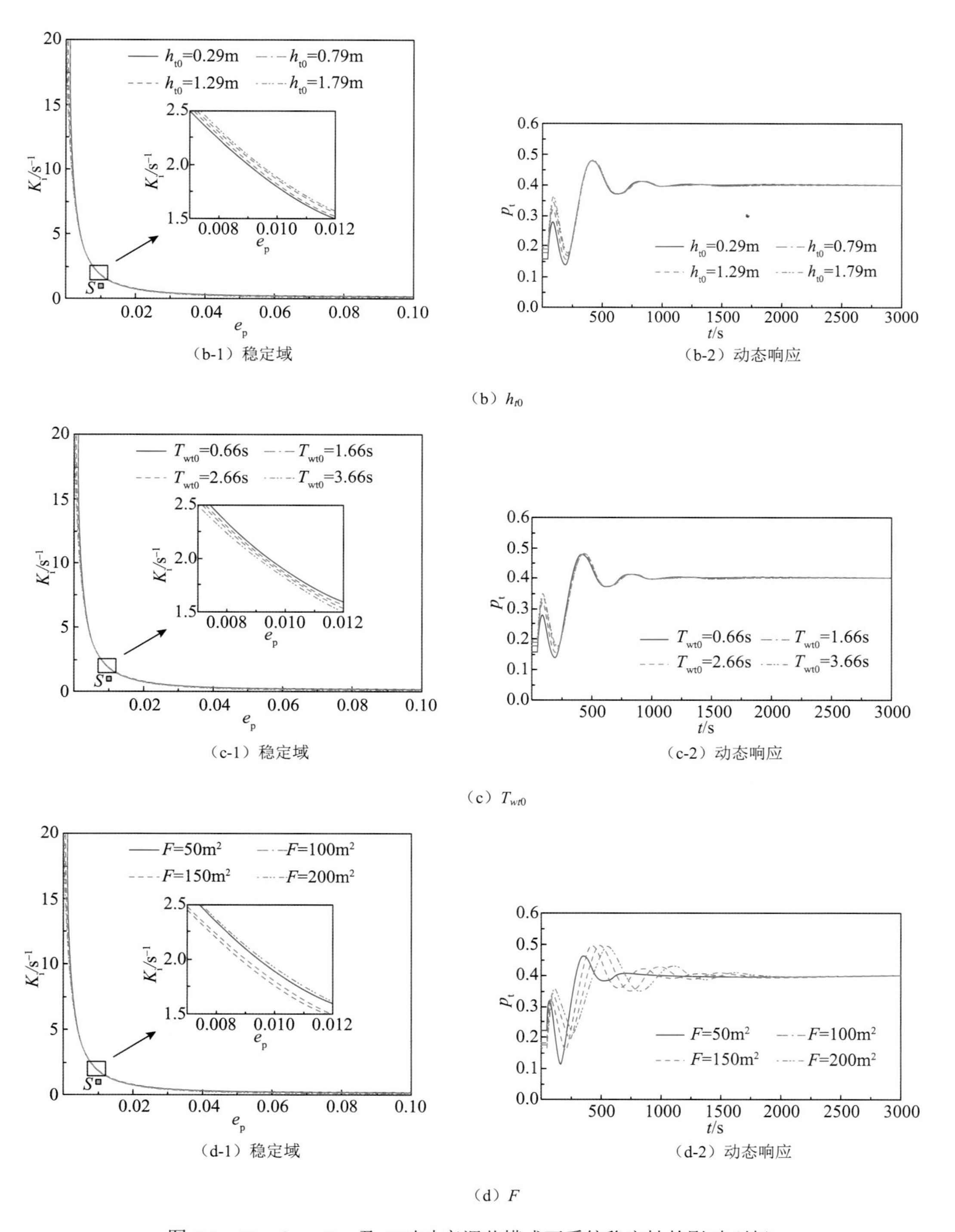

（b）h_{t0}

（c）T_{wt0}

（d）F

图 5.6　H_0、h_{t0}、T_{wt0} 及 F 对功率调节模式下系统稳定性的影响（续）

稳定域的鲁棒性较好；相应地，系统出力的动态响应过程也无较大程度的变化，同样保持了较好的鲁棒性。对于稳定域，H_0、h_{t0}、T_{wt0} 及 F 在变化时，临界线的变化主要体现在 e_p 与 K_i 同时较小的区间，而在 e_p 较大或 K_i 较大的区间，临界线几乎重合，说明 H_0、

h_{t0}、T_{wt0}及F变化时，e_p与K_i同时较小的区间上的稳定域变化比e_p较大或K_i较大的区间上的稳定域变化更为敏感。对于出力的动态响应，H_0、h_{t0}、T_{wt0}及F在变化时，不同的动态响应曲线的差别主要体现在初始阶段，包括初值、振幅、衰减率和相位等，但是经过几个周期的振荡后，出力最终会稳定在同一个值，这是因为系统动态响应的过程主要取决于系统自身的结构参数（如H_0、h_{t0}、T_{wt0}及F），而动态响应的稳定值主要取决于系统受到的外界扰动（即x_S）。

（2）对于p_t的动态响应过程，在频率阶跃扰动$x_L(s)=\dfrac{x_S}{s}$下由 MATLAB 环境中的 residue(·)函数对$p_{tL}(s)=G(s)x_L(s)$进行求解，可以得到输出信号p_t的部分展开式，由部分展开式即可绘制p_t的动态响应过程。以H_0=45.45m、h_{t0}=0.79m、T_{wt0}=2.66s 及F=100m^{2}取值为例，其部分展开式的部分分式系数和特征值如表 5.2 所示。

表 5.2　H_0=45.45m、h_{t0}=0.79m、T_{wt0}=2.66s 及 F=100m^2 下 p_t 部分展开式的部分分式系数和特征值

部分分式系数	特征值
− 0.0453	− 0.7234
− 0.5562	− 0.0178
0.0812 + 0.1918i	− 0.0038 + 0.0148i
0.0812 − 0.1918i	− 0.0038 − 0.0148i
0.399	0

由表 5.2 可得p_t的解析响应表达式为（以频率扰动发生的时刻为 0 时刻）

$$p_t = p_{t\text{-}1} + p_{t\text{-}2} + p_{t\text{-}3} + p_{t\text{-}4} \tag{5.29}$$

式中：$p_{t\text{-}1}=-0.0453e^{-0.7234t}$；$p_{t\text{-}2}=-0.5562e^{-0.0178t}$；$p_{t\text{-}3}=-2\sqrt{0.0812^2+0.1918^2}e^{-0.0038t}$ $\sin[0.0148t+\arctan(-0.1918/0.0812)]$；$p_{t\text{-}4}=0.399$。

$p_{t\text{-}1}$、$p_{t\text{-}2}$、$p_{t\text{-}3}$、$p_{t\text{-}4}$与p_t间的关系如图 5.7 所示。

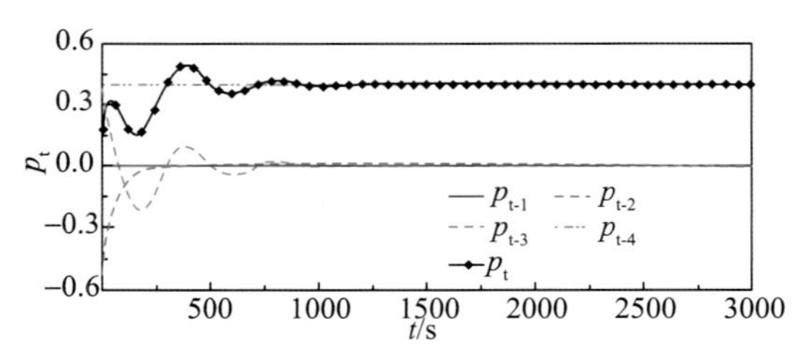

图 5.7　$p_{t\text{-}1}$、$p_{t\text{-}2}$、$p_{t\text{-}3}$、$p_{t\text{-}4}$与p_t间的关系

结合式（5.29）与图 5.7 可知：p_t由四个子波动$p_{t\text{-}1}$、$p_{t\text{-}2}$、$p_{t\text{-}3}$与$p_{t\text{-}4}$叠加而成，其中$p_{t\text{-}1}$与$p_{t\text{-}2}$为指数衰减波动，$p_{t\text{-}3}$为正弦衰减波动，$p_{t\text{-}4}$为常数项。$p_{t\text{-}1}$、$p_{t\text{-}2}$与$p_{t\text{-}3}$经过几个周期的波动后会趋于 0，最后p_t稳定在$p_{t\text{-}4}$。对暂态过程特性影响较大的为$p_{t\text{-}2}$与$p_{t\text{-}3}$，对于$p_{t\text{-}3}$，其周期性波动的周期为$T_{t\text{-}3}=\dfrac{2\pi}{0.0148}=424.54\text{s}$，而调压室水位波动的理

论周期为 $T_{ST}=2\pi\sqrt{\dfrac{L_yF}{gf_y}}=419.23s$，由 $T_{t-3}\approx T_{ST}$ 可知 p_{t-3} 是调压室水位波动作用在机组引起的出力的波动，而 p_{t-2} 只能是压力管道的水流在调速器的调节下作用在机组引起的出力波动。

（3）对于 H_0、h_{t0}、T_{wt0}，随着 H_0 的减小、h_{t0} 的增大及 T_{wt0} 的减小，系统的稳定域在逐渐增大，稳定性逐渐变好。H_0 对 p_{t-2} 与 p_{t-3} 均有较明显的影响，随着 H_0 的减小，p_{t-2} 与 p_{t-3} 的衰减均有较大程度的增大，使 p_t 的波动过程幅度更小，衰减更快；h_{t0} 与 T_{wt0} 仅对 p_{t-2} 的波动有较明显的影响，而对 p_{t-3} 影响较小，随着 h_{t0} 的增大及 T_{wt0} 的减小，p_{t-2} 的衰减均有较大程度的增大。

（4）对于 F，当 F 单调变化时，稳定域大小的变化并不是单调的。在图 5.6（d-1）中，$F=100m^2$ 时的系统稳定域是最小的，$F=200m^2$ 时的系统稳定域是最大的，而 $F=50m^2$ 时的系统稳定域大于 $F=100m^2$ 与 $F=150m^2$ 的情形，仅略小于 $F=200m^2$ 的情形。对于 p_t 的动态响应过程，F 的变化主要影响 p_{t-3}，对 p_{t-2} 影响较小，并且 $F=50m^2$ 时 p_{t-3} 的衰减是最快的。这说明 F 对系统的稳定性有着极为复杂的影响，同时考虑到 F 是调压室设计中最为重要的水力参数，其取值对水电站的设计运行影响重大，故下节专门对临界稳定断面的问题进行研究。

5.1.3　一次调频调压室临界稳定断面

对于开度调节模式，一次调频工况下水轮机调节系统在 b_p-K_i 平面内是恒稳定的。系统不存在一个临界稳定状态，调压室面积可以取任何值。

对于功率调节模式，一次调频工况下水轮机调节系统在 e_p-K_i 平面内是有条件稳定的。不同的调压室面积下，系统可以是稳定的也可以是不稳定的。由 5.1.2 小节的系统稳定性分析结果可知，对于一次调频工况，其在功率调节模式下系统稳定的稳定判据为 $\varDelta_3>0$，相应地，系统的临界稳定控制条件为 $\varDelta_3=0$，该等式称为临界稳定判据。由 5.1.1 小节的推导可知 $\varDelta_3$ 的表达式中包含调压室断面积 F，故由 $\varDelta_3=0$ 导出的 F 的表达式即为一次调频工况在功率调节模式下使系统达到临界稳定的调压室断面积，本节称为一次调频调压室临界稳定断面，记为 F_{PFR}。临界稳定断面是调压室断面取值的重要参考，为了保证一次调频工况下调压室水位波动及出力响应波动的稳定，调压室面积的实际取值应以临界稳定断面为依据。下面首先推导 F_{PFR} 的解析表达式。

对于 $\varDelta_3=e_1e_2e_3-e_1^2e_4-e_0e_3^2=0$，以调压室断面积 F 为自变量，首先将 e_i（i=0,1,2,3,4）转换为 F 的函数的形式，即

$$\begin{cases}e_0=g_0F\\e_1=g_1F\\e_2=g_2+g_3F\\e_3=g_4+g_5F\\e_4=g_6\end{cases}\tag{5.30}$$

式中：$g_0 = e_{qh}T_{\mathrm{wy0}}T_{\mathrm{wt0}}\dfrac{H_0}{Q_{\mathrm{y0}}}$；$g_1 = \left\{\left[1+e_y e_{\mathrm{p}}K_{\mathrm{i}}\left(e_{qh}-\dfrac{e_h e_{qy}}{e_y}\right)T_{\mathrm{wt0}}\right]T_{\mathrm{wy0}}+e_{qh}\left(T_{\mathrm{wy0}}\dfrac{2h_{\mathrm{t0}}}{H_0}+T_{\mathrm{wt0}}\dfrac{2h_{\mathrm{y0}}}{H_0}\right)\right\}\dfrac{H_0}{Q_{\mathrm{y0}}}$；

$g_2 = e_{qh}(T_{\mathrm{wy0}}+T_{\mathrm{wt0}})$；

$g_3 = \left\{e_y e_{\mathrm{p}}K_{\mathrm{i}}\left[T_{\mathrm{wy0}}+\left(e_{qh}-\dfrac{e_h e_{qy}}{e_y}\right)\left(T_{\mathrm{wy0}}\dfrac{2h_{\mathrm{t0}}}{H_0}+T_{\mathrm{wt0}}\dfrac{2h_{\mathrm{y0}}}{H_0}\right)\right]+\left(1+e_{qh}\dfrac{2h_{\mathrm{t0}}}{H_0}\right)\dfrac{2h_{\mathrm{y0}}}{H_0}\right\}\dfrac{H_0}{Q_{\mathrm{y0}}}$；

$g_4 = 1+e_{qh}\dfrac{2(h_{\mathrm{y0}}+h_{\mathrm{t0}})}{H_0}+e_y e_{\mathrm{p}}K_{\mathrm{i}}\left(e_{qh}-\dfrac{e_h e_{qy}}{e_y}\right)(T_{\mathrm{wy0}}+T_{\mathrm{wt0}})$；

$g_5 = e_y e_{\mathrm{p}}K_{\mathrm{i}}\left[1+\left(e_{qh}-\dfrac{e_h e_{qy}}{e_y}\right)\dfrac{2h_{\mathrm{t0}}}{H_0}\right]\dfrac{2h_{\mathrm{y0}}}{H_0}\dfrac{H_0}{Q_{\mathrm{y0}}}$；$g_6 = e_y e_{\mathrm{p}}K_{\mathrm{i}}\left[1+\left(e_{qh}-\dfrac{e_h e_{qy}}{e_y}\right)\dfrac{2(h_{\mathrm{y0}}+h_{\mathrm{t0}})}{H_0}\right]$。

将式（5.30）代入$\varDelta_3=e_1e_2e_3-e_1^2e_4-e_0e_3^2=0$，整理可得

$$l_0F^2+l_1F+l_2=0 \tag{5.31}$$

式中：$l_0=g_1g_3g_5-g_0g_5^2$；$l_1=g_1g_2g_5+g_1g_3g_4-g_1^2g_6-2g_0g_4g_5$；$l_2=g_1g_2g_4-g_0g_4^2$。

从式（5.31）可以解出一次调频调压室临界稳定断面公式为

$$F_{\mathrm{PFR\text{-}1}}=\frac{-l_1+\sqrt{l_1^2-4l_0l_2}}{2l_0} \tag{5.32}$$

$$F_{\mathrm{PFR\text{-}2}}=\frac{-l_1-\sqrt{l_1^2-4l_0l_2}}{2l_0} \tag{5.33}$$

对于$F_{\mathrm{PFR\text{-}1}}$与$F_{\mathrm{PFR\text{-}2}}$，首先以5.1.2节中的水电站为例，根据式（5.32）、式（5.33）分别计算$F_{\mathrm{PFR\text{-}1}}$与$F_{\mathrm{PFR\text{-}2}}$在$e_{\mathrm{p}}$-$K_{\mathrm{i}}$平面内的取值，结果如图5.8所示（实际应用中，只有$F_{\mathrm{PFR\text{-}1}}$与$F_{\mathrm{PFR\text{-}2}}$为正实解才有意义，故图5.8给出的是全部正实解）。

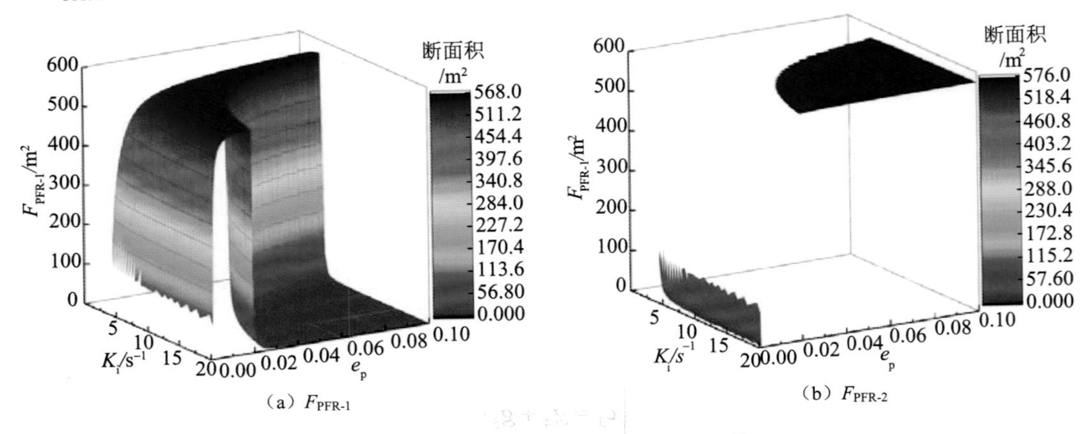

（a）$F_{\mathrm{PFR\text{-}1}}$　　（b）$F_{\mathrm{PFR\text{-}2}}$

图5.8　e_{p}-K_{i}平面内$F_{\mathrm{PFR\text{-}1}}$与$F_{\mathrm{PFR\text{-}2}}$取值

由图 5.8 可知：

F_{PFR-1} 与 F_{PFR-2} 的取值分布有很大差异。对于 F_{PFR-1}，在 e_p-K_i 平面的左侧区域（e_p 较小的区域），F_{PFR-1} 的取值较小，在 100m^2 左右；随着 e_p 与 K_i 的增大，F_{PFR-1} 的取值也迅速增大，达到 500～600m^2，紧接着继续增大 e_p 与 K_i，F_{PFR-1} 几乎保持不变，但 e_p 与 K_i 增大到一定值后，F_{PFR-1} 则迅速减小；在 e_p-K_i 平面的右上角区域（e_p 与 K_i 均较大的区域），F_{PFR-1} 减小到 10m^2 以内并几乎保持不变。对于 F_{PFR-2}，其取值则集中在两个孤立的区域，第一个区域为 e_p-K_i 平面的左侧区域（e_p 较小的区域），F_{PFR-2} 的取值在 100m^2 以内，并对 e_p 的变化很敏感；第二个区域为 e_p-K_i 平面的右上角区域（e_p 与 K_i 均较大的区域），F_{PFR-2} 的取值为 500～600m^2，且对 e_p 与 K_i 的变化很不敏感。为了更深入地分析 F_{PFR-1} 与 F_{PFR-2} 取值间的关系，在图 5.8 中选不同的 K_i 值（4s^{-1}、8s^{-1}、12s^{-1}、16s^{-1}）截取切面，并将 F_{PFR-1} 与 F_{PFR-2} 绘于一个图中，结果如图 5.9 所示。

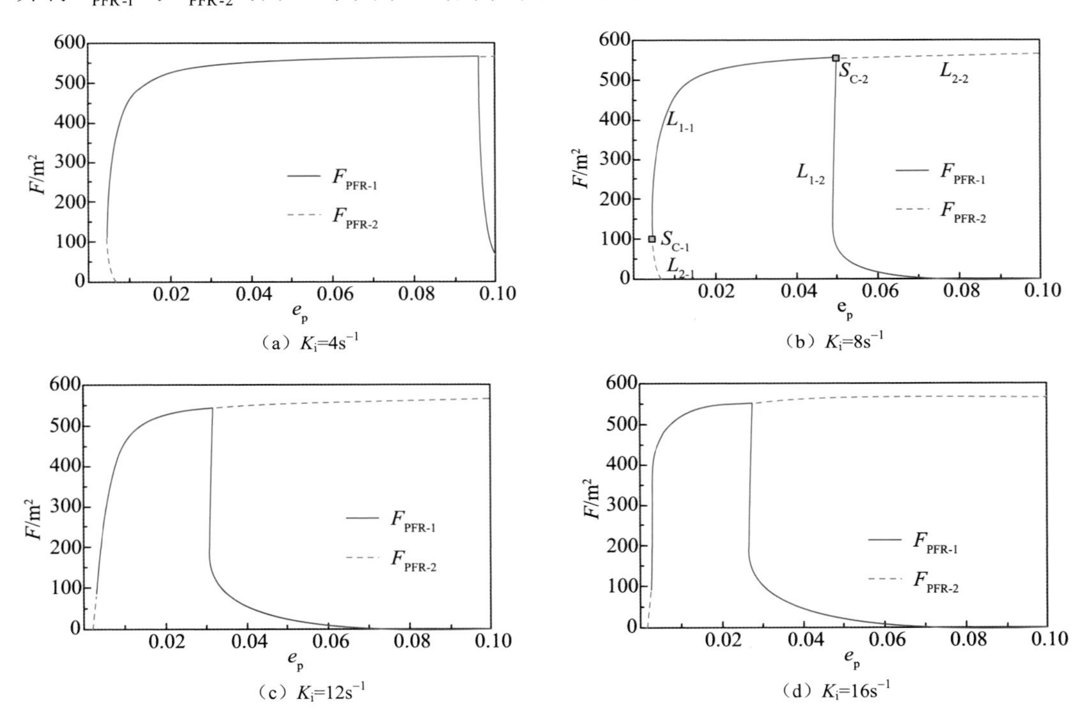

（a）K_i=4s^{-1}　（b）K_i=8s^{-1}　（c）K_i=12s^{-1}　（d）K_i=16s^{-1}

图 5.9　不同 K_i 值下 F_{PFR-1} 与 F_{PFR-2} 取值随 e_p 的变化

由图 5.9 可知：

（1）F_{PFR-1} 与 F_{PFR-2} 各由两条平滑的曲线组成。以图 5.9（b）为例，对于 F_{PFR-1}，两条平滑的曲线分别记为 L_{1-1}、L_{1-2}；对于 F_{PFR-2}，两条平滑的曲线分别记为 L_{2-1}、L_{2-2}；L_{1-1}、L_{2-1}、L_{2-2} 首尾平滑相连。同时，L_{1-1} 与 L_{2-1} 相交，交点记为 S_{C-1}，且 S_{C-1} 为 L_{1-1} 与 L_{2-1} 的最左端，当 e_p 取值位于 S_{C-1} 的右侧时，一个 e_p 同时对应一个 F_{PFR-1} 与一个 F_{PFR-2}；L_{1-2} 与 L_{2-2} 相交，交点记为 S_{C-2}，与 S_{C-1} 类似，S_{C-2} 为 L_{1-2} 与 L_{2-2} 的最左端，当 e_p 取值位于 S_{C-2} 的右侧时，一个 e_p 同时对应一个 F_{PFR-1} 与一个 F_{PFR-2}。随着 K_i 的增大，S_{C-1}、S_{C-2} 均逐渐向 e_p 小

的一侧移动。

（2）$S_{\text{C-1}}$、$S_{\text{C-2}}$为$F_{\text{PFR-1}}$与$F_{\text{PFR-2}}$曲线的交点，即对于一个K_{i}，$F_{\text{PFR-1}}=F_{\text{PFR-2}}$成立时的$e_{\text{p}}$值即为$S_{\text{C-1}}$、$S_{\text{C-2}}$的横坐标，相应的$F_{\text{PFR-1}}$与$F_{\text{PFR-2}}$即为$S_{\text{C-1}}$、$S_{\text{C-2}}$的纵坐标。对于式（5.32）、式（5.33），当$l_1^2-4l_0l_2=0$时可得$F_{\text{PFR-1}}=F_{\text{PFR-2}}$。当给定一个$K_{\text{i}}$时，很容易从$l_1^2-4l_0l_2=0$中解出相应的$e_{\text{p}}$，对应$S_{\text{C-1}}$、$S_{\text{C-2}}$的横坐标，分别记为$e_{\text{p-C-1}}$、$e_{\text{p-C-2}}$，即

$$e_{\text{p-C-1}}=\min\left\{e_{\text{p}}(K_{\text{i}})\Big|_{l_1^2-4l_0l_2=0}\right\} \tag{5.34}$$

$$e_{\text{p-C-2}}=\max\left\{e_{\text{p}}(K_{\text{i}})\Big|_{l_1^2-4l_0l_2=0}\right\} \tag{5.35}$$

相应的$S_{\text{C-1}}$、$S_{\text{C-2}}$的纵坐标分别为

$$F_{\text{C-1}}=\frac{-l_1}{2l_0}(e_{\text{p-C-1}},K_{\text{i}}) \tag{5.36}$$

$$F_{\text{C-2}}=\frac{-l_1}{2l_0}(e_{\text{p-C-2}},K_{\text{i}}) \tag{5.37}$$

（3）以$K_{\text{i}}=8\text{s}^{-1}$[图 5.9（b）]为例，首先分别在$L_{1\text{-}1}$、$L_{1\text{-}2}$、$L_{2\text{-}1}$、$L_{2\text{-}2}$上各取一个点，分别记为$S_{1\text{-}1}$、$S_{1\text{-}2}$、$S_{2\text{-}1}$、$S_{2\text{-}2}$，其中$S_{1\text{-}1}$与$S_{2\text{-}1}$的横坐标相同，$S_{1\text{-}2}$与$S_{2\text{-}2}$的横坐标相同；然后，在同一横坐标下，分别在$S_{1\text{-}1}$与$S_{2\text{-}1}$的中间和两侧各取一个点，分别记为$S_{A\text{-}1}$、$S_{B\text{-}1}$、$S_{C\text{-}1}$，同样，在同一横坐标下，分别在$S_{1\text{-}2}$与$S_{2\text{-}2}$的中间和两侧各取一个点，分别记为$S_{A\text{-}2}$、$S_{B\text{-}2}$、$S_{C\text{-}2}$。以上 10 个点的坐标值如表 5.3 所示，相应的 10 个点对应的系统稳定判别式的取值也如表 5.3 所示。

表 5.3　所取 10 个点下系统稳定判据式取值

状态点：数值	e_0	e_1	e_2	e_3	e_4	Δ_3
$S_{1\text{-}1}$:e_{p}=0.002209,$F_{\text{PFR-1}}$=121.17m^2	3208.8	2353.7	73.0287	0.4584	0.0141	0
$S_{2\text{-}1}$:e_{p}=0.002209,$F_{\text{PFR-2}}$=100m^2	2648.1	1942.4	64.2400	0.4303	0.0141	0
$S_{A\text{-}1}$:e_{p}=0.002209,F=110m^2	2912.9	2136.7	68.3910	0.4436	0.0141	−130.9179
$S_{B\text{-}1}$:e_{p}=0.002209,F=130m^2	3442.5	2525.1	76.6931	0.4701	0.0141	366.7314
$S_{C\text{-}1}$:e_{p}=0.002209,F=90m^2	2383.3	1748.2	60.0890	0.4171	0.0141	298.8088
$S_{1\text{-}2}$:e_{p}=0.049165,$F_{\text{PFR-1}}$=100m^2	2648.1	−47.1008	778.4051	−13.8261	0.3139	0
$S_{2\text{-}2}$:e_{p}=0.049165,$F_{\text{PFR-2}}$=567.51m^2	15028	−267.3009	4311.2	−0.0195	0.3139	0
$S_{A\text{-}2}$:e_{p}=0.049165,F=300m^2	7944.3	−141.3025	2289.8	−7.9196	0.3139	2057800
$S_{B\text{-}2}$:e_{p}=0.049165,F=600m^2	15889	−282.6049	4556.8	0.9401	0.3139	−1249700
$S_{C\text{-}2}$:e_{p}=0.049165,F=70m^2	1853.7	−32.9706	551.7026	−14.7121	0.3139	−133950

由表 5.3 可知：

（1）对于$S_{1\text{-}1}$、$S_{2\text{-}1}$，在满足$\Delta_3=0$的同时可使$e_i>0$（i=0,1,2,3,4）成立；对于$S_{A\text{-}1}$、$S_{B\text{-}1}$、$S_{C\text{-}1}$，均能保持$e_i>0$（i=0,1,2,3,4）成立，且对于$S_{1\text{-}1}$、$S_{2\text{-}1}$中间的$S_{A\text{-}1}$有$\Delta_3<0$，而$S_{1\text{-}1}$、$S_{2\text{-}1}$两侧的$S_{B\text{-}1}$、$S_{C\text{-}1}$有$\Delta_3>0$。以上结果说明对于系统来说，$S_{1\text{-}1}$、$S_{2\text{-}1}$是真正的

临界稳定点，对应的 $F_{PFR\text{-}1}$ 与 $F_{PFR\text{-}2}$ 是真正的临界稳定断面。

（2）对于 $S_{1\text{-}2}$、$S_{2\text{-}2}$，在满足 $\varDelta_3=0$ 的同时却出现 $e_1<0$、$e_3<0$ 的情况；对于 $S_{A\text{-}2}$、$S_{B\text{-}2}$、$S_{C\text{-}2}$，始终有 $e_1<0$。说明系统在这种情况下，始终是不稳定的，$S_{1\text{-}2}$、$S_{2\text{-}2}$ 不是真正的临界稳定点，对应的 $F_{PFR\text{-}1}$ 与 $F_{PFR\text{-}2}$ 也不是真正的临界稳定断面。

（3）综合以上两点的分析，可以对系统的临界稳定断面做出如下判断（对于任意一个 K_i）：①当 $e_p>e_{p\text{-}C\text{-}2}$ 时，系统是恒不稳定的，不存在调压室临界稳定断面。②当 $e_{p\text{-}C\text{-}1}\leqslant e_p\leqslant e_{p\text{-}C\text{-}2}$ 时，系统是有条件稳定的，调压室临界稳定断面分别为由式（5.32）、式（5.33）确定的 $F_{PFR\text{-}1}$ 与 $F_{PFR\text{-}2}$。当 $F_{PFR\text{-}2}<F<F_{PFR\text{-}1}$ 时，系统是不稳定的；当 $F>F_{PFR\text{-}1}$ 或 $F<F_{PFR\text{-}2}$ 时，系统是稳定的。③当 $0<e_p<e_{p\text{-}C\text{-}1}$ 时，系统是恒稳定的。

以上判断的示意如图 5.10 所示。

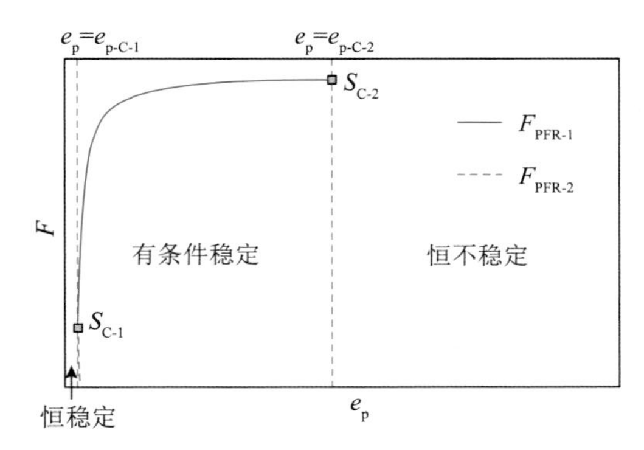

图 5.10　调节系统稳定状态与调压室临界稳定断面分布

应用分析：在实际应用中，可以利用以上结论进行一次调频工况功率调节模式下水轮机调节系统的调速器参数（e_p、K_i）与调压室面积（F）的综合优化和整定。

（1）K_i 越小，系统的恒稳定区越大，恒不稳定区越小，相同的 e_p 对应的调压室临界稳定断面越小，故 K_i 宜取偏小值。

（2）对于一个初步选定的 K_i，利用式（5.34）、式（5.35）计算出 $e_{p\text{-}C\text{-}1}$ 与 $e_{p\text{-}C\text{-}2}$，确定恒稳定区、有条件稳定区、恒不稳定区的位置。根据实际情况将 e_p 选择在恒稳定区、有条件稳定区。

（3）如果 e_p 能够选择在恒稳定区，则可以确定在所研究的一次调频工况功率调节模式下水轮机调节系统的调压室面积（F）可以取任意值；如果 e_p 选择在有条件稳定区，可先由式(5.32)、式(5.33)分别计算 $F_{PFR\text{-}1}$ 与 $F_{PFR\text{-}2}$，则调压室面积可取的范围为 $F>F_{PFR\text{-}1}$ 或 $F<F_{PFR-2}$。

5.2　设调压室水电站水轮机调节系统一次调频动态响应

本节基于调压室水位正弦波动的假定分析设调压室水电站水轮机调节系统一次调频动态响应与暂态控制。首先，根据水电站的运行控制要求，明确水轮机调节系统一次调频动态响应的技术指标。然后，进行一次调频动态响应的解析求解，具体来说：建立设调压室水电站水轮机调节系统一次调频工况下的基本方程，提出调压室水位波动的正弦波假定及其数学描述，基于正弦波假定推导一次调频下机组出力响应的解析表达式，并进行数值验证与出力波动特性的分析。最后，根据机组出力动态响应的解析表达式及一次调频响应品质要求，提出基于出力响应控制的一次调频域的概念，分析水轮机调节系统特征参数对一次调频动态响应品质的影响，阐明各参数的作用与取值依据。

5.2.1 一次调频动态响应控制技术指标

电网一次调频对水轮机调节系统的主要技术要求如下。

根据中国国家电力调度通信中心的相关要求[11]，当机组在80%的额定负荷状态下运行时，对于持续60s的频率阶跃变化，负荷响应需满足一系列要求，其中最为关键的一点为：所有机组一次调频的功率调整幅度应在15s内达到静态计算值的90%。而欧洲输电调度中心协会（European Network of Transmission System Operators for Electricity ENTSO-E）的相关规范[12]规定：频率波动后的机组一次调频动作应在数秒内立即响应，应在15s之前达到50%的总调整量，而机组的调整量在50%～100%的时间则最多不超过30s。两套规范之间有一定的差异，但无论针对哪种规范，机组功率响应的调节时间都是考查的重点指标。本节研究选定的一次调频动态响应品质控制指标为：机组出力快速地响应目标功率，在15s内达到90%目标功率，即$t_{0.9} \leqslant 15\text{s}$或$\Delta P_{t=15\text{s}} \geqslant 0.9\Delta P$，如图5.11所示。

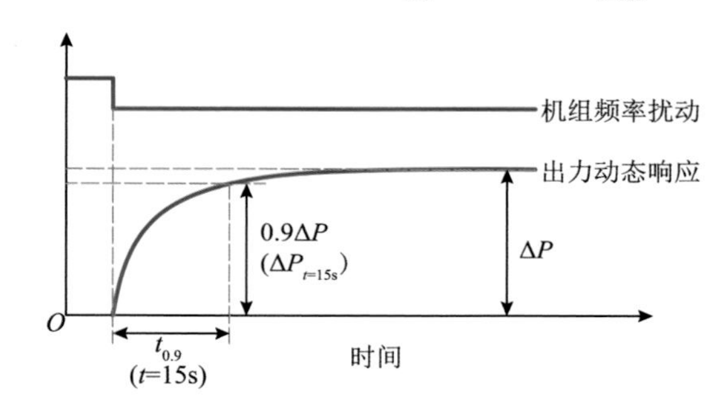

图 5.11 一次调频动态响应品质控制指标

ΔP为功率调整幅度的静态计算值；$\Delta P_{t=15\text{s}}$为15s时的功率调整幅度；$t_{0.9}$为功率调整幅度达到静态计算值的90%所用的时间

5.2.2 一次调频动态响应的解析求解

设调压室水电站引水发电系统与调压室水位正弦波示意图如图5.12所示。对于本节研究的一次调频工况，机组频率的变化（即x_{S}）为外界扰动，作为输入信号进入水轮机调节系统，然后调节系统的引水隧洞、调压室及压力管道中的水流、水轮机、发电机与调速器均进入暂态过程，水力参数与机械参数发生动态响应，其中机组的出力响应（即p_{t}）为最重要的参数，其动态响应过程为衡量一次调频调节品质好坏的关键指标。

解析方法可以清楚地揭示动态系统的物理本质。对于一次调频工况，借助出力动态响应过程的解析表达式，可以清楚地揭示动态响应的波动特性，分析不同因素的影响机

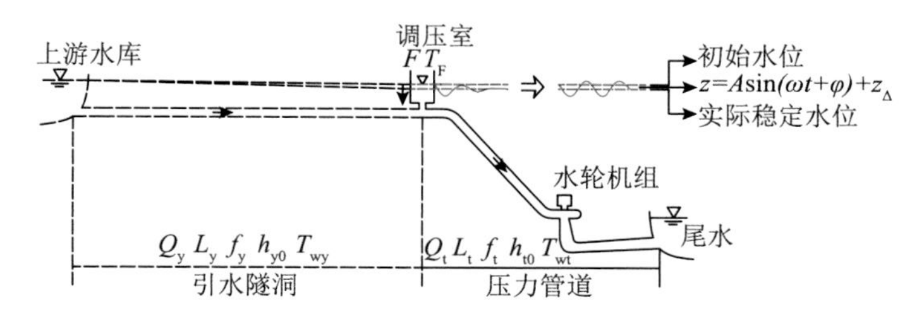

图 5.12　设调压室水电站引水发电系统与调压室水位正弦波

理，并结合一次调频的控制目标与要求，有针对性地进行系统参数的优化与整定。

本节的目的在于确定一次调频工况下机组出力动态响应的解析表达式。为此，首先建立水轮机调节系统（包括子系统：引水隧洞、调压室、压力管道、水轮机、发电机与调速器）的非恒定基本方程；然后提出调压室水位波动的正弦波假定，据此进行水轮机调节系统的简化建模，利用简化模型推导出力动态响应的解析表达式，并进行数值验证；最后对解析表达式进行系统全面的分析，揭示系统各个子环节与参数的作用机理。

1. 基本方程

一次调频工况下，水轮机调节系统（包括子系统：引水隧洞、调压室、压力管道、水轮机、发电机与调速器）的基本方程同 5.1.1 小节，其中本节调速器采用最常用的开度调节模式。

2. 调压室水位波动的正弦波假定

外界扰动下，调压室水位产生波动。对于无阻尼的水轮机调节系统，调压室水位波动的形式为正弦波。实际的水轮机调节系统，管道系统存在一定的阻尼，调压室水位波动逐渐衰减，最后稳定在终态水位，即为阻尼振荡。

对于调压室水位波动，其周期通常较大，在 100s 量级，且衰减随着引水隧洞水流惯性的增大而逐渐减慢。而对于本节研究的一次调频动态响应问题，核心在于出力的快速响应，在 15s 内达到目标出力的 90%。故调压室水位波动对于出力响应调节品质的影响，仅在开始的 15s 波动过程有作用，这一过程相对于调压室的波动周期来说较短，且这一过程中调压室水位波动的衰减也非常有限。故本节从简化一次调频工况水轮机调节系统基本方程的角度出发，首先设定调压室水位波动为正弦波的形式，即用一个给定的调压室水位正弦波动来描述引水隧洞与调压室的非恒定水流运动特性，引水隧洞与调压室的水力参数、动态特性反映在假定的调压室水位正弦波动的特征参数中，然后用调压室水位正弦波动取代引水隧洞动力方程与调压室连续性方程，即式（5.1）、式（5.2），并联合其他方程，即式（5.3）～式（5.7），实现水轮机调节系统的简化建模，最后由简化模型推导出力响应的解析表达式。

根据以上论述，假定的调压室水位波动方程有如下形式：

$$z = A\sin(\omega t + \varphi) + z_{\Delta} \tag{5.38}$$

式中：z 由两项组成，即 $A\sin(\omega t + \varphi)$ 和 z_{Δ}。其中，$A\sin(\omega t + \varphi)$ 表示正弦形式的水位波

动，对应无阻尼的调节系统，描述了水位波动的中间过程，即机组频率阶跃扰动下水体势能与动能的相互转换，A、ω、φ分别为正弦波动的周期、角频率、初相位；z_{Δ}为水位波动的稳态值，对应有阻尼的调节系统，描述了调压室因阻尼而引起的稳态水位偏差。

下面从水轮机调节系统的基本方程［式（5.1）～式（5.7）］出发，确定式（5.38）中各个待定参数的表达式。

1）z_{Δ}的确定

对于式（5.1）～式（5.7）表示的有阻尼的调节系统，$t=+\infty$情况下整个系统进入新的恒定状态，此时有

$$\left.\frac{\mathrm{d}q_{\mathrm{y}}}{\mathrm{d}t}\right|_{t=+\infty}=\left.\frac{\mathrm{d}q_{\mathrm{t}}}{\mathrm{d}t}\right|_{t=+\infty}=\left.\frac{\mathrm{d}z}{\mathrm{d}t}\right|_{t=+\infty}=\left.\frac{\mathrm{d}x}{\mathrm{d}t}\right|_{t=+\infty}=\left.\frac{\mathrm{d}y}{\mathrm{d}t}\right|_{t=+\infty}=0 \tag{5.39}$$

将式（5.39）代入式（5.1）、式（5.2），可得$z|_{t=+\infty}=\frac{2h_{\mathrm{y}0}}{H_0}q_{\mathrm{y}}\big|_{t=+\infty}$、$q_{\mathrm{y}}\big|_{t=+\infty}=q_{\mathrm{t}}\big|_{t=+\infty}$，再结合式（5.3）可得$h|_{t=+\infty}=-\frac{2(h_{\mathrm{y}0}+h_{\mathrm{t}0})}{H_0}q_{\mathrm{t}}\big|_{t=+\infty}$。同样，将式（5.39）代入式（5.7），可得

$$y|_{t=+\infty}=-\frac{1}{b_{\mathrm{p}}}x|_{t=+\infty}。$$

将$h|_{t=+\infty}=-\frac{2(h_{\mathrm{y}0}+h_{\mathrm{t}0})}{H_0}q_{\mathrm{t}}\big|_{t=+\infty}$、$y|_{t=+\infty}=-\frac{1}{b_{\mathrm{p}}}x|_{t=+\infty}$代入式（5.5），整理可得

$q_{\mathrm{t}}\big|_{t=+\infty}=\dfrac{e_{qx}-\dfrac{e_{qy}}{b_{\mathrm{p}}}}{1+\dfrac{2e_{qh}(h_{\mathrm{y}0}+h_{\mathrm{t}0})}{H_0}}x|_{t=+\infty}$，再联合$z|_{t=+\infty}=\frac{2h_{\mathrm{y}0}}{H_0}q_{\mathrm{y}}\big|_{t=+\infty}$、$q_{\mathrm{y}}\big|_{t=+\infty}=q_{\mathrm{t}}\big|_{t=+\infty}$，

得$z|_{t=+\infty}=\dfrac{\dfrac{2h_{\mathrm{y}0}}{H_0}\left(e_{qx}-\dfrac{e_{qy}}{b_{\mathrm{p}}}\right)}{1+\dfrac{2e_{qh}(h_{\mathrm{y}0}+h_{\mathrm{t}0})}{H_0}}x|_{t=+\infty}$。

频率阶跃扰动$x_{\mathrm{S}}=x|_{t=+\infty}$下，有$z_{\Delta}=z|_{t=+\infty}$，因此

$$z_{\Delta}=\frac{\dfrac{2h_{\mathrm{y}0}}{H_0}\left(e_{qx}-\dfrac{e_{qy}}{b_{\mathrm{p}}}\right)}{1+\dfrac{2e_{qh}(h_{\mathrm{y}0}+h_{\mathrm{t}0})}{H_0}}x_{\mathrm{S}} \tag{5.40}$$

2）A、ω、φ的确定

调压室水位波动理论周期为$T=2\pi\sqrt{\frac{LF}{gf}}$，则$\omega=\frac{2\pi}{T}=\sqrt{\frac{gf}{LF}}$。

对于式（5.1）～式（5.7）表示的调节系统，频率阶跃扰动 x_S 扰动下，在 $t=0$ 时刻，有 $z|_{t=0}=h|_{t=0}=q_y|_{t=0}=0$，$q_t|_{t=0}\neq 0$，$\left.\dfrac{dq_y}{dt}\right|_{t=0}=0$，据此可将式（5.38）变形为

$$z|_{t=0}=A\sin\varphi+z_\Delta=0 \tag{5.41}$$

同时，由式（5.38）可得 $\dfrac{dz}{dt}=A\omega\cos(\omega t+\varphi)$、$\left.\dfrac{dz}{dt}\right|_{t=0}=A\omega\cos\varphi$，且根据 $q_y|_{t=0}=0$ 及调压室连续性方程式（5.2）可得 $q_t|_{t=0}=T_F\left.\dfrac{dz}{dt}\right|_{t=0}$，进而有 $q_t|_{t=0}=T_FA\omega\cos\varphi$。

对式（5.2）两边求导，得

$$\frac{dq_y}{dt}=\frac{dq_t}{dt}-T_F\frac{d^2z}{dt^2} \tag{5.42}$$

由 $\dfrac{dz}{dt}=A\omega\cos(\omega t+\varphi)$ 可得 $\dfrac{d^2z}{dt^2}=-A\omega^2\sin(\omega t+\varphi)$，在 $t=0$ 时刻，$\left.\dfrac{d^2z}{dt^2}\right|_{t=0}=-A\omega^2\cdot\sin\varphi$。将 $\left.\dfrac{d^2z}{dt^2}\right|_{t=0}=-A\omega^2\sin\varphi$ 与 $\left.\dfrac{dq_y}{dt}\right|_{t=0}=0$ 代入 $t=0$ 时刻下的式（5.42），可得 $\left.\dfrac{dq_t}{dt}\right|_{t=0}=T_F\left.\dfrac{d^2z}{dt^2}\right|_{t=0}=-T_FA\omega^2\sin\varphi$。

将 $q_t|_{t=0}=T_FA\omega\cos\varphi$、$\left.\dfrac{dq_t}{dt}\right|_{t=0}=-T_FA\omega^2\sin\varphi$、$z|_{t=0}=h|_{t=0}=0$ 代入式（5.3），可得 $\tan\varphi=\dfrac{2h_{t0}}{H_0}\dfrac{1}{T_{wt0}\omega}$，因此

$$\varphi=-\arctan\left(\frac{2h_{t0}}{H_0}\frac{1}{T_{wt0}\omega}\right) \tag{5.43}$$

再由式（5.41）可得

$$A=-\frac{z_\Delta}{\sin\varphi} \tag{5.44}$$

其中：z_Δ、φ 分别由式（5.40）、式（5.43）确定。

3. 机组出力响应的解析求解

借助调压室水位波动的正弦波假定，可建立一次调频工况机组频率阶跃扰动 x_S 下系统的简化模型：式（5.38）、式（5.3）～式（5.7）。

对简化模型进行拉普拉斯变换，可得

$$z_L(s)=\frac{A(s\sin\varphi+\omega\cos\varphi)}{s^2+\omega^2} \tag{5.45}$$

$$h_{\mathrm{L}}(s) = -z_{\mathrm{L}}(s) - T_{\mathrm{wt0}} q_{\mathrm{tL}}(s) s - \frac{2h_{\mathrm{t0}}}{H_0} q_{\mathrm{tL}}(s) \tag{5.46}$$

$$m_{\mathrm{tL}}(s) = e_h h_{\mathrm{L}}(s) + e_x x_{\mathrm{L}}(s) + e_y y_{\mathrm{L}}(s) \tag{5.47}$$

$$q_{\mathrm{tL}}(s) = e_{qh} h_{\mathrm{L}}(s) + e_{qx} x_{\mathrm{L}}(s) + e_{qy} y_{\mathrm{L}}(s) \tag{5.48}$$

$$p_{\mathrm{tL}}(s) = m_{\mathrm{tL}}(s) + x_{\mathrm{L}}(s) \tag{5.49}$$

$$y_{\mathrm{L}}(s)s + b_{\mathrm{p}} K_{\mathrm{i}} y_{\mathrm{L}}(s) = -K_{\mathrm{p}} x_{\mathrm{L}}(s) s - K_{\mathrm{i}} x_{\mathrm{L}}(s) \tag{5.50}$$

式中：s为拉普拉斯算子；$h_{\mathrm{L}}(s)$、$q_{\mathrm{tL}}(s)$、$z_{\mathrm{L}}(s)$、$m_{\mathrm{tL}}(s)$、$p_{\mathrm{tL}}(s)$、$x_{\mathrm{L}}(s)$、$y_{\mathrm{L}}(s)$分别为时域变量h、q_{t}、z、m_{t}、p_{t}、x、y的频域形式。

联立式（5.45）～式（5.50），可得

$$p_{\mathrm{tL}}(s) = \left[-\frac{e_h\left(T_{\mathrm{wt0}} s + \dfrac{2h_{\mathrm{t0}}}{H_0}\right)\left(e_{qx} - e_{qy}\dfrac{K_{\mathrm{p}} s + K_{\mathrm{i}}}{s + b_{\mathrm{p}} K_{\mathrm{i}}}\right)}{e_{qh}\left(T_{\mathrm{wt0}} s + \dfrac{2h_{\mathrm{t0}}}{H_0}\right) + 1} + \left(e_x - e_y \frac{K_{\mathrm{p}} s + K_{\mathrm{i}}}{s + b_{\mathrm{p}} K_{\mathrm{i}}}\right) + 1 \right] x_{\mathrm{L}}(s) - \frac{e_h}{e_{qh}\left(T_{\mathrm{wt0}} s + \dfrac{2h_{\mathrm{t0}}}{H_0}\right) + 1} \frac{A(s\sin\varphi + \omega\cos\varphi)}{s^2 + \omega^2} \tag{5.51}$$

对于一次调频工况，机组频率阶跃扰动为x_{S}，则$x_{\mathrm{L}}(s) = \dfrac{x_{\mathrm{S}}}{s}$。将$x_{\mathrm{L}}(s) = \dfrac{x_{\mathrm{S}}}{s}$代入式（5.51）得

$$p_{tL}(s) = \left[-\frac{e_h\left(T_{\mathrm{wt0}} s + \dfrac{2h_{\mathrm{t0}}}{H_0}\right)\left(e_{qx} - e_{qy}\dfrac{K_{\mathrm{p}} s + K_{\mathrm{i}}}{s + b_{\mathrm{p}} K_{\mathrm{i}}}\right)}{e_{qh}\left(T_{\mathrm{wt0}} s + \dfrac{2h_{\mathrm{t0}}}{H_0}\right) + 1} + \left(e_x - e_y \frac{K_{\mathrm{p}} s + K_{\mathrm{i}}}{s + b_{\mathrm{p}} K_{\mathrm{i}}}\right) + 1 \right] \frac{x_{\mathrm{S}}}{s} - \frac{e_h}{e_{qh}\left(T_{\mathrm{wt0}} s + \dfrac{2h_{\mathrm{t0}}}{H_0}\right) + 1} \frac{A(s\sin\varphi + \omega\cos\varphi)}{s^2 + \omega^2} \tag{5.52}$$

对式（5.52）进行拉普拉斯反变换可以得到机组出力波动响应方程，为

$$p_{\mathrm{t}}(t) = p_{\mathrm{t1}}(t) + p_{\mathrm{t2}}(t) + p_{\mathrm{t3}}(t) + p_{\mathrm{t4}}(t) \tag{5.53}$$

式中

$$p_{\mathrm{t1}}(t) = \left[\left(-\frac{e_h}{e_{qh}} e_{qx} + e_x + 1\right) - \left(-\frac{e_h}{e_{qh}} e_{qy} + e_y\right)\frac{1}{b_{\mathrm{p}}} - \frac{e_h}{e_{qh}} \frac{e_{qy}\dfrac{1}{b_{\mathrm{p}}} - e_{qx}}{e_{qh}\dfrac{2h_{\mathrm{t0}}}{H_0} + 1} \right] x_{\mathrm{S}};$$

$$p_{t2}(t)=\left[\left(-\frac{e_h}{e_{qh}}e_{qy}+e_y\right)+\frac{\dfrac{e_h}{e_{qh}}e_{qy}}{e_{qh}\dfrac{2h_{t0}}{H_0}+1-b_pK_ie_{qh}T_{wt0}}\right]\left(\frac{1}{b_p}-K_p\right)x_S e^{-b_pK_it};$$

$$p_{t3}(t)=\left\{\left(\frac{e_{qy}\dfrac{1}{b_p}-e_{qx}}{e_{qh}\dfrac{2h_{t0}}{H_0}+1}-e_{qy}\frac{\dfrac{1}{b_p}-K_p}{e_{qh}\dfrac{2h_{t0}}{H_0}+1-b_pK_ie_{qh}T_{wt0}}\right)\frac{e_h}{e_{qh}}x_S\right.$$
$$\left.-\frac{e_hA\left[\omega e_{qh}T_{wt0}\cos\varphi-\left(e_{qh}\dfrac{2h_{t0}}{H_0}+1\right)\sin\varphi\right]}{(\omega e_{qh}T_{wt0})^2+\left(e_{qh}\dfrac{2h_{t0}}{H_0}+1\right)^2}\right\}e^{-\frac{e_{qh}\frac{2h_{t0}}{H_0}+1}{e_{qh}T_{wt0}}t};$$

$$p_{t4}(t)=\frac{e_hA\left[\omega e_{qh}T_{wt0}\cos\varphi-\left(e_{qh}\dfrac{2h_{t0}}{H_0}+1\right)\sin\varphi\right]}{(\omega e_{qh}T_{wt0})^2+\left(e_{qh}\dfrac{2h_{t0}}{H_0}+1\right)^2}\cos\omega t$$
$$-\frac{e_hA\left[\left(e_{qh}\dfrac{2h_{t0}}{H_0}+1\right)\cos\varphi+\omega e_{qh}T_{wt0}\sin\varphi\right]}{(\omega e_{qh}T_{wt0})^2+\left(e_{qh}\dfrac{2h_{t0}}{H_0}+1\right)^2}\cos\omega t。$$

观察式（5.53）可知：频率阶跃扰动 x_S 下的机组出力响应 $p_t(t)$ 是四个独立的子波动 $p_{t1}(t)$、$p_{t2}(t)$、$p_{t3}(t)$、$p_{t4}(t)$ 叠加的结果，其中，$p_{t1}(t)$ 为常数项，反映系统的稳态特性，表示调节系统的目标出力，$p_{t2}(t)$ 为考虑机组特性的调速器项，反映调速器对出力波动的衰减作用（指数衰减），$p_{t3}(t)$ 为考虑机组特性的压力管道项，反映压力管道对出力波动的衰减作用（指数衰减），$p_{t4}(t)$ 为考虑机组特性的调压室项，反映调压室水位波动对机组出力的影响。

根据研究目的，令目标出力值 $p_{t1}(t)$ 为 1，将 $p_t(t)$ 转换成对于目标出力的相对值形式：

$$p_{t\text{-}R}(t)=\frac{p_t(t)}{p_{t1}(t)} \tag{5.54}$$

$t=15\text{s}$ 时的出力可表示为 $p_{t\text{-}R}\big|_{t=15\text{s}}$。根据一次调频的控制目标，有 $p_{t\text{-}R}\big|_{t=15\text{s}}\geqslant 0.9$。

4. 数值验证

本节以某水电站为例，采用数值模拟的方法对 5.2.2 节第三部分推导得到的机组出力响应解析解进行验证，其中数值模拟结果由水电站过渡过程专业计算软件 TOPSYS[13]计算得到。算例水电站的基本资料为：L_y =16662m、f_y =56.545m^2、T_{wt0} =1.132s、$Q_{y0}=Q_{t0}$ =179.52m^3/s、F =150m^2、H_0 =287.43m、h_{y0} =12.09m、h_{t0} =2.634m、g =9.81m/s^2、e_h=1.5、e_x=−1、e_y =1、e_{qh}=0.5、e_{qx}=0、e_{qy}=1、K_p=5、K_i=5s^{-1}、b_p=0.04。运行工况为机组带 80%额定负荷正常运行，t=0s 时发生频率阶跃扰动：①负扰，50Hz 突降至 49.8Hz，即 x_S=−0.004；②正扰，50Hz 突增至 50.2Hz，即 x_S=0.004。

对于解析解，将算例水电站的基本数据代入式（5.53）、式（5.54）即可得到出力响应过程。对于数值解，首先根据基本数据通过 TOPSYS 建立计算模型，然后将频率扰动信号输入计算模型，即可得到出力响应过程。负扰和正扰下，计算结果如图 5.13、图 5.14 所示。

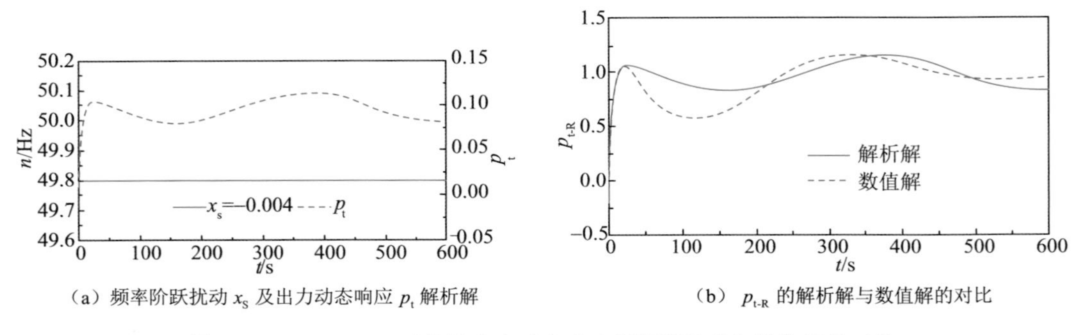

（a）频率阶跃扰动 x_S 及出力动态响应 p_t 解析解 （b）$p_{t\text{-}R}$ 的解析解与数值解的对比

图 5.13 x_S=−0.004 时机组出力动态响应解析解及其与数值解的对比

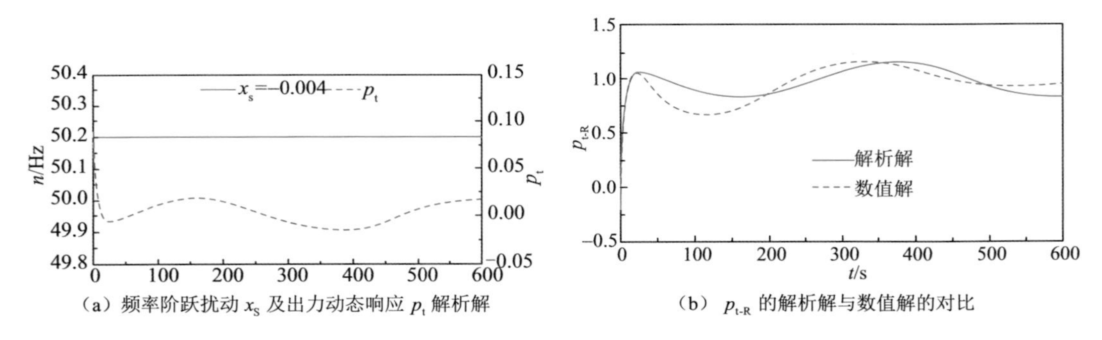

（a）频率阶跃扰动 x_S 及出力动态响应 p_t 解析解 （b）$p_{t\text{-}R}$ 的解析解与数值解的对比

图 5.14 x_S=0.004 时机组出力动态响应解析解及其与数值解的对比

分析图 5.13、图 5.14 可知：

（1）机组发生频率阶跃扰动之后，出力随即产生响应，进入暂态过程。出力响应在初始阶段变化非常快速，在较短的时间（20s左右）内迅速变化到目标功率附近，然后进入周期性的波动过程。频率阶跃扰动的方向直接决定了出力响应的方向，当频率发生负扰时，调速器在开度调节模式下通过负反馈调节增大导叶开度，然后使机组流量随之增大，最终使出力变大；正扰的情况与负扰相反，频率阶跃扰动增大引起导叶开度减小，流量减小，最后使出力变小。

（2）从 $p_{t\text{-}R}$ 的解析解与数值解的对比可以发现：两者在初始的快速响应阶段吻合得很好，出力的上升速度非常接近；两者在周期性波动阶段相差较大，解析解是不衰减的，而数值解是衰减的。根据电网一次调频对水轮机调节系统的主要技术要求可知，机组出

力的响应特性是一次调频最为关键的要求，需要在频率发生变化时，机组出力快速地响应目标功率，即在 15s 内达到 90%目标功率，而对出力的波动幅值没有限制。由此可知，检验解析解的合理性与精度的关键在于判断其：①是否能准确模拟出力的初始快速响应阶段；②是否能精确反映 t=15s 时的出力响应值。为此，将图 5.13（b）、图 5.14（b）的初始快速响应阶段进行坐标放大，同时给出 $p_{t\text{-}R}\big|_{t=15s}$ 的解析解与数值解的对比，结果如图 5.15、表 5.4 所示。

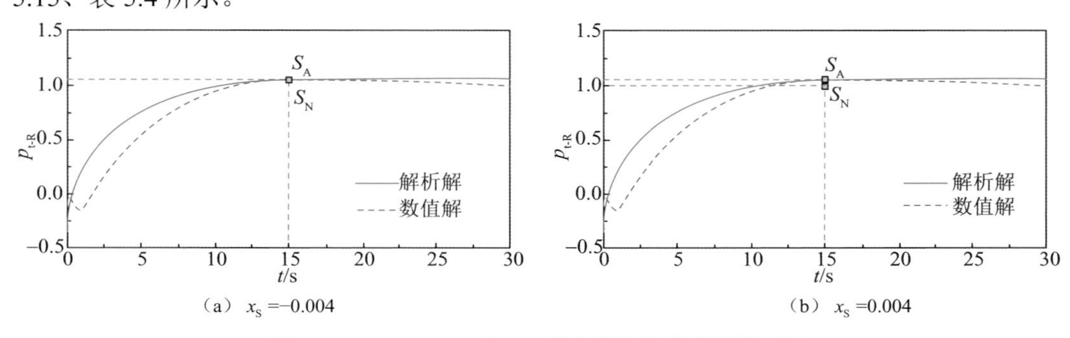

（a）x_S =−0.004　　（b）x_S =0.004

图 5.15　$t = 0$～30s 内 $p_{t\text{-}R}$ 的解析解与数值解的对比

表 5.4　$p_{t\text{-}R}\big|_{t=15s}$ 的解析解与数值解的对比

数值（t=15s）	$p_{t\text{-}R}$		误差/%
	解析解 S_A	数值解 S_N	
x_S =−0.004	1.040	1.034	0.58
x_S =0.004	1.040	1.002	3.79

对于①：由图 5.13、图 5.14 的分析及图 5.15 可知，解析解能准确模拟出力的初始快速响应阶段。

对于②：由图 5.15、表 5.4 可知，$p_{t\text{-}R}\big|_{t=15s}$ 的解析解与数值解非常接近，x_S =−0.004 时两者的误差为 0.58%，x_S =0.004 时两者的误差为 3.79%，因此解析解能精确反映 t=15s 时的出力响应值。

综合以上分析可知，5.2.2 节第三部分推导得到的机组出力响应的解析解是合理的，能够满足一次调频工况的使用、评价要求，且具有很高的精度。

5. 波动特性分析

由 5.2.2 小节第三部分可知：频率阶跃扰动 x_S 下的机组出力响应 $p_t(t)$ 是四个独立的子波动 $p_{t1}(t)$、$p_{t2}(t)$、$p_{t3}(t)$、$p_{t4}(t)$ 叠加的结果。以 x_S =−0.004 为例，图 5.13（a）的机组出力响应 $p_t(t)$ 对应的四个子波动 $p_{t1}(t)$、$p_{t2}(t)$、$p_{t3}(t)$、$p_{t4}(t)$ 如图 5.16 所示。下面具体分析四个子波动的特性。

1）$p_{t1}(t)$

$p_{t1}(t)$ 为常数项，反映系统的稳态特性，表示调节系统的目标出力，机组出力在经历

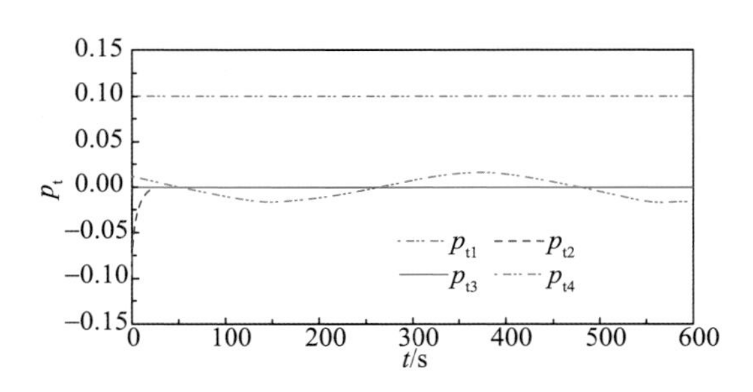

图 5.16 x_S =−0.004 时机组出力响应子波动

快速响应阶段后，会在该目标功率上下波动（该现象适用于本节的调压室正弦波假定，出力响应不衰减；对于真实情况，出力是衰减的，衰减后的出力最终会稳定在目标功率）。$p_{t1}(t)$ 与 x_S 符号相反，大小成正比；水轮机特性（e_h、e_x、e_y、e_{qh}、e_{qx}、e_{qy}）、压力管道相对水头损失 $\dfrac{h_{t0}}{H_0}$ 及调速器参数 b_p 也影响 $p_{t1}(t)$ 的大小。实际应用中，可以通过 $p_{t1}(t)$ 的表达式及目标出力的要求值，在综合考虑水轮机特性、压力管道相对水头损失及调速器参数 b_p 的情况下，来整定所需要的频率阶跃扰动 x_S。

2） $p_{t2}(t)$

$p_{t2}(t)$ 为考虑水轮机特性的调速器项，反映调速器对出力波动的衰减作用。$p_{t2}(t)$ 的衰减为指数形式，衰减率为 b_pK_i，其与 b_p、K_i 成正比，增大 b_p、K_i 可使 $p_{t2}(t)$ 衰减加快，提高出力的响应速度；振幅与 x_S 成正比，同时受水轮机特性（e_h、e_y、e_{qh}、e_{qy}）、压力管道水流惯性 T_{wt0} 及相对水头损失 $\dfrac{h_{t0}}{H_0}$、调速器参数 K_p、K_i 与 b_p 的综合影响。

对比分析图 5.13（a）与图 5.16 可知，$p_{t2}(t)$ 是机组出力响应 $p_t(t)$ 快速响应阶段的主体部分，其波动特性（即振幅与衰减率）决定了出力初始阶段的响应品质，由此也说明调速器参数对于一次调频响应品质的影响是主要的；为提高一次调频的响应品质（主要是 $p_{t\text{-R}}\big|_{t=15s}$），可针对性地通过增加 $p_{t2}(t)$ 的衰减率来实现。

3） $p_{t3}(t)$

$p_{t3}(t)$ 为考虑水轮机特性的压力管道项，反映压力管道对出力波动的衰减作用。$p_{t3}(t)$ 的衰减也为指数形式，衰减率为 $\dfrac{e_{qh}\dfrac{2h_{t0}}{H_0}+1}{e_{qh}T_{wt0}}$，$\dfrac{h_{t0}}{H_0}$ 越大、T_{wt0} 与 e_{qh} 越小，衰减率越大。振幅由两部分叠加而成，第一部分与 x_S 成正比，同时受水轮机特性（e_h、e_{qh}、e_{qx}、e_{qy}）、压力管道水流惯性 T_{wt0} 及相对水头损失 $\dfrac{h_{t0}}{H_0}$、调速器参数 K_p、K_i 与 b_p 的综合影响；第二部分与 A 成正比，同时受水轮机特性（e_h、e_{qh}）、压力管道水流惯性 T_{wt0} 及相对水头损失 $\dfrac{h_{t0}}{H_0}$、调压室参数 ω 与 φ 的综合影响。

对比分析图 5.13（a）与图 5.16 可知，$p_{t3}(t)$ 衰减很快，不是机组出力响应 $p_t(t)$ 快速响应阶段的主体部分，由此也说明压力管道参数对于一次调频响应品质的影响是次要的。

4） $p_{t4}(t)$

$p_{t4}(t)$ 为考虑水轮机特性的调压室项，反映调压室水位波动对机组出力的影响。$p_{t2}(t)$ 与 $p_{t3}(t)$ 衰减为 0 后，$p_{t4}(t)$ 构成了机组出力响应 $p_t(t)$ 的周期性波动阶段。

将 $p_{t4}(t)$ 写成如下形式：

$$p_{t4}(t)=A'\sin(\omega t+\varphi') \tag{5.55}$$

式中：$A'=\dfrac{e_h A}{\sqrt{(\omega e_{qh}T_{wt0})^2+\left(e_{qh}\dfrac{2h_{t0}}{H_0}+1\right)^2}}$；$\varphi'=\arctan\dfrac{\left(e_{qh}\dfrac{2h_{t0}}{H_0}+1\right)\tan\varphi-\omega e_{qh}T_{wt0}}{\omega e_{qh}T_{wt0}\tan\varphi+\left(e_{qh}\dfrac{2h_{t0}}{H_0}+1\right)}$。

对比式（5.55）与式（5.38）可知：$p_{t4}(t)$ 的周期与调压室水位波动的周期相同；振幅是调压室水位波动振幅的 $\dfrac{e_h}{\sqrt{(\omega e_{qh}T_{wt0})^2+\left(e_{qh}\dfrac{2h_{t0}}{H_0}+1\right)^2}}$ 倍；初相位 φ' 异于 φ，该差异由水轮机特性 e_{qh}、压力管道水流惯性 T_{wt0} 及相对水头损失 $\dfrac{h_{t0}}{H_0}$、调压室水位波动角频率 ω 共同引起。

5.2.3 基于出力响应控制的一次调频域

一次调频工况下，水轮机调节系统需要满足机组出力快速响应的要求。根据出力快速响应的要求，合理设计管道系统、整定调速器参数，是实现一次调频控制的关键。本节根据 5.2.2 小节的机组出力动态响应的解析表达式及一次调频响应品质的要求，首先提出基于出力响应控制的一次调频域的概念，为水轮机调节系统一次调频响应品质的评价与控制提供了有效工具，然后基于一次调频域，分析了水轮机调节系统特征参数对一次调频响应品质的影响，阐明了各参数的作用与取值依据。

1. 一次调频域

根据一次调频响应品质的控制要求，机组出力响应应在 15s 内达到 90%目标功率，即满足 $p_{t\text{-}R}\big|_{t=15s}\geqslant 0.9$。$p_{t\text{-}R}\big|_{t=15s}$ 的表达式中包含了水轮机调节系统各个子环节的特征参数，不等式 $p_{t\text{-}R}\big|_{t=15s}\geqslant 0.9$ 即表达了满足一次调频响应品质控制要求情况下调节系统的特征参数的取值条件。

实际应用中，调速器参数的优化是系统运行与控制的关键。以调速器参数为坐标轴，在坐标平面内绘制系统满足一次调频响应品质控制要求的区域，对于评价系统的动态特性、指导调节系统特征参数的优化与取值、提高供电品质有重要意义。本节选取调速器

参数 K_p 与 K_i 为横纵坐标，根据 $p_{t\text{-R}}|_{t=15s} \geqslant 0.9$ 可以在 K_p-K_i 平面内绘制系统满足一次调频响应品质控制要求的区域，称为一次调频域。$p_{t\text{-R}}|_{t=15s}=0.9$ 为一次调频临界线，表示系统满足一次调频响应品质控制要求的，称为一次调频临界线。

以 5.2.2 小节的水电站且 $x_S=-0.004$ 为例，首先在 K_p-K_i 平面内绘制一次调频临界线，即 $p_{t\text{-R}}|_{t=15s}=0.9$，结果如图 5.17 所示。同时为了判断一次调频域的位置，在 K_p-K_i 平面内分别取五个状态点（S_1、S_2、S_3、S_4、S_5），其中，S_1、S_2 位于临界线的左下部，S_3 位于临界线上，S_4、S_5 位于临界线的右上部。五个状态点的坐标值及对应的 $p_{t\text{-R}}|_{t=15s}$ 如表 5.5 所示。

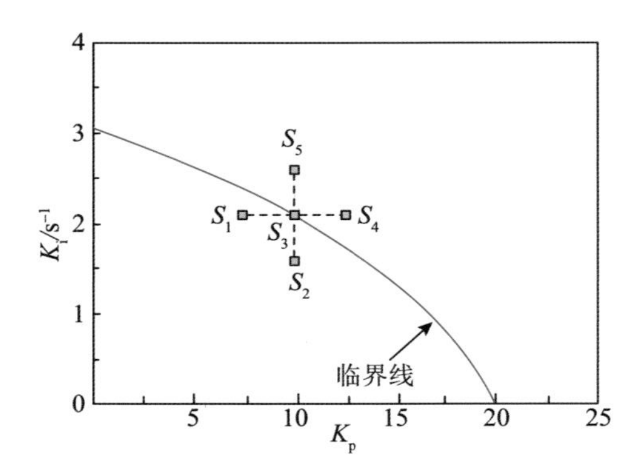

图 5.17　一次调频临界线及五个状态点

表 5.5　五个状态点的坐标值及对应的 $p_{t\text{-R}}|_{t=15s}$

状态点	S_1	S_2	S_3	S_4	S_5
K_p	7.5	10	10	12.5	10
K_i / s^{-1}	2.104	1.604	2.104	2.104	2.604
$p_{t\text{-R}}\|_{t=15s}$	0.867	0.840	0.900	0.932	0.946

由图 5.17 与表 5.5 可知：一次调频临界线是一条平滑的曲线，将 K_p-K_i 平面分成左下、右上两个区域。对于位于临界线左下部的状态点 S_1、S_2，对应的 $p_{t\text{-R}}|_{t=15s}$ 分别为 0.867、0.840，不满足一次调频响应品质的控制要求；对于位于临界线上的状态点 S_3，对应的 $p_{t\text{-R}}|_{t=15s}$ 为 0.900；对于位于临界线右上部的状态点 S_4、S_5，对应的 $p_{t\text{-R}}|_{t=15s}$ 分别为 0.932、0.946，满足一次调频响应品质的控制要求。综合以上分析可知，一次调频临界线右上部的区域为满足一次调频响应品质控制要求的区域，即为一次调频域。五个状态点对应的机组出力响应过程如图 5.18 所示，图 5.18 从侧面验证了以上关于一次调频域位置的判断是正确的。

利用一次调频域，可以对系统的一次调频响应品质进行评价。一次调频域越大，说明系统在满足一次调频响应品质控制要求的前提下可以适应更广范围的调速器参数，即一次调频响应品质越好；而对调速器参数的整定，也要以落在一次调频域内为基本要求。

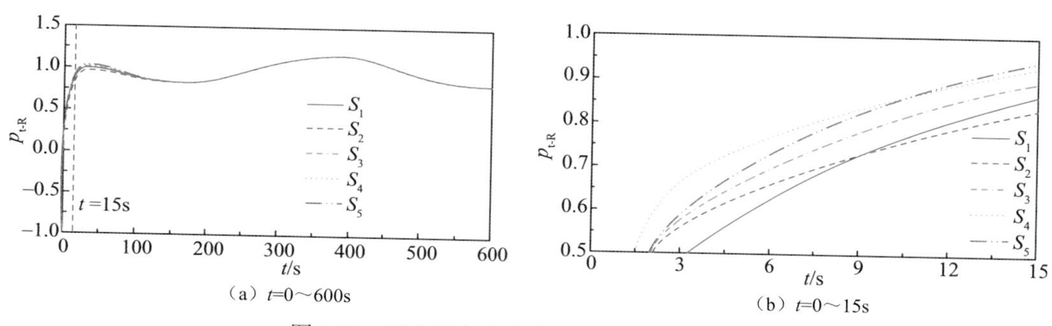

（a）t=0～600s　（b）t=0～15s

图 5.18　五个状态点对应的机组出力响应过程

2. 影响因素分析

5.2.3 小节第一部分提出了基于出力响应控制的一次调频域的概念。基于一次调频域，可以定量地分析水轮机调节系统特征参数对一次调频响应品质的影响，阐明各参数的作用与取值依据。

本节以 5.2.2 小节的水电站为例，通过绘制调节系统特征参数在不同取值下的一次调频域，进行一次调频响应品质的影响分析。选定的调节系统特征参数为：F 、T_{wt0}、h_{t0}、水轮机传递系数（e_h、e_x、e_y、e_{qh}、e_{qx}、e_{qy}）、b_p。它们的默认取值为：F =150m^2、T_{wt0}=1.132s、h_{t0} =2.634m、e_h=1.5、e_x=−1、e_y =1、e_{qh}=0.5、e_{qx} =0、e_{qy} =1、b_p =0.04，变化范围均设定在正常合理的范围内，其他参数的取值同 5.2.2 小节。同时为了对比分析，在一次调频域内取一状态点，计算特征参数不同取值下的机组出力响应过程。具体分析如下。

1）F

F 分别取 100m^2、125m^2、150m^2、175m^2，相应的一次调频域如图 5.19（a）所示。在一次调频域内取一状态点 S_F ，S_F 的坐标为 K_p =20、K_i =3s^{-1}，相应的机组出力响应如图 5.19（b）所示。

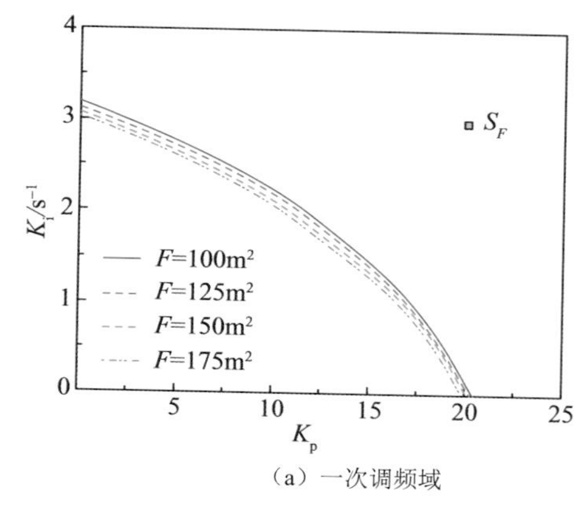

（a）一次调频域

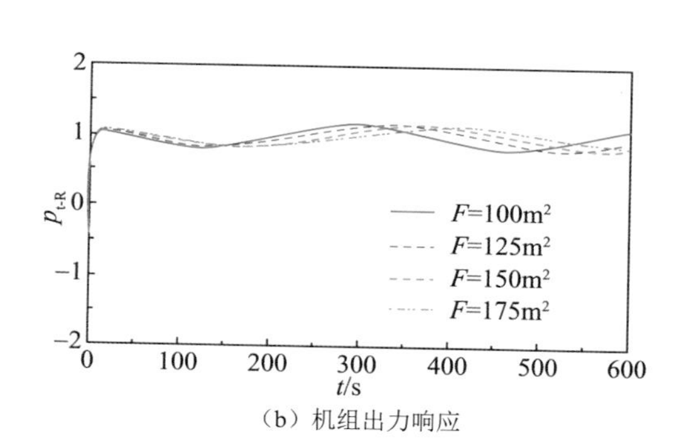

（b）机组出力响应

图 5.19　F 对一次调频域与机组出力响应的影响

分析图 5.19 可知：调压室面积对一次调频域有一定程度的影响。随着 F 的增大，一次调频临界线向 K_p - K_i 平面的左下角移动，说明系统的一次调频域在变大，一次调频响应品质在变好。从提高系统的一次调频响应品质的角度考虑，F 取值越大越好，但改善的程度比较有限，故调压室面积不宜作为一次调频响应品质控制的主要措施。对于机组出力响应，快速响应阶段受 F 的影响较小，而周期性波动阶段受 F 的影响较大，周期、振幅与初相位均随 F 的变化而发生较大改变，这是因为周期性波动阶段主要受调压室水位波动的影响。

2）$T_{\rm wt0}$ 与 $h_{\rm t0}$

$T_{\rm wt0}$ 分别取 0.632s、1.132s、1.632s、2.132s，相应的一次调频域如图 5.20（a）所示。在一次调频域内取一状态点 S_T， S_T 的坐标为 $K_{\rm p}$=20、 $K_{\rm i}$=3s^{-1}，相应的机组出力响应如图 5.20（b）所示。

$h_{\rm t0}$ 分别取 0.634m、1.634m、2.634m、3.634m，相应的一次调频域如图 5.21（a）所示。在一次调频域内取一状态点 S_h， S_h 的坐标为 $K_{\rm p}$=20、 $K_{\rm i}$=3s^{-1}，相应的机组出力响应如图 5.21（b）所示。

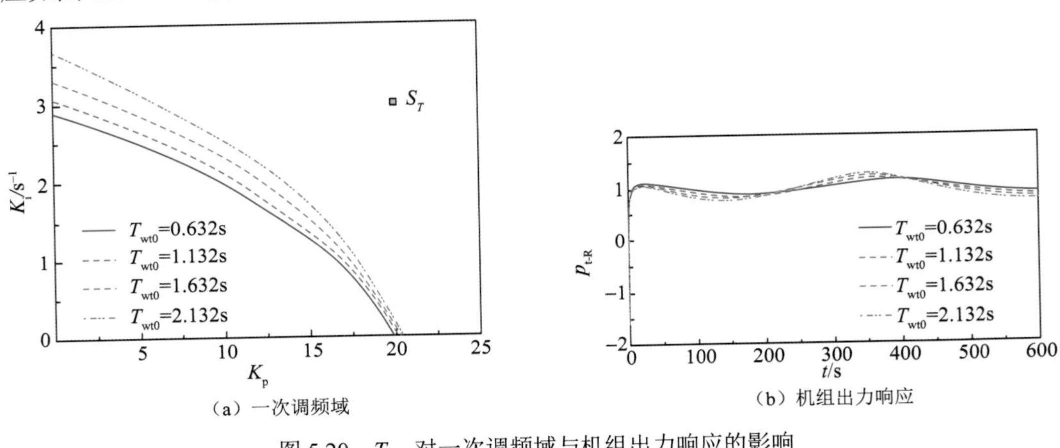

（a）一次调频域　　（b）机组出力响应

图 5.20　$T_{\rm wt0}$ 对一次调频域与机组出力响应的影响

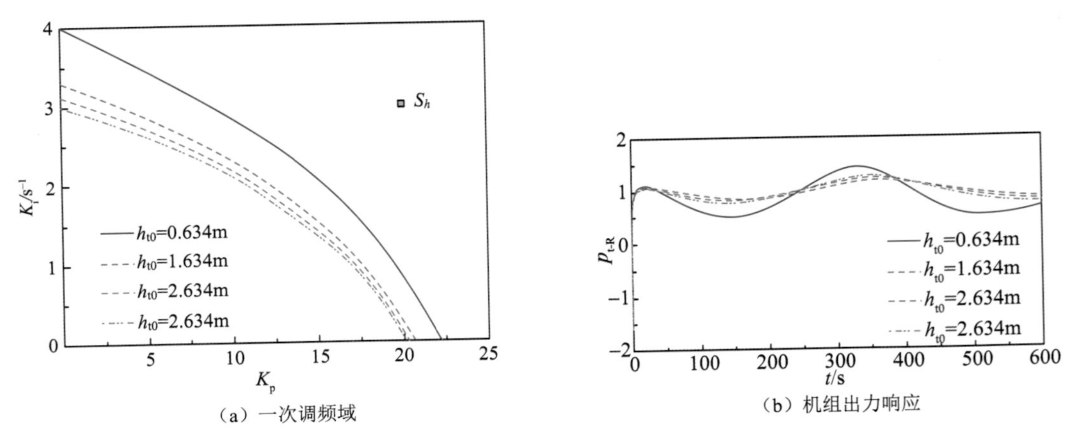

（a）一次调频域　　（b）机组出力响应

图 5.21　$h_{\rm t0}$ 对一次调频域与机组出力响应的影响

分析图 5.20、图 5.21 可知：$T_{\rm wt0}$ 与 $h_{\rm t0}$ 对一次调频域有较大的影响。随着 $T_{\rm wt0}$ 的减小或 $h_{\rm t0}$ 的增大，一次调频临界线向 $K_{\rm p}$-K_i 平面的左下角移动，说明系统的一次调频域在变大，一次调频响应品质在变好。从提高系统的一次调频响应品质的角度考虑，T_{wt0} 取值越小、h_{t0} 取值越大越好。在实际应用中，增大 h_{t0} 对水电站建设运行往往是不经济的，故通过使调压室尽量靠近厂房以减小 T_{wt0} 来提高一次调频响应品质是可行的。对于机组出力响应，T_{wt0} 与 h_{t0} 主要影响周期性波动阶段，可使周期性波动阶段的振幅和初相位发生明显改变。

3）水轮机传递系数（e_h、e_x、e_y、e_{qh}、e_{qx}、e_{qy}）

对于某一水轮机工况点，水轮机的特性由水轮机传递系数（e_h、e_x、e_y、e_{qh}、e_{qx}、e_{qy}）表示，且有理想传递系数和实际传递系数两种表达方式。理想传递系数的取值为：e_h=1.5、e_x=−1、e_y=1、e_{qh}=0.5、e_{qx}=0、e_{qy}=1。对于本节研究的工况，实际传递系数的取值为：e_h=1.493、e_x=−0.985、e_y=0.753、e_{qh}=0.681、e_{qx}=−0.308、e_{qy}=0.869。两种传递系数对应的一次调频域如图 5.22（a）所示。在一次调频域内取一状态点 S_e，S_e 的坐标为 K_p=20、K_i=3s^{-1}，相应的机组出力响应如图 5.22（b）所示。

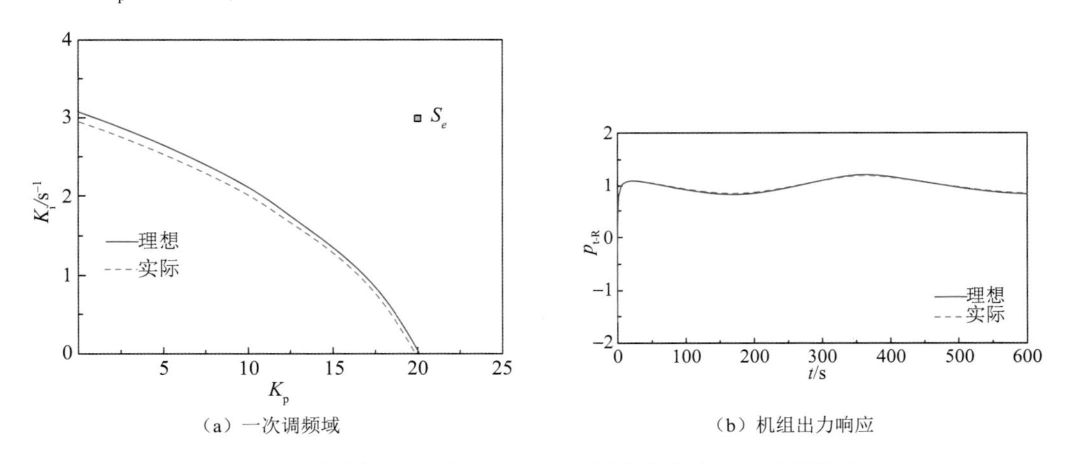

（a）一次调频域　　（b）机组出力响应

图 5.22　水轮机传递系数对一次调频域与机组出力响应的影响

分析图 5.22 可知：水轮机传递系数（e_h、e_x、e_y、e_{qh}、e_{qx}、e_{qy}）对一次调频域有一定程度的影响。实际传递系数下的一次调频域略大于理想传递系数下的一次调频域，而水轮机传递系数反映的是水轮机效率变化对系统动态特性的影响，由此说明水轮机不同工况点效率的变化对一次调频响应品质是有利的。在通常的计算中，如果将理想传递系数代替实际传递系数，得到的一次调频域偏小，应用到工程实际中是偏安全的。对于机组出力响应，水轮机传递系数对快速响应阶段和周期性波动阶段都有一定程度的微弱的影响。

4）b_p

b_p 分别取 0.02、0.04、0.06、0.08，相应的一次调频域如图 5.23（a）所示。在一次调频域内取一状态点 S_b，S_b 的坐标为 K_p=40、K_i=6s^{-1}，相应的机组出力响应如图 5.23（b）所示。

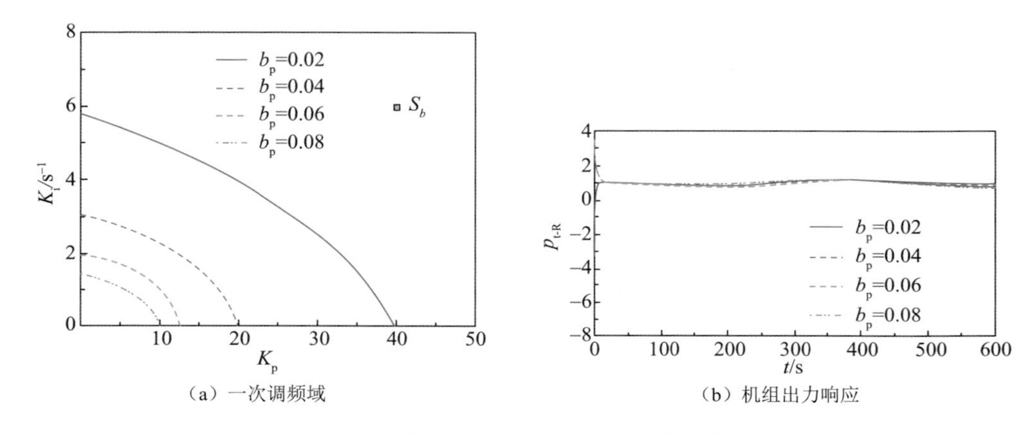

（a）一次调频域　　（b）机组出力响应

图 5.23　b_p 对一次调频域与机组出力响应的影响

分析图 5.23 可知：b_p 对一次调频域有很显著的影响。随着 b_p 的增大，一次调频临界线向 K_p-K_i 平面的左下角快速移动，说明系统的一次调频域在迅速变大，一次调频响应品质在显著变好。从提高系统的一次调频响应品质的角度考虑，b_p 取值越大越好，且改善的程度很显著，故 b_p 可作为一次调频响应品质控制的主要措施。对于机组出力响应，b_p 主要影响快速响应阶段，而对周期性波动阶段几乎没有影响。

5.2.4　应用

本节提出的调压室水位波动的正弦波假定，为研究设调压室的水轮机调节系统的运行与控制提供了一种新的思路。

理论分析层面：用调压室水位正弦波动来代替引水隧洞动力方程和调压室连续性方程，简化了数学模型，为解析研究水轮机调节系统的动态特性提供了便利。正弦波假设物理意义明确，数学描述合理，所得结果计算精度高，可以用来模拟实际水电站的暂态过程。同时，一次调频域的概念清晰，为一次调频响应品质的评价、系统参数的整定提供了一个定量、直观的工具，可用于实际水电站的设计与运行。

模型试验层面：对于水电站引水发电系统过渡过程整体物理模型试验，试验场地长度和高度的限制往往成为开展长引水隧洞水电站与高水头水电站模型试验的制约条件。为了顺利开展这两类水电站的模型试验，对于长引水隧洞水电站，取消长引水隧洞，只保留调压室之后的管道系统是一个可行的方案；对于高水头水电站，取消引水隧洞，将开敞式调压室转换成封闭式调压室进而模拟高水头是一个可行的方案。对于以上两种解决方案，都需要将引水隧洞和调压室的水体运动用调压室内的水位波动来代替，即将一个给定的调压室水位波动作用到压力管道的进口，实现水电站各个子环节的联合模拟。而本节提出的调压室正弦波的假定及其完整的数学描述为以上方案的实现提供了坚实的理论基础。

5.3　本 章 小 结

本章针对设调压室水电站，提出了一种机组运行控制研究的新思路，即用一个给定的调压室水位正弦波动来描述引水隧洞与调压室的非恒定水流运动特性，引水隧洞与调压室的水力参数、动态特性反映在假定的调压室水位正弦波动的特征参数中，特征参数通过一系列严格的数学方法确定。采用调压室水位正弦波动的假定及其数学描述，开展了水轮机调节系统一次调频工况下机组动态响应特性与暂态控制的研究。

（1）对于设调压室水电站水轮机调节系统一次调频稳定性，首先建立调节系统的基本方程，推导开度调节模式与功率调节模式下系统的综合传递函数，并给出系统的稳定判据。然后，依据稳定判据分析系统的稳定性，提出一次调频稳定域的概念，分析影响参数对功率调节模式下系统稳定性的作用。最后，提出一次调频调压室临界稳定断面的概念，并推导解析公式，基于临界稳定断面的解析公式，提出调速器参数与调压室断面积的联合整定与优化方法。结果表明：开度调节模式下一次调频工况水轮机调节系统是恒稳定的，功率调节模式下一次调频工况水轮机调节系统是有条件稳定的。功率调节制模式下系统的一次调频稳定域与出力动态响应具有很好的鲁棒性。一次调频调压室临界稳定断面使调节系统达到临界稳定状态，是调压室水力设计的重要依据。调节系统稳定状态分布图提供了调速器参数与调压室断面积综合优化与整定的依据。

（2）对于设调压室水电站水轮机调节系统一次调频动态响应与暂态控制，首先明确水轮机调节系统一次调频动态响应的技术指标。然后，建立设调压室水电站水轮机调节系统一次调频工况下的基本方程，提出调压室水位波动的正弦波假定及其数学描述，基于正弦波假定推导一次调频下机组出力响应的解析表达式，并进行数值验证与出力波动特性的分析。最后，根据机组出力动态响应的解析表达式及一次调频响应品质要求，提出基于出力响应控制的一次调频域的概念，分析水轮机调节系统特征参数对一次调频响应品质的影响，阐明各参数的作用与取值依据。结果表明：调压室水位波动可以假定为正弦波的形式，该正弦波动反映了引水隧洞与调压室的非恒定水流运动特性，可以取代引水隧洞动力方程与调压室连续性方程。采用调压室水位波动假定得到的机组出力响应的解析解是合理的，能够满足一次调频工况的使用、评价要求，且具有很高的精度。频率阶跃扰动下的机组出力响应由四个独立的子波动（常数项、调速器项、压力管道项、调压室项）叠加而成。利用一次调频域，可以对系统的一次调频响应品质进行评价。

参 考 文 献

[1] AKHTAR Z, CHAUDHURI B, HUI S Y R. Primary frequency control contribution from smart loads using reactive compensation. IEEE Transactions on Smart Grid, 2015, 6(5): 2356-2365.

[2] VIDYANANDAN K V, SENROY N. Primary frequency regulation by deloaded wind turbines using variable droop. IEEE Transactions on Power Systems, 2013, 28(2): 837-846.

[3] MORREN J, DE Haan S W, KLING W L, et al. Wind turbines emulating inertia and supporting primary frequency control. IEEE Transactions on Power Systems, 2006, 21(1): 433-434.

[4] 魏守平. 水轮机调节系统一次调频及孤立电网运行特性分析及仿真. 水电自动化与大坝监测, 2009, 33(6): 27-33.

[5] ZHAO C, TOPCU U, LI N, et al. Design and stability of load-side primary frequency control in power systems. IEEE Transactions on Automatic Control, 2014, 59(5): 1177-1189.

[6] MIAO Z, FAN L, OSBORN D, et al. Wind farms with HVdc delivery in inertial response and primary

frequency control. IEEE Transactions on Energy Conversion, 2010, 25(4): 1171-1178.

[7] BAO Y Q, LI Y, HONG Y Y, et al. Design of a hybrid hierarchical demand response control scheme for the frequency control. IET Generation Transmission & Distribution, 2015, 9(15): 2303-2310.

[8] POURMOUSAVI S A, NEHRIR M H. Real-time central demand response for primary frequency regulation in microgrids. IEEE Transactions on Smart Grid, 2012, 3(4): 1988-1996.

[9] MOREL J, BEVRANI H, ISHII T, et al. A robust control approach for primary frequency regulation through variable speed wind turbines. IEEJ Transactions on Power and Energy, 2010, 130 (11): 1002-1009.

[10] HANSELMAN D C, LITTLEFIELD B. Mastering Matlab 7. Upper Saddle River: Pearson/Prentice Hall, 2005.

[11] 中华人民共和国国家发展和改革委员会. 电网运行准则: DL/T 1040-2007, 2007.

[12] ENTSO-E. ENTSD-E Operation Handbook, Policy 1: Load-Frequency Control and Performance, 2000-130-003, 2009.

[13] YANG W J, YANG J D, GUO W C, et al. A mathematical model and its application for hydro power units under different operating conditions. Energies, 2015, 8(9): 10260-10275.

第 6 章　设变顶高尾水洞水轮机调节系统稳定性

变顶高尾水洞是由苏联学者克里夫琴科于 20 世纪 70 年代末提出的一种新体型尾水道[1]，后成功应用到越南和平水电站的设计，受到了国内外水电工程界的较大关注[2]。90 年代起变顶高尾水洞引入中国，三峡、彭水、向家坝、功果桥、鲁地拉等一批大型水电站采用了该类型尾水洞，体现了较好的技术和经济优势。对变顶高尾水洞水电站理论与技术的研究，主要包括两个方面，一是变顶高尾水洞中的明满流现象对机组调节保证参数的影响，二是变顶高尾水洞因明满流而引起的有压段长度变化及明流段水位波动对机组运行稳定性和系统调节品质的影响。对于第一方面，文献[3]阐明了基于尾水管进口压力的变顶高尾水洞工作原理，提出了体型设计的基本思路和具体步骤；文献[4]通过模型试验研究了变顶高尾水洞的水流流态，揭示了水力工作特性；文献[5]则推导得到变顶高尾水系统尾水管进口真空度的近似理论公式。至此，第一方面的认识已经较为透彻，问题得到较好的解决。对于第二方面，文献[6]利用 MATLAB 仿真计算软件，分析了变顶高尾水洞水电站机组运行稳定性，给出了调速器参数和尾水洞顶坡度对运行稳定性的影响；文献[7]基于有压管道特征线法和明渠改进狭缝法，研究了变顶高尾水洞的小波动稳定性特性，并与尾水调压室方案进行了对比。但前人对于第二方面的研究多基于数值仿真，仅停留在影响因素的敏感性分析层面，缺乏理论分析成果，至今未能揭示变顶高尾水洞的稳定性工作原理，人们对于该类尾水洞在负荷调整等扰动下水轮机调节系统的工作稳定性的机理认识仍然非常模糊。而理论分析的困难在于变顶高尾水洞明满流分界面来回运动带来的水轮机调节系统的非线性问题和多扰动问题（在负荷扰动的同时始终存在明流段水位波动的扰动）。总地来说，变顶高尾水洞第二方面的研究由于缺乏有效的数学手段而停滞不前，无法进行物理本质层面的探讨，进而无法取得突破性成果。

进行变顶高尾水洞水电站在负荷调整等扰动下水轮机调节系统的工作稳定性的理论研究，首先需要解决两个方面的问题：①建立包含准确描述变顶高尾水洞明满流分界面运动特性的引水系统动力方程在内的水轮机调节系统非线性数学模型，此模型针对小波动情况，同时必须适用于理论分析；②寻找合适的数学理论，准确有效地对所建立的非线性数学模型进行分析，并能揭示变顶高尾水洞作用下水轮机调节系统的动态特性与非线性本质。

对于小波动情况下适用于理论分析的水轮机调节系统非线性数学模型，关键在于描述变顶高尾水洞内水流运动的管道动力方程。对此，到目前为止，仅有文献[6]在明满流分界面处的水流连续性方程的基础上建立了描述变顶高尾水洞内水流运动的管道动力方程，该方程可满足稳定性理论分析的要求；虽然文献[7-8]等也建立了变顶高尾水洞水流非恒定方程，但它们仅适用于数值计算，无法进行理论的、解析的分析与讨论。但是，文献[6]提出的变顶高尾水洞内水流动力方程只引入了尾水洞中的水流惯性变化这一影响因素，忽略了明流段水位波动的影响，同时也没有指出该方程的适用条件，具有一定的缺陷。

对于非线性问题分析理论，常用的有微分几何理论、分岔理论、混沌理论、模糊理论、神经网络理论等。非线性数学模型的处理方法与非线性系统动态特性的研究手段，是非线性问题研究最关键的一环。研究者提出了很多的非线性分析方法，如分岔分析方法[9-10]、改进 PSO 算法[11]、确定的混沌遗传进化算法[12-13]、线性二次控制法[14]、连续压力冷凝调整法[15]、改进的参数重力搜索法[16]、参数辨识[17]和非线性预测控制[18]等。其中，Hopf 分岔是非线性动力系统中的一类相对比较简单而又重要的分岔问题，属于一种局部的动态分岔，具体是指随着分岔参数的变化，系统在非双曲平衡点处从平衡点突然分岔出极限环的现象[19-21]，广泛应用于各类复杂的非线性动力系统的动态特性的研究中，如动态状态反馈系统[22]、切换动态系统[23]，尤其是电力系统的非线性方面[24~29]，通过 Hopf 分岔揭示系统固有的非线性动力学本质问题，提出相应的控制策略和优化方法。近年来，Hopf 分岔理论已被引入水力发电调节系统的研究[30-31]，重点运用该方法探讨了调速器、励磁系统等的非线性对系统动态品质的影响，说明该方法对于处理水轮机调节系统的非线性具有较好的效果。

本章将 Hopf 分岔理论应用到变顶高尾水洞水电站水轮机调节系统的稳定性研究。具体而言，首先在文献[6]的基础上提出了同时包含水流惯性变化和明流段水位波动两个影响因素的改进的变顶高尾水洞内水流动力方程，据此建立了变顶高尾水洞水电站水轮机调节系统非线性数学模型。然后根据此模型进行了调节系统的 Hopf 分岔的存在性、分岔方向等的分析，推导得到系统发生 Hopf 分岔的代数判据和分岔类型，共同阐释了 Hopf 分岔方法在该特殊非线性系统上的应用流程与原理。基于分岔分析结果绘制了系统的稳定域，并分析了系统在不同状态参数下的稳定特性。最后利用稳定域分析了变顶高尾水洞在机组负荷调整下的稳定性工作原理。这一部分作为 Hopf 分岔理论在变顶高尾水洞水轮机调节系统稳定性上的实际应用，在揭示稳定性工作原理的同时也说明了该方法对于处理此问题的有效性，分析了负荷阶跃值、尾水洞坡度、尾水洞断面形状及尾水洞内水深对系统的稳定性的影响，根据分析结果提出了这四个参数的取值优化方法以提高系统的稳定性。

6.1 水轮机调节系统非线性模型

考虑如图 6.1 所示的变顶高尾水洞水电站引水发电系统。

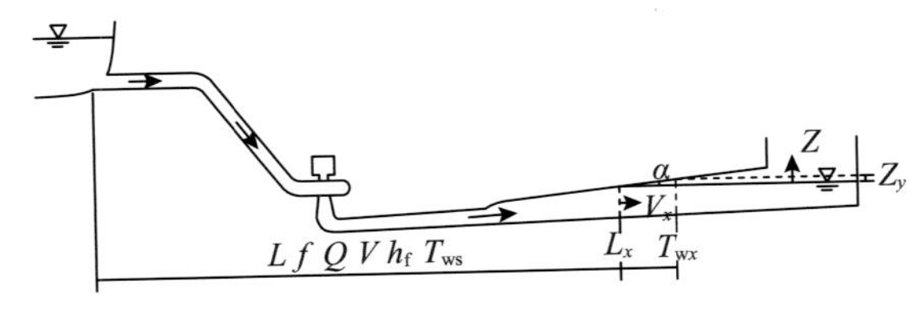

图 6.1 变顶高尾水洞水电站引水发电系统示意图

具有变顶高尾水洞的水电站在机组调节过程中，尾水洞中存在明满流分界面的来回运动现象，这将引起尾水洞中的水流惯性时间常数的变化，会导致明流段水位的波动，进而影响机组的工作水头。这两方面的作用使变顶高尾水洞水电站的水轮机调节系统运行特性显著不同且复杂于有压尾水洞水电站。

对于有压尾水洞水电站，压力管道动力方程为

$$h=-T_{\mathrm{w}}\frac{\mathrm{d}q}{\mathrm{d}t}-\frac{2h_{\mathrm{f}}}{H_0}q \tag{6.1}$$

对于变顶高尾水洞水电站，机组调节过程中的压力管道水流惯性包括稳态水流惯性和暂态水流惯性两部分，相应的时间常数分别记为 T_{ws}、$T_{\mathrm{w}x}$，其中 $T_{\mathrm{ws}}=\dfrac{LV}{gH_0}$、$T_{\mathrm{w}x}=\dfrac{L_xV_x}{gH_0}$，且有 $T_{\mathrm{w}}=T_{\mathrm{ws}}+T_{\mathrm{w}x}$；明流段水位的波动记为 Z，以初始稳定状态水位为 0 点，向上为正，水位的波动会直接改变管道内水体的压力，水位的变化量记为 Z_y，且令 $z_y=\dfrac{Z_y}{H_0}$。则考虑以上两点作用的变顶高尾水洞水电站的压力管道动力方程为

$$h=-(T_{\mathrm{ws}}+T_{\mathrm{w}x})\frac{\mathrm{d}q}{\mathrm{d}t}-\frac{2h_{\mathrm{f}}}{H_0}q-z_y \tag{6.2}$$

文献[6]假定变顶高尾水洞负荷调整引起的明满流雍水波和退水波的波顶始终贴着尾水洞顶移动，由该假定可知，机组在负荷扰动作用下，引用流量会发生改变，且在 Δt 时间内改变的引用流量 ΔQ 全部填充到尾水洞顶长度为 L_x 的空间内（即图 6.2 中所示的阴影区域）。据此假定得到明满流分界面处的水流连续性方程 $(Q-Q_0)\Delta t=L_xZ_yB/\lambda$，进而得到 $L_x=\dfrac{\lambda Q_0}{cB\tan\alpha}q$，故 $T_{\mathrm{w}x}=\dfrac{\lambda Q_0V_x}{gH_0cB\tan\alpha}q$；另由 $Z_y=L_x\tan\alpha$ 可得 $z_y=\dfrac{\lambda Q_0}{H_0cB}q$。文献[6]的假定对于一般的变顶高尾水洞（洞顶坡度不超过 5%，多数为 2%～4%）来说，其所反映的明满流现象本质与模型试验观测到的结果[8]一致，是合理的。故采用 $T_{\mathrm{w}x}$ 和 z_y 的表达式可将式（6.2）变形为

$$h=-\frac{\lambda Q_0V_x}{gH_0cB\tan\alpha}q\frac{\mathrm{d}q}{\mathrm{d}t}-T_{\mathrm{ws}}\frac{\mathrm{d}q}{\mathrm{d}t}-\left(\frac{2h_{\mathrm{f}}}{H_0}+\frac{\lambda Q_0}{H_0cB}\right)q \tag{6.3}$$

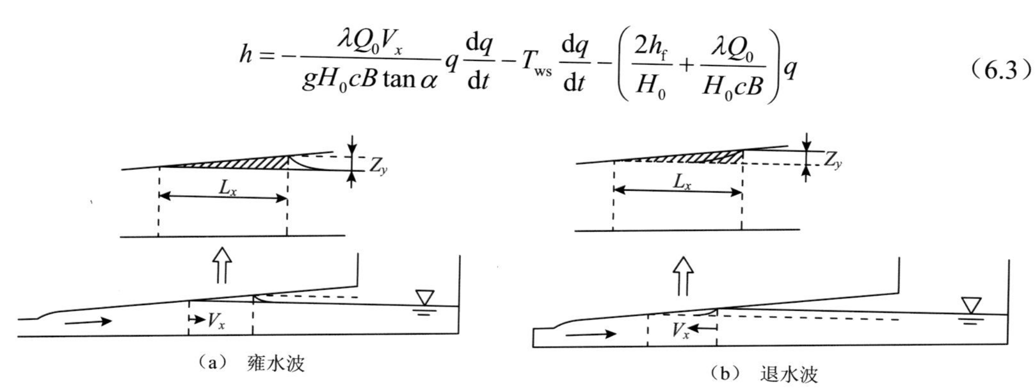

图 6.2　变顶高尾水洞明满流分界面运动示意图

调节系统的水轮机、发电机和调速器部分的基本方程分别为水轮机力矩方程、流量方程：

$$m_t = e_h h + e_x x + e_y y \tag{6.4}$$

$$q = e_{qh} h + e_{qx} x + e_{qy} y \tag{6.5}$$

发电机加速方程：

$$T_a \frac{dx}{dt} = m_t - (m_g + e_g x) \tag{6.6}$$

调速器方程：

$$\frac{dy}{dt} = -K_p \frac{dx}{dt} - K_i x \tag{6.7}$$

式（6.1）～式（6.7）及“注意”中：L 为压力管道长度，m；f 为压力管道断面积，m^2；Q 为机组引用流量，m^3/s；V 为压力管道流速，m/s；Z_y 为任意暂态时刻相对初始水位的明流段水位变化值，向上为正，m；L_x 为明满流分界面任意暂态时刻相对初始位置运动的距离，向下游为正，m；V_x 为明满流分界面处的水流流速，m/s；T_w 为水流惯性时间常数，s；T_{ws} 为稳态水流惯性时间常数，s；T_{wx} 为暂态水流惯性时间常数，s；H 为机组工作水头，m；α 为变顶高尾水洞顶坡角，rad；H_x 为明满流分界面处水深，m；B 为变顶高尾水洞宽度，m；c 为明流段明渠波速，m/s；λ 为尾水洞断面系数；h_f 为压力管道水头损失，m；g 为重力加速度，m/s^2；n 为机组转速，r/min；Y 为导叶开度，mm；M_t 为水轮机动力矩，N·m；M_g 为水轮机阻力矩，N·m；e_h、e_x、e_y 为水轮机力矩传递系数；e_{qh}、e_{qx}、e_{qy} 为水轮机流量传递系数；T_a 为机组惯性时间常数，s；e_g 为负荷自调节系数；K_p 为比例增益；K_i 为积分增益，s^{-1}。

注意：

（1）$h=（H-H_0）/H_0$、$q=（Q-Q_0）/Q_0$、$x=（n-n_0）/n_0$、$y=（Y-Y_0）/Y_0$、$m_t=（M_t-M_{t0}）/M_{t0}$、$m_g=（M_g-M_{g0}）/M_{g0}$ 为各自变量的偏差相对值，有下标“0”者为初始时刻之值。

（2）水轮机六个传递系数的定义：$e_h = \partial m_t / \partial h$，$e_x = \partial m_t / \partial x$，$e_y = \partial m_t / \partial y$，$e_{qh} = \partial q / \partial h$，$e_{qx} = \partial q / \partial x$，$e_{qy} = \partial q / \partial y$。$c = \sqrt{gH_x}$，$V_x = Q_0 / (BH_x)$。

（3）λ 的取值：以三种典型的尾水洞断面形式（矩形、城门洞形和圆形）为例讨论尾水洞断面系数 λ 的取值，由于 λ 的取值不仅与断面形式有关，还与尾水洞内的水位位置有关，故对三种断面形式，均取四种尾水位进行比较分析，即水位 1、水位 2、水位 3、水位 4，其中水位 4 为趋于洞顶的水位，如图 6.3 所示。计算时，三种断面形式的面积相同，其中矩形断面的高宽比取为 2∶1，城门洞形的拱顶圆弧中心角取为 120°。

以圆形尾水洞为例说明断面系数 λ 的计算方法，如图 6.4 所示，对于某一尾水位，圆形断面在尾水位上部的未充水区域的面积记为 A_2，这部分区域对应的矩形断面的面积记为 A_1，则该水位下圆形断面的断面系数 λ 按下式计算：

$$\lambda = \frac{2A_1}{A_2} \tag{6.8}$$

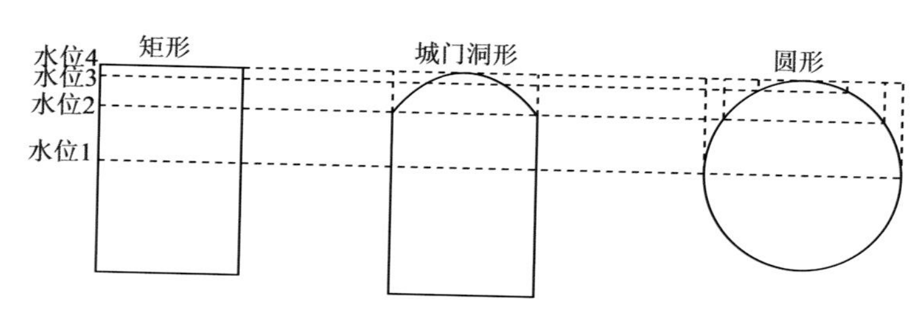

图 6.3　尾水洞断面形式与尾水位示意图

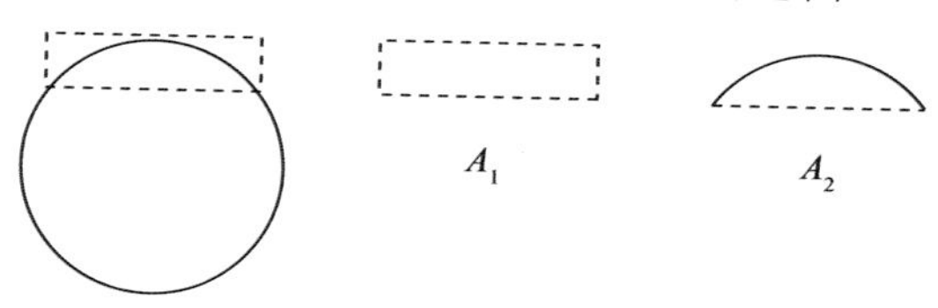

图 6.4　断面系数 λ 的计算示意图

根据式（6.8），可以算得三种断面形式下四个尾水位对应的 λ 值，计算结果如表 6.1 所示。

表 6.1　λ 值计算结果

λ	水位 1	水位 2	水位 3	水位 4
矩形	2	2	2	2
城门洞形	2.272	2.821	2.961	4
圆形	2.548	2.857	2.994	4

从表 6.1 可以看出，相同尾水位下，矩形断面的 λ 值最小，且始终为 2，圆形断面的 λ 值最大。

（4）$m_{\rm g}$ 等于机组负荷的偏差相对值，因此 $m_{\rm g}$ 可以认为是负荷扰动量。

变顶高尾水洞明满流分界面的运动，使基本方程式（6.3）引入了非线性项 $q\dfrac{{\rm d}q}{{\rm d}t}$，故相对于有压尾水洞水电站的线性水轮机调节系统，变顶高尾水洞水电站的水轮机调节系统为非线性的。将式（6.3）～式（6.7）综合为如下三维自治的非线性动力系统形式：

$$\begin{cases}\dot{q}=\dfrac{-\left(\dfrac{2h_{\rm f}}{H_0}+\dfrac{\lambda Q_0}{H_0 cB}+\dfrac{1}{e_{qh}}\right)q+\dfrac{e_{qx}}{e_{qh}}x+\dfrac{e_{qy}}{e_{qh}}y}{\dfrac{\lambda Q_0 V_x}{gH_0 cB\tan\alpha}q+T_{\rm ws}}\\ \dot{x}=\dfrac{1}{T_{\rm a}}\left[\dfrac{e_h}{e_{qh}}q+\left(e_x-\dfrac{e_h}{e_{qh}}e_{qx}-e_g\right)x+\left(e_y-\dfrac{e_h}{e_{qh}}e_{qy}\right)y-m_{\rm g}\right]\\ \dot{y}=-\dfrac{K_{\rm p}}{T_{\rm a}}\dfrac{e_h}{e_{qh}}q-\left[\dfrac{K_{\rm p}}{T_{\rm a}}\left(e_x-\dfrac{e_h}{e_{qh}}e_{qx}-e_g\right)+K_{\rm i}\right]x-\dfrac{K_{\rm p}}{T_{\rm a}}\left(e_y-\dfrac{e_h}{e_{qh}}e_{qy}\right)y+\dfrac{K_{\rm p}}{T_{\rm a}}m_{\rm g}\end{cases}\tag{6.9}$$

该非线性状态方程模型反映在负荷扰动 $m_{\rm g}$ 作用下变顶高尾水洞水电站水轮机调节系统的动态特性与非线性本质。

6.2 水轮机调节系统的Hopf分岔分析

Hopf分岔是非线性动力系统中相对比较简单而又重要的一类动态分岔现象，它通常与系统自激振荡有密切联系，当发生Hopf分岔时，系统在外部扰动或者仅在自身参数变化的作用下，将使系统突然产生稳定或不稳定的极限环振荡（分别对应于超临界和亚临界的Hopf分岔）。

6.2.1 非线性系统的平衡点

将式（6.9）表示的非线性动力系统写成如下形式：$\dot{\boldsymbol{x}} = f(\boldsymbol{x}, \mu)$，其中$\boldsymbol{x} = (q, x, y)^{\mathrm{T}}$、$\mu$为系统分岔参数。由$\dot{\boldsymbol{x}} = 0$可求出系统的唯一平衡点$\boldsymbol{x}_0 = (q_0, x_0, y_0)^{\mathrm{T}}$：

$$\begin{cases} q_0 = \dfrac{1}{\dfrac{e_h}{e_{qh}} + \left(\dfrac{e_y}{e_{qy}} e_{qh} - e_h\right)\left(\dfrac{2h_{\mathrm{f}}}{H_0} + \dfrac{\lambda Q_0}{H_0 cB} + \dfrac{1}{e_{qh}}\right)} m_{\mathrm{g}} \\ x_0 = 0 \\ y_0 = \dfrac{\dfrac{e_{qh}}{e_{qy}}\left(\dfrac{2h_{\mathrm{f}}}{H_0} + \dfrac{\lambda Q_0}{H_0 cB} + \dfrac{1}{e_{qh}}\right)}{\dfrac{e_h}{e_{qh}} + \left(\dfrac{e_y}{e_{qy}} e_{qh} - e_h\right)\left(\dfrac{2h_{\mathrm{f}}}{H_0} + \dfrac{\lambda Q_0}{H_0 cB} + \dfrac{1}{e_{qh}}\right)} m_{\mathrm{g}} \end{cases} \tag{6.10}$$

6.2.2 Hopf分岔的存在性

系统$\dot{\boldsymbol{x}} = f(\boldsymbol{x}, \mu)$在平衡点$\boldsymbol{x}_0$的Jacobian矩阵为

$$\begin{aligned} \boldsymbol{J}(\mu) &= \boldsymbol{D} f_x(\boldsymbol{x}_0, \mu) \\ &= \begin{bmatrix} \dfrac{\partial \dot{q}}{\partial q} & \dfrac{\partial \dot{q}}{\partial x} & \dfrac{\partial \dot{q}}{\partial y} \\ \dfrac{\partial \dot{x}}{\partial q} & \dfrac{\partial \dot{x}}{\partial x} & \dfrac{\partial \dot{x}}{\partial y} \\ \dfrac{\partial \dot{y}}{\partial q} & \dfrac{\partial \dot{y}}{\partial x} & \dfrac{\partial \dot{y}}{\partial y} \end{bmatrix} \end{aligned} \tag{6.11}$$

式中：$\dfrac{\partial \dot{q}}{\partial q} = \dfrac{-\left(\dfrac{2h_{\mathrm{f}}}{H_0} + \dfrac{\lambda Q_0}{H_0 cB} + \dfrac{1}{e_{qh}}\right)}{\dfrac{\lambda Q_0 V_x}{gH_0 cB \tan\alpha} q_0 + T_{\mathrm{ws}}}$；$\dfrac{\partial \dot{q}}{\partial x} = \dfrac{\dfrac{e_{qx}}{e_{qh}}}{\dfrac{\lambda Q_0 V_x}{gH_0 cB \tan\alpha} q_0 + T_{\mathrm{ws}}}$；$\dfrac{\partial \dot{q}}{\partial y} = \dfrac{\dfrac{e_{qy}}{e_{qh}}}{\dfrac{\lambda Q_0 V_x}{gH_0 cB \tan\alpha} q_0 + T_{\mathrm{ws}}}$；

$\frac{\partial \dot{x}}{\partial q}=\frac{1}{T_{\mathrm{a}}}\frac{e_h}{e_{qh}}$；$\frac{\partial \dot{x}}{\partial x}=\frac{1}{T_{\mathrm{a}}}\left(e_x-\frac{e_h}{e_{qh}}e_{qx}-e_{\mathrm{g}}\right)$；$\frac{\partial \dot{x}}{\partial y}=\frac{1}{T_{\mathrm{a}}}\left(e_y-\frac{e_h}{e_{qh}}e_{qy}\right)$；$\frac{\partial \dot{y}}{\partial q}=-\frac{K_{\mathrm{p}}}{T_{\mathrm{a}}}\frac{e_h}{e_{qh}}$；
$\frac{\partial \dot{y}}{\partial x}=-\left[\frac{K_{\mathrm{p}}}{T_{\mathrm{a}}}\left(e_x-\frac{e_h}{e_{qh}}e_{qx}-e_{\mathrm{g}}\right)+K_{\mathrm{i}}\right]$；$\frac{\partial \dot{y}}{\partial q}=-\frac{K_{\mathrm{p}}}{T_{\mathrm{a}}}\left(e_y-\frac{e_h}{e_{qh}}e_{qy}\right)$。

将 Jacobian 矩阵 $\boldsymbol{J}(\mu)$ 的特征方程 $\det[\boldsymbol{J}(\mu)-\chi\boldsymbol{I}]=0$ 展开得

$$\chi^3+a_1\chi^2+a_2\chi+a_3=0 \tag{6.12}$$

式中：$a_1=-\left(\frac{\partial \dot{q}}{\partial q}+\frac{\partial \dot{x}}{\partial x}+\frac{\partial \dot{y}}{\partial y}\right)$；$a_2=\frac{\partial \dot{q}}{\partial q}\frac{\partial \dot{x}}{\partial x}+\frac{\partial \dot{q}}{\partial q}\frac{\partial \dot{y}}{\partial y}+\frac{\partial \dot{x}}{\partial x}\frac{\partial \dot{y}}{\partial y}-\frac{\partial \dot{x}}{\partial y}\frac{\partial \dot{y}}{\partial x}-\frac{\partial \dot{q}}{\partial x}\frac{\partial \dot{x}}{\partial q}-\frac{\partial \dot{q}}{\partial y}\frac{\partial \dot{y}}{\partial q}$；
$a_3=\frac{\partial \dot{q}}{\partial q}\frac{\partial \dot{x}}{\partial y}\frac{\partial \dot{y}}{\partial x}+\frac{\partial \dot{q}}{\partial x}\frac{\partial \dot{x}}{\partial q}\frac{\partial \dot{y}}{\partial y}+\frac{\partial \dot{q}}{\partial y}\frac{\partial \dot{x}}{\partial x}\frac{\partial \dot{y}}{\partial q}-\frac{\partial \dot{q}}{\partial q}\frac{\partial \dot{x}}{\partial x}\frac{\partial \dot{y}}{\partial y}-\frac{\partial \dot{q}}{\partial x}\frac{\partial \dot{x}}{\partial y}\frac{\partial \dot{y}}{\partial q}-\frac{\partial \dot{q}}{\partial y}\frac{\partial \dot{x}}{\partial q}\frac{\partial \dot{y}}{\partial x}$。

定理[17-21]：当 $\mu=\mu_{\mathrm{c}}$ 时（μ 为分岔参数；μ_{c} 为分岔点对应 μ），有

（1）$a_i>0$（i=1, 2, 3），且

$$\varDelta_2=\begin{vmatrix}a_1 & 1\\ a_3 & a_2\end{vmatrix}=a_1a_2-a_3=0 \tag{6.13}$$

则方程（6.12）在 $\mu=\mu_{\mathrm{c}}$ 处存在一对纯虚特征根 $\chi_{1,2}=\pm\mathrm{i}\sqrt{a_2}$ 和一个具有负实部的特征根 $\chi_3=-a_1$。

（2）$(1\mp 3)(\pm a_1'a_2-a_3')-2a_1a_2'\neq 0$（推导过程见 6.2.3 小节），则系统式（6.9）在 $\mu=\mu_{\mathrm{c}}$ 处发生 Hopf 分岔，即在参数 $\mu=\mu_{\mathrm{c}}$ 附近系统式（6.9）存在周期运动，且出现 Hopf 分岔时的极限环周期为

$$T=\frac{2\pi}{\sqrt{a_2}} \tag{6.14}$$

该定理即为判断三维系统发生 Hopf 分岔的直接代数判据。

6.2.3　Hopf 分岔的方向

式（6.12）两边分别对分岔参数 μ 求导，得

$$\frac{\mathrm{d}\chi}{\mathrm{d}\mu}=-\frac{\chi^2a_1'+\chi a_2'+a_3'}{3\chi^2+2\chi a_1+a_2} \tag{6.15}$$

式中：$a_i'=\frac{\mathrm{d}a_i}{\mathrm{d}\mu}$，$i$=1，2，3。

在分岔点 $\mu=\mu_{\mathrm{c}}$ 处，有 $\chi_{1,2}=\pm\mathrm{i}\sqrt{a_2}$，故可得分岔点处：

$$\left.\frac{\mathrm{d}\chi}{\mathrm{d}\mu}\right|_{\mu=\mu_c}=\frac{(\pm a_1'a_2-a_3')\mp \mathrm{i}\sqrt{a_2}a_2'}{(a_2\mp 3a_2)\pm 2\mathrm{i}a_1\sqrt{a_2}} \tag{6.16}$$

进而可得横截系数$\sigma'(\mu_c)$：

$$\sigma'(\mu_c)=\mathrm{Re}\left(\left.\frac{\mathrm{d}\chi}{\mathrm{d}\mu}\right|_{\mu=\mu_c}\right)=\frac{(1\mp 3)(\pm a_1'a_2-a_3')-2a_1a_2'}{(1\mp 3)^2a_2+4a_1^2} \tag{6.17}$$

根据6.2.2节的表达式可以判断出$\sigma'(\mu_c)>0$(表达式较为繁复，此处直接给出判断结果)，因而根据Hopf分岔定理[17-21]，所出现的Hopf分岔是超临界的，即分岔方向可判断为：当$\mu<\mu_c$时，系统的平衡点为稳定的焦点，而对于足够小的$\mu>\mu_c$，系统从平衡位置分岔出周期运动，产生一个稳定的极限环，从而系统出现持续振荡，振荡周期由式（6.14）决定。

6.3　基于Hopf分岔的系统稳定性分析

以某变顶高尾水洞水电站为例开展基于Hopf分岔的水轮机调节系统负荷扰动下的稳定性分析。该水电站基本资料如下：额定水头H_0=70.7m，额定流量Q_0=466.7m^3/s，T_a=8.77s，B=10.0m；取下游尾水位处于变顶高尾水洞中央；其他参数的取值为T_{ws}=3.20s、h_f=2.68m、H_x=23m、tanα=0.03、λ=3；取理想水轮机传递系数为e_h=1.5、e_x=−1、e_y=1、e_{qh}=0.5、e_{qx}=0、e_{qy}=1；取负荷自调节系数e_g=0；g=9.81m/s^2。计算工况：机组额定出力正常运行发生负荷阶跃扰动，负荷阶跃扰动的示意如图6.5所示，扰动量m_g=（M_g−M_{g0}）/M_{g0}，分为负扰（m_g<0）和正扰（m_g>0）两种类型。

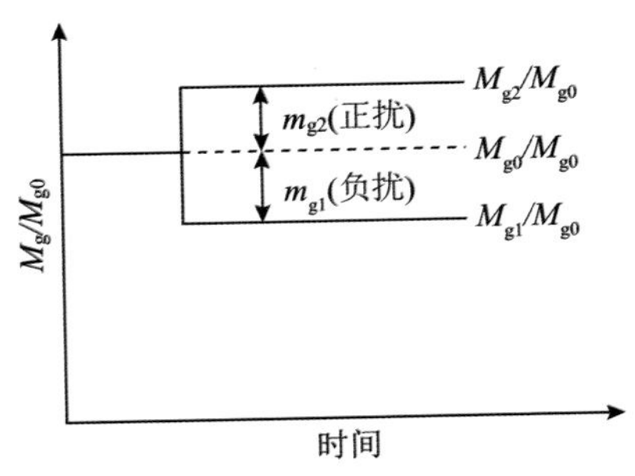

图6.5　负荷阶跃扰动示意图

6.3.1　调节系统的稳定域

Hopf分岔的分岔点是系统状态稳定的临界点。在系统参数平面内，由不同状态下的分岔点组成的曲线称为分岔线，分岔线将整个参数平面分成了两部分(分居分岔线两侧)：

稳定域和不稳定域。系统参数位于稳定域内时，受扰动后动态系统会恢复到新的稳态；位于不稳定域内时，受扰动后动态系统会进入一持续的等幅振荡状态，无法衰减。故分岔线的位置决定了系统在参数平面内不同状态下的稳定状态及稳定裕度，即衡量了系统的动态特性。

对于本节的变顶高尾水洞水电站水轮机调节系统，选取 $K_{\rm i}$ 为系统的分岔参数，相应的分岔点记为：$\mu_{\rm c}=K_{\rm i}^*$。根据 6.2.2 小节中的分析，利用式(6.13)且同时满足 $a_i>0$（i=1, 2, 3）和 $(1\mp 3)(\pm a_1'a_2-a_3')-2a_1a_2'\neq 0$，即可在 PI 参数平面（即 $K_{\rm p}$ - $K_{\rm i}$ 坐标系）绘制系统的分岔线 $[K_{\rm i}^*=K_{\rm i}^*(K_{\rm p}^*)]$，从而确定稳定域和不稳定域。取负荷扰动为突减 10%额定负荷，即 $m_{\rm g}$=−0.1，绘制结果如图 6.6 所示。

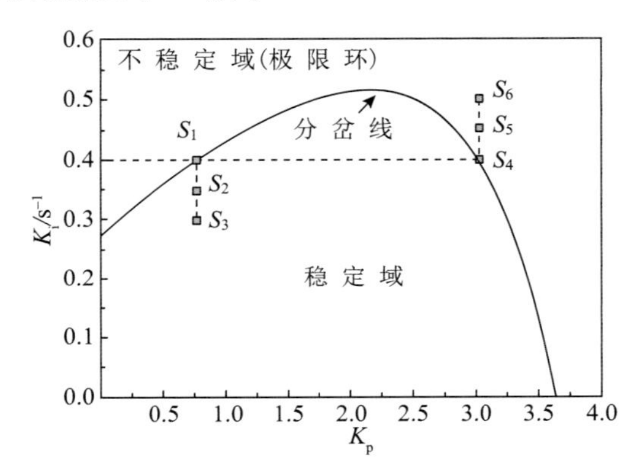

图 6.6 变顶高尾水洞水电站水轮机调节系统的稳定域

由于系统的 Hopf 分岔是超临界的，故对于一 $K_{\rm p}$ 值，当 $\mu<\mu_{\rm c}$，即 $K_{\rm i}<K_{\rm i}^*$ 时，系统是稳定的；反之系统则是不稳定的。

6.3.2 调节系统的分岔图

对于任何一个非线性动力系统在进行 Hopf 分岔分析时，需要得到其分岔图，它是系统发生分岔现象时最直观的表示[21]。分岔图是在系统状态变量和分岔参数所组成的空间中得到的系统极限集（如平衡点、周期闭轨、不变环面等）随参数变化的图形，它反映了非线性系统的动力学性态随参数的变化情况，可进一步揭示动力系统的分岔类型及分岔点的位置。

在图 6.6 中选择 $K_{\rm i}$=0.4s^{-1}、0.45s^{-1}，以 $K_{\rm p}$ 为分岔参数。从图 6.6 可知：当 $K_{\rm i}$=0.4s^{-1} 时，$K_{\rm p}$ 分岔点有两处，记为 S_1、S_4，相应的 $K_{\rm p}^*$ 理论值分别为 0.778、3.024，则根据 6.2 节的理论分析结果：当 $0.778<K_{\rm p}<3.024$ 时，系统是稳定的，状态变量将会衰减并收敛到稳定的平衡点；当 $K_{\rm p}<0.778$ 或 $K_{\rm p}>3.024$ 时，系统是不稳定的，状态变量将会出现等幅振荡并收敛到稳定的极限环。类似地，当 $K_{\rm i}$=0.45s^{-1} 时，$K_{\rm p}$ 分岔点也有两处，相应的 $K_{\rm p}^*$ 理论值分别为 1.153、2.843，且当 $1.153<K_{\rm p}<2.843$ 时系统是稳定的，当 $K_{\rm p}<1.153$

或$K_p > 2.843$时系统是不稳定的。将机组转速 x 作为状态变量来观察系统的分岔特性，在 MATLAB 环境中编程，采用局部最大值算法进行计算并绘图，得到K_i=0.4s^{-1}、0.45s^{-1}时的分岔图，如图 6.7 所示。

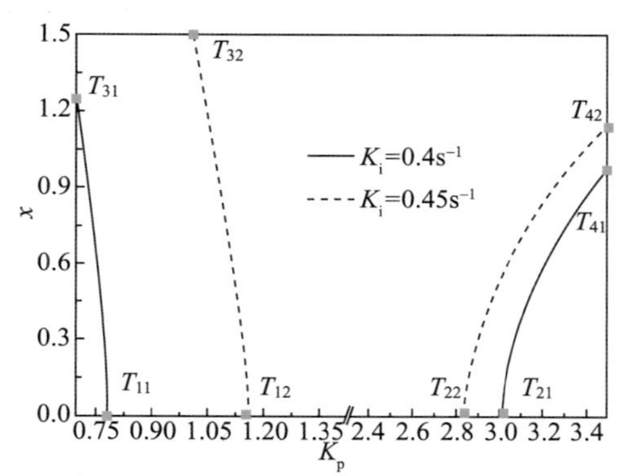

图 6.7 K_i=0.4s^{-1}、0.45s^{-1}时机组转速 x 随分岔参数 K_p 变化的分岔图

由分岔图 6.7 可见：

（1）当K_i=0.4s^{-1}时，K_P分岔点为T_{11}、T_{21}，且对应的K_p^*值与之前的理论值（0.778、3.024）一致；在图 6.6 中K_i为 0.4s^{-1}时分岔线外侧范围内系统出现稳定的极限环（对应分岔图的$[T_{11},T_{31}]$、$[T_{21},T_{41}]$区间)，在K_i为 0.4s^{-1}时分岔线内侧范围内系统出现稳定的平衡点（对应分岔图的$[T_{11},T_{21}]$区间)；当K_i=0.45s^{-1}时同样可以得到类似的结果。

（2）对于同一K_i值，在出现稳定极限环的两个K_p区间（如K_i=0.4s^{-1}时的区间$[T_{11},T_{31}]$、$[T_{21},T_{41}]$）中，左侧区域（如$[T_{11},T_{31}]$）内 x 对K_P的变化率远大于右侧区域（如$[T_{21},T_{41}]$）内 x 对K_P的变化率。对于不同的K_i值，在出现稳定极限环的K_P区间内，相同的K_P值下K_i越大对应的 x 值亦越大。

分岔图中分岔参数K_p变化过程中系统 Jacobian 矩阵$\boldsymbol{J}(\mu)$的特征方程式（6.12）的特征值的变化轨迹如图 6.8 所示，其中，$K_{p11}^* = K_P(T_{11})$、$K_{p21}^* = K_P(T_{21})$、$K_{p12}^* = K_P(T_{12})$、$K_{p22}^* = K_P(T_{22})$。可见，该系统的 Jacobian 矩阵的特征值始终为一对复共轭特征值和一个

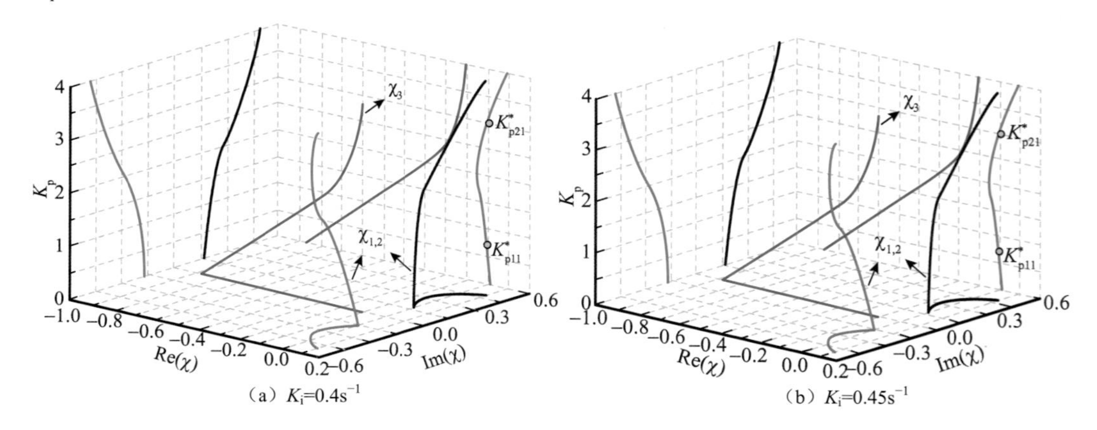

图 6.8 Hopf 分岔中特征值χ随分岔参数K_p的变化

实特征值。当系统状态参数(K_p, K_i)点位于稳定域内时，复共轭特征值具有负实部，且实特征值为负值；随着参数的变化，达到分岔点时，复共轭特征值的实部变为 0，实特征值仍为负值（即为 6.2.2 小节中定理的结论）；越过分岔点进入不稳定域后，复共轭特征值的实部变为正，但实特征值仍为负值。

6.3.3　稳定性的数值仿真

为了验证以上理论分析结果，同时深入探讨变顶高尾水洞水电站水轮机调节系统在不同状态参数取值下的动态响应特性，在图 6.6 中取六个点 S_1、S_2、S_3、S_4、S_5、S_6 进行数值仿真，其中，S_1、S_4 为分岔点，S_2、S_3 位于稳定域内，S_5、S_6 位于不稳定域内，各点的状态参数(K_p, K_i)取值如表 6.2 所示。利用 6.2 节分岔理论的分析结果可以判断出系统受到 m_g=−0.1 的负荷扰动时，在各点的变量动态响应对应的相空间轨迹的理论状态（平衡点、极限环），且对于出现相空间极限环的状态点，由振荡周期计算公式式（6.14）可计算出相应的周期，一并列于表 6.2 内。

表 6.2　六个状态点对应的状态参数及变量动态响应的相空间轨迹理论状态

状态点/状态参数	S_3	S_2	S_1	S_4	S_5	S_6
K_p	0.778	0.778	0.778	3.024	3.024	3.024
K_i /s^{-1}	0.30	0.35	0.40	0.40	0.45	0.50
（$K_i - K_i^*$）/s^{-1}	−0.10	−0.05	0	0	0.05	0.10
振荡周期 T 理论值/s	—	—	33.16	15.36	15.90	16.52
变量动态响应的相空间轨迹理论状态	平衡点	平衡点	极限环	极限环	极限环	极限环

利用数值仿真方法可以计算出表 6.2 中六个状态点对应的特征变量（q、x）的动态响应过程和变量动态响应的相空间轨迹（q-x-y），分别绘图，结果如图 6.9 所示。

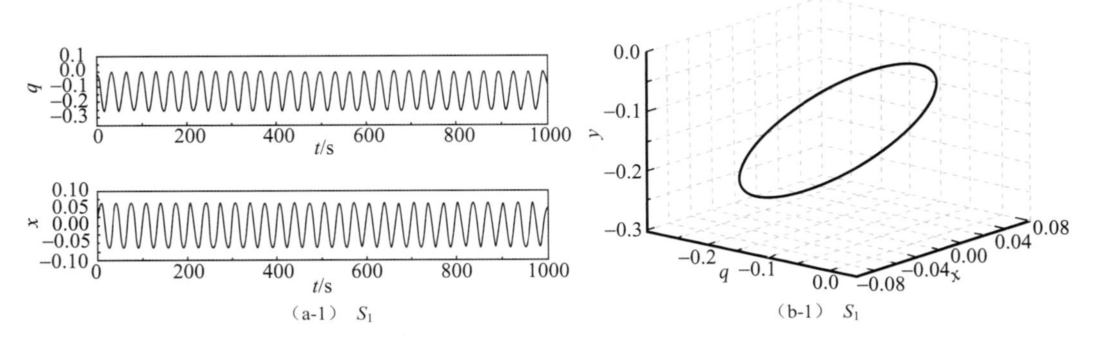

图 6.9　六个状态点对应的特征变量（q、x）的动态响应过程和变量动态响应的相空间轨迹（q-x-y）

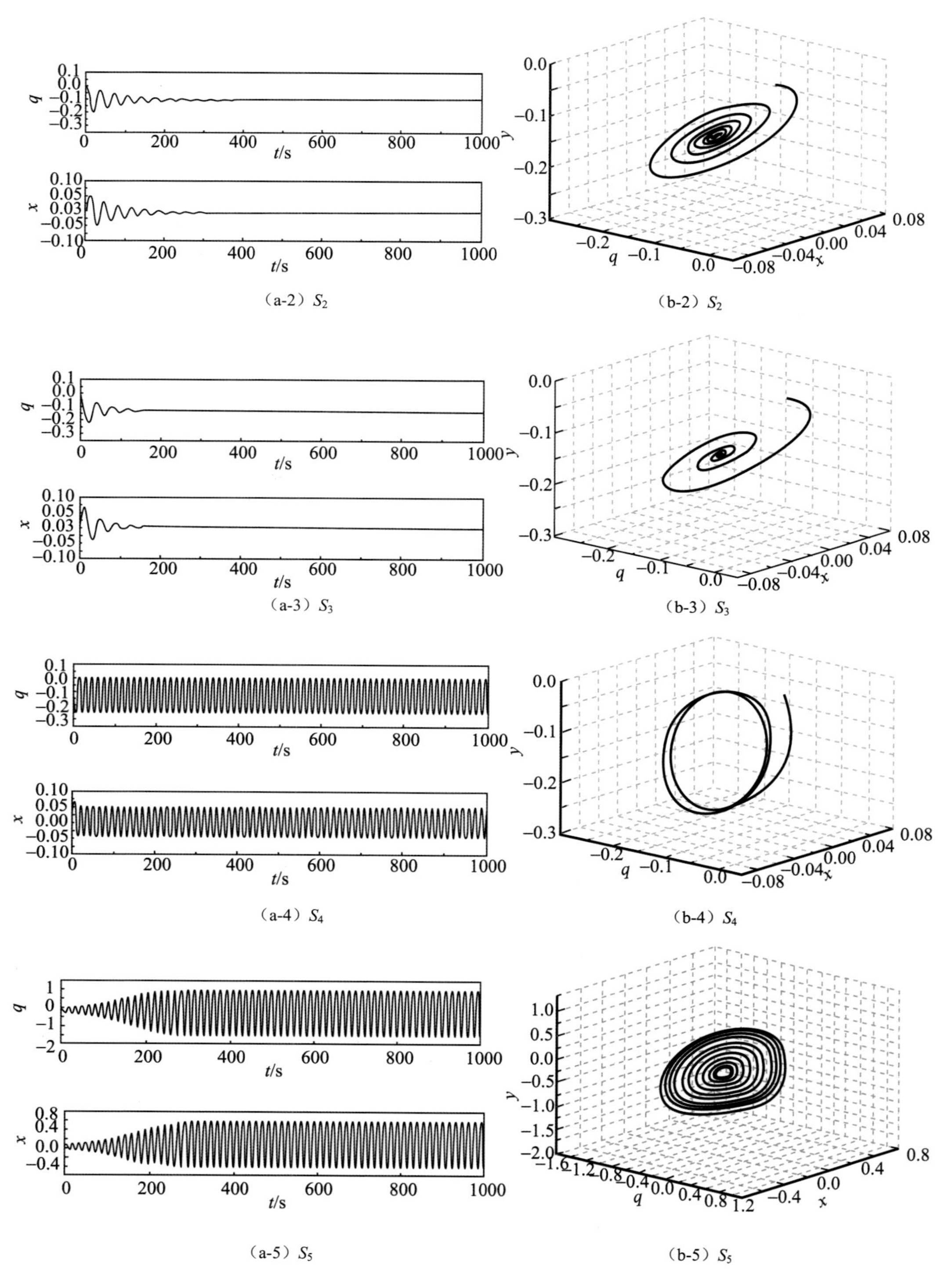

（a-2）S_2　（b-2）S_2

（a-3）S_3　（b-3）S_3

（a-4）S_4　（b-4）S_4

（a-5）S_5　（b-5）S_5

图 6.9　六个状态点对应的特征变量（q、x）的动态响应过程和变量动态响应的相空间轨迹（q-x-y）

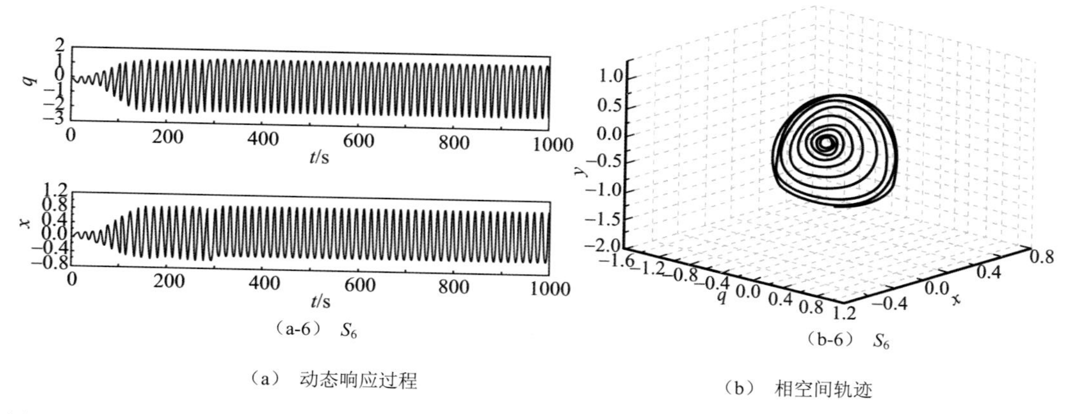

图 6.9　六个状态点对应的特征变量（q、x）的动态响应过程和变量动态响应的相空间轨迹（q-x-y）（续）

结合表 6.2 对图 6.9 进行分析，可知：

（1）数值仿真得到的变量动态响应的相空间轨迹状态与理论分析结果一致。对于分岔点 S_1、S_4，系统受到扰动后特征变量 q、x 立即进入持续的等幅振荡状态，对应着稳定的相空间极限环；对于 S_2、S_3，系统是稳定的，q、x 的动态响应在经过数个周期的衰减振荡后收敛到稳定的平衡点，对应的相空间轨迹则是运动数圈（圈数等于响应曲线的周期数）后稳定在平衡点；对于 S_5、S_6，受扰动后系统的 q、x 先是呈现发散的响应状态，由于该系统的 Hopf 分岔是超临界的，因而发散的振荡曲线会逐渐趋于稳定，即持续的等幅振荡，对应的相空间轨迹则同样先呈发散运动，后进入稳定的极限环。

（2）对比 S_2、S_3，K_i 值越小，即状态参数越远离分岔点（$\left|K_\mathrm{i}-K_\mathrm{i}^*\right|$ 越大），系统恢复到平衡点的速度就越快，表明稳定域内状态参数远离分岔点会使系统的稳定性变好；同理，对比 S_5、S_6，K_i 值越大，即状态参数越远离分岔点（$\left|K_\mathrm{i}-K_\mathrm{i}^*\right|$ 越大），系统发散的速度就越快，且特征变量的稳态振幅亦越大，表明不稳定域内状态参数远离分岔点会使系统的稳定性变差。

（3）对于特征变量等幅振荡周期，数值仿真结果与理论计算结果一致，且系统取不同的状态参数，对应的振荡周期是不同的。

6.4　基于稳定性的变顶高尾水洞工作原理

在机组负荷调整等扰动作用下，变顶高尾水洞水电站因为尾水洞的特殊性，使洞内产生明满混合流现象，导致其面临着非常复杂的暂态过程。与有压尾水洞相比，变顶高尾水洞机组运行稳定性的复杂性来源于两个因素的作用：①明满流分界面的来回运动引起引水系统的水流惯性发生变化；②明流段的水位波动。分析这两个因素对变顶高尾水洞水电站水轮机调节系统的作用机理是揭示变顶高尾水洞工作原理的核心与突破口。为此，以 6.3 节中的水电站为例，通过绘制稳定域的方式开展以上两个影响因素的作用机理的分析。

选取额定出力正常运行突减 10%负荷和突增 10%负荷两个典型负荷调整工况，即

m_g 分别取−0.1、0.1。每个工况下，分别对比以下四种类型的尾水洞工作情况（除此之外的其他参数均相同）。

情况一：变顶高尾水洞，即 T_{ws}、T_{wx}、z_y 联合作用；

情况二：有压尾水洞，即 T_{ws} 作用；

情况三：有压尾水洞，同时附加情况一下的水流惯性变化，即 T_{ws}、T_{wx} 联合作用；

情况四：有压尾水洞，同时附加情况一下的明流段水位波动，即 T_{ws}、z_y 联合作用。

分别计算 m_g 取−0.1、0.1 时四种尾水洞工作情况下的系统稳定域，并计算情况一的特征变量 q 的动态响应过程[m_g 取−0.1、0.1 时 (K_p, K_i) 取值分别为（0.778, 0.4s^{-1}）、（0.778, 0.372s^{-1}）]，然后根据 $T_{wx}=\dfrac{\lambda Q_0 V_x}{gH_0 cB\tan\alpha}q$、$z_y=\dfrac{\lambda Q_0}{H_0 cB}q$ 得出特征变量 T_{wx}、z_y 的动态响应过程，结果如图 6.10 所示。

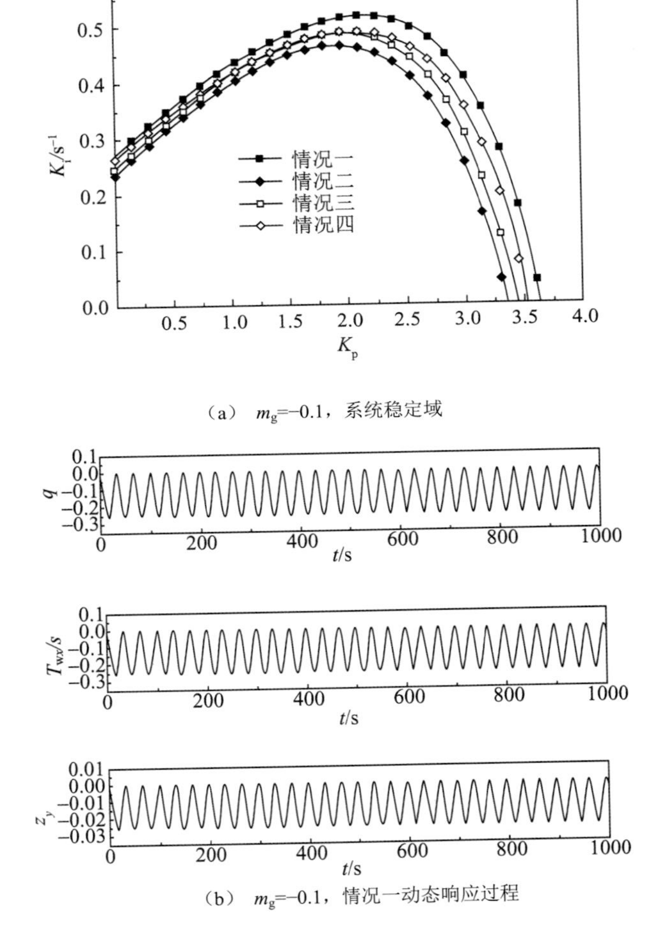

图 6.10 m_g 取−0.1、0.1 时四种尾水洞工作情况下的系统稳定域及特征变量 q、T_{wx}、z_y 的动态响应过程

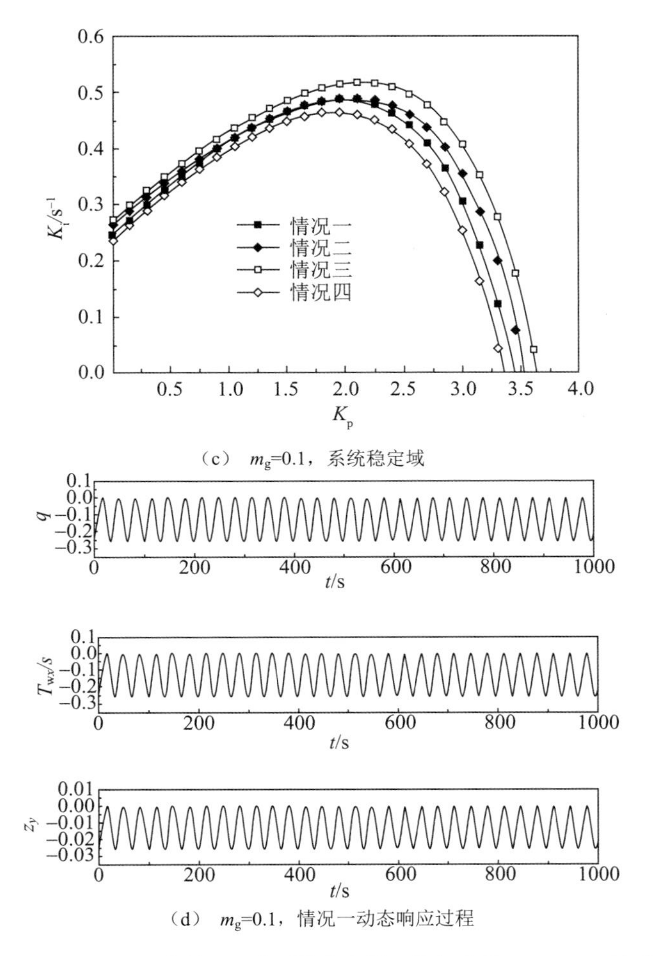

（c）　m_g=0.1，系统稳定域

（d）　m_g=0.1，情况一动态响应过程

图 6.10　m_g 取−0.1、0.1 时四种尾水洞工作情况下的系统稳定域及特征变量 q、T_{wx}、z_y 的动态响应过程（续）

分析图 6.10 可知：

（1）对于减负荷工况[图6.10(a)]，有压尾水洞的稳定域最小；在有压尾水洞的基础上单独附加变顶高尾水洞的水流惯性变化或明流段水位波动，均会使稳定域变大，表明稳定性在变好；在有压尾水洞的基础上同时附加水流惯性变化和明流段水位波动，即变顶高尾水洞情况，稳定域在单独附加的基础上进一步增大，变顶高尾水洞较有压尾水洞的稳定域的增大幅度，等于水流惯性变化和明流段水位波动单独作用时产生的增大幅度之和。因此，变顶高尾水洞水电站在减负荷工况下，明满流现象引起的水流惯性变化和明流段水位波动均有利于系统的稳定，变顶高尾水洞的工作稳定性明显优于有压尾水洞。

（2）对于增负荷工况［图 6.10（c）］，明流段水位波动仍然起到增大系统稳定域的作用，但水流惯性变化导致系统的稳定域减小。在这两者的联合作用下，当前者的增大作用大于后者的减小作用时，变顶高尾水洞的工作稳定性优于有压尾水洞；当前者的增大作用等于后者的减小作用时，变顶高尾水洞的工作稳定性等同于有压尾水洞，两者的稳定域在此处重合；当前者的增大作用小于后者的减小作用时，变顶高尾水洞的工作稳定性劣于有压尾水洞。

将变顶高尾水洞水电站的压力管道动力方程式（6.3）改写为如下形式：

$$h=-(T_{\mathrm{ws}}+T_{\mathrm{w}x})\frac{\mathrm{d}q}{\mathrm{d}t}-\frac{2\left(h_{\mathrm{f}}+\dfrac{\lambda Q_0}{2cB}\right)}{H_0}q \tag{6.18}$$

（1）对比变顶高尾水洞的压力管道动力方程式（6.18）和有压尾水洞的压力管道动力方程式（6.1），可知变顶高尾水洞的水流惯性变化 $T_{\mathrm{w}x}$ 这一作用因素是直接叠加到有压段水流惯性 T_{ws} 之上的，通过改变整个引水系统的水流惯性来起作用。水流惯性越大，系统的稳定性越差[32-33]。当负荷调整引起的 $T_{\mathrm{w}x}$ 为负值时，就会减小引水系统的水流惯性 $T_{\mathrm{ws}}+T_{\mathrm{w}x}$，从而使系统稳定性变好，反之当负荷调整引起的 $T_{\mathrm{w}x}$ 为正值时，就会增大引水系统的水流惯性 $T_{\mathrm{ws}}+T_{\mathrm{w}x}$，从而使系统稳定性变差。这一结论与图 6.10 的结果是一致的。

（2）同样对比式（6.18）和式（6.1），可知变顶高尾水洞的明流段水位波动 $z_y=\dfrac{\lambda Q_0}{H_0cB}q$ 是通过改变系统的水头损失/阻尼效应来起作用（即在作用上可以看作等效的损失）的，该水位波动与损失 h_{f} 对系统稳定共同起的作用等同于损失 $h_{\mathrm{f}}+\dfrac{\lambda Q_0}{2cB}$ 单独起的作用。对于无调压室水电站，压力管道的水头损失越大，系统的稳定性越好[32-33]。$\dfrac{\lambda Q_0}{2cB}$ 始终为正值，故变顶高尾水洞的明流段水位波动的作用本质上是始终使系统的水头损失/阻尼性质的作用增大，因而不论系统负荷增或者减，明流段水位波动的作用对于系统的稳定性都是有利的。这一结论与图 6.10 的结果是一致的。

为了更好地保证系统的稳定性，应重点关注增负荷工况，尽量协调水流惯性变化和明流段水位波动两者相反作用间的矛盾，使有利的作用大于不利的作用。而影响水流惯性变化和明流段水位波动两者作用大小的最核心因素为变顶高尾水洞洞顶坡度，坡度越大，增负荷工况下明流段水位波动的作用就更显著，坡度越小，增负荷工况下水流惯性变化的作用就更显著。故从这个角度来说，要求在进行变顶高尾水洞的设计时，洞顶坡度尽量取偏小值。当然，变顶高尾水洞洞顶坡度的最终取值要依据大波动调节保证设计、小波动稳定性与调节品质、水电站地形地质条件、工程量与投资等因素综合决定。

6.5 稳定性的影响因素分析

在机组负荷调整等扰动作用下，变顶高尾水洞水电站因为尾水洞的特殊性，使洞内产生明满流现象，导致其面临着非常复杂的暂态过程。在暂态过程中，尾水洞坡度、断面形状及洞内水深会直接影响尾水洞内的明满流过程，从而影响系统的稳定性能；负荷阶跃作为外界扰动源，其取值大小也会对明满流现象的剧烈程度造成直接影响，进而影响系统的稳定性能。对于含有压尾水洞的水轮机调节系统，负荷阶跃值、尾水洞坡度、尾水洞断面形状及尾水洞内水深对系统的稳定性均无影响；但对于含明满流尾水洞的水轮机调节系统，这四个因素对系统稳定性的作用如何，尚不明确，如何通过合理优化这四个参数来提高系统运行的稳定性，尚无确切答案。

为此，本节以 6.3 节中的水电站为例，结合 6.4 节变顶高尾水洞工作原理分析结果，通过绘制稳定域的方式探讨以上四个影响因素对系统稳定性的作用机理，并据此提出改善系统稳定性的方法。采用控制变量法开展分析，四个影响因素的默认取值如下：m_g=−0.1，tanα=0.03，λ=3，H_x=23m。

6.5.1　负荷阶跃值的影响

负荷阶跃值 m_g 分别取−0.1、−0.05、0.1、0.05，相应的系统稳定域如图 6.11 所示。

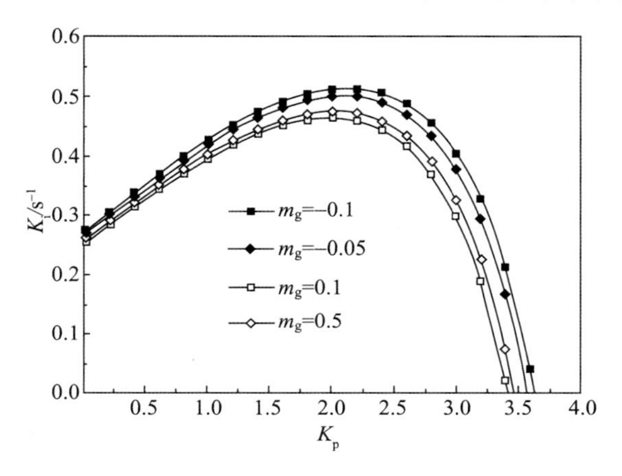

图 6.11　负荷阶跃值 m_g 对系统稳定性的影响

由图 6.11 可知，对于负扰的情况，负荷阶跃值的绝对值 $|m_g|$ 越大，系统的稳定域越大；与之相反，对于正扰的情况，$|m_g|$ 越大，系统的稳定域越小。$|m_g|$ 相同时，负扰下的系统稳定域大于正扰，且 $|m_g|$ 越大，两者稳定域的差别越大。

对于负扰的情况，机组负荷降低会导致引用流量的减小，即 $q<0$，从而导致 $T_{wx}<0$，且 $|m_g|$ 越大，$|q|$ 越大，进而 $|T_{wx}|$ 越大，且扰动量的大小对 $\dfrac{\lambda Q_0}{2cB}$ 没有影响，故 $|m_g|$ 越大，系统的稳定性越好；类似地，对于正扰的情况，$q>0$，$T_{wx}>0$，故 $|m_g|$ 越大，系统的稳定性越差。

6.5.2　尾水洞坡度及断面形状的影响

分负扰和正扰两种情况分别讨论尾水洞坡度 tanα 及断面形状对系统稳定性的影响。其中，断面形状采用 λ 来描述，λ 取 2、3、4。系统稳定域如图 6.12 所示。

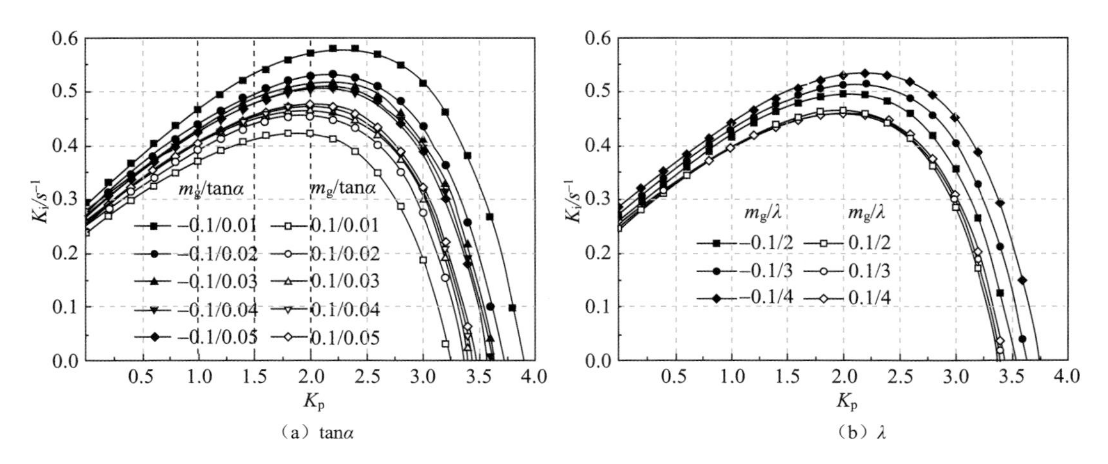

图 6.12　尾水洞坡度 tanα 及断面形状 λ 对系统稳定性的影响

由图 6.12（a）可知，对于负扰的情况，随着 tanα 的增大，系统的稳定域在减小，且减小的幅度越来越小，当 tanα 超过 0.03 时，增大坡度对系统稳定性的减小作用已经非常微弱；正扰的情况与负扰相反，随着 tanα 的增大，系统的稳定域在增大，且增大的幅度越来越小，当 tanα 超过 0.04 时，增大坡度对系统稳定性的增大作用已经非常微弱。由 6.4 节的分析可知，tanα 是通过改变 T_{wx} 来改变系统的稳定性的，且 tanα 与 T_{wx} 成反比，而对 $\frac{\lambda Q_0}{2cB}$ 没有影响。tanα 越小，$|T_{wx}|$ 越大，对系统稳定性的增大（负扰）或者减小（正扰）作用越大。通过以上分析，综合考虑系统的稳定性和尾水洞的开挖工程量，tanα 取 0.03 是比较合理的。

由图 6.12（b）可知，对于负扰的情况，随着 λ 的增大，系统的稳定域在比较明显地增大；对于正扰的情况，λ 对系统稳定域的影响很小。由 6.4 节的分析可知，λ 同时通过改变 T_{wx} 和 $\frac{\lambda Q_0}{2cB}$ 来改变系统的稳定性，且 λ 与 T_{wx}、$\frac{\lambda Q_0}{2cB}$ 均成正比，对两者的改变程度一致。λ 越大，$|T_{wx}|$、$\frac{\lambda Q_0}{2cB}$ 均越大；负扰情况下，T_{wx} 和 $\frac{\lambda Q_0}{2cB}$ 的作用相同，均会使系统的稳定性变好，正扰情况下，T_{wx} 和 $\frac{\lambda Q_0}{2cB}$ 的作用相反且作用程度接近，故两者相互抵消，系统的稳定性变化很小。通过以上分析，矩形、城门洞形和圆形三种断面中，圆形断面对系统的稳定性最有利，矩形断面最不利。

6.5.3 尾水洞内明满流分界面处水深的影响

分负扰和正扰两种情况分别讨论尾水洞内明满流分界面处水深 H_x 对系统稳定性的影响，H_x 分别取 10m、15m、20m、25m，系统稳定域如图 6.13 所示。

由图 6.13 可知，对于负扰的情况，随着 H_x 的增大，系统的稳定域较大程度地减小，且减小的幅度越来越小；对于正扰的情况，随着 H_x 的增大，系统的稳定域较小程度地增大，且增大的幅度越来越小。由 $c=\sqrt{gH_x}$ 可知 H_x 是通过 c 来起作用的，而 c 变化时，T_{wx}

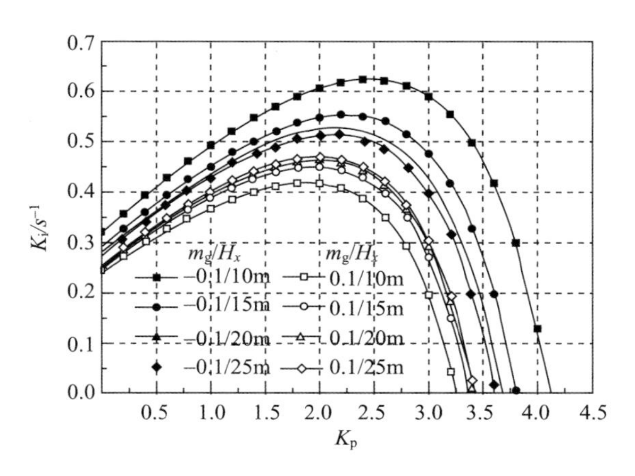

图 6.13　尾水洞内明满流分界面处水深 H_x 对系统稳定性的影响

和 $\dfrac{\lambda Q_0}{2cB}$ 同时改变；c 与 T_{wx}、$\dfrac{\lambda Q_0}{2cB}$ 均成反比。H_x 越大，c 越大，$|T_{wx}|$、$\dfrac{\lambda Q_0}{2cB}$ 均越小；负扰情况下，T_{wx} 和 $\dfrac{\lambda Q_0}{2cB}$ 的作用相同且均使系统稳定性减小，正扰情况下，T_{wx} 和 $\dfrac{\lambda Q_0}{2cB}$ 的作用相反且 $\dfrac{\lambda Q_0}{2cB}$ 对稳定性的作用程度低于 T_{wx}。通过以上分析，综合考虑系统的稳定性和尾水洞的开挖工程量，机组在尾水洞内明满流分界面处水深为 15m 左右处运行是较优的。

6.6　本章小结

为了解决因变顶高尾水洞明满流分界面来回运动而带来的水轮机调节系统非线性问题，以及由此带来的系统的稳定性难于理论分析的问题，本章将 Hopf 分岔理论应用到该类水电站水轮机调节系统的稳定性研究，建立包含准确描述变顶高尾水洞明满流分界面运动特性的改进引水系统动力方程在内的水轮机调节系统非线性数学模型，进行了调节系统的 Hopf 分岔分析，并基于分岔分析结果研究了系统的稳定性，最后利用稳定域揭示了变顶高尾水洞在机组负荷调整下的稳定性工作原理，分析了负荷阶跃值、尾水洞坡度、尾水洞断面形状及尾水洞内水深对系统的稳定性的影响。全章阐释了 Hopf 分岔方法在该特殊非线性系统上的应用流程与原理，同时揭示了变顶高尾水洞的稳定性工作原理、相关因素对稳定性的影响。主要结论是：

（1）变顶高尾水洞水电站水轮机调节系统的 Hopf 分岔是超临界的。在 K_p-K_i 坐标系内分岔点 (K_p^*, K_i^*) 构成了系统稳定域和不稳定域的分界线，对于一 K_p 值，当 $K_i < K_i^*$ 时，系统是稳定的，反之系统是不稳定的。由分岔分析得到的动力系统动态特性是一致的，系统参数位于稳定域内时，特征变量的相空间轨迹稳定在平衡点；位于分岔线和不稳定域内时，特征变量的相空间轨迹形成稳定的极限环。

（2）变顶高尾水洞较有压尾水洞的工作稳定性的差异来源于尾水洞内水流惯性的变化和明流段的水位波动。水流惯性变化在机组减负荷时对系统的稳定性有利、增负荷时对系统的稳定性不利；明流段水位波动的作用对于系统的稳定性在增、减负荷下都是有利的。从系统稳定性的角度来说，要求在进行变顶高尾水洞的设计时，洞顶坡度尽量取偏小值。

（3）负荷阶跃值、尾水洞坡度、尾水洞断面形式及尾水洞内水深对变顶高尾水洞水电站水轮机调节系统的稳定性有很大的影响。$\left|m_g\right|$相同时，负扰下的系统稳定域大于正扰，且$\left|m_g\right|$越大，系统的稳定域增加（负扰）或者减小（正扰）的就越大；矩形、城门洞形和圆形三种断面中，圆形断面对系统的稳定性最有利，矩形断面最不利；随着H_x的增大，负扰情况下系统的稳定域逐渐减小，正扰情况下系统的稳定域逐渐增大。

参 考 文 献

[1] KRIVEHENKO G I, KVYATKOVSKAYA E V, VASILEV A B, et al. New design of tailrace conduit of hydropower plant. Hydrotechnical Construction, 1985, 19(7): 352-357.

[2] 王明疆，杨建东，王煌. 含明渠尾水系统小波动调节稳定性分析. 水力发电学报，2015，34(1): 161-168.

[3] 杨建东, 陈鉴治, 陈文斌, 等. 水电站变顶高尾水洞体型研究. 水利学报, 1998(3): 9-12, 21.

[4] 雷艳, 杨建东, 赖旭, 等. 某电站变顶高尾水洞水力工作特性模型试验研究. 武汉水利电力大学学报, 1999(6): 24-28.

[5] 缪明非，张永良. 变顶高尾水系统尾水管进口真空度的近似公式. 水力发电学报，2011，30(2): 130-135.

[6] 赖旭，陈鉴治，杨建东. 变顶高尾水洞水电站机组运行稳定性影响. 水力发电学报，2001(4): 102-107.

[7] 周建旭，张健，刘德有. 双机共变顶高尾水洞系统小波动稳定性研究. 水利水电技术，2004，35(12): 64-67.

[8] 李进平. 水电站地下厂房变顶高尾水系统模型试验与数值分析. 武汉: 武汉大学, 2005.

[9] LING D J, TAO Y. An analysis of the hopf bifurcation in a hydroturbine governing system withsaturation. IEEE Transactions on Energy Conversion, 2006, 21(2): 512-515.

[10] MORADI H, ALASTY A, VOSSOUGHI G. Nonlinear dynamics and control of bifurcation to regulate the performance of a boiler-turbine unit. Energy Conversion & Management, 2013, 68(4): 105-113.

[11] FANG H, CHEN L, SHEN Z. Application of an improved PSO algorithm to optimal tuning of PID gains for water turbine governor. Energy Conversion & Management, 2011, 52(4): 1763-1770.

[12] JIANG C W, MA Y C, WANG C M. PID controller parameters optimization of hydro-turbine governing systems using deterministic-chaotic-mutation evolutionary programming (DCMEP). Energy Conversion and Management, 2006(47): 1222-1230.

[13] CHEN Z, YUAN X, JI B, et al. Design of a fractional order PID controller for hydraulic turbine regulating system using chaotic non-dominated sorting genetic algorithm II. Energy Conversion & Management, 2014, 84: 390-404.

[14] KISHOR N, SINGH S P, RAGHUVANSHI A S. Dynamic simulations of hydro turbine and its state estimation based LQ control. Energy Conversion & Management, 2006, 47(18/19): 3119-3137.

[15] WANG W, ZENG D L, LIU J Z, et al. Feasibility analysis of changing turbine load in power plants using continuous condenser pressure adjustment. Energy, 2014, 64(1): 533-540.

[16] CHEN Z H, YUAN X H, TIAN H, et al. Improved gravitational search algorithm for parameter

identification of water turbine regulation system. Energy Conversion & Management, 2014, 78(30): 306-315.

[17] LI C S, ZHOU J Z. Parameters identification of hydraulic turbine governing system using improved gravitational search algorithm. Energy Conversion & Management, 2011, 52(1): 374-381.

[18] KISHOR N. Nonlinear predictive control to track deviated power of an identified NNARX model of a hydro plant. Expert Systems with Applications, 2008, 35(4): 1741-1751.

[19] PARKER T S, CHUA L O. Practical Numerical Algorithms for Chaotic Systems. New York: Springer-Verlag World Publishing Corp. , 1989.

[20] HASSARD B D, KAZARINOFF N D, WAN Y H. Theory and Applications of Hopf Bifurcation. London: Cambridge University Press, 1981.

[21] 李继彬, 冯贝叶. 稳定性、分支与混沌. 昆明: 云南科技出版社, 1995.

[22] LE H N, HONG K S. Hopf bifurcation control via a dynamic state-feedback control. Physics Letters A, 2012, 376(4): 442-446.

[23] ZHANG R, WANG Y, ZHANG Z, et al. Nonlinear behaviors as well as the bifurcation mechanism in switched dynamical systems. Nonlinear Dynamics, 2015, 79(1): 465-471.

[24] 彭志炜, 胡国根, 韩祯祥. 基于分叉理论的电力系统电压稳定性分析. 北京: 中国电力出版社, 2005.

[25] SRIVASTAVA K N, SRIVASTAVA S C. Application of hopf bifurcation theory for determining critical value of a generator control or load parameter. Electrical Power & Energy Systems, 1995, 17(5): 347-354.

[26] WANG H O, ABED E H, HAMDAN A M A. Bifurcations, chaos, and crises in voltage collapse of a model power system. IEEE Transactions on Circuits and Systems Ⅰ: Fundamental Theory and Applications, 1994, 41(3): 294-302.

[27] GUO W C, YANG J D, WANG M J, et al. Nonlinear modeling and stability analysis of hydro-turbine governing system with sloping ceiling tailrace tunnel under load disturbance. Energy Conversion & Management, 2015, 106: 127-138.

[28] ALVAREZ J, CURIEL L E. Bifurcations and chaos in a linear control system with saturated input. International Journal of Bifurcation & Chaos, 1997(7): 1811-1822.

[29] CUI F S, CHEW C H, XU J. Bifurcation and chaos in the duffing oscillator with a pid controller. Nonlinear Dynamics, 1997, 12(3): 251-262.

[30] CHEN D Y, DING C, MA X Y, et al. Nonlinear dynamical analysis of hydro-turbine governing system with a surge tank. Applied Mathematical Modelling, 2013, 37(14/15): 7611-7623.

[31] LI J Y, CHEN Q J. Nonlinear dynamical analysis of hydraulic turbine governing systems with nonelastic water hammer effect. Journal of Applied Mathematics, 2014(1): 1-11.

[32] GUO W C, YANG J D, Chen J P, et al. Effect mechanism of penstock on stability and regulation quality of turbine regulating system. Mathematical Problems in Engineering, 2014(4): 1-13.

[33] GUO W C, YANG J D, YANG W J, et al. Regulation quality for frequency response of turbine regulating system of isolated hydroelectric power plant with surge tank. International Journal of Electrical Power and Energy Systems, 2015, 73: 528-538.

第 7 章　基于非线性状态反馈的设变顶高尾水洞水轮机调节系统 Hopf 分岔控制

对于变顶高尾水洞，过渡过程中的明满流现象是其最大特点。负荷扰动引起调速器动作，通过导叶调节引起机组过流量变化，进而改变尾水洞内的流量。受流量变化的影响，明满流分界面发生来回运动，导致分界面与洞顶的交点沿着洞顶来回移动。由于变顶高尾水洞顶坡的存在，分界面处的流量变化存在水平、竖直两个方向的分量，两个分量同时作用，使该流量变化呈现非线性特性，最后导致尾水洞内水流惯性的变化是非线性的。因此，变顶高尾水洞的设置给水轮机调节系统引入了一个水力非线性项。非线性的变顶高尾水洞动力模型与调节系统其他子环节联合，构成水轮机调节系统非线性耦合动力学模型，反映该系统的非线性动态特性本质。

变顶高尾水洞作用下水轮机调节系统具有复杂的暂态特性，一个系统内同时存在不同性质的波动及波动的叠加，而这些复杂的作用只能依靠一个调速器进行调节。调速器能否有效地调节变顶高尾水洞的不利作用，保障系统安全稳定较优的运行，很大程度上依靠调速器控制策略的设计。

目前水电站调速器最常用的是 PID 控制策略，该控制策略属于线性控制，简单可靠。但由自动控制原理可知，对于非线性动力系统，非线性控制策略的控制效果好于线性控制策略。对于本章研究的变顶高尾水洞水轮机调节系统，变顶高尾水洞的水力非线性是其最本质的特点，故从提高供电质量、保证调节品质的角度来说，需要针对该特殊的非线性动力系统设计出相应的非线性控制策略。非线性控制策略结合水电站运行控制要求，共同组成调节系统的指标体系。基于调节系统的技术性能与机组运行的指标体系，可以提出变顶高尾水洞的水力设计准则与调速器参数的整定依据。

第 7、8 章拟提出两种变顶高尾水洞水轮机调节系统非线性控制策略：

（1）第 7 章基于 Hopf 分岔理论，运用非线性状态反馈控制，研究变顶高尾水洞水轮机调节系统的动态特性及控制方法，构造线性+非线性形式的状态反馈控制策略。

（2）第 8 章基于微分几何理论，研究变顶高尾水洞水轮机调节系统输出对扰动解耦的非线性动态控制，依据系统动态响应的控制要求，提出严格且完整的名义输出函数构造方法，据此设计适用于变顶高尾水洞水轮机调节系统的非线性扰动解耦控制策略。

近几十年，人们对于非线性动力系统的分岔特性的关注与日俱增，包括分岔与混沌现象的控制和反控制[1-19]。分岔控制的主要目的是设计一个控制器，以实现修改非线性系统发生分岔的特性，达到特定的动态性能要求，如将 Hopf 分岔由亚临界转变成超临界，消除混沌运动[20]。分岔与混沌技术已被广泛应用于解决物理与工程实际问题，多种分岔控制方法也已经被提出。对于固有 Hopf 分岔的迁移问题，文献[21]提出了一种包含滤波器的动态反馈控制律。此后，滤波器辅助动态反馈控制被广泛应用在各种分岔非线性动力系统的 Hopf 分岔控制中[22-23]。文献[20]提出了一种包含多项式函数的静态反馈控制。文献[24]利用一种结合积分动作的高增益状态反馈鲁棒控制器研究了静态推进型转换器的控制问题。文献[25]研究了一类具有随机逆动力学与非线性参数化的高阶非线性系统自适应局部状态反馈稳定化问题，设计了可以保证原始闭环系统在平衡点的稳定性的控制器。近些年，Hopf 理论已被引入水轮机调节系统的研究中[26]，Hopf 分岔分析方法主要用来确定调速器非线性与激励系统对于调节系统动态性能的影响。

对于变顶高尾水洞水轮机调节系统，本章旨在依据 Hopf 分岔理论，运用非线性多项式状态反馈设计控制策略，以提高系统的调节品质。首先，建立变顶高尾水洞水轮机调节系统的非线性数学模型。然后，提出一种新型的基于非线性多项式状态反馈的控制策略，并揭示采用新型控制策略的水轮机调节系统 Hopf 分岔的控制原理与过程。该新型控制策略是专门针对变顶高尾水洞水轮机调节系统提出并设计的，可以满足调节系统 LFC 的要求。最后，基于算例水电站的数值仿真，分析所提新型控制策略对于变顶高尾水洞水电站水轮机调节系统的调节特性与作用机理。

7.1　水轮机调节系统非线性数学模型

变顶高尾水洞水电站的管道系统如图 6.1 所示，相应的水轮机调节系统的结构框图如图 7.1 所示。

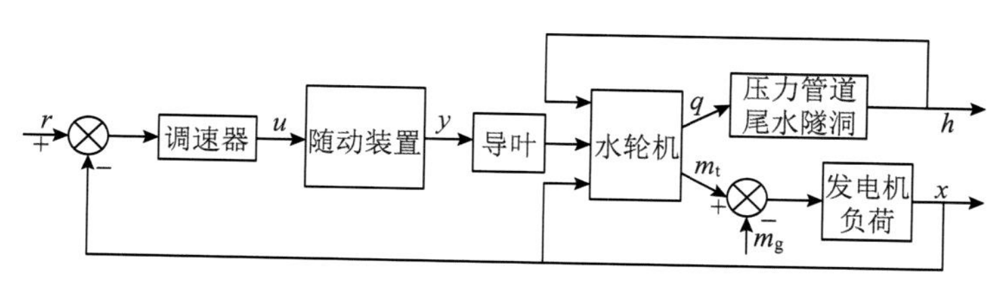

图 7.1　变顶高尾水洞水电站水轮机调节系统结构框图

变顶高尾水洞水电站水轮机调节系统的压力管道动力方程、水轮机力矩方程、流量方程、发电机加速方程已在 6.1 节建立，具体如下：

$$h=-\frac{\lambda Q_0 V_x}{gH_0 cB\tan\alpha}q\frac{\mathrm{d}q}{\mathrm{d}t}-T_{\mathrm{ws}}\frac{\mathrm{d}q}{\mathrm{d}t}-\left(\frac{2h_{\mathrm{f}}}{H_0}+\frac{\lambda Q_0}{H_0 cB}\right)q \tag{7.1}$$

$$m_{\mathrm{t}}=e_h h+e_x x+e_y y \tag{7.2}$$

$$q=e_{qh}h+e_{qx}x+e_{qy}y \tag{7.3}$$

$$T_{\mathrm{a}}\frac{\mathrm{d}x}{\mathrm{d}t}=m_{\mathrm{t}}-(m_{\mathrm{g}}+e_{\mathrm{g}}x) \tag{7.4}$$

随动装置动态方程为

$$\frac{\mathrm{d}y}{\mathrm{d}t}=\frac{1}{T_{\mathrm{y}}}(u-y) \tag{7.5}$$

图 7.1、式（7.1）~式（7.5）中：T_{y} 为接力器响应时间常数；u 为调速器调节输出；r 为转速参考输入；其余变量与参数的定义同 6.1 节。

将式（7.1）~式（7.5）综合为如下三维自治的非线性动力系统形式：

$$\begin{cases} \dot{q}=\dfrac{-\left(\dfrac{2h_{\mathrm{f}}}{H_0}+\dfrac{\lambda Q_0}{H_0 cB}+\dfrac{1}{e_{qh}}\right)q+\dfrac{e_{qx}}{e_{qh}}x+\dfrac{e_{qy}}{e_{qh}}y}{\dfrac{\lambda Q_0 V_x}{gH_0 cB\tan\alpha}q+T_{\mathrm{ws}}} \\ \dot{x}=\dfrac{1}{T_{\mathrm{a}}}\left[\dfrac{e_h}{e_{qh}}q+\left(e_x-\dfrac{e_h}{e_{qh}}e_{qx}-e_{\mathrm{g}}\right)x+\left(e_y-\dfrac{e_h}{e_{qh}}e_{qy}\right)y-m_{\mathrm{g}}\right] \\ \dot{y}=\dfrac{1}{T_{\mathrm{y}}}(u-y) \end{cases} \tag{7.6}$$

7.2　基于非线性状态反馈的水轮机调节系统 Hopf 分岔控制

7.2.1　基于非线性多项式状态反馈的控制策略设计

对于一个 n 维非线性动力系统，如式（7.6）所示的非线性水轮机调节系统，其数学模型可以统一写成如下形式：

$$\dot{\boldsymbol{x}}=\boldsymbol{f}(\boldsymbol{x},\mu)$$

$$\boldsymbol{f}:\mathbf{R}^{n+1}\to\mathbf{R}^{n}，\quad \boldsymbol{x}\in\mathbf{R}^{n}，\quad \mu\in\mathbf{R} \tag{7.7}$$

式中：$\boldsymbol{x}$ 为状态向量，μ 为标量分岔参数，向量场 $\boldsymbol{f}(\boldsymbol{x},\mu)$ 对 $\boldsymbol{x}$、μ 是光滑的。设式（7.7）表示的系统的平衡点为 $\boldsymbol{x}=\boldsymbol{x}_{\mathrm{E}}$，即有 $\boldsymbol{f}(\boldsymbol{x}_{\mathrm{E}},\mu)=\mathbf{0}$。

Hopf 分岔控制的目的在于设计一个控制器，形如

$$\boldsymbol{u}=\boldsymbol{u}(\boldsymbol{x},\mu) \tag{7.8}$$

使系统原始的平衡点 $\boldsymbol{x}_{\mathrm{E}}$ 保持不变，同时 Hopf 分岔点由 $(\boldsymbol{x}_{\mathrm{E}},\mu_{\mathrm{c}})$ 移动到新的位置 $(\tilde{\boldsymbol{x}},\tilde{\mu})$，即 $(\tilde{\boldsymbol{x}},\tilde{\mu})\neq(\boldsymbol{x}_{\mathrm{E}},\mu_{\mathrm{c}})$。因此，设计的控制器需要首先满足如下一个必要条件：

$$\boldsymbol{u}(\boldsymbol{x}_{\mathrm{E}},\mu)=0 \tag{7.9}$$

式（7.9）对于所有的 $\mu\in\mathbf{R}$ 均成立，以保持系统原始的平衡点 $\boldsymbol{x}_{\mathrm{E}}$ 保持不变。

假设系统式（7.7）有 k 个平衡点，这些平衡点由 $\boldsymbol{f}(\boldsymbol{x},\mu)=\mathbf{0}$ 确定并表示为

$$\boldsymbol{x}_{\mathrm{E}-i}(\mu)=(x_{\mathrm{E}-1i},x_{\mathrm{E}-2i},\cdots,x_{\mathrm{E}-ni})，\quad i=1，2，\cdots，k \tag{7.10}$$

对于 i=1，2，…，k，均有 $\boldsymbol{f}(\boldsymbol{x}_{\mathrm{E}-i},\mu)=\mathbf{0}$。当引入一个通用的非线性状态反馈控制器 $\boldsymbol{u}=\boldsymbol{u}(\boldsymbol{x},\mu)$，系统式（7.7）变为

$$\dot{\boldsymbol{x}}=\boldsymbol{f}(\boldsymbol{x},\mu)+\boldsymbol{u}(\boldsymbol{x},\mu) \tag{7.11}$$

如果被控系统式（7.11）在控制器 $\boldsymbol{u}=\boldsymbol{u}(\boldsymbol{x},\mu)$ 的作用下保持所有的 k 个原始平衡点不变，那么对于 i=1，2，…，k，下式需成立

$$\boldsymbol{u}(\boldsymbol{x}_{\mathrm{E}-i},\mu)\equiv(u_1,u_2,\cdots,u_n)^{\mathrm{T}}=\mathbf{0} \tag{7.12}$$

满足式（7.12）的通用表达式可构造如下：

$$\begin{aligned}u_q(\boldsymbol{x},\boldsymbol{x}_{\mathrm{E}-1},\boldsymbol{x}_{\mathrm{E}-2},\cdots,\boldsymbol{x}_{\mathrm{E}-k},\mu)=&\sum_{i=1}^{n}A_{qi}\prod_{j=1}^{k}(x_i-x_{\mathrm{E}-ij})\\&+\sum_{i=1}^{n}\sum_{j=1}^{k}B_{qij}(x_i-x_{\mathrm{E}-ij})\prod_{p=1}^{k}(x_i-x_{\mathrm{E}-ip})\\&+\sum_{i=1}^{n}\sum_{j=1}^{k}C_{qij}(x_i-x_{\mathrm{E}-ij})^2\prod_{p=1}^{k}(x_i-x_{\mathrm{E}-ip})\\&+\sum_{i=1}^{n}\sum_{j=1}^{k}D_{qij}(x_i-x_{\mathrm{E}-ij})^2\prod_{p=1}^{k}(x_i-x_{\mathrm{E}-ip})^2\\&+\dots\end{aligned} \tag{7.13}$$

式中：q=1，2，…，n。

容易证明，对于 i=1，2，…，k，均有 $u_q(\boldsymbol{x}_{\mathrm{E}-i},\boldsymbol{x}_{\mathrm{E}-1},\boldsymbol{x}_{\mathrm{E}-2},\cdots,\boldsymbol{x}_{\mathrm{E}-k},\mu)=0$。

绝大多数情况下，如果系统的奇点没有高度退化，式（7.13）中的前四项（即 D_{qij} 项以内）即可满足系统分岔的控制。系数 A_{qi}、B_{qij}、C_{qij} 及 D_{qij} 由平衡点的稳定性及与其相关的分岔解综合确定。注意，不仅 A_{qi} 项可能包含线性项，B_{qij} 项也可能包含线性项。

如果对于某个 i，有 $x_{\mathrm{E}-i1}=x_{\mathrm{E}-i2}=\cdots=x_{\mathrm{E}-ik}$，那么可以只使用这些项而忽略剩余项。另外，与平衡点相关的低阶项还可以增加到控制策略表达式中。以上做法都可以很大程度上简化控制策略的表达式。例如，对于 $i=1$，利用以上做法可以将控制器的通用表达式表示如下：

$$u_q=\sum_{i=1}^{k-1}a_{qi}(x_1-x_{\mathrm{E}-11})^i+A_{q1}(x_1-x_{\mathrm{E}-11})^k+B_{q11}(x_1-x_{\mathrm{E}-11})^{k+1}+C_{q11}(x_1-x_{\mathrm{E}-11})^{k+2} \tag{7.14}$$

式中：a_{qi} 为增加的低阶项。

对于无控制情况下的水轮机调节系统，即 $u=0$ 下的式（7.6），负荷扰动 m_{g} 作用下的原始平衡点 $\boldsymbol{x}_{\mathrm{E}}$ 为

$$
\begin{cases}
q_{\mathrm{E}}=\dfrac{\dfrac{e_{qx}}{e_{qh}}}{\left(e_x-\dfrac{e_h}{e_{qh}}e_{qx}-e_{\mathrm{g}}\right)\left(\dfrac{2h_{\mathrm{f}}}{H_0}+\dfrac{\lambda Q_0}{H_0cB}+\dfrac{1}{e_{qh}}\right)+\dfrac{e_h}{e_{qh}}\dfrac{e_{qx}}{e_{qh}}}m_{\mathrm{g}} \\
x_{\mathrm{E}}=\dfrac{\left(\dfrac{2h_{\mathrm{f}}}{H_0}+\dfrac{\lambda Q_0}{H_0cB}+\dfrac{1}{e_{qh}}\right)}{\left(e_x-\dfrac{e_h}{e_{qh}}e_{qx}-e_{\mathrm{g}}\right)\left(\dfrac{2h_{\mathrm{f}}}{H_0}+\dfrac{\lambda Q_0}{H_0cB}+\dfrac{1}{e_{qh}}\right)+\dfrac{e_h}{e_{qh}}\dfrac{e_{qx}}{e_{qh}}}m_{\mathrm{g}} \\
y_{\mathrm{E}}=0
\end{cases}
\tag{7.15}
$$

式（7.15）表明：负荷扰动发生之后，水轮机组的频率会收敛到一个新的稳定平衡点，即$x_{\mathrm{E}}\neq 0$。而实际上，电力系统运行的主要任务之一就是控制机组频率在初始值（即额定频率）附近的允许范围内波动，并最终收敛到初始值，即$x_{\mathrm{E}}=0$，以保证电网负荷波动时的供电质量。负荷扰动下机组频率稳定到初始值是水轮机调节系统必须具备的基本功能。

再回到控制策略式（7.13）或式（7.14）。对于引入控制策略式（7.13）或式（7.14）的水轮机调节系统，由于控制策略式（7.13）或式（7.14）并未改变系统的平衡点，即控制策略式（7.13）或式（7.14）作用下系统的平衡点与无控制下的系统平衡点相同，都是式（7.15），故直接采用控制策略式（7.13）或式（7.14）无法达到 LFC 的要求，即$x_{\mathrm{E}}=0$。为了克服该问题，本节依据控制策略式（7.13）或式（7.14），提出一种新型的基于非线性多项式状态反馈的控制策略。新的控制策略可以满足以下两个控制目标：

（1）机组频率可以收敛到初始值，即机组频率响应的平衡点满足$x_{\mathrm{E}}=0$；

（2）Hopf 分岔点$(\boldsymbol{x}_{\mathrm{E}},\mu_{\mathrm{c}})$移动到新的位置$(\tilde{\boldsymbol{x}},\tilde{\mu})$，即$(\tilde{\boldsymbol{x}},\tilde{\mu})\neq(\boldsymbol{x}_{\mathrm{E}},\mu_{\mathrm{c}})$。

根据以上两个控制目标，新型的控制策略可按如下步骤进行构造。

步骤 1：根据式（7.6）与$x_{\mathrm{E}}=0$，平衡点q_{E}与y_{E}可从下式解出

$$
\begin{cases}
\dot{q}=0 \\
\dot{x}=0
\end{cases}
\tag{7.16}
$$

步骤 2：采用非线性多项式状态反馈[以控制策略式（7.14）为例]，新型的控制器可表示为

$$
\begin{aligned}
u_{q\mathrm{N}}&=u_{q\mathrm{N}}(x_1,\tilde{x}_{\mathrm{E}-11}) \\
&=\sum_{i=1}^{k-1}a_{qi}(x_1-\tilde{x}_{\mathrm{E}-11})^i+A_{q1}(x_1-\tilde{x}_{\mathrm{E}-11})^k+B_{q11}(x_1-\tilde{x}_{\mathrm{E}-11})^{k+1}+C_{q11}(x_1-\tilde{x}_{\mathrm{E}-11})^{k+2}
\end{aligned}
\tag{7.17}
$$

其中$\tilde{x}_{\mathrm{E}-11}$由下式确定：

$$\begin{aligned}\dot{y} &= \frac{1}{T_y}[u_{qN}(x_E, \tilde{x}_{E-11}) - y_E] \\ &= 0\end{aligned} \tag{7.18}$$

将控制策略式（7.17）与 $x_E = 0$ 代入式（7.18）可得 $\tilde{x}_{E-11}$ 的求解方程：

$$\sum_{i=1}^{k-1} a_{qi}(-\tilde{x}_{E-11})^i + A_{q1}(-\tilde{x}_{E-11})^k + B_{q11}(-\tilde{x}_{E-11})^{k+1} + C_{q11}(-\tilde{x}_{E-11})^{k+2} = y_E \tag{7.19}$$

至此，采用本节所提的新型的基于非线性多项式状态反馈的控制策略的水轮机调节系统可表示为

$$\begin{aligned}\dot{\boldsymbol{x}} &= \boldsymbol{f}(\boldsymbol{x}, \mu) + \boldsymbol{u}_{qN}(\boldsymbol{x}, \mu) \\ &= \boldsymbol{F}(\boldsymbol{x}, \mu)\end{aligned} \tag{7.20}$$

7.2.2　采用新型控制策略的水轮机调节系统 Hopf 分岔控制

方便起见，也将系统式（7.20）的平衡点记为 $\boldsymbol{x} = \boldsymbol{x}_E$，即 $\boldsymbol{F}(\boldsymbol{x}_E, \mu) = 0$。系统式（7.20）在平衡点 $\boldsymbol{x}_E$ 处的 Jacobian 矩阵为 $\boldsymbol{J}(\mu) = \boldsymbol{DF}_{\boldsymbol{x}}(\boldsymbol{x}_E, \mu)$。

将 Jacobian 矩阵 $\boldsymbol{J}(\mu)$ 的特征方程 $\det[\boldsymbol{J}(\mu) - \chi \boldsymbol{I}] = 0$ 展开，可得

$$\chi^n + a_1(\mu)\chi^{n-1} + \ldots + a_{n-1}(\mu)\chi + a_n(\mu) = 0 \tag{7.21}$$

式中：$a_i(\mu)$（i=1，2，…，n）为特征方程的系数。

定理[27-28]：当 $\mu = \mu_c$，有

（1）$a_i(\mu_c) > 0$（i=1，2，…，n），$\varDelta_j(\mu_c) > 0$（j=1，2，…，n−2），$\varDelta_{n-1}(\mu_c) = 0$，其中：$\varDelta_m = \begin{vmatrix} a_1 & 1 & 0 & \cdots & 0 \\ a_3 & a_2 & a_1 & \cdots & 0 \\ a_5 & a_4 & a_3 & \cdots & 0 \\ \vdots & \vdots & \vdots & \ddots & \vdots \\ a_{2m-1} & a_{2m-2} & a_{2m-3} & \cdots & a_m \end{vmatrix}$（$m$=1，2，…，$n$）。若 $i > n$，则有 $a_i = 0$。则在 $\mu = \mu_c$ 处，式（7.21）有一对纯虚特征根 $\chi_{1,2} = \pm \mathrm{i}\omega$。

（2）横截系数 $\sigma'(\mu_c)$ 满足：$\sigma'(\mu_c) = \mathrm{Re}\left(\frac{\mathrm{d}\chi}{\mathrm{d}\mu}\Big|_{\mu=\mu_c}\right) \neq 0$，则系统式（7.20）在 $\mu = \mu_c$ 处发生 Hopf 分岔，即在参数 $\mu = \mu_c$ 附近系统式（7.20）存在周期性运动，且出现 Hopf 分岔时的极限环周期为 $T = \frac{2\pi}{\omega}$。

以上定理构成了判断 n 维非线性动力系统出现 Hopf 分岔的直接代数判据。

根据 $a_i(\mu_c)$ 的表达式，可以判断出横截系数 $\sigma'(\mu_c)$ 的取值正负，进而依据 $\sigma'(\mu_c)$ 的取值，可以判断出发生的 Hopf 分岔的类型。

（1）如果 $\sigma'(\mu_c) > 0$，发生的 Hopf 分岔是超临界的，即分岔方向可判断为：当 $\mu < \mu_c$

时，系统的平衡点为稳定的焦点；而对于足够小的μ且满足$\mu > \mu_c$，系统从平衡位置分岔出周期运动，产生一个稳定的极限环，从而系统出现持续振荡。

（2）如果$\sigma'(\mu_c) < 0$，发生的Hopf分岔是亚临界的。在$\mu < \mu_c$的一侧且μ充分小的领域内，系统出现稳定的极限环；而在$\mu > \mu_c$一侧，系统出现稳定的焦点。

7.2.3 控制器模型方程

本节中，首先，自动控制领域最常用的控制器—PID控制器及7.2.1节提出的新型控制策略的模型方程将会被给出；然后，依据这些控制器方程，可以得到相应的反馈控制下的水轮机调节系统的状态方程；最后，7.3节将利用这些状态方程进行水轮机调节系统的数值仿真，分析相应的控制器的控制效果。

1. PID控制器

PID控制策略下的调速器传递函数与控制方程分别为

$$G_{\mathrm{PID}}(s) = \frac{U_{\mathrm{PID}}(s)}{X_{\mathrm{PID}}(s)} = -K_{\mathrm{p}} - \frac{K_{\mathrm{i}}}{s} - K_{\mathrm{d}} s \tag{7.22}$$

$$\frac{\mathrm{d}u}{\mathrm{d}t} = -K_{\mathrm{p}}\frac{\mathrm{d}x}{\mathrm{d}t} - K_{\mathrm{i}}x - K_{\mathrm{d}}\frac{\mathrm{d}^2 x}{\mathrm{d}t^2} \tag{7.23}$$

式中：K_{p}、K_{i}与K_{d}分别为比例增益、积分增益与微分增益。

将PID控制器的控制方程式（7.23）与水轮机调节系统式（7.6）联立，得到如下四维自治的非线性动力系统：

$$\begin{cases}\dot{q} = \dfrac{-\left(\dfrac{2h_{\mathrm{f}}}{H_0} + \dfrac{\lambda Q_0}{H_0 cB} + \dfrac{1}{e_{qh}}\right)q + \dfrac{e_{qx}}{e_{qh}}x + \dfrac{e_{qy}}{e_{qh}}y}{\dfrac{\lambda Q_0 V_x}{gH_0 cB\tan\alpha}q + T_{\mathrm{ws}}'} \\ \dot{x} = \dfrac{1}{T_{\mathrm{a}}}\left[\dfrac{e_h}{e_{qh}}q + \left(e_x - \dfrac{e_h}{e_{qh}}e_{qx} - e_{\mathrm{g}}\right)x + \left(e_y - \dfrac{e_h}{e_{qh}}e_{qy}\right)y - m_{\mathrm{g}}\right] \\ \dot{y} = \dfrac{1}{T_{\mathrm{y}}}(u - y) \\ \dot{u} = -K_{\mathrm{p}}\dfrac{1}{T_{\mathrm{a}}}\left[\dfrac{e_h}{e_{qh}}q + \left(e_x - \dfrac{e_h}{e_{qh}}e_{qx} - e_{\mathrm{g}}\right)x + \left(e_y - \dfrac{e_h}{e_{qh}}e_{qy}\right)y - m_{\mathrm{g}}\right] - K_{\mathrm{i}}x \\ \quad -K_{\mathrm{d}}\dfrac{1}{T_{\mathrm{a}}}\left[\dfrac{e_h}{e_{qh}}\dfrac{\mathrm{d}q}{\mathrm{d}t} + \left(e_x - \dfrac{e_h}{e_{qh}}e_{qx} - e_{\mathrm{g}}\right)\dfrac{\mathrm{d}x}{\mathrm{d}t} + \left(e_y - \dfrac{e_h}{e_{qh}}e_{qy}\right)\dfrac{\mathrm{d}y}{\mathrm{d}t}\right]\end{cases} \tag{7.24}$$

2. 新型控制器

使用PID控制器的缺点之一是其将水轮机调节系统的维数增加了一维，由此便增加了控制系统的复杂性及分析的难度。在此，7.2.1 小节提出的基于非线性多项式状态反馈的控制策略将被用来设计一个新型控制器。

根据 7.2.1 小节的分析，基于非线性多项式状态反馈的控制器可采用如下形式：

$$u = -K_{\mathrm{L}}(x-\tilde{x}_{\mathrm{E}}) - K_{\mathrm{NL}}(x-\tilde{x}_{\mathrm{E}})^3 \tag{7.25}$$

式中：K_{L} 为线性控制项系数；K_{NL} 为非线性控制项系数。式（7.25）只使用到三阶项，因为这对于 Hopf 分岔控制已经足够。另外，对于 Hopf 分岔来说，由于三阶项 $K_{\mathrm{NL}}(x-\tilde{x}_{\mathrm{E}})^3$ 的存在，二阶项不再必要。

当使用式（7.25）表示的非线性多项式状态反馈控制器时，水轮机调节系统仍为三维闭环系统，状态方程如下：

$$\begin{cases} \dot{q} = \dfrac{-\left(\dfrac{2h_{\mathrm{f}}}{H_0} + \dfrac{\lambda Q_0}{H_0 cB} + \dfrac{1}{e_{qh}}\right)q + \dfrac{e_{qx}}{e_{qh}}x + \dfrac{e_{qy}}{e_{qh}}y}{\dfrac{\lambda Q_0 V_x}{gH_0 cB\tan\alpha}q + T_{\mathrm{ws}}} \\ \dot{x} = \dfrac{1}{T_{\mathrm{a}}}\left[\dfrac{e_h}{e_{qh}}q + \left(e_x - \dfrac{e_h}{e_{qh}}e_{qx} - e_{\mathrm{g}}\right)x + \left(e_y - \dfrac{e_h}{e_{qh}}e_{qy}\right)y - m_{\mathrm{g}}\right] \\ \dot{y} = \dfrac{1}{T_{\mathrm{y}}}\left[-K_{\mathrm{L}}(x-\tilde{x}_{\mathrm{E}}) - K_{\mathrm{NL}}(x-\tilde{x}_{\mathrm{E}})^3 - y\right] \end{cases} \tag{7.26}$$

令机组频率 x 的稳定状态平衡值为 0，则可得系统的平衡点：

$$\begin{cases} q_{\mathrm{E}} = \dfrac{1}{\dfrac{e_h}{e_{qh}} + \left(\dfrac{e_y}{e_{qy}}e_{qh} - e_h\right)\left(\dfrac{2h_{\mathrm{f}}}{H_0} + \dfrac{\lambda Q_0}{H_0 cB} + \dfrac{1}{e_{qh}}\right)}m_{\mathrm{g}} \\ x_{\mathrm{E}} = 0 \\ y_{\mathrm{E}} = \dfrac{\dfrac{e_{qh}}{e_{qy}}\left(\dfrac{2h_{\mathrm{f}}}{H_0} + \dfrac{\lambda Q_0}{H_0 cB} + \dfrac{1}{e_{qh}}\right)}{\dfrac{e_h}{e_{qh}} + \left(\dfrac{e_y}{e_{qy}}e_{qh} - e_h\right)\left(\dfrac{2h_{\mathrm{f}}}{H_0} + \dfrac{\lambda Q_0}{H_0 cB} + \dfrac{1}{e_{qh}}\right)}m_{\mathrm{g}} \end{cases} \tag{7.27}$$

同时，式（7.25）中 $\tilde{x}_{\mathrm{E}}$ 由下式确定：

$$K_{\mathrm{L}}\tilde{x}_{\mathrm{E}} + K_{\mathrm{NL}}\tilde{x}_{\mathrm{E}}^3 = y_{\mathrm{E}} \tag{7.28}$$

7.3　新型控制器的调节特性与作用机理

基于某水电站算例的数值仿真，本节分析所提新型控制器对于变顶高尾水洞水电站水轮机调节系统的调节特性与作用机理。同时，反馈控制（包括 PID 控制器与新型控制器）与无控制情况下调节系统的动态响应与调节品质的对比也将在本节展开。

以某变顶高尾水洞水电站为算例，水电站的基本资料如下：H_0=70.7m、Q_0=466.7m^3/s、T_a=8.77s、B=10.0m、T_{ws}=3.20s、h_f=2.68m、H_x=23m、tanα=0.03、λ=3、e_g=0 及 g=9.81m/s^2。实际的水轮机传递系数为：e_h=1.453、e_x=−0.900、e_y=0.415、e_{qh}=0.565、e_{qx}=−0.132 及 e_{qy}=0.682。运行工况为：机组额定出力正常运行时发生负荷阶跃扰动。

7.3.1 无控制

无控制时，水轮机调节系统的三维动力模型为式（7.6）在 $u=0$ 下的特例。由于没有引入控制器，故调节系统是开环系统，没有能量的输入。又由于系统本身存在阻尼，故此时调节系统是恒稳定的。

令 $u=0$，根据 7.2.2 节的直接代数判据，可以判断出无控制下水轮机调节系统 Hopf 分岔的存在性与分岔方向。设负荷扰动为突降 10%额定出力，即 $m_g=-0.1$，在 t=0s 时发生。图 7.2 给出了机组频率 x 的动态响应过程。

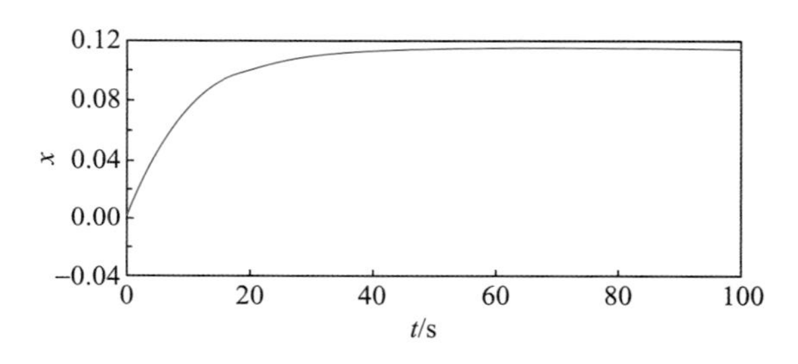

图 7.2 无控制水轮机调节系统机组频率 x 动态响应过程

由图 7.2 可知：负荷阶跃扰动发生后，机组频率 x 偏离初始值进入暂态过程。整个过程是平滑的，x 在大约 50s 之后稳定在 0.115。以上现象说明：①机组频率 x 无法回到初始值，x 的稳定值与初始值差别较大。如果初始频率为 50Hz，那么图 7.2 对应的稳定频率为 55.75Hz。②无控制水轮机调节系统调节品质很差，整个暂态过程持续了约 50s。

根据以上两点，无控制下的水轮机调节系统不能满足电力系统运行对于 LFC 的要求，控制器的引入是必须的。

7.3.2 反馈控制

本节首先对采用 PID 控制器的水轮机调节系统进行 Hopf 分岔分析，然后采用新型控制器进行同样的分析，对比两者调节品质的结果。

1. PID 控制器

对于非线性动力系统式（7.24），Hopf 分岔的分岔点是系统状态稳定的临界点。在系统参数平面内，由不同状态下的分岔点组成的曲线称为分岔线，分岔线将整个参数平面分成了两部分（分居分岔线两侧）：稳定域和不稳定域。系统参数位于稳定域内时，受扰动后动态系统会恢复到新的稳态；位于不稳定域内时，受扰动后动态系统会进入一持续的等幅振荡状态，无法衰减。故分岔线的位置决定了系统在参数平面内不同状态下的稳定状态及稳定裕度，即衡量了系统的动态特性。

对于本节研究的变顶高尾水洞水电站水轮机调节系统，选取 K_i 为系统的分岔参数，相应的分岔点记为 $\mu_\mathrm{c}=K_\mathrm{i}^*$。根据 7.2.2 节中的直接代数判据，当 $a_i(\mu_\mathrm{c})>0$、$\varDelta_j(\mu_\mathrm{c})>0$、$\varDelta_{n-1}(\mu_\mathrm{c})=0$ 与 $\sigma'(\mu_\mathrm{c})\neq 0$ 同时满足时，即可在 PI 参数平面（即 K_p - K_i 坐标系）绘制系统的分岔线[$K_\mathrm{i}^*=K_\mathrm{i}(K_\mathrm{p}^*)$]，从而确定稳定域和不稳定域。

PID 控制器下的水轮机调节系统调节品质的最优点可由 Stein 公式[29]确定：

$$K_\mathrm{p}=\frac{T_\mathrm{a}}{1.5T_\mathrm{w}},\quad K_\mathrm{i}=\frac{T_\mathrm{a}}{4.5T_\mathrm{w}^2},\quad K_\mathrm{d}=\frac{T_\mathrm{a}}{3} \tag{7.29}$$

采用 Stein 公式，可以得出 PID 参数的最优组合为：K_p=1.827、K_i=0.190s^{-1}、K_d=2.923s。取 m_g=−0.1、K_d=2.923s，图 7.3 为相应的分岔线。

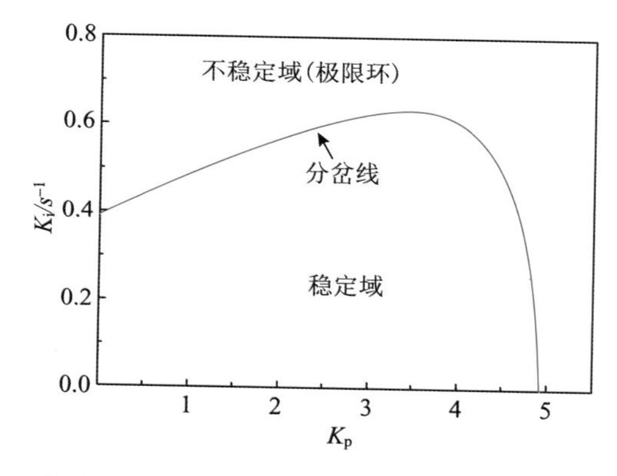

图 7.3　PID 控制器下水轮机调节系统的稳定域、分岔线及不稳定域

根据图 7.3 所示的分岔线，可以计算出所有的分岔点对应的 $\sigma'(\mu_\mathrm{c})$，结果如图 7.4 所示。图 7.4 表明：对于所有的分岔点，均有 $\sigma'(\mu_\mathrm{c})>0$。故所出现的 Hopf 分岔是超临界的。

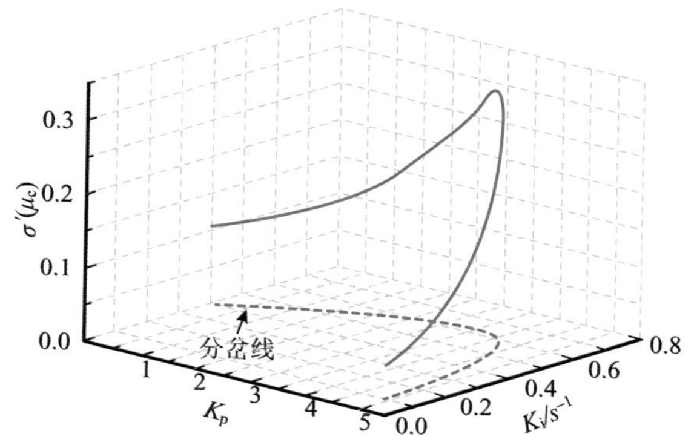

图 7.4　PID 控制器下水轮机调节系统所有分岔点对应的 $\sigma'(\mu_\mathrm{c})$

由于系统的 Hopf 分岔是超临界的，故对于一 K_p 值，当 $\mu < \mu_c$，即 $K_i < K_i^*$ 时，系统是稳定的；反之系统是不稳定的。据此可以确定系统的稳定域和不稳定域，结果如图 7.3 所示。

PID 参数的最优组合 K_p =1.827、K_i =0.190s^{-1}、K_d =2.923s 下，机组频率 x 的动态响应过程如图 7.5 所示，系统调节品质的性能指标参数，包括调节时间、峰值、峰值时间及衰减率，如表 7.1 所示。

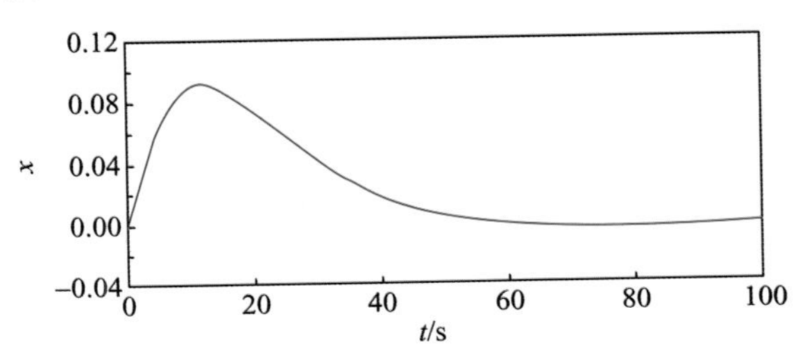

图 7.5　PID 控制器下水轮机调节系统机组频率 x 最优动态响应过程

表 7.1　PID 控制器下水轮机调节系统机组频率 x 动态响应过程性能指标

控制器		性能指标			
		调节时间/s	峰值	峰值时间/s	衰减率
PID 控制器		39.46	0.0916	12.17	0.094
新型控制器	K_L=1, K_{NL}=0	14.04	0.1026	3.51	0.288
	K_L=2, K_{NL}=0	10.79	0.1190	3.45	0.216
	K_L=3, K_{NL}=0	16.86	0.1404	3.65	0.146
	K_L=4, K_{NL}=0	38.86	0.1689	3.77	0.061
	K_L=4.711, K_{NL}=0	+∞	—	—	—
	K_L=5, K_{NL}=0	+∞	—	—	—
	K_L=0, K_{NL}=−2	46.77	0.0722	3.69	0.029
	K_L=0, K_{NL}=−4	65.81	0.0691	3.82	0.019
	K_L=0, K_{NL}=−6	90.90	0.0672	3.97	0.013
	K_L=0, K_{NL}=−8	130.01	0.0659	4.13	0.009
	K_L=0, K_{NL}=−10	207.00	0.0648	4.28	0.005
	K_L=0, K_{NL}=2	9.53	0.1320	3.74	0.189
	K_L=0, K_{NL}=4	17.10	0.1576	3.95	0.154
	K_L=0, K_{NL}=6	17.51	0.1886	4.21	0.131
	K_L=0, K_{NL}=8	25.93	0.2359	4.61	0.113
	K_L=0, K_{NL}=10	35.72	0.3446	5.25	0.098
	K_L=1, K_{NL}=2	10.81	0.1188	3.65	0.235
	K_L=2, K_{NL}=4	15.86	0.1369	3.76	0.169
	K_L=3, K_{NL}=6	23.76	0.1644	3.89	0.104

由图 7.5 可知：PID 控制器作用下，负荷阶跃扰动发生后，机组频率 x 能够回到初

始值（即额定频率）。x 的整个暂态过程是平滑的，但是调节品质与响应速度仍然很差，衰减率与调节时间分别为 0.094、39.46s，整个暂态过程持续了约 70s。

2. 新型控制器

对于非线性动力系统式（7.26），同样可以求得非线性多项式状态反馈控制器作用下的水轮机调节系统的分岔线及所有分岔点对应的 $\sigma'(\mu_c)$，结果如图 7.6、图 7.7 所示，其中，选择 K_{NL} 为系统的分岔参数。

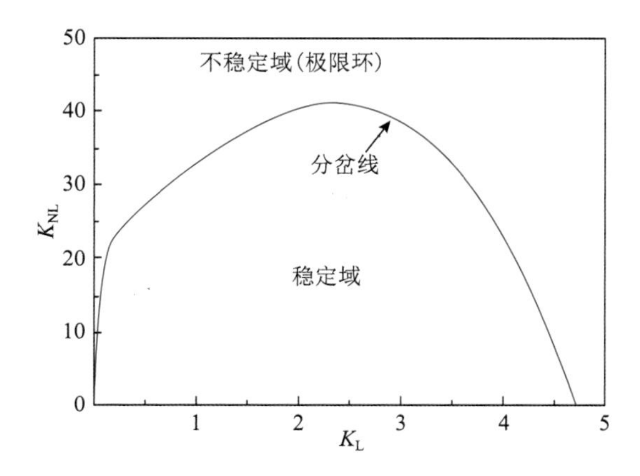

图 7.6　新型控制器下水轮机调节系统的稳定域、分岔线及不稳定域

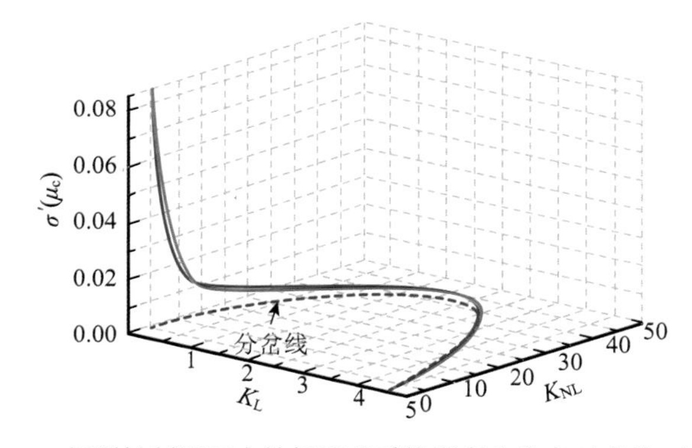

图 7.7　新型控制器下水轮机调节系统所有分岔点对应的 $\sigma'(\mu_c)$

图 7.7 表明：对于所有的分岔点，均有 $\sigma'(\mu_c)>0$ 。故所出现的 Hopf 分岔是超临界的。相应地，可以确定系统的稳定域和不稳定域，结果如图 7.6 所示。

为了深入了解式（7.25）表示的非线性多项式状态反馈控制策略，需要进一步分析该控制器模型方程中的线性项与非线性项各自的作用机理。图 7.8 给出了线性项与非线性项单独起作用时 $\sigma'(\mu_c)$ 的取值情况。K_L 与 K_{NL} 的参考值为系统的分岔线与坐标轴的交点（图 7.6）的坐标值，分别记为 K_L^* 及 K_{NL}^* 。对于 K_L ，$K_L^*=4.711$；对于 K_{NL} ，$K_{NL}^*=0$ 。图 7.9、图 7.10 给出了线性项与非线性项单独起作用时机组频率 x 的动态响应过程，系统调节品质的性能指标参数，包括调节时间、峰值、峰值时间及衰减率，如表 7.1 所示。

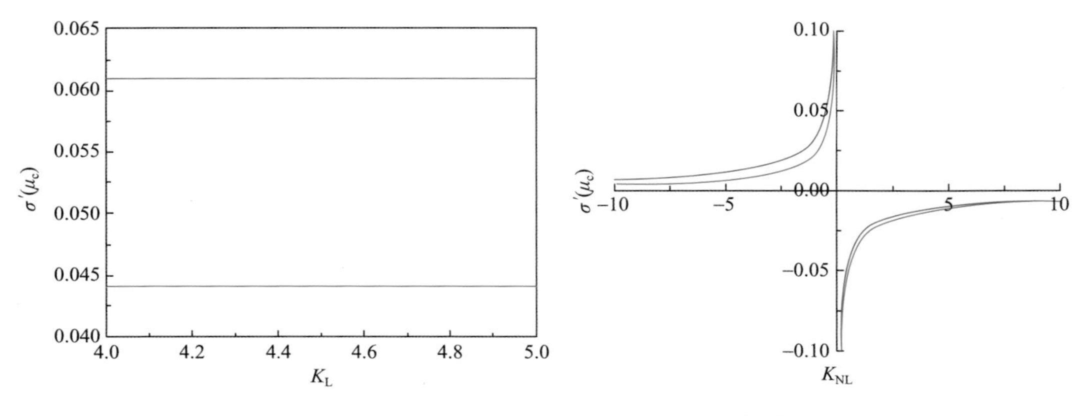

（a）线性项单独作用，即 $K_{NL}=0$　　（b）非线性项单独作用，即 $K_L=0$

图 7.8　线性项与非线性项单独起作用时 $\sigma'(\mu_c)$ 取值

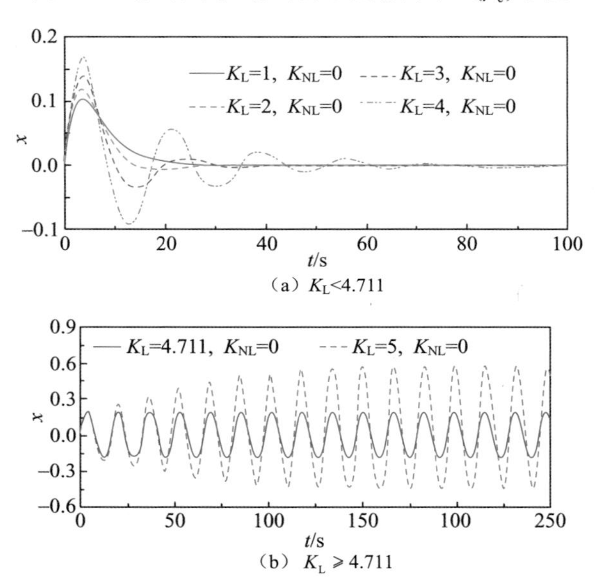

（a）$K_L<4.711$

（b）$K_L \geqslant 4.711$

图 7.9　线性项单独作用时机组频率 x 的动态响应过程

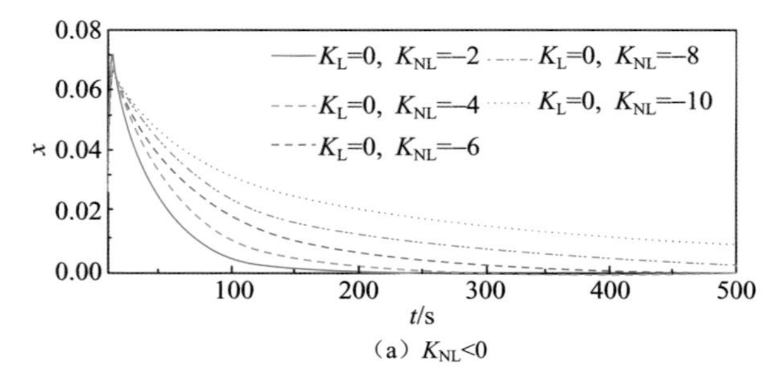

（a）$K_{NL}<0$

图 7.10　非线性项单独作用时机组频率 x 的动态响应过程

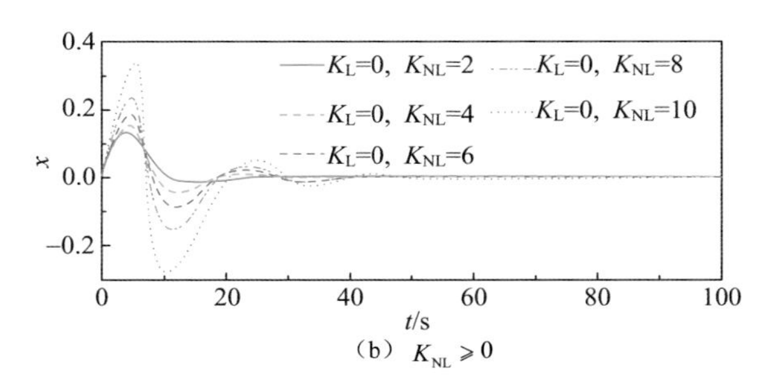

（b） $K_{NL} \geqslant 0$

图 7.10　非线性项单独作用时机组频率 x 的动态响应过程（续）

由图 7.8（a）、图 7.9 与表 7.1 可知：随着 K_L 的变化，$\sigma'(\mu_c)$ 的取值始终为正并且保持不变，表明线性项单独作用时系统的 Hopf 分岔始终是超临界的。如果 $K_L < K_L^*$，则系统是稳定的，且 K_L 越小，衰减率越大，系统的稳定性越好。随着 K_L 的减小，系统的调节品质先变好后变差。如果 $K_L > K_L^*$，则系统是不稳定的，机组频率 x 的动态响应进入持续的等幅振荡状态，对应产生一个稳定的相空间极限环。因此，非线性多项式状态反馈控制策略的线性项的作用主要是改变系统的线性稳定性，以消除或延迟已有的分岔。

由图 7.8（b）、图 7.9 与表 7.1 可知：随着 K_{NL} 的变化，$\sigma'(\mu_c)$ 的取值随之变化。如果 $K_{NL} < K_{NL}^*$，$\sigma'(\mu_c)$ 的取值为正，表明此时系统的 Hopf 分岔是超临界的。但是如果 $K_{NL} > K_{NL}^*$，$\sigma'(\mu_c)$ 的取值为负，表明此时系统的 Hopf 分岔是亚临界的。故不论 K_{NL} 位于 K_{NL}^* 的哪一侧，系统始终是稳定的。当 $K_{NL} < K_{NL}^*$ 时，系统的稳定性与调节品质随着 K_{NL} 的增加而变好；当 $K_{NL} > K_{NL}^*$ 时，随着 K_{NL} 的减小，系统的衰减率增大，稳定性变好，但是调节品质先变好后变差。因此，非线性多项式状态反馈控制策略的非线性项的作用是可以改变分岔解的稳定性，如将亚临界的 Hopf 分岔变成超临界的。

图 7.11 与表 7.1 对比了线性项和非线性项单独作用与共同作用下机组频率 x 的动态响应过程。结果表明：线性项和非线性项共同作用下机组频率 x 的动态响应过程的调节品质优于单独作用的情况。

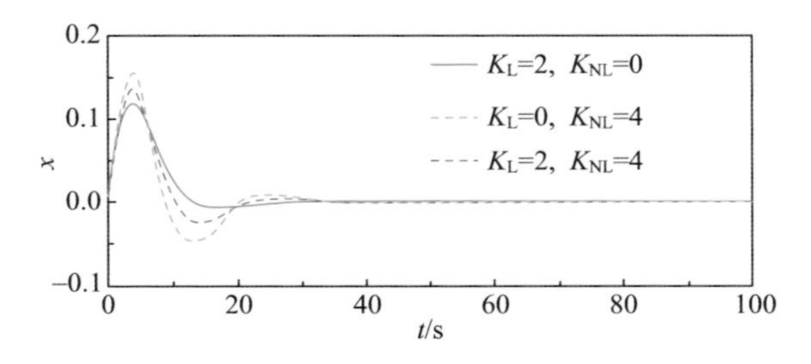

图 7.11　线性项和非线性项单独作用与共同作用下机组频率 x 的动态响应过程对比

图 7.12 与表 7.1 对比了新型调速器与 PID 调速器作用下机组频率 x 的动态响应过程。结果表明：新型调速器作用下机组频率 x 的动态响应过程的调节品质优于 PID 调速器作用的情况。

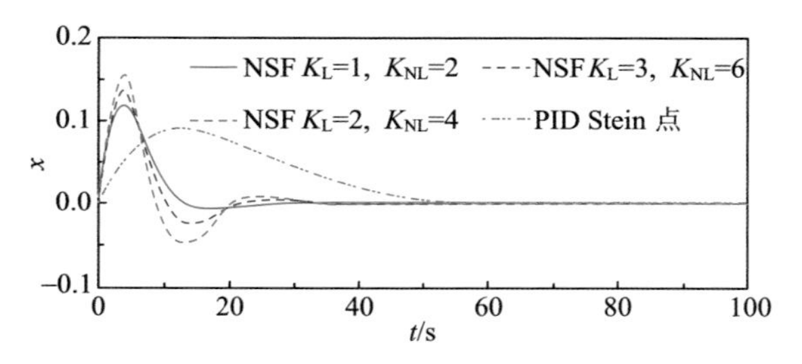

图 7.12　新型调速器与 PID 调速器作用下机组频率 x 的动态响应过程对比

7.4　本 章 小 结

依据 Hopf 分岔理论，提出了一种新型的基于非线性多项式状态反馈的控制策略，揭示了采用新型控制策略的变顶高尾水洞水轮机调节系统 Hopf 分岔的控制原理与过程；基于算例水电站的数值仿真，分析了所提新型控制策略对于变顶高尾水洞水电站水轮机调节系统的作用机理与调节特性，得到以下主要结论：

（1）非线性多项式状态反馈控制策略可以应用到变顶高尾水洞水轮机调节系统的 Hopf 分岔控制中，负荷阶跃扰动发生后，机组频率 x 能够回到初始值（即额定频率），且动态响应过程的调节品质优于 PID 调速器作用的情况。

（2）非线性多项式状态反馈控制策略的线性项的作用主要是改变系统的线性稳定性，以消除或延迟已有的分岔；非线性项的作用是可以改变分岔解的稳定性，如将亚临界的 Hopf 分岔变成超临界的。

参 考 文 献

[1] UZUNOGLU C P, BABACAN Y, KACAR F, et al. Modeling and suppression of chaotic ferroresonance in a power system by using memristor-based system. Electric Power Components and Systems, 2016, 44(6): 638-645.

[2] HUANG L, LIU L Q, LIU C Y. The nonlinear bifurcation and chaos of coupled heave and pitch motions of a truss spar platform. Journal of Ocean University of China, 2015, 14(5): 795-802.

[3] LIU S, LI X, ZHAO S S, et al. Bifurcation and chaos analysis of a nonlinear electromechanical coupling transmission system driven by AC asynchronous motor. International Journal of Applied Electromagnetics and Mechanics, 2015, 47(3): 705-717.

[4] GOU X F, ZHU L Y, CHEN D L. Bifurcation and chaos analysis of spur gear pair in two-parameter plane. Nonlinear Dynamics, 2015, 79(3): 2225-2235.

[5] TSE C K. Flip bifurcation and chaos in three-state boost switching regulators. IEEE Transactions on Circuits and Systems I: Fundamental Theory and Applications, 1994, 41(1): 16-23.

[6] CHU F, ZHANG Z. Bifurcation and chaos in a rub-impact Jeffcott rotor system. Journal of Sound and Vibration, 1998, 210(1): 1-18.

[7] ZOU F, NOSSEK J A. Bifurcation and chaos in cellular neural networks. IEEE Transactions on Circuits and Systems I: Fundamental Theory and Applications, 1993, 40(3): 166-173.

[8] GLASS L, GUEVARA M R, SHRIER A, et al. Bifurcation and chaos in a periodically stimulated

cardiac oscillator. Physica D: Nonlinear Phenomena, 1983, 7(1/2/3): 89-101.

[9] RAGHOTHAMA A, NARAYANAN S. Bifurcation and chaos in geared rotor bearing system by incremental harmonic balance method. Journal of Sound and Vibration, 1999, 226(3): 469-492.

[10] LEE B H K, PRICE S J, WONG Y S. Nonlinear aeroelastic analysis of airfoils: bifurcation and chaos. Progress in Aerospace Sciences, 1999, 35(3): 205-334.

[11] ARENA P, CAPONETTO R, FORTUNA L, et al. Bifurcation and chaos in noninteger order cellular neural networks. International Journal of Bifurcation and Chaos, 1998, 8(7): 1527-1539.

[12] REN W, HU S J, ZHANG B J, et al. Period-adding bifurcation with chaos in the interspike intervals generated by an experimental neural pacemaker. International Journal of Bifurcation and Chaos, 1997, 7(8): 1867-1872.

[13] FARSHIDIANFAR A, SAGHAFI A. Global bifurcation and chaos analysis in nonlinear vibration of spur gear systems. Nonlinear Dynamics, 2014, 75(4): 783-806.

[14] LI S, Wu Q, ZHANG Z. Bifurcation and chaos analysis of multistage planetary gear train. Nonlinear Dynamics, 2014, 75(1/2): 217-233.

[15] KENGNE J. Coexistence of chaos with hyperchaos, period-3 doubling bifurcation, and transient chaos in the hyperchaotic oscillator with gyrators. International Journal of Bifurcation and Chaos, 2015, 25(4): 1550052.

[16] TSE C K, LAI Y M, IU H H C. Hopf bifurcation and chaos in a free-running current-controlled Cuk switching regulator. IEEE Transactions on Circuits and Systems I: Fundamental Theory and Applications, 2000, 47(4): 448-457.

[17] CHEN Y S, LEUNG A Y T. Bifurcation and Chaos in Engineering. London: Springer Science & Business Media, 2012.

[18] LIAO X F, WONG K W, LEUNG C S, et al. Hopf bifurcation and chaos in a single delayed neuron equation with non-monotonic activation function. Chaos, Solitons & Fractals, 2001, 12(8): 1535-1547.

[19] YANG X D, CHEN L Q. Bifurcation and chaos of an axially accelerating viscoelastic beam. Chaos, Solitons & Fractals, 2005, 23(1): 249-258.

[20] YU P, CHEN G. Hopf bifurcation control using nonlinear feedback with polynomial functions. International Journal of Bifurcation and Chaos, 2004, 14(05): 1683-1704.

[21] ABED E H, FU J H. Local feedback stabilization and bifurcation control, I. Hopf bifurcation. Systems & Control Letters, 1986, 7(1): 11-17.

[22] XIE Y, CHEN L, KANG Y M, et al. Controlling the onset of Hopf bifurcation in the Hodgkin-Huxley model. Physical Review E, 2008, 77(6): 061921.

[23] CHEN D S, WANG H O, CHEN G. Anti-control of Hopf bifurcations. IEEE Transactions on Circuits and Systems I: Fundamental Theory and Applications, 2001, 48(6): 661-672.

[24] GEHAN O, PIGEON E, MENARD T, et al. A nonlinear state feedback for DC/DC boost converters. Journal of Dynamic Systems, Measurement, and Control, 2017, 139(1): 011010.

[25] LIU L, YIN S, GAO H J, et al. Adaptive partial-state feedback control for stochastic high-order nonlinear systems with stochastic input-to-state stable inverse dynamics. Automatica, 2015, 51: 285-291.

[26] LING D, TAO Y. An analysis of the Hopf bifurcation in a hydroturbine governing system with saturation. IEEE Transactions on Energy Conversion, 2006, 21(2): 512-515.

[27] HASSARD B D, KAZARINOFF N D, WAN Y H. Theory and Applications of Hopf Bifurcation. London: Cambridge University Press, 1981.

[28] 李继彬, 冯贝叶. 稳定性、分支与混沌. 昆明: 云南科技出版社, 1995.

[29] STEIN T. Frequency control under isolated network conditions. Water Power. 1970. 22(9): 320-324.

第 8 章　基于微分几何的设变顶高尾水洞水轮机调节系统非线性扰动解耦控制

对于变顶高尾水洞水电站，包含准确描述变顶高尾水洞明满流分界面运动特性的改进的引水系统动力方程在内的水轮机调节系统非线性数学模型已经在第 6 章建立，但由于该非线性系统自身的复杂性，基于该模型对水轮机调节系统的调节品质做进一步的分析，并基于分析结果设计先进的控制策略存在障碍。但随着非线性动力系统理论和非线性控制系统理论（如模糊控制、分岔与混沌控制、基于微分几何的非线性解耦控制[1-2]、人工神经网络控制[3-16]、非线性 H_∞控制[17-26]、非线性预测控制[27-38]等）的发展及计算机计算与仿真能力的不断提高，解决和分析该特殊非线性控制系统成为了可能。第 7 章已经进行了基于非线性状态反馈的变顶高尾水洞水轮机调节系统 Hopf 分岔控制的研究。

近年来，以微分几何理论为基础的非线性解耦控制开始引入电力系统的控制中来，以微分几何为工具的精确线性化方法得到了普遍重视。通过适当的非线性状态和反馈变换，非线性系统可以实现状态或输入/输出的精确线性化，从而将复杂的非线性系统转化为简单的完全可控的线性系统，然后对线性系统运用最优控制方法进行分析从而得到非线性系统的控制结果。这种准确线性化与传统的近似线性化不同，它在线性化过程中没有忽略任何高阶非线性项，因此它不仅是准确的，而且具有全局意义。但对于某些特殊的非线性系统，系统本身为非最小相位系统，如本章要研究的变顶高尾水洞水轮机调节系统，如果直接应用微分几何理论，会出现系统不能整体完全线性化，而不可线性化部分的零动态稳定性很难证明的问题，即所谓的零动态问题。对于零动态问题的避免，前人的研究通常是选取合适的调节输出函数，使被控系统对于该调节输出函数是一个最小相位系统，从而将该系统整体线性化。但是对于调节输出函数的构造，往往是根据经验选取，并未提出严格的完整的调节输出函数的构造方法，给该方法的进一步推广应用产生了极大阻碍。

本章将基于微分几何理论的非线性扰动解耦控制方法应用到变顶高尾水洞水轮机调节系统，以期提高该系统的调节品质，保证水电站的供电质量。首先，采用 7.1 节建立的变顶高尾水洞水电站水轮机调节系统的数学模型，得到该非线性系统的状态方程。然后，详细阐释基于微分几何理论的非线性扰动解耦控制的基本原理，依据非线性系统动态响应的控制要求，提出严格且完整的名义输出函数构造方法，据此设计适用于变顶高尾水洞水轮机调节系统的非线性扰动解耦控制策略。最后，分析该控制策略下变顶高尾水洞水轮机调节系统的动态品质、控制策略对于变顶高尾水洞的适用性，定性/定量分析调节系统的鲁棒性。

8.1　水轮机调节系统非线性数学模型

变顶高尾水洞水电站的管道系统、相应的水轮机调节系统的结构框图仍分别见

图 6.1、图 7.1。调节系统的基本方程为式（7.1）~式（7.5），负荷扰动 m_{g} 作用下的三维自治非线性动力系统为式（7.6）。

对于 n 维单输入单输出仿射非线性系统，其模型可统一写成如下形式：

$$\begin{cases}\dot{\boldsymbol{X}}=\boldsymbol{f}(\boldsymbol{X})+\boldsymbol{g}(\boldsymbol{X})u\\ o=o(\boldsymbol{X})\end{cases}\tag{8.1}$$

式中：$\boldsymbol{X}\in\mathbf{R}^n$ 为状态向量；$\boldsymbol{f}(\boldsymbol{X})$、$\boldsymbol{g}(\boldsymbol{X})$ 为 n 维矢量场；u 为调速器调节输出，同时也是随动装置的输入变量；$o(\boldsymbol{X})$ 为标量名义输出函数，是状态向量 $\boldsymbol{X}$ 的函数。系统存在一个扰动，扰动的类型主要取决于运行工况、系统特性及研究对象和目的。对于本章研究的变顶高尾水洞水轮机调节系统式（7.6），由于负荷调整下的系统调节品质是研究目的，故 m_{g} 被选为扰动变量。

将式（7.6）改写成式（8.1）的形式，其中

$$\boldsymbol{X}=\begin{bmatrix}q\\x\\y\end{bmatrix}$$

$$\boldsymbol{f}(\boldsymbol{X})=\begin{bmatrix}f_1(\boldsymbol{X})\\f_2(\boldsymbol{X})\\f_3(\boldsymbol{X})\end{bmatrix}=\begin{bmatrix}\dfrac{-\left(\dfrac{2h_{\mathrm{f}}}{H_0}+\dfrac{\lambda Q_0}{H_0cB}+\dfrac{1}{e_{qh}}\right)q+\dfrac{e_{qx}}{e_{qh}}x+\dfrac{e_{qy}}{e_{qh}}y}{\dfrac{\lambda Q_0V_x}{gH_0cB\tan\alpha}q+T_{\mathrm{ws}}}\\ \dfrac{1}{T_{\mathrm{a}}}\left[\dfrac{e_h}{e_{qh}}q+\left(e_x-\dfrac{e_h}{e_{qh}}e_{qx}-e_{\mathrm{g}}\right)x+\left(e_y-\dfrac{e_h}{e_{qh}}e_{qy}\right)y-m_{\mathrm{g}}\right]\\ -\dfrac{1}{T_{\mathrm{y}}}y\end{bmatrix}$$

$$\boldsymbol{g}(\boldsymbol{X})=\begin{bmatrix}g_1(\boldsymbol{X})\\g_2(\boldsymbol{X})\\g_3(\boldsymbol{X})\end{bmatrix}=\begin{bmatrix}0\\0\\ \dfrac{1}{T_{\mathrm{y}}}\end{bmatrix}$$

对于本章研究的变顶高尾水洞水轮机调节系统，扰动变量（即输入信号）为负荷扰动 m_{g}；输出信号选为机组频率 x，主要是因为水轮机调节系统的调节品质主要由机组频率 x 的动态特性来衡量。调速器的控制策略由 u 表示，本章剩余部分主要探讨控制策略 u 的设计。$o(\boldsymbol{X})$ 为 q、x、y 的函数，q、x、y 为水轮机调节系统的状态变量。非线性动力系统的状态特性由 $\boldsymbol{f}(\boldsymbol{X})$ 与 $\boldsymbol{g}(\boldsymbol{X})$ 描述，$\boldsymbol{f}(\boldsymbol{X})$ 与 $\boldsymbol{g}(\boldsymbol{X})$ 包含了系统的特征参数，即 $\tan\alpha$、λ、T_{ws}、h_{f}、e_h、e_x、e_y、e_{qh}、e_{qx}、e_{qy}、T_{a}、T_{y} 及 e_{g}。以上特征参数对于系统的调节品质有显著的影响，它们取值的确定是调节系统设计的关键环节。

8.2　水轮机调节系统非线性扰动解耦控制策略设计

8.2.1　基于微分几何的非线性扰动解耦控制基本原理

微分几何方法本质上是通过坐标变换，将非线性系统线性化。与传统的非线性系统近似线性化方法不同，微分几何方法并没有省略掉任何高阶非线性项，因此这种线性化方法不仅是精确的，而且是整体的线性化，对变换有意义的整个区域都适用[39-40]。

非线性系统式（8.1）的输出与扰动能够解耦的充要条件为：系统的相对阶与系统阶相等。此时，能够通过选定一个坐标变换，将非线性系统式（8.1）整体精确线性化为一个线性系统。选定的坐标映射为

$$\boldsymbol{Z}(\boldsymbol{X})=\left[o(\boldsymbol{X})\quad L_f o(\boldsymbol{X})\quad \cdots \quad L_f^{n-1} o(\boldsymbol{X})\right]^{\mathrm{T}} \tag{8.2}$$

式中：$L_f^i o(\boldsymbol{X})$ 为输出函数 $o(\boldsymbol{X})$ 对矢量场 $\boldsymbol{f}(\boldsymbol{X})$ 的 i 重李导数，$i=0,2,\cdots$，$n-1$。

经过坐标变换式（8.2）后，非线性系统式（8.1）变为新坐标系下的标准型：

$$\dot{\boldsymbol{Z}}=\boldsymbol{A}\boldsymbol{Z}+\boldsymbol{B}v \tag{8.3}$$

式中：$\boldsymbol{A}=\begin{bmatrix}0 & 1 & 0 & \cdots & 0\\ 0 & 0 & 1 & \cdots & 0\\ \vdots & \vdots & \vdots & \ddots & \vdots\\ 0 & 0 & 0 & \cdots & 1\\ 0 & 0 & 0 & \cdots & 0\end{bmatrix}$；$\boldsymbol{B}=\begin{bmatrix}0\\ 0\\ \vdots\\ 0\\ 1\end{bmatrix}$；$v$ 为变换后的线性系统式（8.3）的线性化控制律，可由坐标变换得出，表达式为 $v=L_f^n o(\boldsymbol{X})+L_g L_f^{n-1} o(\boldsymbol{X})u$。

根据式（8.2）可以确定输出对扰动的解耦，则非线性系统式（8.1）的输出对扰动解耦的控制律为

$$u=-\frac{L_f^n o(\boldsymbol{X})}{L_g L_f^{n-1} o(\boldsymbol{X})}+\frac{v}{L_g L_f^{n-1} o(\boldsymbol{X})} \tag{8.4}$$

对于标准型式（8.3），系统性能与控制能量的要求可由如下的二次型性能指标来描述：

$$G=\int_0^{\infty}(\boldsymbol{Z}^{\mathrm{T}}\boldsymbol{Q}_1\boldsymbol{Z}+v^{\mathrm{T}}\boldsymbol{Q}_2 v)\mathrm{d}t \tag{8.5}$$

式中：$\boldsymbol{Q}_1$ 与 $\boldsymbol{Q}_2$ 为对称正定加权矩阵。

最优控制的目的是寻找合适的 $\boldsymbol{Q}_1$ 与 $\boldsymbol{Q}_2$，据此设计出线性化控制律 v 来最小化 G。

如果将控制策略选为状态反馈控制，那么可以使 G 最小化的最优控制策略具有如下形式[41]：

$$v^*=-\boldsymbol{k}^*\boldsymbol{Z} \tag{8.6}$$

式中：$\boldsymbol{k}^*=\begin{bmatrix}k_1^* & k_2^* & \cdots & k_n^*\end{bmatrix}$为最优增益向量。

当取权矩阵$\boldsymbol{Q}_1$、$\boldsymbol{Q}_2$为单位矩阵时，即$\boldsymbol{Q}_1=\boldsymbol{I}$、$\boldsymbol{Q}_2=\boldsymbol{I}$，$\boldsymbol{k}^*=\boldsymbol{B}^{\mathrm{T}}\boldsymbol{P}$可通过求解如下的 Riccati 矩阵方程确定，其中，$\boldsymbol{P}$为正定对称矩阵。

$$\boldsymbol{A}^{\mathrm{T}}\boldsymbol{P}+\boldsymbol{P}\boldsymbol{A}-\boldsymbol{P}\boldsymbol{B}\boldsymbol{B}^{\mathrm{T}}\boldsymbol{P}+\boldsymbol{I}=\boldsymbol{0} \tag{8.7}$$

式（8.6）表示了采用线性二次型最优控制理论进行设计时的线性化控制律v的表达式。

将v^*代入式（8.4），即可得到线性二次型最优控制下的基于微分几何理论的非线性扰动解耦控制策略。

8.2.2　名义输出函数的构造

控制目标：机组以频率调节模式正常运行时，如果突然受到外界负荷变化的扰动，将会使整个水电站进入过渡过程。此时，机组的转速会偏离初始额定转速，水轮机调节系统进行调节。调节时，以水轮机导叶开度为控制量，以转速偏差相对值为控制依据，目标是通过调节导叶开度使机组转速快速稳定到额定转速，保证供电质量。故对于系统式(7.6)，转速偏差相对值x的平衡点x_{E}应为0。结合$x_{\mathrm{E}}=0$与$\dot{\boldsymbol{X}}=\boldsymbol{0}$可以得到系统式(7.6)的唯一平衡点$\dot{\boldsymbol{X}}_{\mathrm{E}}=\begin{bmatrix}q_{\mathrm{E}} & x_{\mathrm{E}} & y_{\mathrm{E}}\end{bmatrix}^{\mathrm{T}}$：

$$\begin{cases}q_{\mathrm{E}}=\dfrac{1}{\dfrac{e_h}{e_{qh}}+\left(\dfrac{e_y}{e_{qy}}e_{qh}-e_h\right)\left(\dfrac{2h_{\mathrm{f}}}{H_0}+\dfrac{\lambda Q_0}{H_0cB}+\dfrac{1}{e_{qh}}\right)}m_{\mathrm{g}}\\ x_{\mathrm{E}}=0\\ y_{\mathrm{E}}=\dfrac{\dfrac{e_{qh}}{e_{qy}}\left(\dfrac{2h_{\mathrm{f}}}{H_0}+\dfrac{\lambda Q_0}{H_0cB}+\dfrac{1}{e_{qh}}\right)}{\dfrac{e_h}{e_{qh}}+\left(\dfrac{e_y}{e_{qy}}e_{qh}-e_h\right)\left(\dfrac{2h_{\mathrm{f}}}{H_0}+\dfrac{\lambda Q_0}{H_0cB}+\dfrac{1}{e_{qh}}\right)}m_{\mathrm{g}}\end{cases} \tag{8.8}$$

由于在对原非线性系统进行坐标变换时，输出函数$o(\boldsymbol{X})$的选取在很大程度上确定了变换后新系统状态方程的形式，且直接影响整个受控系统的动、静态特性，因此，输出函数$o(\boldsymbol{X})$的选取成为了系统非线性扰动解耦控制策略设计的关键。选取的输出函数必须同时达到以下两个要求：

（1）满足原系统控制目标，即平衡点$\boldsymbol{X}_{\mathrm{E}}=\begin{bmatrix}q_{\mathrm{E}} & x_{\mathrm{E}} & y_{\mathrm{E}}\end{bmatrix}^{\mathrm{T}}$由式（8.8）表示。

（2）满足输出对扰动解耦的充要条件，即系统的相对阶与系统阶相等。对于系统式（7.6），即要求相对阶为三，则相应的名义输出函数$o(\boldsymbol{X})$应满足：

$$\begin{cases}L_g o(\boldsymbol{X})=0\\ L_g L_f o(\boldsymbol{X})=0\\ L_g L_f^2 o(\boldsymbol{X})\neq 0\end{cases} \tag{8.9}$$

下面根据要求（1）、（2），提出名义输出函数 $o(\boldsymbol{X})$ 的构造方法与具体步骤。

设名义输出函数为如下形式：

$$o(\boldsymbol{X})=o_1(q)+o_2(x)+o_3(y)+C \tag{8.10}$$

式中：$o_1(q)$、$o_2(x)$、$o_3(y)$ 分别为 q、x、y 的函数，且不含常数项；C 为待定常数。

步骤 1：控制条件 $L_g o(\boldsymbol{X})=0$。

由式（8.10）可得 $L_g o(\boldsymbol{X})=\dfrac{1}{T_{\mathrm{y}}}\dfrac{\partial o_3}{\partial y}$，根据要求（2）中的 $L_g o(\boldsymbol{X})=0$ 可得 $\dfrac{\partial o_3}{\partial y}=0$，故 $o_3(y)=0$。因而，式（8.10）变形为

$$o(\boldsymbol{X})=o_1(q)+o_2(x)+C \tag{8.11}$$

步骤 2：控制条件 $L_g L_f o(\boldsymbol{X})=0$。

根据式（8.11）可得 $L_g L_f o(\boldsymbol{X})=\dfrac{1}{T_{\mathrm{y}}}\dfrac{\partial\left[\dfrac{\partial o_1}{\partial q}f_1(\boldsymbol{X})+\dfrac{\partial o_2}{\partial x}f_2(\boldsymbol{X})\right]}{\partial y}$，结合 $L_g L_f o(\boldsymbol{X})=0$ 可得 $\dfrac{\partial\left[\dfrac{\partial o_1}{\partial q}f_1(\boldsymbol{X})+\dfrac{\partial o_2}{\partial x}f_2(\boldsymbol{X})\right]}{\partial y}=0$，将其展开得

$$\frac{\partial\left(\dfrac{\partial o_1}{\partial q}\right)}{\partial y}f_1(\boldsymbol{X})+\frac{\partial o_1}{\partial q}\frac{\partial\left[f_1(\boldsymbol{X})\right]}{\partial y}+\frac{\partial\left(\dfrac{\partial o_2}{\partial x}\right)}{\partial y}f_2(\boldsymbol{X})+\frac{\partial o_2}{\partial x}\frac{\partial\left[f_2(\boldsymbol{X})\right]}{\partial y}=0 \tag{8.12}$$

由于 $\dfrac{\partial\left(\dfrac{\partial o_1}{\partial q}\right)}{\partial y}=0$、$\dfrac{\partial\left(\dfrac{\partial o_2}{\partial x}\right)}{\partial y}=0$，可得

$$\frac{\partial o_1}{\partial q}\frac{\partial\left[f_1(\boldsymbol{X})\right]}{\partial y}+\frac{\partial o_2}{\partial x}\frac{\partial\left[f_2(\boldsymbol{X})\right]}{\partial y}=0 \tag{8.13}$$

由 $\boldsymbol{f}(\boldsymbol{X})$ 的表达式易得 $\dfrac{\partial\left[f_1(\boldsymbol{X})\right]}{\partial y}=\dfrac{\dfrac{e_{qy}}{e_{qh}}}{\dfrac{\lambda Q_0 V_x}{gH_0 cB\tan\alpha}q+T_{\mathrm{ws}}}$ 及 $\dfrac{\partial\left[f_2(\boldsymbol{X})\right]}{\partial y}=\dfrac{1}{T_{\mathrm{a}}}\left(e_y-\dfrac{e_h}{e_{qh}}e_{qy}\right)$。将其代入式（8.13）可得

$$o_1(q)=K_1\left(\frac{\lambda Q_0 V_x}{gH_0 cB\tan\alpha}q+T_{\mathrm{ws}}\right)^2 \tag{8.14}$$

$$o_2(x)=K_2 x \tag{8.15}$$

$$2K_1 \frac{\lambda Q_0 V_x}{gH_0 cB\tan\alpha}\frac{e_{qy}}{e_{qh}} + K_2 \frac{1}{T_{\mathrm{a}}}\left(e_y - \frac{e_h}{e_{qh}}e_{qy}\right) = 0 \tag{8.16}$$

对于式（8.16），不失普遍性，可取 $K_1 = \dfrac{1}{2\dfrac{\lambda Q_0 V_x}{gH_0 cB\tan\alpha}\dfrac{e_{qy}}{e_{qh}}}$、$K_2 = -\dfrac{T_{\mathrm{a}}}{e_y - \dfrac{e_h}{e_{qh}}e_{qy}}$，此时名义输出函数的表达式为

$$o(\boldsymbol{X}) = \frac{\left(\dfrac{\lambda Q_0 V_x}{gH_0 cB\tan\alpha}q + T_{\mathrm{ws}}\right)^2}{2\dfrac{\lambda Q_0 V_x}{gH_0 cB\tan\alpha}\dfrac{e_{qy}}{e_{qh}}} - \frac{T_{\mathrm{a}}}{e_y - \dfrac{e_h}{e_{qh}}e_{qy}}x + C \tag{8.17}$$

步骤 3：平衡点 $\boldsymbol{X}_{\mathrm{E}}$。

由 8.2.1 小节可知系统式（7.6）在线性二次型最优控制下的基于微分几何理论的非线性扰动解耦控制策略为

$$u^* = -\frac{L_f^3 o(\boldsymbol{X}) + k_1^* o(\boldsymbol{X}) + k_2^* L_f o(\boldsymbol{X}) + k_3^* L_f^2 o(\boldsymbol{X})}{L_g L_f^2 o(\boldsymbol{X})} \tag{8.18}$$

因为在平衡点处，$\dot{y} = \dfrac{1}{T_{\mathrm{y}}}(u - y)$ 等于 0，故平衡点处有：$u_{\mathrm{E}}^* = y_{\mathrm{E}}$。

根据式（8.17）可以得到 $L_f o(\boldsymbol{X})$、$L_f^2 o(\boldsymbol{X})$、$L_f^3 o(\boldsymbol{X})$ 及 $L_g L_f^2 o(\boldsymbol{X})$ 在平衡点处的表达式：

$$L_f o(\boldsymbol{X})\big|_{\mathrm{E}} = 0$$

$$L_f^2 o(\boldsymbol{X})\big|_{\mathrm{E}} = 0$$

$$L_f^3 o(\boldsymbol{X})\big|_{\mathrm{E}} = -\frac{1}{T_{\mathrm{y}}} y_{\mathrm{E}} \left\{ \frac{\partial\left[L_f^2 o(\boldsymbol{X})\right]}{\partial y}\bigg|_E \right\}$$

$$L_g L_f^2 o(\boldsymbol{X})\big|_{\mathrm{E}} = \frac{1}{T_{\mathrm{y}}} \left\{ \frac{\partial\left[L_f^2 o(\boldsymbol{X})\right]}{\partial y}\bigg|_E \right\}$$

将以上表达式代入式（8.18）可以得到平衡点处 u^* 的表达式：

$$u_{\mathrm{E}}^* = y_{\mathrm{E}} - \frac{k_1^* o_{\mathrm{E}}(\boldsymbol{X})}{L_g L_f^2 o(\boldsymbol{X})\big|_{\mathrm{E}}} \tag{8.19}$$

将 $u_{\mathrm{E}}^{*}=y_{\mathrm{E}}$ 代入式（8.19）可得 $o_{\mathrm{E}}(\boldsymbol{X})=0$。再根据 $o_{\mathrm{E}}(\boldsymbol{X})=0$、式（8.8）、式（8.17）可得 $C=-\dfrac{\left(\dfrac{\lambda Q_0V_x}{gH_0cB\tan\alpha}q_{\mathrm{E}}+T_{\mathrm{ws}}\right)^2}{2\dfrac{\lambda Q_0V_x}{gH_0cB\tan\alpha}\dfrac{e_{qy}}{e_{qh}}}$。

至此，可得输出函数的表达式为

$$o(\boldsymbol{X})=-\frac{T_{\mathrm{a}}}{e_y-\dfrac{e_h}{e_{qh}}e_{qy}}x+\frac{\left(\dfrac{\lambda Q_0V_x}{gH_0cB\tan\alpha}q+T_{\mathrm{ws}}\right)^2}{2\dfrac{\lambda Q_0V_x}{gH_0cB\tan\alpha}\dfrac{e_{qy}}{e_{qh}}}-\frac{\left(\dfrac{\lambda Q_0V_x}{gH_0cB\tan\alpha}q_{\mathrm{E}}+T_{\mathrm{ws}}\right)^2}{2\dfrac{\lambda Q_0V_x}{gH_0cB\tan\alpha}\dfrac{e_{qy}}{e_{qh}}} \tag{8.20}$$

根据式（8.20），很容易得到 $x_{\mathrm{E}}=0$ 及如下结果：

$$\begin{cases}L_go(\boldsymbol{X})=0\\ L_gL_fo(\boldsymbol{X})=0\\ L_gL_f^2o(\boldsymbol{X})=\dfrac{1}{T_{\mathrm{y}}}\left[-\dfrac{\left(\dfrac{2h_{\mathrm{f}}}{H_0}+\dfrac{\lambda Q_0}{H_0cB}+\dfrac{1}{e_{qh}}\right)+\dfrac{\dfrac{e_h}{e_{qh}}\dfrac{e_{qy}}{e_{qh}}}{e_y-\dfrac{e_h}{e_{qh}}e_{qy}}}{\dfrac{\lambda Q_0V_x}{gH_0cB\tan\alpha}q+T_{\mathrm{ws}}}+\dfrac{1}{T_{\mathrm{a}}}\left(\dfrac{e_{qx}}{e_{qy}}e_y-e_x+e_{\mathrm{g}}\right)\right]\neq 0\end{cases}$$

说明以上方法构造出的输出函数式（8.20）满足要求（1）、（2）。采用该输出函数的非线性动力系统式（7.6）可以实现输出对扰动的解耦，将其整体精确线性化为一个线性系统。

8.2.3　非线性扰动解耦控制策略设计

采用式（8.20），可以得到 $L_fo(\boldsymbol{X})$、$L_f^2o(\boldsymbol{X})$、$L_f^3o(\boldsymbol{X})$ 及 $L_gL_f^2o(\boldsymbol{X})$ 的表达式如下：

$$L_fo(\boldsymbol{X})=\frac{-\left(\dfrac{2h_{\mathrm{f}}}{H_0}+\dfrac{\lambda Q_0}{H_0cB}+\dfrac{1}{e_{qh}}\right)q+\dfrac{e_{qx}}{e_{qh}}x+\dfrac{e_{qy}}{e_{qh}}y}{\dfrac{e_{qy}}{e_{qh}}}$$

$$-\frac{\dfrac{e_h}{e_{qh}}q+\left(e_x-\dfrac{e_h}{e_{qh}}e_{qx}-e_{\mathrm{g}}\right)x+\left(e_y-\dfrac{e_h}{e_{qh}}e_{qy}\right)y-m_{\mathrm{g}}}{e_y-\dfrac{e_h}{e_{qh}}e_{qy}}$$

$$L_f^2 o(\boldsymbol{X}) = -\left(\frac{\dfrac{2h_{\mathrm{f}}}{H_0}+\dfrac{\lambda Q_0}{H_0 cB}+\dfrac{1}{e_{qh}}}{\dfrac{e_{qy}}{e_{qh}}}+\frac{\dfrac{e_h}{e_{qh}}}{e_y-\dfrac{e_h}{e_{qh}}e_{qy}}\right)\frac{-\left(\dfrac{2h_{\mathrm{f}}}{H_0}+\dfrac{\lambda Q_0}{H_0 cB}+\dfrac{1}{e_{qh}}\right)q+\dfrac{e_{qx}}{e_{qh}}x+\dfrac{e_{qy}}{e_{qh}}y}{\dfrac{\lambda Q_0 V_x}{gH_0 cB\tan\alpha}q+T_{\mathrm{ws}}}$$
$$+\frac{\dfrac{e_{qx}}{e_{qy}}e_y-e_x+e_{\mathrm{g}}}{e_y-\dfrac{e_h}{e_{qh}}e_{qy}}\frac{1}{T_{\mathrm{a}}}\left[\frac{e_h}{e_{qh}}q+\left(e_x-\frac{e_h}{e_{qh}}e_{qx}-e_{\mathrm{g}}\right)x+\left(e_y-\frac{e_h}{e_{qh}}e_{qy}\right)y-m_{\mathrm{g}}\right]$$

$$L_f^3 o(\boldsymbol{X}) = \left[-\left(\frac{\dfrac{2h_{\mathrm{f}}}{H_0}+\dfrac{\lambda Q_0}{H_0 cB}+\dfrac{1}{e_{qh}}}{\dfrac{e_{qy}}{e_{qh}}}+\frac{\dfrac{e_h}{e_{qh}}}{e_y-\dfrac{e_h}{e_{qh}}e_{qy}}\right)\right.$$
$$\left.\frac{-\left(\dfrac{2h_{\mathrm{f}}}{H_0}+\dfrac{\lambda Q_0}{H_0 cB}+\dfrac{1}{e_{qh}}\right)T_{\mathrm{ws}}-\dfrac{\lambda Q_0 V_x}{gH_0 cB\tan\alpha}\left(\dfrac{e_{qx}}{e_{qh}}x+\dfrac{e_{qy}}{e_{qh}}y\right)}{\left(\dfrac{\lambda Q_0 V_x}{gH_0 cB\tan\alpha}q+T_{\mathrm{ws}}\right)^2}+\frac{\dfrac{e_{qx}}{e_{qy}}e_y-e_x+e_{\mathrm{g}}}{e_y-\dfrac{e_h}{e_{qh}}e_{qy}}\frac{1}{T_{\mathrm{a}}}\frac{e_h}{e_{qh}}\right]f_1(\boldsymbol{X})$$
$$+\left[-\left(\frac{\dfrac{2h_{\mathrm{f}}}{H_0}+\dfrac{\lambda Q_0}{H_0 cB}+\dfrac{1}{e_{qh}}}{\dfrac{e_{qy}}{e_{qh}}}+\frac{\dfrac{e_h}{e_{qh}}}{e_y-\dfrac{e_h}{e_{qh}}e_{qy}}\right)\frac{\dfrac{e_{qx}}{e_{qh}}}{\dfrac{\lambda Q_0 V_x}{gH_0 cB\tan\alpha}q+T_{\mathrm{ws}}}\right.$$
$$\left.+\frac{\left(\dfrac{e_{qx}}{e_{qy}}e_y-e_x+e_{\mathrm{g}}\right)\left(e_x-\dfrac{e_h}{e_{qh}}e_{qx}-e_{\mathrm{g}}\right)}{e_y-\dfrac{e_h}{e_{qh}}e_{qy}}\frac{1}{T_{\mathrm{a}}}\right]f_2(\boldsymbol{X})$$
$$+\left[-\frac{\left(\dfrac{2h_{\mathrm{f}}}{H_0}+\dfrac{\lambda Q_0}{H_0 cB}+\dfrac{1}{e_{qh}}\right)+\dfrac{\dfrac{e_h}{e_{qh}}\dfrac{e_{qy}}{e_{qh}}}{e_y-\dfrac{e_h}{e_{qh}}e_{qy}}}{\dfrac{\lambda Q_0 V_x}{gH_0 cB\tan\alpha}q+T_{\mathrm{ws}}}+\frac{1}{T_{\mathrm{a}}}\left(\frac{e_{qx}}{e_{qy}}e_y-e_x+e_{\mathrm{g}}\right)\right]f_3(\boldsymbol{X})$$

$$L_g L_f^2 o(\boldsymbol{X}) = \frac{1}{T_{\mathrm{y}}}\left[-\frac{\left(\dfrac{2h_{\mathrm{f}}}{H_0}+\dfrac{\lambda Q_0}{H_0 cB}+\dfrac{1}{e_{qh}}\right)+\dfrac{\dfrac{e_h}{e_{qh}}\dfrac{e_{qy}}{e_{qh}}}{e_y-\dfrac{e_h}{e_{qh}}e_{qy}}}{\dfrac{\lambda Q_0 V_x}{gH_0 cB\tan\alpha}q+T_{\mathrm{ws}}}+\frac{1}{T_{\mathrm{a}}}\left(\frac{e_{qx}}{e_{qy}}e_y-e_x+e_{\mathrm{g}}\right)\right]$$

再由 $\boldsymbol{I}=\begin{bmatrix}1&0&0\\0&1&0\\0&0&1\end{bmatrix}$、$\boldsymbol{A}=\begin{bmatrix}0&1&0\\0&0&1\\0&0&0\end{bmatrix}$、$\boldsymbol{B}=\begin{bmatrix}0\\0\\1\end{bmatrix}$ 及式（8.7）可得最优增益向量为 $\boldsymbol{k}^*=\begin{bmatrix}k_1^* & k_2^* & k_3^*\end{bmatrix}=\begin{bmatrix}1 & 1+\sqrt{2} & 1+\sqrt{2}\end{bmatrix}$。

将 $o(\boldsymbol{X})$、$L_f o(\boldsymbol{X})$、$L_f^2 o(\boldsymbol{X})$、$L_f^3 o(\boldsymbol{X})$、$L_g L_f^2 o(\boldsymbol{X})$ 及 $\boldsymbol{k}^*$ 的表达式代入式（8.18），即可得到系统式（7.6）在线性二次型最优控制下的基于微分几何理论的非线性扰动解耦控制策略的表达式。将式（7.6）中的 u 换成 u^* 即可实现基于微分几何的变顶高尾水洞水轮机调节系统非线性扰动解耦控制。

需要指出的是，上面提出的名义输出函数的构造方法与非线性扰动解耦控制策略的设计方法可以推广到 4 阶及以上的非线性动力系统。为了阐明该点，下面以 4 阶非线性动力系统为例进行说明。

4 阶非线性动力系统的状态向量记为 $\boldsymbol{X}=\begin{bmatrix}X_1 & X_2 & X_3 & X_4\end{bmatrix}^{\mathrm{T}}$。相应的名义输出函数取为如下形式：$o(\boldsymbol{X})=o_1(X_1)+o_2(X_2)+o_3(X_3)+o_4(X_4)+C$，其中，$o_1(X_1)$、$o_2(X_2)$、$o_3(X_3)$ 及 $o_4(X_4)$ 分别为 X_1、X_2、X_3 及 X_4 的函数，且不包含常数项，C 为常数项。

对于 4 阶非线性动力系统，输出函数必须同时达到以下两个要求：

（1）满足原系统控制目标；

（2）名义输出函数 $o(\boldsymbol{X})$ 满足

$$\begin{cases}L_g o(\boldsymbol{X})=0\\ L_g L_f o(\boldsymbol{X})=0\\ L_g L_f^2 o(\boldsymbol{X})=0\\ L_g L_f^3 o(\boldsymbol{X})\neq 0\end{cases}$$

首先，通过以下四步严格求出 $o(\boldsymbol{X})$ 的表达式。

步骤 1：$L_g o(\boldsymbol{X})=0$。

步骤 2：$L_g L_f o(\boldsymbol{X})=0$。

步骤 3：$L_g L_f^2 o(\boldsymbol{X})=0$。

步骤 4：平衡点 $\boldsymbol{X}_{\mathrm{E}}$。

然后通过条件 $L_g L_f^3 o(\boldsymbol{X})\neq 0$ 可以验证所得 $o(\boldsymbol{X})$ 的正确性。最后，根据得到的名义输出函数 $o(\boldsymbol{X})$，便可实现 4 阶非线性动力系统非线性扰动解耦控制策略的设计。

8.3 算例分析

基于一个算例水电站的数值仿真，本节重点分析 8.2 节提出的非线性扰动解耦控制策略在变顶高尾水洞水轮机调节系统上的应用与调节性能。首先进行非线性扰动解耦控制策略与 PID 控制策略的调节品质的对比，然后分析非线性扰动解耦控制策略对于变顶高尾水洞水轮机调节系统的适用性，最后探讨非线性扰动解耦控制策略作用下的变顶高尾水洞水轮机调节系统的鲁棒性。

选择 7.3 节中的变顶高尾水洞水电站为算例，水电站的基本资料如下：H_0=70.7m、Q_0=466.7m^3/s、T_a=8.77s、B=10.0m、T_{ws}=3.20s、h_f=2.68m、H_x=23m、tanα=0.03、λ=3、e_g=0、T_y=0.2s 及 g=9.81m/s^2。实际的水轮机传递系数为：e_h=1.453、e_x=−0.900、e_y=0.415、e_{qh}=0.565、e_{qx}=−0.132 及 e_{qy}=0.682。运行工况为：机组额定出力正常运行时发生负荷阶跃扰动。

8.3.1　非线性扰动解耦控制策略作用下水轮机调节系统调节品质

8.2.3 小节已经设计得到变顶高尾水洞水电站水轮机调节系统的非线性扰动解耦控制策略。本节通过将其与 PID 控制策略进行对比，来说明非线性扰动解耦控制策略对于水轮机调节系统的调节性能。

对于 PID 控制策略，其控制方程为式（7.23），最优调节品质对应的 PID 参数组合已在 7.3.2 小节中确定为：K_p =1.827、K_i =0.190s^{-1}、K_d =2.923s。联合式（7.6）与式（7.23），即为 PID 控制策略作用下的水轮机调节系统。

取 m_g =−0.1，图 8.1 给出了水轮机调节系统分别在非线性扰动解耦控制策略（线性二次型最优控制）与 PID 控制策略（PID 参数最优组合）作用下的机组频率 x 的动态响应过程的对比。

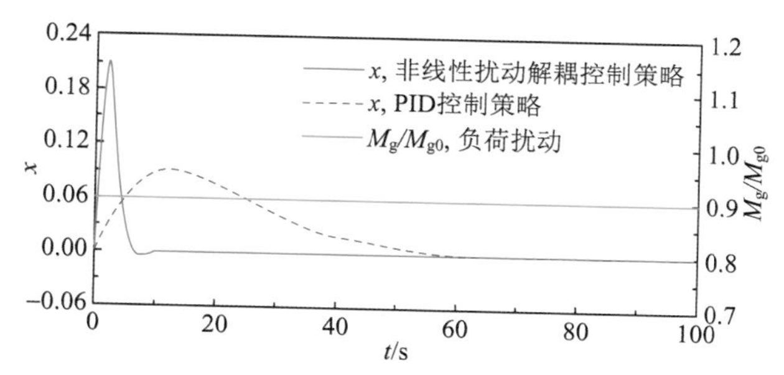

图 8.1　非线性扰动解耦控制策略与 PID 控制策略作用下机组频率 x 的动态响应过程对比

由图 8.1 可知：采用基于微分几何理论的非线性扰动解耦控制策略时，水轮机调节系统的速动性很好，机组转速响应能够快速地稳定到额定转速（10s 左右）；对于 PID 控制策略，调节系统的速动性较差，机组转速响应需要较长时间才能稳定在额定转速（70s 左右）。以上结果表明非线性扰动解耦控制策略作用下的系统调节品质与响应速度明显优于 PID 控制策略作用下的情况。

8.3.2　非线性扰动解耦控制策略对于变顶高尾水洞的适用性

对于变顶高尾水洞，其体型设计中最重要的两个参数是 tanα、λ，前者描述变顶高尾水洞洞顶的坡度，后者描述断面形式。基于微分几何理论的非线性扰动解耦控制策略对于变顶高尾水洞水轮机调节系统的适用性、对系统调节品质的控制性能表现很大程度上取决于该控制策略对这两个关键参数的适用性。$\tan\alpha$ 的取值范围通常为 1%~5%，λ 为 2、3、4 分别表示断面形式为矩形、城门洞形和圆形。当 $\tan\alpha$、λ 分别取不同值时，非线性扰动解耦控制策略下的变顶高尾水洞水轮机调节系统的机组频率 x 的动态响应过程如图 8.2 所示，其中，默认参数 $\tan\alpha$=0.03、λ=3、m_g=−0.1，其他参数同前。

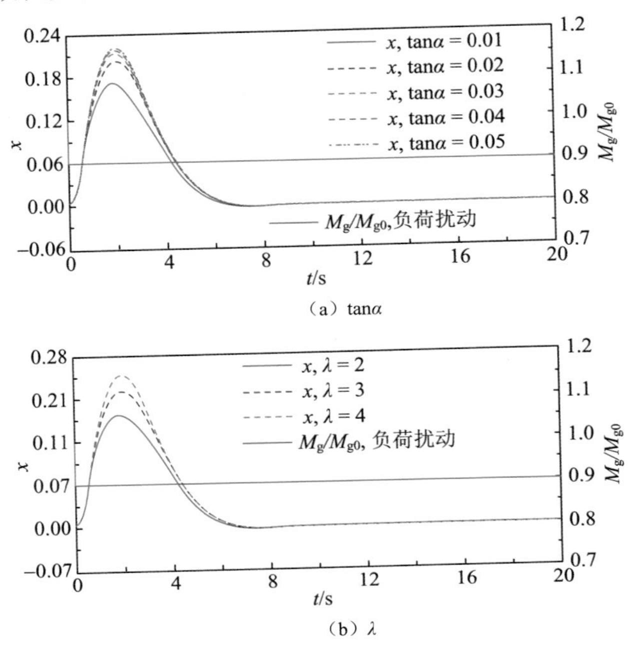

图 8.2　非线性扰动解耦控制策略作用下 $\tan\alpha$ 与 λ 对机组频率 x 的动态响应过程的影响

图 8.2 表明：

（1）对于 $\tan\alpha$，随着 $\tan\alpha$ 的增大，机组转速响应的峰值越来越大，但增大的幅度越来越小，转速响应稳定到额定转速的时间几乎一致。对于 λ，随着 λ 的增大，机组转速响应的峰值越来越大，且 λ 增大的幅度相同时，转速峰值增大的幅度几乎相等，转速响应稳定到额定转速的时间几乎一致。

（2）非线性扰动解耦控制策略是适用于设变顶高尾水洞的水轮机调节系统，关键体型参数（$\tan\alpha$、λ）变化时，系统均能保持很好的调节品质，使机组转速响应快速稳定到额定转速。图 8.2 的结果可以对变顶高尾水洞体型设计起到指导作用，在非线性扰动解耦控制策略下，$\tan\alpha$、λ 越小系统的调节品质越好，故从提高系统调节品质的角度来看，变顶高尾水洞体型设计时应取偏小值。考虑调节品质对于变顶高尾水洞体型的要求，再结合稳定性、工程投资、施工难度与工期等方面的因素，可以确定出综合较优的变顶高尾水洞参数。

8.3.3　非线性扰动解耦控制策略作用下水轮机调节系统的鲁棒性

鲁棒性是控制策略的一个重要性能指标。为了检验对于设变顶高尾水洞的水轮机调节系统，本节提出非线性扰动解耦控制策略的鲁棒性，特进行系统特征参数对机组频率

x 的动态响应的影响分析，给出鲁棒性的定性与定量分析结果。具体来说，定性结果表示在系统特征参数变化时机组频率 x 动态响应的直观变化规律，定量结果表示衡量鲁棒性能的定量指标的取值。衡量动力系统鲁棒性能的定量指标有很多，下面首先介绍本节所选用的定量指标[42-47]。

对于形如下式的系统：

$$\boldsymbol{R}=\boldsymbol{R}(\boldsymbol{S},\boldsymbol{T}) \tag{8.21}$$

式中：$\boldsymbol{S}=\begin{bmatrix}S_1 & S_2 & \cdots & S_l\end{bmatrix}^{\mathrm{T}}$ 为设计变量的 l 维向量；$\boldsymbol{T}=\begin{bmatrix}T_1 & T_2 & \cdots & T_m\end{bmatrix}^{\mathrm{T}}$ 为设计参数的 m 维向量；$\boldsymbol{R}=\begin{bmatrix}R_1 & R_2 & \cdots & R_n\end{bmatrix}^{\mathrm{T}}$ 为一 n 维向量表示的性能函数。

那么式（8.21）表示的系统的灵敏性 Jacobian 矩阵为

$$\boldsymbol{J}=\begin{bmatrix}\boldsymbol{J}_{\boldsymbol{S}} & \boldsymbol{J}_{\boldsymbol{T}}\end{bmatrix} \tag{8.22}$$

式中：$\boldsymbol{J}_{\boldsymbol{S}}$ 为 $\boldsymbol{R}$ 对 $\boldsymbol{S}$ 的 $n\times l$ 维灵敏性 Jacobian 矩阵；$\boldsymbol{J}_{\boldsymbol{T}}$ 为 $\boldsymbol{R}$ 对 $\boldsymbol{T}$ 的 $n\times m$ 维灵敏性 Jacobian 矩阵。

其中：$\boldsymbol{J}_{\boldsymbol{S}}=\dfrac{\partial\boldsymbol{R}}{\partial\boldsymbol{S}}$、$\boldsymbol{J}_{\boldsymbol{T}}=\dfrac{\partial\boldsymbol{R}}{\partial\boldsymbol{T}}$。如果不考虑 $\boldsymbol{S}=\begin{bmatrix}S_1 & S_2 & \cdots & S_l\end{bmatrix}^{\mathrm{T}}$ 的变化，则有 $\boldsymbol{J}=\boldsymbol{J}_{\boldsymbol{T}}$；反之，如果只考虑 $\boldsymbol{S}=\begin{bmatrix}S_1 & S_2 & \cdots & S_l\end{bmatrix}^{\mathrm{T}}$ 的变化，则有 $\boldsymbol{J}=\boldsymbol{J}_{\boldsymbol{S}}$。

当一个调节系统对于变化的灵敏性最小时，可以认为该系统是鲁棒的。调节系统控制策略设计的最理想情况是能够使灵敏性 Jacobian 矩阵的所有奇异值达到最小。矩阵的 Frobenius 范数是系统所有奇异值的平方之和的平方根。据此，可定义如下的鲁棒性指标（RI）：

$$\mathrm{RI}=\|\boldsymbol{J}\|_{\mathrm{Frob}}\,\|\boldsymbol{J}^{-1}\|_{\mathrm{Frob}} \tag{8.23}$$

式中：$\|\cdot\|_{\mathrm{Frob}}$ 为 Frobenius 范数。

对于变顶高尾水洞水轮机调节系统式（7.6），设计变量 $\boldsymbol{S}$ 为水轮机调节系统的状态变量，即 $\boldsymbol{X}=\begin{bmatrix}q & x & y\end{bmatrix}^{\mathrm{T}}$；设计参数 $\boldsymbol{T}$ 包含水轮机调节系统的 T_{ws}、h_{f}、e_h、e_x、e_y、e_{qh}、e_{qx}、e_{qy}、T_{a}、T_{y}、e_{g}、m_{g}、$\tan\alpha$ 及 λ。性能函数 $\boldsymbol{R}$ 为式（7.6）等号右侧的状态变量与设计参数的函数。由于水轮机调节系统式（7.6）及非线性扰动解耦控制策略的表达式极为复杂，本节略去中间过程，直接给出鲁棒性指标（RI）的计算结果。

对于非线性扰动解耦控制策略作用下的变顶高尾水洞水轮机调节系统，对该系统水力、机械、电气、扰动四个方面的特征参数进行机组转速响应的鲁棒性分析。其中，水力参数选取的是 T_{ws}、h_{f}，结果如图 8.3、表 8.1 所示；机械参数选取的是水轮机传递系数（e_h、e_x、e_y、e_{qh}、e_{qx}、e_{qy}）、T_{a}、T_{y}，电气参数选取的是 e_{g}，结果如图 8.4、表 8.1 所示；扰动参数选取的是负荷扰动量 m_{g}，结果如图 8.5、表 8.1 所示。另外，图 8.1、图 8.2 中机组频率 x 动态响应对应的鲁棒性指标（RI）的计算结果也在表 8.1 中给出。

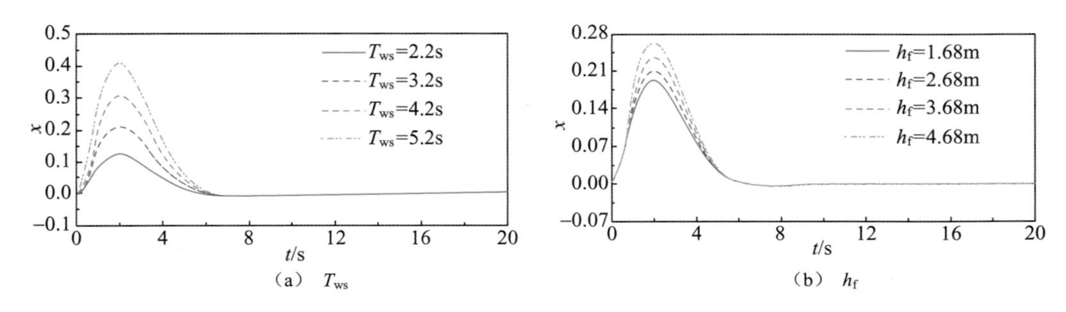

图 8.3　非线性扰动解耦控制策略作用下 T_{ws} 与 h_f 对机组频率 x 动态响应过程的影响

表 8.1　水轮机调节系统鲁棒性指标（RI）计算结果

控制策略	参数与数值		RI
非线性扰动解耦控制策略	T_{ws} /s	2.2	1.661
		3.2	1.436
		4.2	1.973
		5.2	1.714
	h_f /m	1.68	1.380
		2.68	1.436
		3.68	1.213
		4.68	1.278
	水轮机传递系数	实际	1.436
		理想	1.887
	T_a /s	8.27	1.367
		8.77	1.436
		9.27	1.354
		9.77	1.401
	T_y /s	0.05	1.433
		0.10	1.432
		0.15	1.436
		0.20	1.436
	e_g	0	1.436
		1	1.215
		2	1.009
		3	1.084
	m_g	−0.10	1.436
		−0.05	1.307
		0.05	1.416
		0.10	1.559
	$\tan\alpha$	0.01	1.131
		0.02	1.274

续表

控制策略	参数与数值		RI
非线性扰动解耦控制策略	$\tan\alpha$	0.03	1.436
		0.04	1.442
		0.05	1.495
	λ	2	1.412
		3	1.436
		4	1.567
PID 控制策略	PID 参数最优组合		2.306

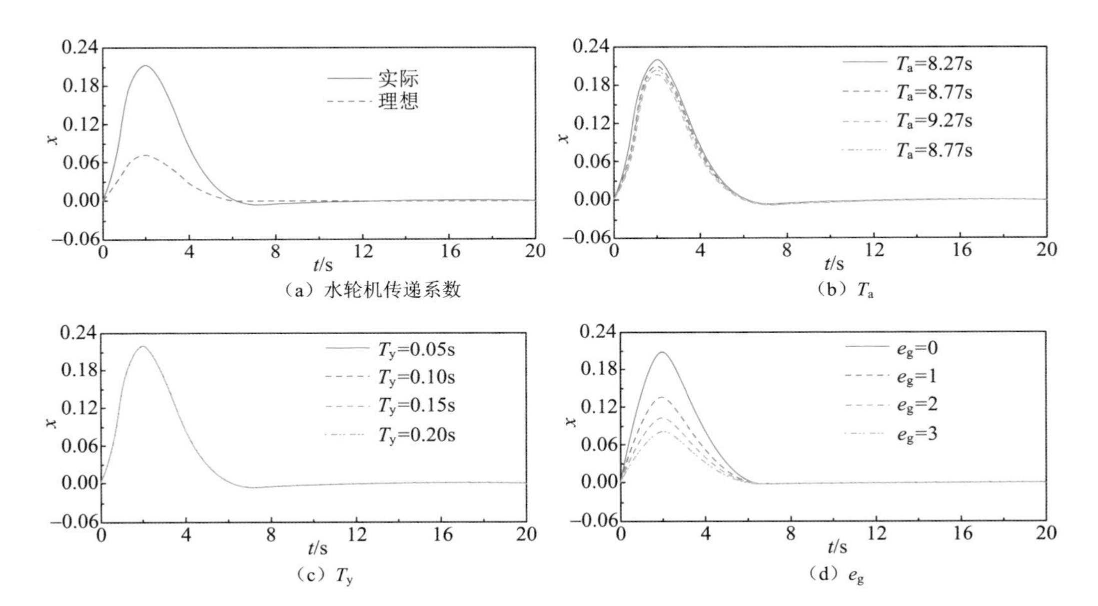

（a）水轮机传递系数　（b）T_a　（c）T_y　（d）e_g

图 8.4　非线性扰动解耦控制策略作用下水轮机传递系数、T_a、T_y 与 e_g 对机组频率 x 动态响应过程的影响

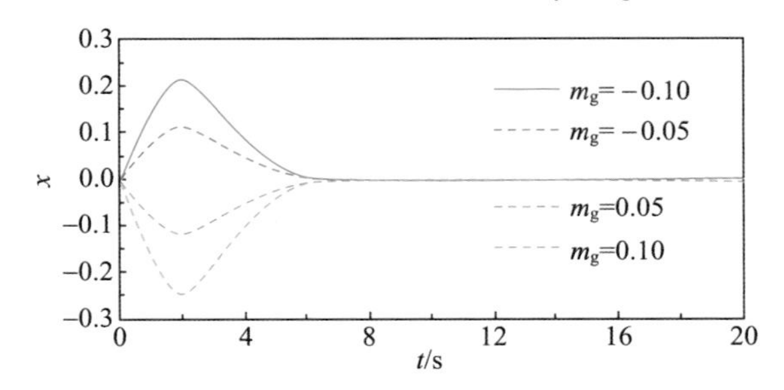

图 8.5　非线性扰动解耦控制策略作用下 m_g 对机组频率 x 动态响应过程的影响

m_g 的默认值为−0.1，其他参数的默认值同前；各参数的变化范围均为正常的范围，理想的水轮机传递系数（图 8.4（a））为：e_h=1.5、e_x=−1、e_y=1、e_{qh}=0.5、e_{qx}=0、e_{qy}=1。

由图 8.3~图 8.5 及表 8.1 可知：

（1）采用非线性扰动解耦控制策略的设变顶高尾水洞水轮机调节系统具有很好的鲁

棒性；非线性扰动解耦控制策略作用下调节系统的 RI 值小于 PID 控制策略作用下的情况，表明前者的鲁棒性好于后者。在不同的系统特征参数及扰动量下，非线性扰动解耦控制策略作用下调节系统的 RI 值均保持较小，表明系统抗干扰性较强。

（2）当水力、机械、电气、扰动四个方面的特征参数发生变化时，调节系统的速动性受到的影响较小，机组转速响应的振荡次数均保持不变且均能快速地稳定到额定转速，稳定时间非常接近。

8.3.4 非线性扰动解耦控制策略与非线性多项式状态反馈控制策略对比

针对变顶高尾水洞水轮机调节系统，第 7 章提出了非线性多项式状态反馈控制策略，本章提出了非线性扰动解耦控制策略。为了进一步阐明两者的作用特点，本节将两者分别作用下的水轮机调节系统的机组频率 x 响应过程进行对比，其中，非线性多项式状态反馈控制策略的模型方程为式（7.25），且 $K_{\mathrm{L}}=1$、$K_{\mathrm{NL}}=2$，非线性扰动解耦控制策略的模型方程为式（8.18），且取线性二次型最优控制。

算例仍取 7.3 节的水电站，负荷扰动设为突降 10%额定出力，即 $m_{\mathrm{g}}=-0.1$，在 t=0s 时发生。图 8.6 给出了机组频率 x 的动态响应过程的对比。

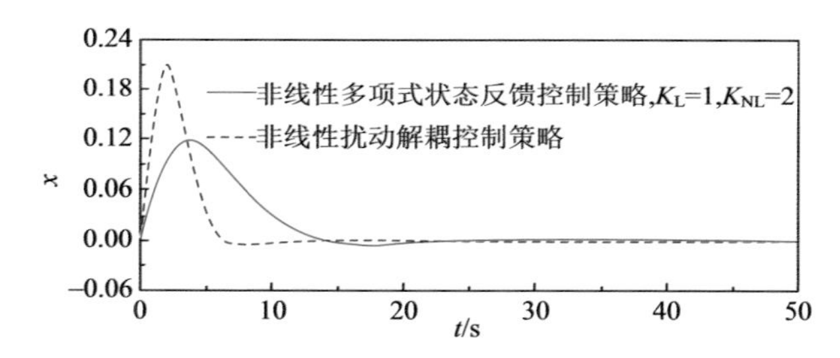

图 8.6　非线性扰动解耦控制策略与非线性多项式状态反馈控制策略作用下机组频率 x 动态响应过程的对比

由图 8.6 可知：

（1）非线性扰动解耦控制与非线性多项式状态反馈控制两者策略作用下，机组频率 x 均能快速响应，并迅速进行调节，使机组频率回到初始值，保证了调节系统较好的调节品质。

（2）对比来说，前者的调节速度更快，调节时间更短，机组频率 x 的衰减率更大，后者的机组频率 x 的幅值更小。

8.4 本 章 小 结

基于微分几何理论，研究了变顶高尾水洞水轮机调节系统输出对扰动解耦的非线性动态控制，依据系统动态响应的控制要求，提出了严格且完整的名义输出函数构造方法，据此设计了适用于变顶高尾水洞水轮机调节系统的非线性扰动解耦控制策略，并应用到调节系统，进行了调节品质的分析，得到以下主要结论：

（1）基于微分几何理论的非线性扰动解耦控制策略的设计的关键在于输出函数的构造，而输出函数的构造可由系统的控制目标和输出对扰动解耦的充要条件严格确定下来：假设输出函数为系统状态变量各自的函数相加的形式，利用系统的相对阶与系统阶相等及平衡点位置这两个要求，可以求解出输出函数的表达式。利用所构造的输出函数，采用微分几何理论与线性二次型最优控制理论，可以通过坐标变换得出原非线性系统的线性二次型最优控制下的基于微分几何理论的非线性扰动解耦控制策略的表达式。

（2）采用基于微分几何理论的非线性扰动解耦控制时，设变顶高尾水洞的水轮机调节系统的速动性很好，机组转速响应能够快速地稳定到额定转速，调节品质远好于 PID 控制的情况。非线性扰动解耦控制策略适用于设变顶高尾水洞的水轮机调节系统，关键体型参数（$\tan\alpha$、λ）变化时，系统均能保持很好的调节品质，使机组转速响应快速稳定到额定转速；在非线性扰动解耦控制策略下，$\tan\alpha$、λ 在变顶高尾水洞体型设计时应取偏小值。采用非线性扰动解耦控制策略的设变顶高尾水洞水轮机调节系统具有很好的鲁棒性。

参 考 文 献

[1] JANA A K. Differential geometry-based adaptive nonlinear control law: application to an industrial refinery process. IEEE Transactions on Industrial Informatics, 2013, 9(4): 2014-2022.

[2] BANERJEE S, JANA A K. High gain observer based extended generic model control with application to a reactive distillation column. Journal of Process Control, 2014, 24(4): 235-248.

[3] WILLIS M J, MONTAGUE G A, DI MASSIMO C, et al. Artificial neural networks in process estimation and control. Automatica, 1992, 28(6): 1181-1187.

[4] MILLER W T, WERBOS P J, SUTTON R S. Neural Networks for Control. Massachusetts: MIT Press, 1995.

[5] RAHMAN M A, HOQUE M A. On-line adaptive artificial neural network based vector control of permanent magnet synchronous motors. IEEE Transactions on Energy Conversion, 1998, 13(4): 311-318.

[6] COCHOCKI A, UNBEHAUEN R. Neural Networks for Optimization and Signal Processing. New York: John Wiley & Sons, 1993.

[7] KUO R J, CHEN C H, HWANG Y C. An intelligent stock trading decision support system through integration of genetic algorithm based fuzzy neural network and artificial neural network. Fuzzy Sets and Systems, 2001, 118(1): 21-45.

[8] PARK D C, EL-SHARKAWI M A, MARKS R J, et al. Electric load forecasting using an artificial neural network. IEEE Transactions on Power Systems, 1991, 6(2): 442-449.

[9] KARAYEL D. Prediction and control of surface roughness in CNC lathe using artificial neural network. Journal of Materials Processing Technology, 2009, 209(7): 3125-3137.

[10] KIM H, KO Y, JUNG K H. Artificial neural-network based feeder reconfiguration for loss reduction in distribution systems. IEEE Transactions on Power Delivery, 1993, 8(3): 1356-1366.

[11] KARATEPE E, HIYAMA T, Artificial neural network-polar coordinated fuzzy controller based maximum power point tracking control under partially shaded conditions. IET Renewable Power Generation, 2009, 3(2): 239-253.

[12] KARANAYIL B, RAHMAN M F, GRANTHAM C. Online stator and rotor resistance estimation

scheme using artificial neural networks for vector controlled speed sensorless induction motor drive. IEEE Transactions on Industrial Electronics, 2007, 54(1): 167-176.
[13] ABDESLAM D O, WIRA P, MERCKLÉ J, et al. A unified artificial neural network architecture for active power filters. IEEE Transactions on Industrial Electronics, 2007, 54(1): 61-76.
[14] LISBOA P J, TAKTAK A F G. The use of artificial neural networks in decision support in cancer: a systematic review. Neural networks, 2006, 19(4): 408-415.
[15] HE W, CHEN Y, YIN Z. Adaptive neural network control of an uncertain robot with full-state constraints. IEEE Transactions on Cybernetics, 2016, 46(3): 620-629.
[16] ROY S, BANERJEE R, BOSE P K. Performance and exhaust emissions prediction of a CRDI assisted single cylinder diesel engine coupled with EGR using artificial neural network. Applied Energy, 2014, 119: 330-340.
[17] ALIZADEH G, GHASEMI K. Control of quadrotor using sliding mode disturbance observer and nonlinear H∞. International Journal of Robotics, 2015, 4(1): 38-46.
[18] RAFFO G V, ORTEGA M G, RUBIO F R. An integral predictive/nonlinear H∞ control structure for a quadrotor helicopter. Automatica, 2010, 46(1): 29-39.
[19] ABBASZADEH M, MARQUEZ H J. A generalized framework for robust nonlinear H∞ filtering of Lipschitz descriptor systems with parametric and nonlinear uncertainties. Automatica, 2012, 48(5): 894-900.
[20] RAFFO G V, ORTEGA M G, RUBIO F R. Nonlinear H∞ controller for the quadrotor helicopter with input coupling. IFAC Proceedings Volumes, 2011, 44(1): 13834-13839.
[21] LU Q, MEI S, HU W, et al. Decentralised nonlinear H∞ excitation control based on regulation linearisation. IEEE Proceedings-Generation. Transmission and Distribution, 2000, 147(4): 245-251.
[22] AGUILAR L T, ORLOV Y, ACHO L. Nonlinear H∞-control of nonsmooth time-varying systems with application to friction mechanical manipulators. Automatica, 2003, 39(9): 1531-1542.
[23] CHEN B S, LEE T S, FENG J H. A nonlinear H∞ control design in robotic systems under parameter perturbation and external disturbance. International Journal of Control, 1994, 59(2): 439-461.
[24] VAN der SCHAFT A J. On a state space approach to nonlinear H∞ control. Systems & Control Letters, 1991, 16(1): 1-8.
[25] YANG C D, CHEN H Y. Nonlinear H robust guidance law for homing missiles. Journal of Guidance Control and Dynamics, 1998, 21(6): 882-890.
[26] MARINO R, RESPONDEk W, VAN der Schaft A J. et al. Nonlinear H∞ almost disturbance decoupling. Systems & Control Letters, 1994, 23(3): 159-168.
[27] FOSS B A, JOHANSEN T A, SØRENSEN A V. Nonlinear predictive control using local models: applied to a batch fermentation process. Control Engineering Practice, 1995, 3(3): 389-396.
[28] ALLGOWER F. Nonlinear model predictive control. IEEE Proceedings-Control Theory and Applications, 2005, 152(3): 257-258.
[29] CHEN H, ALLGOWER F. A quasi-infinite horizon nonlinear model predictive control scheme with guaranteed stability. Automatica, 1998, 34(10): 1205-1217.
[30] POTTMANN M, SEBORG D E. A nonlinear predictive control strategy based on radial basis function models. Computers & Chemical Engineering, 1997, 21(9): 965-980.
[31] RICKER N L, LEE J H. Nonlinear model predictive control of the Tennessee Eastman challenge process. Computers & Chemical Engineering, 1995, 19(9): 961-981.
[32] ZHU X F, SEBORG D E. Nonlinear predictive control based on Hammerstein models. Control Theory and Applications, 1994, 11(5): 564-575.

[33] DIEHL M, BOCK H G, SCHLÖDER J P, et al. Real-time optimization and nonlinear model predictive control of processes governed by differential-algebraic equations. Journal of Process Control, 2002, 12(4): 577-585.

[34] HOVORKA R, CANONICO V, CHASSIN L J, et al. Nonlinear model predictive control of glucose concentration in subjects with type 1 diabetes. Physiological measurement, 2004, 25(4): 905.

[35] QIN S J, BADGWELL T A. An overview of nonlinear model predictive control applications. Nonlinear Model Predictive Control, 2000: 369-392.

[36] SISTU P B, BEQUETTE B W. Nonlinear predictive control of uncertain processes: application to a CSTR. AIChE Journal, 1991, 37(11): 1711-1723.

[37] GRÜNE L, PANNEK J. Nonlinear Model Predictive Control Theory and Algorithms. London: Springer, 2011: 43-66.

[38] CHEN W H, BALLANCE D J, GAWTHROP P J. Optimal control of nonlinear systems: a predictive control approach. Automatica, 2003, 39(4): 633-641.

[39] KHALIL H K, GRIZZLE J W. Nonlinear Systems. New Jersey: Prentice Hall, 1996.

[40] ISIDORI A. Nonlinear Control Systems: an Introduction. New York: Springer-Verlag, 1985.

[41] ANDERSON B D, MOORE J B. Optimal Control: Linear Quadratic Methods. New York: Dover Publications, 2007.

[42] CARO S, BENNIS F. WENGER P. Tolerance synthesis of mechanisms: a robust design approach. New York: American Society of Mechanical Engineers, 2003.

[43] TING K L, LONG Y. Performance quality and tolerance sensitivity of mechanisms. Journal of Mechanical Design, 1996, 118(1) : 144-150.

[44] AL-WIDYAN K, ANGELES J. A model-based formulation of robust design. Journal of Mechanical Design, 2005, 127(3) : 388-396.

[45] DING S. Model-based Fault Diagnosis Techniques: Design Schemes. Algorithms. and Tools. London: Springer Science & Business Media, 2008.

[46] CHEN J, PATTON R J. Robust Model-Based Fault Diagnosis for Dynamic Systems. New York: Springer US, 1999.

[47] PATTON R J, PUTRA D. Klinkhieo S. Friction compensation as a fault tolerant control problem. International Journal of Systems Science, 2010, 41(8) : 987-1001.

第 9 章　上游调压室和变顶高尾水洞联合作用下的水轮机调节系统暂态特性与控制

当调压室和变顶高尾水洞同时引入水电站时，“调压室-水轮机调节系统”的单向作用、“变顶高尾水洞-水轮机调节系统”的双向作用同时存在于整个水电站过渡过程中，且对于不同的布置形式，也会引入“调压室-变顶高尾水洞”作用，不同作用之间也会相互转化、影响。具体来说，对于设上游调压室与变顶高尾水洞水电站，上游调压室与变顶高尾水洞分居机组两侧，“调压室-水轮机调节系统”的单向作用、“变顶高尾水洞-水轮机调节系统”的双向作用会完整地存在于该水电站过渡过程中；同时，调压室与变顶高尾水洞通过压力管道连通，且压力管道内的水流直接受调速器调节，故引入了“调压室-变顶高尾水洞”作用。对于设下游调压室与变顶高尾水洞水电站，调压室位于机组和变顶高尾水洞的中间，将两者分开，故此时“调压室-水轮机调节系统”的单向作用存在于该水电站过渡过程中，但“变顶高尾水洞-水轮机调节系统”的双向作用不存在；同时，调压室与变顶高尾水洞直接连通，引入了“调压室-变顶高尾水洞”作用，且该作用有别于设上游调压室与变顶高尾水洞水电站的“调压室-变顶高尾水洞”作用。

设调压室与变顶高尾水洞的水电站，过渡过程中存在多种性质的水力振荡，即调压室水位波动、压力管道水流振荡、变顶高尾水洞明流段水位波动，三种水力振荡相互叠加与影响，并共同作用于机组，改变机组的出力与频率；并且调压室的设置位置的不同（上游调压室、下游调压室），也会引起水流振荡间的叠加方式的不同。调压室与变顶高尾水洞联合作用下的水轮机调节系统由一个调速器调节，调速器控制导叶动作，通过压力管道将调节效应传递到调压室与变顶高尾水洞，同时接收调压室与变顶高尾水洞通过压力管道传递来的压力波动信号，实现闭环控制。

复杂的流道布置形式引起了复杂的水机电过渡过程，水轮机调节系统暂态特性的复杂性给该类水电站的设计、运行带来了极大挑战。第 9～10 章拟运用 Hopf 分岔理论研究设上游/下游调压室和变顶高尾水洞水电站的水轮机调节系统的暂态特性与控制问题。基于联合作用与波动叠加的视角，分析调速器的作用机理、上游/下游调压室与变顶高尾水洞的联合作用机理、质量波与水击波/重力波的叠加机理及它们对调节系统暂态特性的影响，并且分析基于调速器、上游/下游调压室、变顶高尾水洞的系统动态特性的控制方法。具体研究从以下两个方面展开：

（1）第 9 章分析设上游调压室与变顶高尾水洞的水轮机调节系统稳定性，基于 Hopf 分岔全面呈现该复杂非线性调节系统的稳定特性；探讨上游调压室和变顶高尾水洞联合作用下的水轮机调节系统暂态特性与控制，从波动叠加出发，揭示上游调压室与变顶高尾水洞的波动叠加机理及其对调节系统暂态特性的影响，提出基于波动叠加的上游调压室与变顶高尾水洞水力设计方法。

（2）第 10 章分析下游调压室和变顶高尾水洞联合作用下的水轮机调节系统暂态特性

与控制，揭示系统的稳定性与动态响应、下游调压室与变顶高尾水洞的波动叠加机理。

9.1 设上游调压室与变顶高尾水洞的水轮机调节系统稳定性

上游调压室与变顶高尾水洞联合布置方式通常适用于采用中部开发的引水式地下水电站[1-7]。对于设上游调压室与变顶高尾水洞的水电站，为了解决因变顶高尾水洞明满流分界面来回运动而带来的水轮机调节系统非线性问题、变顶高尾水洞与上游调压室间的相互作用问题及由此带来的系统的暂态特性难于理论分析的问题，本节首先建立包含上游调压室与变顶高尾水洞的完整的水轮机调节系统非线性数学模型，将 Hopf 分岔理论应用到该类调节系统的暂态特性研究，进行调节系统的 Hopf 分岔分析；然后基于分岔分析结果研究系统的稳定性，引入稳定域、分岔图、动态响应来综合分析系统的非线性暂态特性；最后提出基于调速器参数的系统稳定性控制方法。

9.1.1 水轮机调节系统非线性数学模型

考虑如图 9.1 所示的设上游调压室与变顶高尾水洞的水电站引水发电系统，对应的水轮机调节系统结构框图如图 9.2 所示。

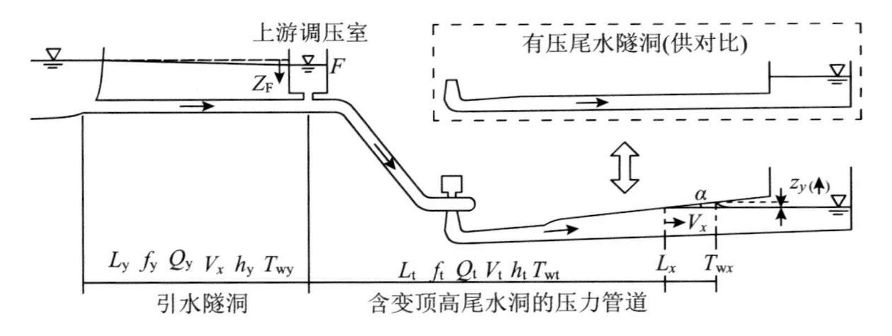

图 9.1 设上游调压室与变顶高尾水洞的水电站引水发电系统

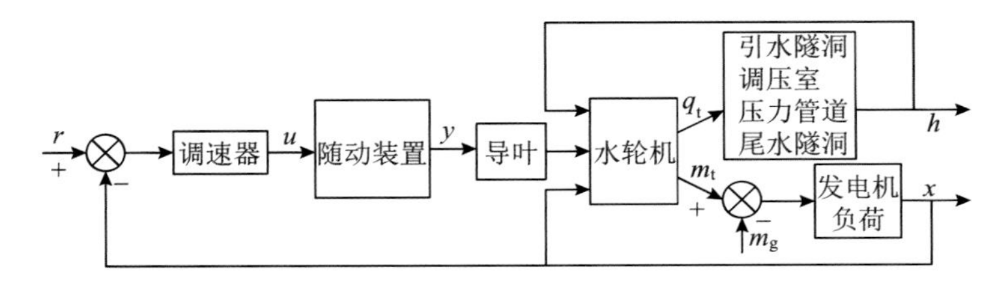

图 9.2 设上游调压室与变顶高尾水洞水电站水轮机调节系统结构框图

引水隧洞动力方程：

$$z_F - \frac{2h_y}{H_0} q_y = T_{wy} \frac{dq_y}{dt} \tag{9.1}$$

调压室连续性方程：

$$q_{\mathrm{y}} = q_{\mathrm{t}} - T_{\mathrm{F}} \frac{\mathrm{d}z_{\mathrm{F}}}{\mathrm{d}t} \tag{9.2}$$

压力管道动力方程：

采用 6.1 节建立的变顶高尾水洞水流运动方程，并结合有压流压力管道动力方程，可得设变顶高尾水洞的压力管道动力方程为

$$h = -z_{\mathrm{F}} - \frac{\lambda Q_{\mathrm{t0}} V_x}{g H_0 c B \tan\alpha} q_{\mathrm{t}} \frac{\mathrm{d}q_{\mathrm{t}}}{\mathrm{d}t} - T_{\mathrm{wt}} \frac{\mathrm{d}q_{\mathrm{t}}}{\mathrm{d}t} - \left(\frac{2h_{\mathrm{t}}}{H_0} + \frac{\lambda Q_{\mathrm{t0}}}{H_0 c B} \right) q_{\mathrm{t}} \tag{9.3}$$

水轮机力矩方程、流量方程：

$$m_{\mathrm{t}} = e_h h + e_x x + e_y y \tag{9.4}$$

$$q_{\mathrm{t}} = e_{qh} h + e_{qx} x + e_{qy} y \tag{9.5}$$

发电机方程：

$$T_{\mathrm{a}} \frac{\mathrm{d}x}{\mathrm{d}t} = m_{\mathrm{t}} - (m_{\mathrm{g}} + e_{\mathrm{g}} x) \tag{9.6}$$

调速器方程：

$$\frac{\mathrm{d}y}{\mathrm{d}t} = -K_{\mathrm{p}} \frac{\mathrm{d}x}{\mathrm{d}t} - K_{\mathrm{i}} x \tag{9.7}$$

图 9.1、图 9.2、式（9.1）~式（9.7）及“注意”中：L_{y} 为引水隧洞长度，m；L_{t} 为压力管道长度，m；f_{y} 为引水隧洞断面积，m^2；f_{t} 为压力管道断面积，m^2；Q_{y} 为引水隧洞流量，m^3/s；Q_{t} 为压力管道流量（即机组引用流量），m^3/s；V_{y} 为引水隧洞流速，m/s；V_{t} 为压力管道流速，m/s；h_{y} 为引水隧洞水头损失，m；h_{t} 为压力管道水头损失，m；T_{wy} 为引水隧洞水流惯性时间常数，s；T_{wt} 为压力管道稳态水流惯性时间常数，s；$T_{\mathrm{w}x}$ 为压力管道暂态水流惯性时间常数，s；L_x 为明满流分界面任意暂态时刻相对初始位置运动的距离，向下游为正，m；V_x 为明满流分界面处的水流流速，m/s；g 为重力加速度，$\mathrm{m/s}^2$；H 为机组工作水头，m；α 为变顶高尾水洞顶坡角，rad；H_x 为明满流分界面处水深，m；B 为变顶高尾水洞宽度，m；c 为明流段明渠波速，m/s；λ 为尾水洞断面系数；Z_y 为任意暂态时刻相对初始水位的明流段水位变化值，向上为正，m；Z_{F} 为任意暂态时刻相对初始水位的调压室水位变化值，向下为正，m；N 为机组转速，r/min；Y 为导叶开度，mm；r 为转速参考输入；u 为调速器调节输出；M_{t} 为水轮机动力矩，N·m；M_{g} 为水轮机阻力矩，N·m；e_h、e_x、e_y 为水轮机力矩传递系数；e_{qh}、e_{qx}、e_{qy} 为水轮机流量传递系数；T_{a} 为机组惯性时间常数，s；e_{g} 为负荷自调节系数；K_{p} 为比例增益；K_{i} 为积分增益，s^{-1}；F 为调压室面积，m^2；F_{th} 为调压室临界稳定断面，m^2；T_{F} 为调压室时间常数，s；n_f 为调压室面积放大系数。

注意：

（1）$h=(H-H_0)/H_0$、$z_{\mathrm{F}}=Z_{\mathrm{F}}/H_0$、$q_{\mathrm{y}}=(Q_{\mathrm{y}}-Q_{\mathrm{y0}})/Q_{\mathrm{y0}}$、$q_{\mathrm{t}}=(Q_{\mathrm{t}}-Q_{\mathrm{t0}})/Q_{\mathrm{t0}}$、$x=(N-N_0)/N_0$、

$y=(Y-Y_0)/Y_0$、$m_t=(M_t-M_{t0})/M_{t0}$、$m_g=(M_g-M_{g0})/M_{g0}$ 为各自变量的偏差相对值，有下标“0”者为初始时刻之值。

（2）$c=\sqrt{gH_x}$，$V_x=Q_{t0}/(BH_x)$，$T_{wy}=L_yV_y/gH_0$，$T_F=FH_0/Q_{y0}$，$n_f=F/F_{th}$，$Q_{y0}=Q_{t0}$。

（3）m_g 等于机组负荷的偏差相对值，因此 m_g 可以认为是负荷扰动量。本节不考虑转速扰动，故 $r=0$。

变顶高尾水洞明满流分界面的运动，使基本方程式（9.3）引入了非线性项 $q_t\dfrac{\mathrm{d}q_t}{\mathrm{d}t}$，故相对于有压尾水洞水电站的线性水轮机调节系统，设上游调压室与变顶高尾水洞水电站的水轮机调节系统是非线性的。将式（9.1）~式（9.7）综合为如下五维自治的非线性动力系统形式：

$$\begin{cases}\dot{q}_y=\dfrac{1}{T_{wy}}\left(z_F-\dfrac{2h_y}{H_0}q_y\right)\\ \dot{z}_F=\dfrac{1}{T_F}(q_t-q_y)\\ \dot{q}_t=\dfrac{-z_F-\left(\dfrac{2h_t}{H_0}+\dfrac{\lambda Q_0}{H_0cB}+\dfrac{1}{e_{qh}}\right)q_t+\dfrac{e_{qx}}{e_{qh}}x+\dfrac{e_{qy}}{e_{qh}}y}{\dfrac{\lambda Q_0V_x}{gH_0cB\tan\alpha}q_t+T_{wt}}\\ \dot{x}=\dfrac{1}{T_a}\left[\dfrac{e_h}{e_{qh}}q_t+\left(e_x-e_g-\dfrac{e_h}{e_{qh}}e_{qx}\right)x+\left(e_y-\dfrac{e_h}{e_{qh}}e_{qy}\right)y-m_g\right]\\ \dot{y}=-\dfrac{K_p}{T_a}\dfrac{e_h}{e_{qh}}q_t-\left[\dfrac{K_p}{T_a}\left(e_x-e_g-\dfrac{e_h}{e_{qh}}e_{qx}\right)+K_i\right]x-\dfrac{K_p}{T_a}\left(e_y-\dfrac{e_h}{e_{qh}}e_{qy}\right)y+\dfrac{K_p}{T_a}m_g\end{cases}\tag{9.8}$$

该非线性状态方程模型反映在负荷扰动 m_g 作用下设上游调压室和变顶高尾水洞水电站水轮机调节系统的动态特性与非线性本质。

9.1.2　水轮机调节系统 Hopf 分岔分析

Hopf 分岔是非线性动力系统中相对比较简单而又重要的一类动态分岔现象，它通常与系统自激振荡有密切联系，当发生 Hopf 分岔时，系统在外部扰动或者仅在自身参数变化的作用下，将使系统突然产生稳定或不稳定的极限环振荡（分别对应于超临界和亚临界的 Hopf 分岔）。

1. 非线性系统的平衡点

将式（9.8）表示的非线性动力系统写成如下形式：$\dot{\boldsymbol{x}}=f(\boldsymbol{x},\mu)$，其中 $\boldsymbol{x}=(q_y,z_F,q_t,x,y)^{\mathrm{T}}$，$\mu$ 为系统分岔参数。由 $\dot{\boldsymbol{x}}=0$ 可求出系统的唯一平衡点 $\boldsymbol{x}_B=(q_{yB},z_{FB},q_{tB},x_B,y_B)^{\mathrm{T}}$：

$$\begin{cases} q_{\mathrm{yB}} = q_{\mathrm{tB}} = \dfrac{m_{\mathrm{g}}}{\dfrac{e_h}{e_{qh}} + \left(\dfrac{e_y}{e_{qy}} e_{qh} - e_h\right)\left(\dfrac{2h_{\mathrm{t}} + 2h_{\mathrm{y}}}{H_0} + \dfrac{\lambda Q_0}{H_0 cB} + \dfrac{1}{e_{qh}}\right)} \\ z_{\mathrm{FB}} = \dfrac{\dfrac{2h_{\mathrm{y}}}{H_0} m_{\mathrm{g}}}{\dfrac{e_h}{e_{qh}} + \left(\dfrac{e_y}{e_{qy}} e_{qh} - e_h\right)\left(\dfrac{2h_{\mathrm{t}} + 2h_{\mathrm{y}}}{H_0} + \dfrac{\lambda Q_0}{H_0 cB} + \dfrac{1}{e_{qh}}\right)} \\ x_{\mathrm{B}} = 0 \\ y_{\mathrm{B}} = \dfrac{\dfrac{e_{qh}}{e_{qy}}\left(\dfrac{2h_{\mathrm{t}} + 2h_{\mathrm{y}}}{H_0} + \dfrac{\lambda Q_0}{H_0 cB} + \dfrac{1}{e_{qh}}\right) m_{\mathrm{g}}}{\dfrac{e_h}{e_{qh}} + \left(\dfrac{e_y}{e_{qy}} e_{qh} - e_h\right)\left(\dfrac{2h_{\mathrm{t}} + 2h_{\mathrm{y}}}{H_0} + \dfrac{\lambda Q_0}{H_0 cB} + \dfrac{1}{e_{qh}}\right)} \end{cases} \tag{9.9}$$

2. Hopf 分岔的存在性

系统 $\dot{\boldsymbol{x}} = f(\boldsymbol{x}, \mu)$ 在平衡点 $\boldsymbol{x}_{\mathrm{B}}$ 的 Jacobian 矩阵为

$$\boldsymbol{J}(\mu) = \boldsymbol{D} f_x(\boldsymbol{x}_{\mathrm{B}}, \mu) = \begin{bmatrix} \dfrac{\partial \dot{q}_{\mathrm{y}}}{\partial q_{\mathrm{y}}} & \dfrac{\partial \dot{q}_{\mathrm{y}}}{\partial z_{\mathrm{F}}} & \dfrac{\partial \dot{q}_{\mathrm{y}}}{\partial q_{\mathrm{t}}} & \dfrac{\partial \dot{q}_{\mathrm{y}}}{\partial x} & \dfrac{\partial \dot{q}_{\mathrm{y}}}{\partial y} \\ \dfrac{\partial \dot{z}_{\mathrm{F}}}{\partial q_{\mathrm{y}}} & \dfrac{\partial \dot{z}_{\mathrm{F}}}{\partial z_{\mathrm{F}}} & \dfrac{\partial \dot{z}_{\mathrm{F}}}{\partial q_{\mathrm{t}}} & \dfrac{\partial \dot{z}_{\mathrm{F}}}{\partial x} & \dfrac{\partial \dot{z}_{\mathrm{F}}}{\partial y} \\ \dfrac{\partial \dot{q}_{\mathrm{t}}}{\partial q_{\mathrm{y}}} & \dfrac{\partial \dot{q}_{\mathrm{t}}}{\partial z_{\mathrm{F}}} & \dfrac{\partial \dot{q}_{\mathrm{t}}}{\partial q_{\mathrm{t}}} & \dfrac{\partial \dot{q}_{\mathrm{t}}}{\partial x} & \dfrac{\partial \dot{q}_{\mathrm{t}}}{\partial y} \\ \dfrac{\partial \dot{x}}{\partial q_{\mathrm{y}}} & \dfrac{\partial \dot{x}}{\partial z_{\mathrm{F}}} & \dfrac{\partial \dot{x}}{\partial q_{\mathrm{t}}} & \dfrac{\partial \dot{x}}{\partial x} & \dfrac{\partial \dot{x}}{\partial y} \\ \dfrac{\partial \dot{y}}{\partial q_{\mathrm{y}}} & \dfrac{\partial \dot{y}}{\partial z_{\mathrm{F}}} & \dfrac{\partial \dot{y}}{\partial q_{\mathrm{t}}} & \dfrac{\partial \dot{y}}{\partial x} & \dfrac{\partial \dot{y}}{\partial y} \end{bmatrix} \tag{9.10}$$

式中：$\dfrac{\partial \dot{q}_{\mathrm{y}}}{\partial q_{\mathrm{y}}} = -\dfrac{1}{T_{\mathrm{wy}}} \dfrac{2h_{\mathrm{y}}}{H_0}$；$\dfrac{\partial \dot{q}_{\mathrm{y}}}{\partial z_{\mathrm{F}}} = \dfrac{1}{T_{\mathrm{wy}}}$；$\dfrac{\partial \dot{q}_{\mathrm{y}}}{\partial q_{\mathrm{t}}} = 0$；$\dfrac{\partial \dot{q}_{\mathrm{y}}}{\partial x} = 0$；$\dfrac{\partial \dot{q}_{\mathrm{y}}}{\partial y} = 0$；$\dfrac{\partial \dot{z}_{\mathrm{F}}}{\partial q_{\mathrm{y}}} = -\dfrac{1}{T_{\mathrm{F}}}$；$\dfrac{\partial \dot{z}_{\mathrm{F}}}{\partial z_{\mathrm{F}}} = 0$；$\dfrac{\partial \dot{z}_{\mathrm{F}}}{\partial q_{\mathrm{t}}} = \dfrac{1}{T_{\mathrm{F}}}$；$\dfrac{\partial \dot{z}_{\mathrm{F}}}{\partial x} = 0$；$\dfrac{\partial \dot{z}_{\mathrm{F}}}{\partial y} = 0$；$\dfrac{\partial \dot{q}_{\mathrm{t}}}{\partial q_{\mathrm{y}}} = 0$；$\dfrac{\partial \dot{q}_{\mathrm{t}}}{\partial z_{\mathrm{F}}} = -\dfrac{1}{\dfrac{\lambda Q_0 V_x}{g H_0 cB \tan\alpha} q_{\mathrm{tB}} + T_{\mathrm{wt}}}$；

$\dfrac{\partial \dot{q}_{\mathrm{t}}}{\partial q_{\mathrm{t}}} = -\dfrac{\dfrac{2h_{\mathrm{t}}}{H_0} + \dfrac{\lambda Q_0}{H_0 cB} + \dfrac{1}{e_{qh}}}{\dfrac{\lambda Q_0 V_x}{g H_0 cB \tan\alpha} q_{\mathrm{tB}} + T_{\mathrm{wt}}}$；$\dfrac{\partial \dot{q}_{\mathrm{t}}}{\partial x} = \dfrac{\dfrac{e_{qx}}{e_{qh}}}{\dfrac{\lambda Q_0 V_x}{g H_0 cB \tan\alpha} q_{\mathrm{tB}} + T_{\mathrm{wt}}}$；$\dfrac{\partial \dot{q}_{\mathrm{t}}}{\partial y} = \dfrac{\dfrac{e_{qy}}{e_{qh}}}{\dfrac{\lambda Q_0 V_x}{g H_0 cB \tan\alpha} q_{\mathrm{tB}} + T_{\mathrm{wt}}}$；

$\frac{\partial \dot{x}}{\partial q_{\mathrm{y}}}=0$；$\frac{\partial \dot{x}}{\partial z_{\mathrm{F}}}=0$；$\frac{\partial \dot{x}}{\partial q_{\mathrm{t}}}=\frac{1}{T_{\mathrm{a}}}\frac{e_h}{e_{qh}}$；$\frac{\partial \dot{x}}{\partial x}=\frac{1}{T_{\mathrm{a}}}\left(e_x-\frac{e_h}{e_{qh}}e_{qx}-e_{\mathrm{g}}\right)$；$\frac{\partial \dot{x}}{\partial y}=\frac{1}{T_{\mathrm{a}}}\left(e_y-\frac{e_h}{e_{qh}}e_{qy}\right)$；$\frac{\partial \dot{y}}{\partial q_{\mathrm{y}}}=0$；$\frac{\partial \dot{y}}{\partial z_{\mathrm{F}}}=0$；$\frac{\partial \dot{y}}{\partial q_{\mathrm{t}}}=-\frac{K_{\mathrm{p}}}{T_{\mathrm{a}}}\frac{e_h}{e_{qh}}$；$\frac{\partial \dot{y}}{\partial x}=-\frac{K_{\mathrm{p}}}{T_{\mathrm{a}}}\left(e_x-\frac{e_h}{e_{qh}}e_{qx}-e_{\mathrm{g}}\right)-K_{\mathrm{i}}$；$\frac{\partial \dot{y}}{\partial y}=-\frac{K_{\mathrm{p}}}{T_{\mathrm{a}}}\left(e_y-\frac{e_h}{e_{qh}}e_{qy}\right)$。

将 Jacobian 矩阵 $\boldsymbol{J}(\mu)$ 的特征方程 $\det[\boldsymbol{J}(\mu)-\chi\boldsymbol{I}]=0$ 展开得

$$\chi^5+a_1\chi^4+a_2\chi^3+a_3\chi^2+a_4\chi+a_5=0 \tag{9.11}$$

式中：$a_1=-\left(\frac{\partial \dot{q}_{\mathrm{y}}}{\partial q_{\mathrm{y}}}+\frac{\partial \dot{q}_{\mathrm{t}}}{\partial q_{\mathrm{t}}}+\frac{\partial \dot{x}}{\partial x}+\frac{\partial \dot{y}}{\partial y}\right)$；$a_2=-\frac{\partial \dot{q}_{\mathrm{y}}}{\partial z_{\mathrm{F}}}\frac{\partial \dot{z}_{\mathrm{F}}}{\partial q_{\mathrm{y}}}-\frac{\partial \dot{z}_{\mathrm{F}}}{\partial q_{\mathrm{t}}}\frac{\partial \dot{q}_{\mathrm{t}}}{\partial z_{\mathrm{F}}}+\frac{\partial \dot{q}_{\mathrm{y}}}{\partial q_{\mathrm{y}}}\left(\frac{\partial \dot{q}_{\mathrm{t}}}{\partial q_{\mathrm{t}}}+\frac{\partial \dot{x}}{\partial x}+\frac{\partial \dot{y}}{\partial y}\right)-\left(\frac{\partial \dot{q}_{\mathrm{t}}}{\partial x}\frac{\partial \dot{x}}{\partial q_{\mathrm{t}}}+\frac{\partial \dot{q}_{\mathrm{t}}}{\partial y}\frac{\partial \dot{y}}{\partial q_{\mathrm{t}}}+\frac{\partial \dot{x}}{\partial y}\frac{\partial \dot{y}}{\partial x}-\frac{\partial \dot{q}_{\mathrm{t}}}{\partial q_{\mathrm{t}}}\frac{\partial \dot{x}}{\partial x}-\frac{\partial \dot{q}_{\mathrm{t}}}{\partial q_{\mathrm{t}}}\frac{\partial \dot{y}}{\partial y}-\frac{\partial \dot{x}}{\partial x}\frac{\partial \dot{y}}{\partial y}\right)$；$a_3=\frac{\partial \dot{q}_{\mathrm{y}}}{\partial z_{\mathrm{F}}}\frac{\partial \dot{z}_{\mathrm{F}}}{\partial q_{\mathrm{y}}}\left(\frac{\partial \dot{q}_{\mathrm{t}}}{\partial q_{\mathrm{t}}}+\frac{\partial \dot{x}}{\partial x}+\frac{\partial \dot{y}}{\partial y}\right)+\frac{\partial \dot{q}_{\mathrm{y}}}{\partial q_{\mathrm{y}}}\left(\frac{\partial \dot{q}_{\mathrm{t}}}{\partial x}\frac{\partial \dot{x}}{\partial q_{\mathrm{t}}}+\frac{\partial \dot{q}_{\mathrm{t}}}{\partial y}\frac{\partial \dot{y}}{\partial q_{\mathrm{t}}}+\frac{\partial \dot{x}}{\partial y}\frac{\partial \dot{y}}{\partial x}-\frac{\partial \dot{q}_{\mathrm{t}}}{\partial q_{\mathrm{t}}}\frac{\partial \dot{x}}{\partial x}-\frac{\partial \dot{q}_{\mathrm{t}}}{\partial q_{\mathrm{t}}}\frac{\partial \dot{y}}{\partial y}-\frac{\partial \dot{x}}{\partial x}\frac{\partial \dot{y}}{\partial y}\right)-\left(\frac{\partial \dot{q}_{\mathrm{t}}}{\partial q_{\mathrm{t}}}\frac{\partial \dot{x}}{\partial x}\frac{\partial \dot{y}}{\partial y}-\frac{\partial \dot{q}_{\mathrm{t}}}{\partial q_{\mathrm{t}}}\frac{\partial \dot{x}}{\partial y}\frac{\partial \dot{y}}{\partial x}+\frac{\partial \dot{q}_{\mathrm{t}}}{\partial x}\frac{\partial \dot{x}}{\partial y}\frac{\partial \dot{y}}{\partial q_{\mathrm{t}}}-\frac{\partial \dot{q}_{\mathrm{t}}}{\partial x}\frac{\partial \dot{x}}{\partial q_{\mathrm{t}}}\frac{\partial \dot{y}}{\partial y}+\frac{\partial \dot{q}_{\mathrm{t}}}{\partial y}\frac{\partial \dot{x}}{\partial q_{\mathrm{t}}}\frac{\partial \dot{y}}{\partial x}-\frac{\partial \dot{q}_{\mathrm{t}}}{\partial y}\frac{\partial \dot{x}}{\partial x}\frac{\partial \dot{y}}{\partial q_{\mathrm{t}}}\right)+\frac{\partial \dot{z}_{\mathrm{F}}}{\partial q_{\mathrm{t}}}\frac{\partial \dot{q}_{\mathrm{t}}}{\partial z_{\mathrm{F}}}\left(\frac{\partial \dot{q}_{\mathrm{y}}}{\partial q_{\mathrm{y}}}+\frac{\partial \dot{x}}{\partial x}+\frac{\partial \dot{y}}{\partial y}\right)$；$a_4=\frac{\partial \dot{q}_{\mathrm{y}}}{\partial z_{\mathrm{F}}}\frac{\partial \dot{z}_{\mathrm{F}}}{\partial q_{\mathrm{y}}}\left(\frac{\partial \dot{q}_{\mathrm{t}}}{\partial x}\frac{\partial \dot{x}}{\partial q_{\mathrm{t}}}+\frac{\partial \dot{q}_{\mathrm{t}}}{\partial y}\frac{\partial \dot{y}}{\partial q_{\mathrm{t}}}+\frac{\partial \dot{x}}{\partial y}\frac{\partial \dot{y}}{\partial x}-\frac{\partial \dot{q}_{\mathrm{t}}}{\partial q_{\mathrm{t}}}\frac{\partial \dot{x}}{\partial x}-\frac{\partial \dot{q}_{\mathrm{t}}}{\partial q_{\mathrm{t}}}\frac{\partial \dot{y}}{\partial y}-\frac{\partial \dot{x}}{\partial x}\frac{\partial \dot{y}}{\partial y}\right)+\frac{\partial \dot{q}_{\mathrm{y}}}{\partial q_{\mathrm{y}}}\left(\frac{\partial \dot{q}_{\mathrm{t}}}{\partial q_{\mathrm{t}}}\frac{\partial \dot{x}}{\partial x}\frac{\partial \dot{y}}{\partial y}-\frac{\partial \dot{q}_{\mathrm{t}}}{\partial q_{\mathrm{t}}}\frac{\partial \dot{x}}{\partial y}\frac{\partial \dot{y}}{\partial x}+\frac{\partial \dot{q}_{\mathrm{t}}}{\partial x}\frac{\partial \dot{x}}{\partial y}\frac{\partial \dot{y}}{\partial q_{\mathrm{t}}}-\frac{\partial \dot{q}_{\mathrm{t}}}{\partial x}\frac{\partial \dot{x}}{\partial q_{\mathrm{t}}}\frac{\partial \dot{y}}{\partial y}+\frac{\partial \dot{q}_{\mathrm{t}}}{\partial y}\frac{\partial \dot{x}}{\partial q_{\mathrm{t}}}\frac{\partial \dot{y}}{\partial x}-\frac{\partial \dot{q}_{\mathrm{t}}}{\partial y}\frac{\partial \dot{x}}{\partial x}\frac{\partial \dot{y}}{\partial q_{\mathrm{t}}}\right)-\frac{\partial \dot{z}_{\mathrm{F}}}{\partial q_{\mathrm{t}}}\frac{\partial \dot{q}_{\mathrm{t}}}{\partial z_{\mathrm{F}}}\left[\frac{\partial \dot{q}_{\mathrm{y}}}{\partial q_{\mathrm{y}}}\left(\frac{\partial \dot{x}}{\partial x}+\frac{\partial \dot{y}}{\partial y}\right)+\left(\frac{\partial \dot{x}}{\partial x}\frac{\partial \dot{y}}{\partial y}-\frac{\partial \dot{x}}{\partial y}\frac{\partial \dot{y}}{\partial x}\right)\right]$；$a_5=\frac{\partial \dot{q}_{\mathrm{y}}}{\partial z_{\mathrm{F}}}\frac{\partial \dot{z}_{\mathrm{F}}}{\partial q_{\mathrm{y}}}\left(\frac{\partial \dot{q}_{\mathrm{t}}}{\partial q_{\mathrm{t}}}\frac{\partial \dot{x}}{\partial x}\frac{\partial \dot{y}}{\partial y}-\frac{\partial \dot{q}_{\mathrm{t}}}{\partial q_{\mathrm{t}}}\frac{\partial \dot{x}}{\partial y}\frac{\partial \dot{y}}{\partial x}+\frac{\partial \dot{q}_{\mathrm{t}}}{\partial x}\frac{\partial \dot{x}}{\partial y}\frac{\partial \dot{y}}{\partial q_{\mathrm{t}}}-\frac{\partial \dot{q}_{\mathrm{t}}}{\partial x}\frac{\partial \dot{x}}{\partial q_{\mathrm{t}}}\frac{\partial \dot{y}}{\partial y}+\frac{\partial \dot{q}_{\mathrm{t}}}{\partial y}\frac{\partial \dot{x}}{\partial q_{\mathrm{t}}}\frac{\partial \dot{y}}{\partial x}-\frac{\partial \dot{q}_{\mathrm{t}}}{\partial y}\frac{\partial \dot{x}}{\partial x}\frac{\partial \dot{y}}{\partial q_{\mathrm{t}}}\right)+\frac{\partial \dot{q}_{\mathrm{y}}}{\partial q_{\mathrm{y}}}\frac{\partial \dot{z}_{\mathrm{F}}}{\partial q_{\mathrm{t}}}\frac{\partial \dot{q}_{\mathrm{t}}}{\partial z_{\mathrm{F}}}\left(\frac{\partial \dot{x}}{\partial x}\frac{\partial \dot{y}}{\partial y}-\frac{\partial \dot{x}}{\partial y}\frac{\partial \dot{y}}{\partial x}\right)$。

定理：当 $\mu=\mu_{\mathrm{c}}$ 时，有

（1）$a_i>0$（i=1，2，3，4，5）及

$$\Delta_2=\begin{vmatrix} a_1 & 1 \\ a_3 & a_2 \end{vmatrix}>0$$

$$\Delta_3=\begin{vmatrix} a_1 & 1 & 0 \\ a_3 & a_2 & a_1 \\ a_5 & a_4 & a_3 \end{vmatrix}>0 \tag{9.12}$$

$$\Delta_4=\begin{vmatrix} a_1 & 1 & 0 & 0 \\ a_3 & a_2 & a_1 & 1 \\ a_5 & a_4 & a_3 & a_2 \\ 0 & 0 & a_5 & a_4 \end{vmatrix}=0$$

则式（9.11）在 $\mu=\mu_{\mathrm{c}}$ 处存在一对纯虚特征根 $\chi_{1,2}=\pm\mathrm{i}\omega_{\mathrm{c}}$，且其他特征根均具有负实部。

（2）$\sigma'(\mu_{\mathrm{c}})\neq 0$ [$\sigma'(\mu_{\mathrm{c}})$ 为横截系数，表达式见 9.1.2 小节第三部分]，则系统式（9.8）在 $\mu=\mu_{\mathrm{c}}$ 处发生 Hopf 分岔，即在参数 $\mu=\mu_{\mathrm{c}}$ 附近系统式（9.8）存在周期运动，且出现 Hopf 分岔时的极限环周期为

$$T_{\mathrm{LC}}=\frac{2\pi}{\omega_{\mathrm{c}}} \tag{9.13}$$

该定理即为判断五维系统发生 Hopf 分岔的直接代数判据。

3. Hopf 分岔的方向

式（9.11）两边分别对分岔参数 μ 求导，得

$$\frac{\mathrm{d}\chi}{\mathrm{d}\mu}=-\frac{a_1'\chi^4+a_2'\chi^3+a_3'\chi^2+a_4'\chi+a_5'}{5\chi^4+4a_1\chi^3+3a_2\chi^2+2a_3\chi+a_4} \tag{9.14}$$

式中：$a_i'=\dfrac{\mathrm{d}a_i}{\mathrm{d}\mu}$，$i$=1，2，3，4，5。

在分岔点 $\mu=\mu_{\mathrm{c}}$ 处，有 $\chi_{1,2}=\pm\mathrm{i}\omega_{\mathrm{c}}$。故可得分岔点处的导数值 $\dfrac{\mathrm{d}\chi}{\mathrm{d}\mu}\Big|_{\mu=\mu_{\mathrm{c}}}$，进而可得横截系数 $\sigma'(\mu_{\mathrm{c}})$：

$$\sigma'(\mu_{\mathrm{c}})=\mathrm{Re}\left(\frac{\mathrm{d}\chi}{\mathrm{d}\mu}\Big|_{\mu=\mu_{\mathrm{c}}}\right) \tag{9.15}$$

根据 9.1.2 小节第二部分 $a_i(i=1,2,3,4,5)$ 的表达式可以判断出 $\sigma'(\mu_{\mathrm{c}})$ 取值的正负。若 $\sigma'(\mu_{\mathrm{c}})>0$，则根据 Hopf 分岔定理，所出现的 Hopf 分岔是超临界的，即分岔方向可判断为：当 $\mu<\mu_{\mathrm{c}}$ 时，系统的平衡点为稳定的焦点；而对于足够小的 μ 且满足 $\mu>\mu_{\mathrm{c}}$，系统从平衡位置分岔出周期运动，产生一个稳定的极限环，从而系统出现持续振荡，振荡周期由式（9.13）决定。反之，当 $\sigma'(\mu_{\mathrm{c}})<0$ 时，所出现的 Hopf 分岔是亚临界的，极限环出现在 $\mu<\mu_{\mathrm{c}}$ 一侧充分小的邻域内。

9.1.3 基于 Hopf 分岔的系统稳定性分析

基于 9.1.2 小节的 Hopf 分岔分析结果，本节以某设置上游调压室与变顶高尾水洞的水电站为例，开展水轮机调节系统负荷扰动下的稳定性分析。该水电站基本资料如下：额定水头 H_0=70.7m，额定流量 Q_0=466.7m^3/s，T_{a}=8.77s，B=10.0m，T_{wy}=8.50s，T_{wt}=3.20s，n_f=1.5，h_{y}=4.27m，h_{t}=2.68m，H_x=23m，tanα=0.03，λ=3，e_{g}=0，g=9.81m/s^2，取理想水轮机传递系数为 e_h=1.5、e_x=−1、e_y=1、e_{qh}= 0.5、e_{qx}= 0、e_{qy}=1。计算工况：机组额定出力正常运行发生负荷阶跃扰动，负荷阶跃扰动的示意见图 9.3，扰动量 $m_{\mathrm{g}}=(M_{\mathrm{g}}-$

$M_{g0})/M_{g0}$，分为负扰（$m_g<0$）和正扰（$m_g>0$）两种类型。

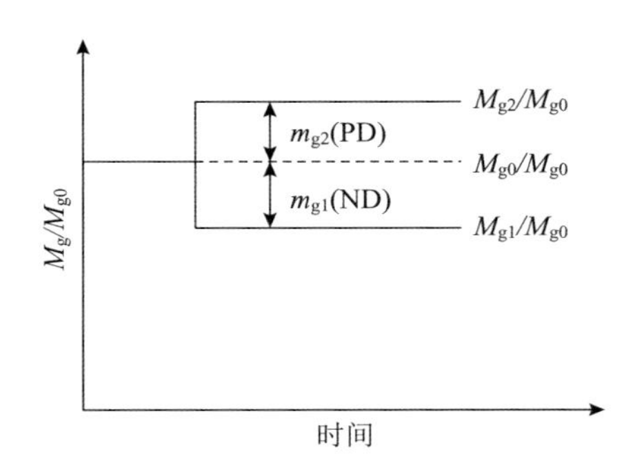

图 9.3　负荷阶跃扰动类型

PD 为正扰；ND 为负扰

1. 调节系统的稳定域

对于本节的设置上游调压室与变顶高尾水洞的水电站水轮机调节系统，选取 K_i 为系统的分岔参数，相应的分岔点记为 $\mu_c=K_i^*$。根据 9.1.2 小节中的分析，利用式（9.12）且同时满足 $a_i>0$（i=1,2,3,4,5）和 $\sigma'(\mu_c)\neq 0$，即可在 PI 参数平面（即 K_p-K_i 坐标系）绘制系统的分岔线 $[K_i^*=K_i^*(K_p^*)]$，从而确定稳定域和不稳定域。取负荷扰动为突减 10%额定负荷，即 $m_g=-0.1$，绘制结果如图 9.4 所示。

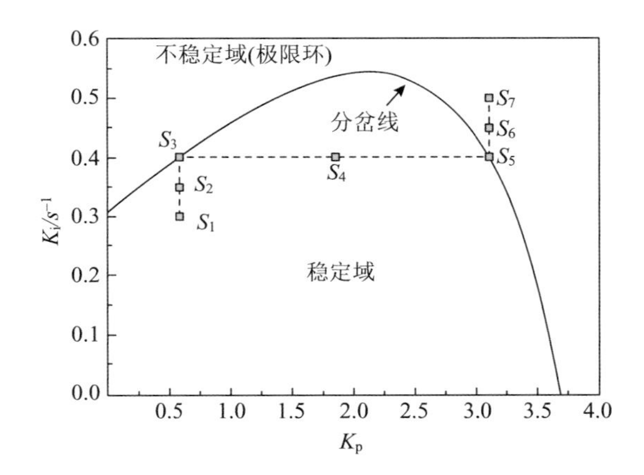

图 9.4　水轮机调节系统的稳定域、分岔线与不稳定域

利用图 9.4 中的分岔线，可以计算出所有分岔点对应的横截系数 $\sigma'(\mu_c)$ 的值，如图 9.5 所示。从图 9.5 可以看出，对于所有的分岔点，均有 $\sigma'(\mu_c)>0$，所出现的 Hopf 分岔是超临界的。

由于所出现的 Hopf 分岔是超临界的，故对于一个 K_p，当 $\mu<\mu_c$，即 $K_i<K_i^*$ 时，系统是稳定的，反之系统是不稳定的。据此可以确定出系统的稳定域与不稳定域，结果如图 9.4 所示。

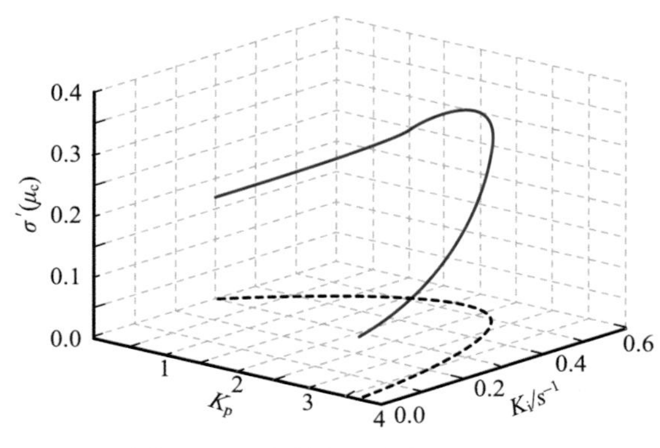

图 9.5　对应所有分岔点的 $\sigma'(\mu_c)$

2. 调节系统的分岔图

非线性系统的动力学性态随参数的变化情况，可进一步揭示动力系统的分岔类型及分岔点的位置。

在图 9.4 中选择 K_i=0.4s^{-1}，以 K_p 为分岔参数。从图 9.4 可知：当 K_i=0.4s^{-1} 时，K_p 分岔点有两处，记为 S_3、S_5，相应的 K_p^* 理论值分别为 0.5827、3.1088，则根据 9.1.2 小节的理论分析结果：当 $0.5827 < K_p < 3.1088$ 时，系统是稳定的，状态变量将会衰减并收敛到稳定的平衡点；当 $K_p \leqslant 0.5827$ 或 $K_p \geqslant 3.1088$ 时，系统是不稳定的，状态变量将会出现等幅振荡并收敛到稳定的极限环。将机组频率 x 作为状态变量来观察系统的分岔特性，在 MATLAB 环境中编程，采用局部最大值算法进行计算并绘图，得到 K_i=0.4s^{-1} 时的分岔图，如图 9.6 所示。

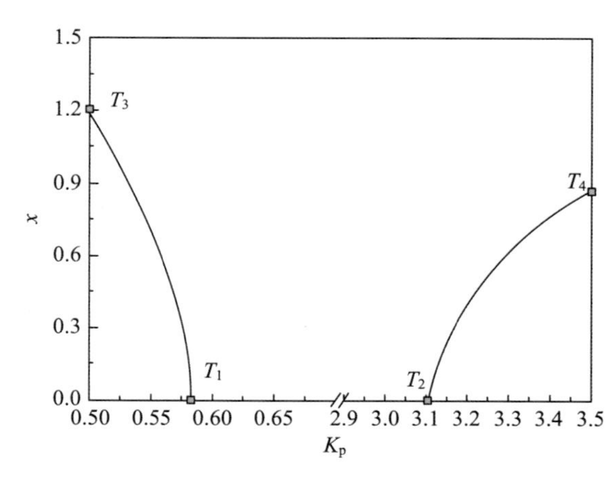

图 9.6　K_i 为 0.4s^{-1} 时 x 相对 K_p 的分岔图

由分岔图 9.6 可知：当 K_i=0.4s^{-1} 时，K_p 分岔点为 T_1、T_2，且对应的 K_p^* 值与之前的理论值（0.5827、3.1088）一致；在图 9.4 中 K_i=0.4s^{-1} 时分岔线外侧范围内系统出现稳定的极限环（对应分岔图的 $[T_1,T_3]$、$[T_2,T_4]$ 区间），分岔线内侧范围内系统出现稳定的平衡点（对应分岔图的 $[T_1,T_2]$ 区间）。

图 9.7 给出了分岔图中分岔参数 K_p 变化过程中系统 Jacobian 矩阵 $\boldsymbol{J}(\mu)$ 的特征方程式（9.11）的特征值 χ 的变化轨迹，其中，$K_{p1}^* = K_p(T_1)$、$K_{p2}^* = K_p(T_2)$。由该图可见，该系统的 Jacobian 矩阵的特征值始终为两对复共轭特征值和一个实特征值，即 $\chi_{4,5}$、$\chi_{2,3}$、χ_1。当系统状态参数 (K_p, K_i) 点位于稳定域内时，两对复共轭特征值（即 $\chi_{4,5}$、$\chi_{2,3}$）具有负实部，且实特征值（即 χ_1）为负值；随着参数的变化，达到分岔点时，一对复共轭特征值 $\chi_{4,5}$ 的实部变为 0（对应点 K_{p1}^* 与 K_{p2}^*），另一对复共轭特征值 $\chi_{2,3}$ 与实特征值 χ_1 仍为负值（即为 9.1.2 小节中定理的结论）；越过分岔点进入不稳定域后，复共轭特征值 $\chi_{4,5}$ 的实部变为正，但复共轭特征值 $\chi_{2,3}$ 与实特征值 χ_1 仍为负值。

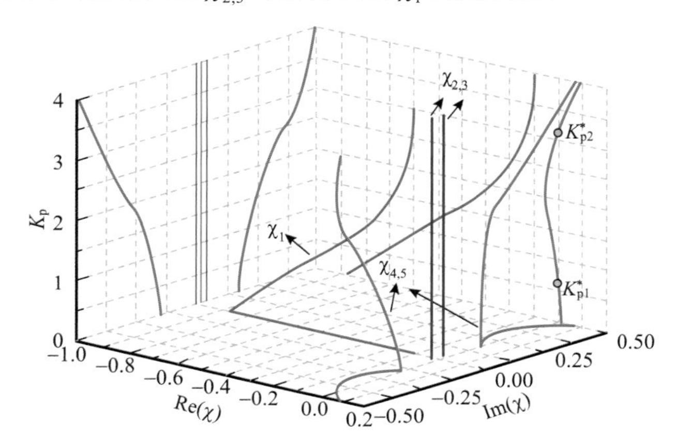

图 9.7　K_i 为 0.4s^{-1} 时 Hopf 分岔中特征值 χ 随分岔参数 K_p 的变化

9.1.4　稳定性的数值仿真与控制

为了验证以上理论分析结果，同时深入探讨设置上游调压室与变顶高尾水洞的水电站水轮机调节系统在不同状态参数取值下的动态响应特性，在图 9.4 中取七个点 S_1、S_2、S_3、S_4、S_5、S_6、S_7 进行数值仿真，其中，S_3、S_5 为分岔点，S_1、S_2、S_4 位于稳定域内，S_6、S_7 位于不稳定域内，各点的状态参数 (K_p, K_i) 取值如表 9.1 所示。利用 9.1.2 小节的分岔理论的分析结果可以判断出系统受到 $m_g = -0.1$ 的负荷扰动时，在各点的变量动态响应对应的相空间轨迹的理论状态（平衡点、极限环），一并列于表 9.1 内。

表 9.1　七个状态点对应的状态参数及变量动态响应的相空间轨迹理论状态

状态点/状态参数	S_1	S_2	S_3	S_4	S_5	S_6	S_7
K_p	0.5827	0.5827	0.5827	1.8458	3.1088	3.1088	3.1088
K_i /s^{-1}	0.30	0.35	0.40	0.40	0.40	0.45	0.50
（K_i−K_i^*）/s^{-1}	−0.10	−0.05	0	−0.14	0	0.05	0.10
变量动态响应的相空间轨迹理论状态	平衡点	平衡点	极限环	平衡点	极限环	极限环	极限环

利用数值仿真方法（MATLAB）可以计算出表 9.1 中七个状态点对应的特征变量 (z_F, q_t, x) 的动态响应过程和变量动态响应的相空间轨迹 q_t-x-z_F，分别绘图，结果如图 9.8 所示。

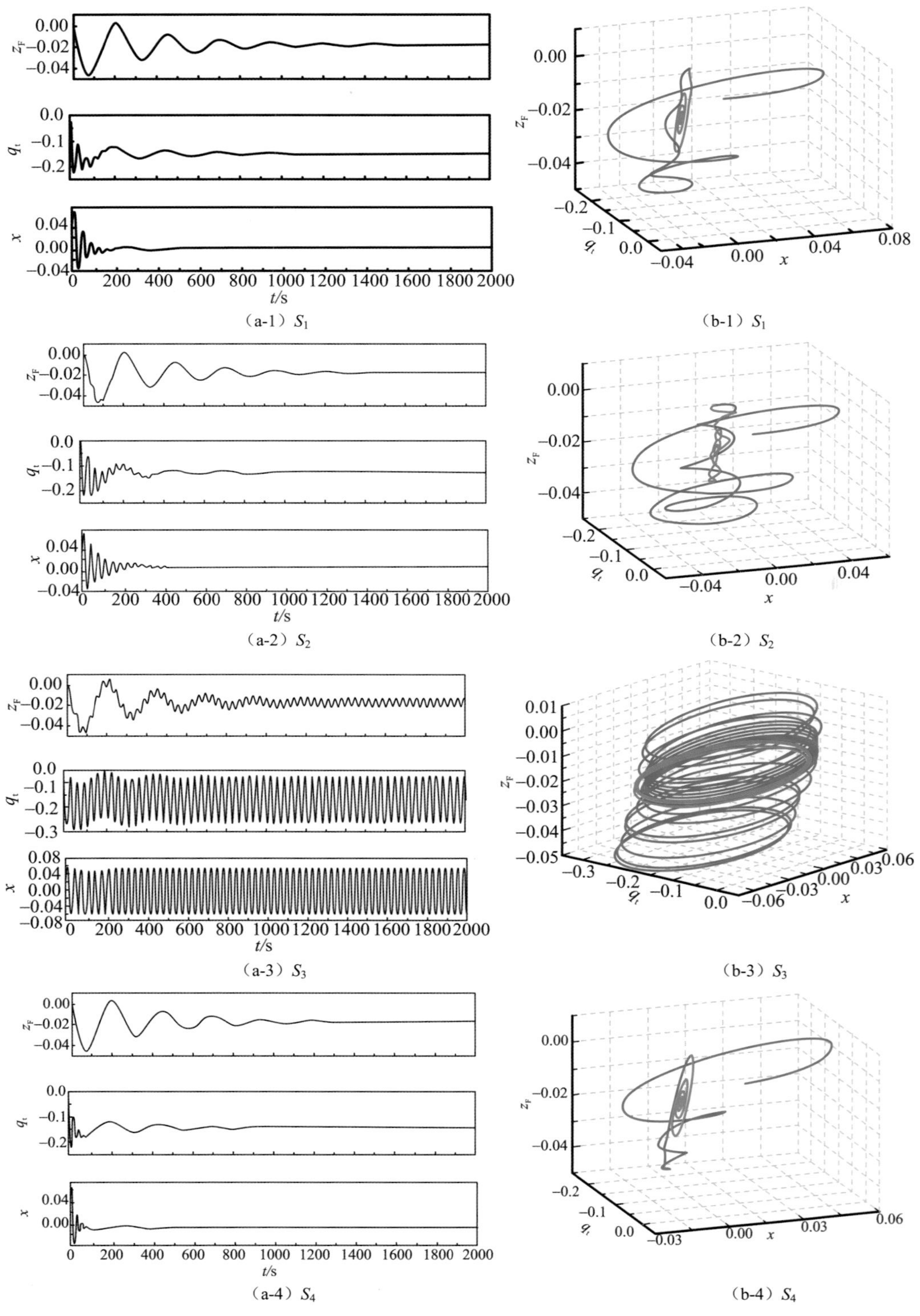

图 9.8　七个状态点对应的特征变量（z_F, q_t, x）的动态响应过程和变量动态响应的相空间轨迹 $q_t - x - z_F$

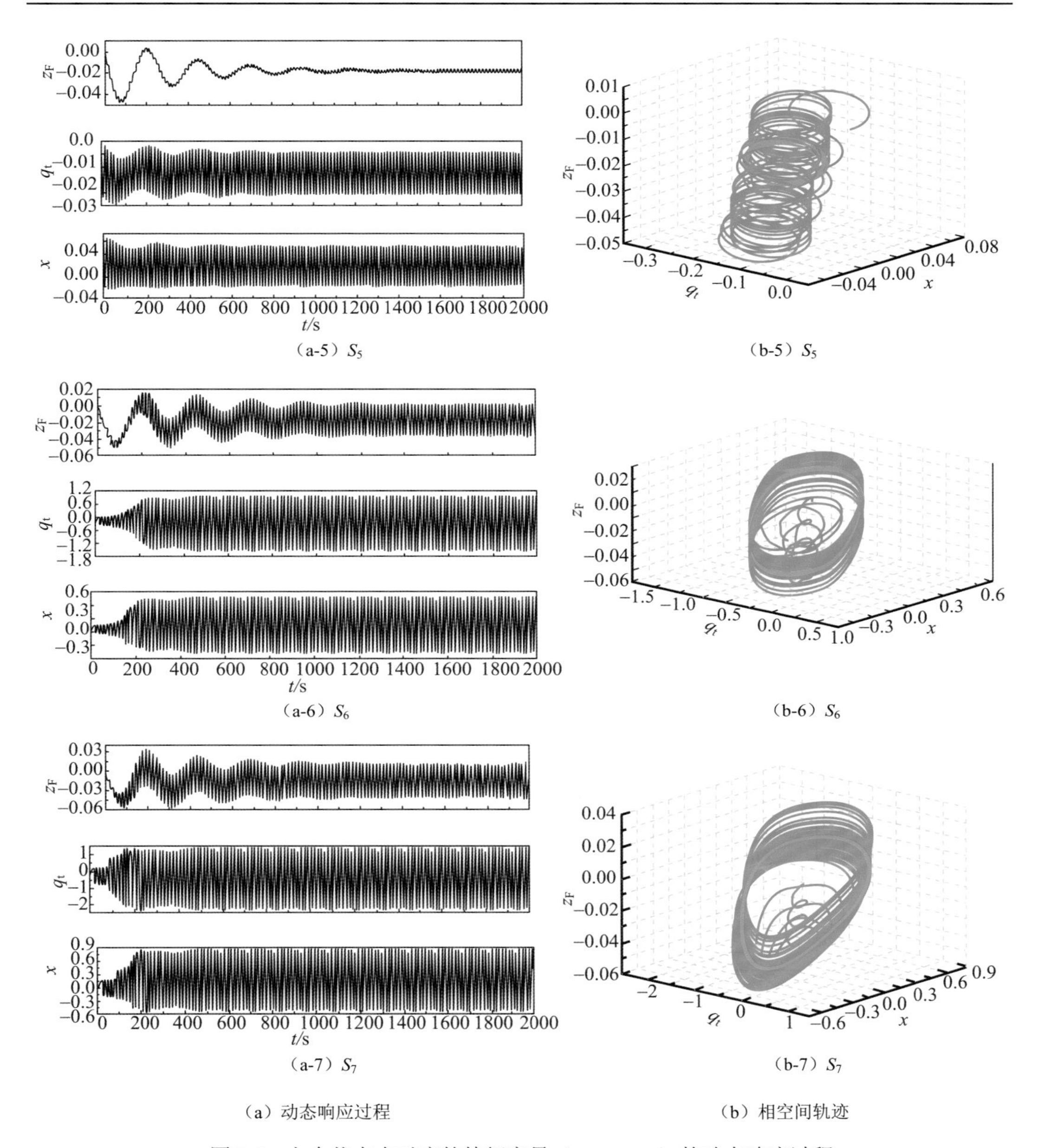

（a-5）S_5　（b-5）S_5

（a-6）S_6　（b-6）S_6

（a-7）S_7　（b-7）S_7

（a）动态响应过程　（b）相空间轨迹

图 9.8　七个状态点对应的特征变量（z_F, q_t, x）的动态响应过程和变量动态响应的相空间轨迹 q_t - x - z_F（续）

（1）图 9.8（a）中，变量 z_F、q_t、x 响应的时间均为 2000s；（2）图 9.8（b-1）、（b-2）、（b-4）中，蓝线表示 0s 到 200s 的响应过程，红线表示 200s 到 2000s 的响应过程；（3）图 9.8（b-3）、（b-5）、（b-6）、（b-7）中，蓝线表示 0s 到 1500s 的响应过程，红线表示 1500s 到 2000s 的响应过程

结合表 9.1 对图 9.8 进行分析，可知：

（1）数值仿真得到的变量动态响应的相空间轨迹状态与理论分析结果一致。对于分岔点 S_3、S_5，系统受到扰动后特征变量 z_F、q_t 与 x 立即进入持续的等幅振荡状态，对应着稳定的相空间极限环；对于 S_1、S_2 与 S_4，系统是稳定的，z_F、q_t 与 x 的动态响应在经过数个周期的衰减振荡后收敛到稳定的平衡点，对应的相空间轨迹则是运动数圈（圈数等于响应曲线的周期数）后稳定在平衡点；对于S_6、S_7，受扰动后系统的z_F、q_t与x先是呈现发散的响应状态，由于该系统的 Hopf 分岔是超临界的，因而发散的振荡曲线会逐渐趋于稳定，即持续的等幅振荡，对应的相空间轨迹则同样先呈发散运动，后进入稳定的极限环。

（2）对于设上游调压室与变顶高尾水洞的水电站，其水轮机调节系统在负荷扰动下的特征变量响应过程呈现出明显的波动叠加特征。以图 9.8（a-3）中的特征变量z_F的响应过程为例说明此现象，示意图如图 9.9 所示。响应过程由基波和谐波叠加而成，其中基波为低频波，通过计算可以发现其振荡周期（记为T_{FW}）与调压室水位波动的理论周期[8-10]（$T_{ST}=2\pi\sqrt{\dfrac{L_y F}{g f_y}}$）一致，即$T_{FW}\approx T_{ST}$，说明该波动是由调压室水位波动引起的，属于质量波，谐波为高频波，通过计算发现其振荡周期（记为T_{HW}）等于 Hopf 分岔时的极限环周期（$T_{LC}=\dfrac{2\pi}{\omega_c}$），即$T_{HW}=T_{LC}$，说明该波动为调速器调节下“压力管道-变顶高尾水洞-调速器-水轮机-发电机”系统的固有振荡。基波与谐波线性地叠加，各自的振荡周期之间没有相互干扰。对于基波，其动态特性（包括周期、振幅、衰减率、初相位等）取决于调压室面积的大小，调压室面积在满足托马稳定断面要求的前提下，即可保证该波动是稳定的；对于谐波，其动态特性取决于压力管道的水流惯性、变顶高尾水洞的体型、调速器参数、水轮机特性及发电机特性，其中对其起主要调节作用的是调速器参数，可以根据稳定域的要求选取适当的调速器参数（K_p、K_i），即可保证该波动的稳定。对于该波动叠加的现象，9.2 节还会进行更加深入的分析。

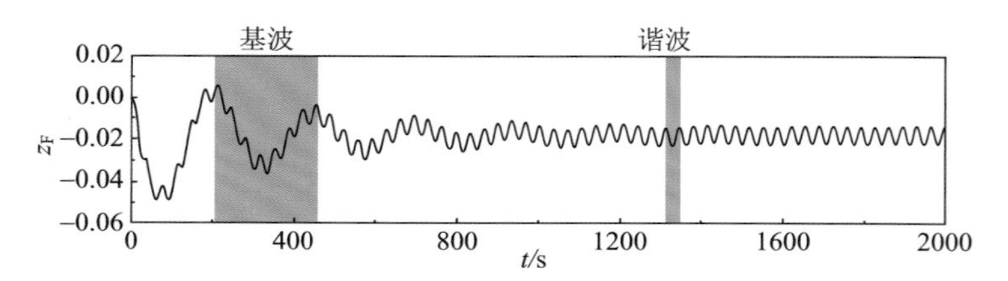

图 9.9　状态点S_3对应的z_F动态响应过程

（3）稳定性控制方法：对比S_1、S_2与S_4，状态参数越远离分岔点（即$\left|K_i-K_i^*\right|$越大），系统恢复到平衡点的速度就越快，表明稳定域内状态参数远离分岔点会使系统的稳定性变好；同理，对比S_6、S_7，K_i值越大，即状态参数越远离分岔点（$\left|K_i-K_i^*\right|$越大），系统发散的速度就越快，且特征变量的稳态振幅亦越大，表明不稳定域内状态参数远离分岔点会使系统的稳定性变差。故要使设上游调压室与变顶高尾水洞的水电站的水轮机调节系统的动态响应过程稳定、快速衰减，需要把调速器参数（K_p、K_i）取在稳定域内，并尽量远离分岔线。

9.2　联合作用下的水轮机调节系统暂态特性与控制

9.1 节分析了设上游调压室与变顶高尾水洞的水电站水轮机调节系统负荷扰动下的稳定性，并重点探讨了调速器参数对于系统动态响应的影响。同样，调压室对于系统的暂态特性也有着不可忽略的影响，揭示上游调压室与变顶高尾水洞的联合作用及相互间的影响，对于认识该类水电站水轮机调节系统的工作特性具有重要帮助。9.1 节中调压室的面积放大系数 n_f 为 1.5，这种情况下调压室可以达到自身水位波动的稳定，从整个系统稳定性的角度来说，调压室的作用被隐藏掉了。如果要揭示上游调压室与变顶高尾水洞的联合作用对于调节系统动态特性的影响，调速器参数被选为变量的同时，也需要对调压室面积取不同值的情况进行分析。

在 9.1 节的基础上，本节旨在分析上游调压室和变顶高尾水洞联合作用下的水轮机调节系统暂态特性与控制。首先，对下游调压室断面积取小于托马稳定断面的情形进行分析，揭示水轮机调节系统新的暂态特性；然后，在 PI 参数平面内，分析两条分岔线和上游调压室与变顶高尾水洞的波动叠加间的关系，揭示上游调压室与变顶高尾水洞的波动叠加机理及其对调节系统暂态特性的影响；最后，提出基于波动叠加的上游调压室与变顶高尾水洞水力设计的方法。

9.2.1　水轮机调节系统的动态特性

对 $n_f<1$ 的情形进行研究。依据这一分析结果，进一步分析上游调压室与变顶高尾水洞的联合作用及波动叠加现象。具体而言，以 n_f 取 0.5 为例进行分析（需要说明的是，n_f 取其他小于 1 的值也是可行的，并且得到的结果与 n_f 为 0.5 的情况类似）。

选取 9.1.3 小节中的设上游调压室与变顶高尾水洞的水电站为算例，采用 Hopf 分岔理论进行分析。取负荷扰动为突减 10%额定负荷，即 $m_g=-0.1$，分岔线的计算结果如图 9.10 所示，对应于所有分岔点的 $\sigma'(\mu_c)$ 值的计算结果如图 9.11 所示。

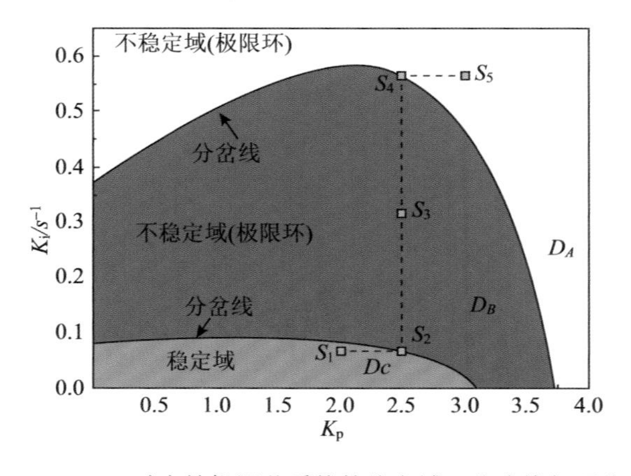

图 9.10　n_f=0.5 时水轮机调节系统的稳定域、分岔线与不稳定域

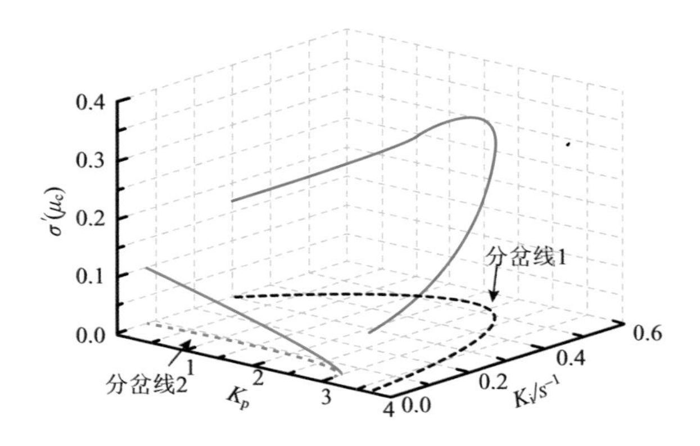

图 9.11 n_f=0.5 时对应所有分岔点的 $\sigma'(\mu_c)$

由图 9.10 可知：在 PI 参数平面（即 K_p - K_i 坐标系）内有两条分岔线，分别记为分岔线 1 与分岔线 2。这一现象与 $n_f=1.5$ 的情况（即图 9.4）不同，$n_f=1.5$ 时 PI 参数平面（即 K_p - K_i 坐标系）内只有一条分岔线，且这条分岔线与分岔线 1 的位置、形状类似。对于图 9.10，分岔线 2 位于分岔线 1 的左下角区域。分岔线 1 与分岔线 2 将整个 PI 参数平面分成三个部分，分别记为 D_A、D_B、D_C（图 9.10）。由图 9.11 可得，对于分岔线 1 与分岔线 2 上的所有分岔点，均有 $\sigma'(\mu_c)>0$，说明 $n_f=0.5$ 时系统的 Hopf 分岔是超临界的。

选取 K_i 为系统的分岔参数，对应的分岔点记为 $\mu_c=K_i^*$。因为系统发生的 Hopf 分岔是超临界的，故根据 Hopf 分岔理论，对于 K_p - K_i 坐标系内的一个 K_p，当 $\mu<\mu_c$，即 $K_i<K_i^*$ 时，系统是稳定的，反之系统是不稳定的。但是对于图 9.10，同时存在两条分岔线。对于一个 K_p，同时存在两个分岔参数 $K_{i\text{-}1}^*$、$K_{i\text{-}2}^*$，它们分别对应着分岔线 1、分岔线 2。对于分别位于 D_A、D_B、D_C、分岔线 1、分岔线 2 上的状态点，K_i 与 $K_{i\text{-}1}^*$、$K_{i\text{-}2}^*$ 间的大小关系如表 9.2 所示。

表 9.2 D_A、D_B、D_C、分岔线 1、分岔线 2 上的状态点对应的 K_i 与 $K_{i\text{-}1}^*$、$K_{i\text{-}2}^*$ 间的大小关系

大小关系	D_A	分岔线 1	D_B	分岔线 2	D_C
$K_i-K_{i\text{-}1}^*$	+	0	–	–	–
$K_i-K_{i\text{-}2}^*$	+	+	+	0	–

根据 9.1.2 小节的 Hopf 分岔分析结果可得，只有当 $K_i<K_{i\text{-}1}^*$ 与 $K_i<K_{i\text{-}2}^*$ 同时满足时系统才是稳定的。因此，图 9.10 中，稳定域为 D_C，不稳定域为 D_A 与 D_B。分岔线 2 是真正的临界线，其作用与 $n_f=1.5$ 的情况（即图 9.4）下的唯一的分岔线相同。以上关于稳定域的分析结果如图 9.10 所示。

根据图 9.10 中调节系统的稳定域、分岔线与不稳定域的位置，可以进行系统动态特性的分析。同时，以下问题也需要给出答案：为什么会出现两条分岔线?两条分岔线各受什么因素影响?这两条分岔线与上游调压室、变顶高尾水洞有什么关系?这两条分岔线与系统的稳定性和动态系统有何联系?

为了达到上述目的，在图 9.10 中取五个状态点 S_1、S_2、S_3、S_4、S_5 进行数值仿真，模拟系统的动态特性，其中，S_1、S_3、S_5 分别位于 D_C、D_B、D_A 内，S_2、S_4 分别位于分岔线 2、分岔线 1 上。表 9.3 给出了五个状态点的参数值 (K_p, K_i)。

表 9.3　五个状态点的参数值

状态点/参数值	S_1	S_2	S_3	S_4	S_5
K_p	2.0	2.5	2.5	2.5	3.0
K_i /s^{-1}	0.065	0.065	0.316	0.566	0.566

对于五个状态点下系统的动态特性，此处给出时域结果和频域结果来进行分析。具体来说，时域结果是指特征变量 (z_F, q_t, x) 的动态响应过程，频域结果是指变量响应的相空间轨迹 $q_t - x - z_F$、变量 $z_F - q_t$ 的庞加莱映射[11-15]、变量 x 动态响应的频谱图[16-18]。调节系统动态响应过程的数值模拟结果由 MATLAB 中的 ode45[19-20]求解式（9.8）得到。结果分别如图 9.12~图 9.16 所示，其中，$A(x)$ 为 x 的动态响应的振幅，OF-1、OF-2 分别表示频谱图中的低频响应、高频响应。

图 9.12 给出了状态点 S_1 下水轮机调节系统的动态特性。从中可知：

（1）z_F、q_t、x 的时域动态响应过程[即图 9.12（a）]表明，z_F、q_t、x 的动态响应均是周期性的振荡且是逐渐衰减的。经过数个周期的振荡之后，z_F、q_t、x 分别稳定在各自的平衡点，即−0.017、−0.147、0。

（2）q_t - x - z_F 的相空间轨迹[即图9.12(b)]为常规的环并最终稳定在平衡点。同时，从 z_F - q_t 的庞加莱映射[即图9.12(c)]可以看出有一系列的连续点形成一条近似的直线。这些连续的点逐渐趋向庞加莱映射平面的右上角，并最终稳定在点（−0.017，−0.147），即平衡点。

（3）对于机组频率 x 的动态响应，频谱图如图 9.12（d）所示。为了更清楚地展示 x 的振荡特性，图 9.12（d）还给出了 x 的动态响应过程的局部放大图。从频谱图可以清楚地得到 x 的振荡由两个子波叠加而成，其中周期大的子波称为基波，另一个周期小的子

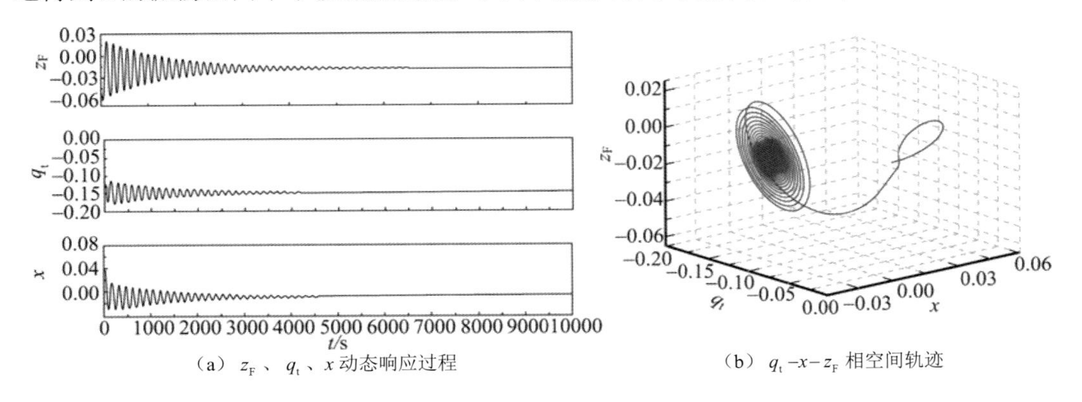

（a）z_F、q_t、x 动态响应过程　　（b）q_t −x− z_F 相空间轨迹

图 9.12　状态点 S_1 下水轮机调节系统的动态特性

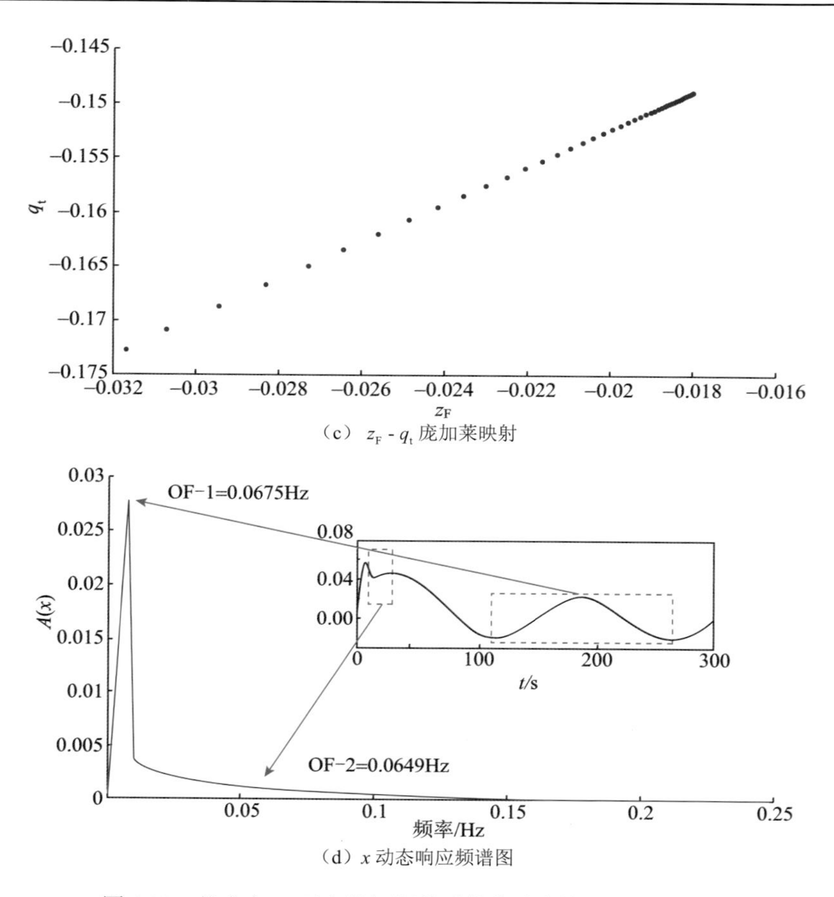

（c） z_F - q_t 庞加莱映射

（d）x 动态响应频谱图

图 9.12 状态点 S_1 下水轮机调节系统的动态特性（续）

波称为谐波。基波对应着频谱图中的低频响应，即 OF-1=0.00675Hz 的响应；谐波对应着频谱图中的高频响应，即 OF-2=0.0649Hz 的响应。状态点 S_1 下基波缓慢地衰减，而谐波快速地衰减，并且前者的振幅远大于后者。

图 9.13 给出了状态点 S_2 下水轮机调节系统的动态特性。从中可知：

（1）对于 z_F、q_t、x 的时域动态响应过程[即图9.13(a)]，它们的谐波快速衰减，振幅在经过几个周期之后便衰减为 0，而基波则为等幅振荡。因此，负荷扰动在起始时刻发生之后，z_F、q_t、x 的动态响应均快速地进入不衰减的等幅振荡状态。相应地，q_t - x - z_F 的相空间轨迹[即图9.13(b)]表现为稳定的极限环，并且 z_F - q_t 的庞加莱映射[即图9.13(c)]平面上仅有两个离散的点。

（2）对于机组频率 x 的动态响应，频谱图如图 9.13（d）所示。相对于图 9.12（d），基波的频率保持不变，仍为 OF-1=0.00675Hz；谐波的频率 OF-2 增加到 0.0735Hz。这一结果表明状态参数 (K_p, K_i) 对基波的频率没有影响，但对谐波的频率有明显的影响。状态点 S_2 下，基波的振幅远大于谐波，这一结果与状态点 S_1 类似。

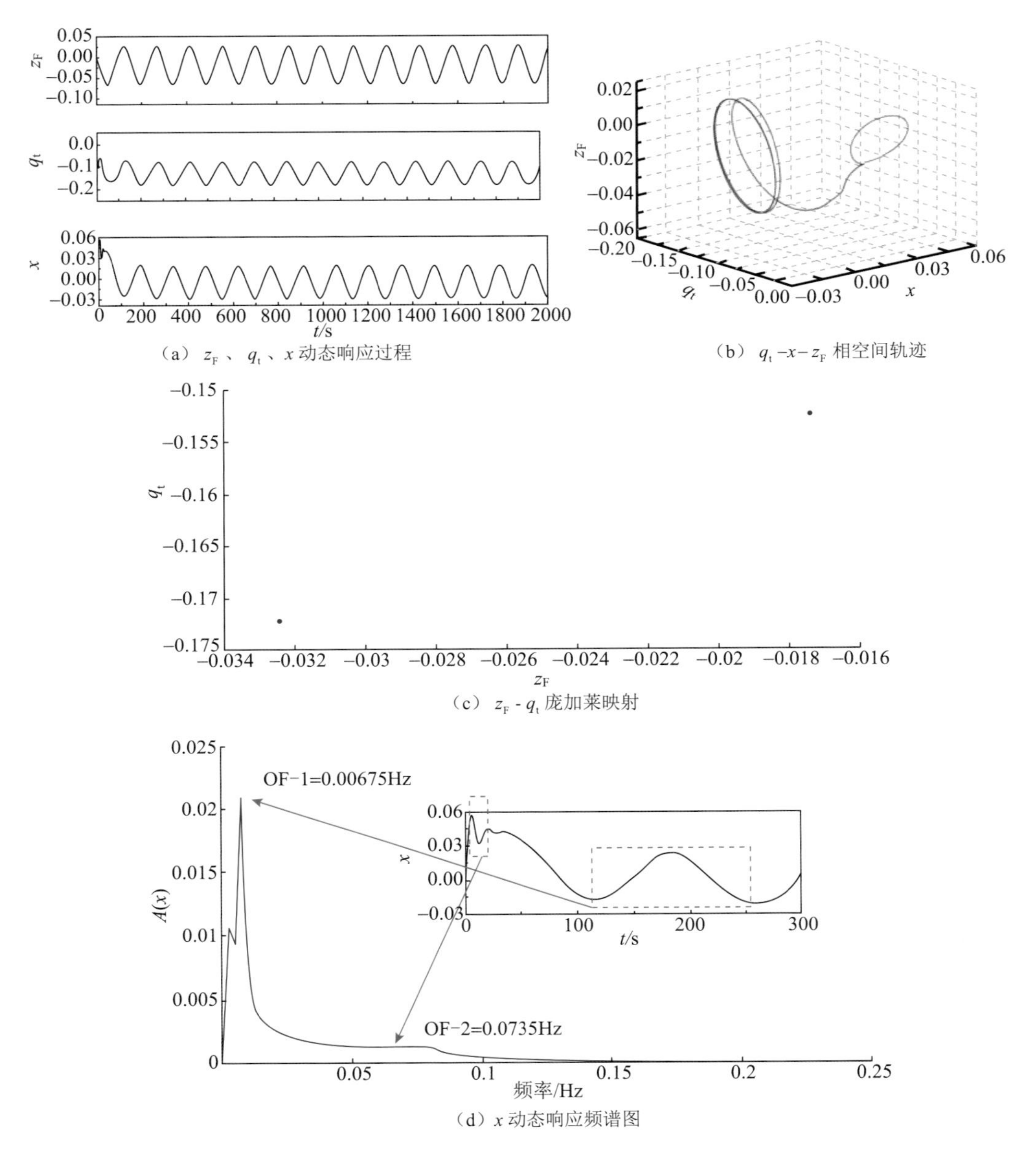

（a） z_F 、 q_t 、x 动态响应过程

（b） q_t –x– z_F 相空间轨迹

（c） z_F - q_t 庞加莱映射

（d）x 动态响应频谱图

图 9.13　状态点 S_2 下水轮机调节系统的动态特性

图 9.14 给出了状态点 S_3 下水轮机调节系统的动态特性。从中可知：

（1）对于 z_F 、 q_t 、 x 的时域动态响应过程[即图9.14(a)]，它们的谐波是衰减的且振幅在经过几个周期之后减为 0，但是基波为发散的振荡。因为此，负荷扰动在起始时刻发生之后，z_F 、 q_t 、 x 的动态响应均进入发散振荡状态。相应地，q_t-x- z_F 的相空间轨迹[即图9.14(b)] 表现为发散运动，z_F - q_t 的庞加莱映射[即图9.14(c)] 平面上的离散点逐渐向外延展。以上现象表明此时的水轮机调节系统无法保持稳定。

（2）对于机组频率 x 的动态响应，频谱图如图 9.14（d）所示。基波与谐波的频率分别为 0.00675Hz、0.0571Hz，并且前者的振幅远大于后者。

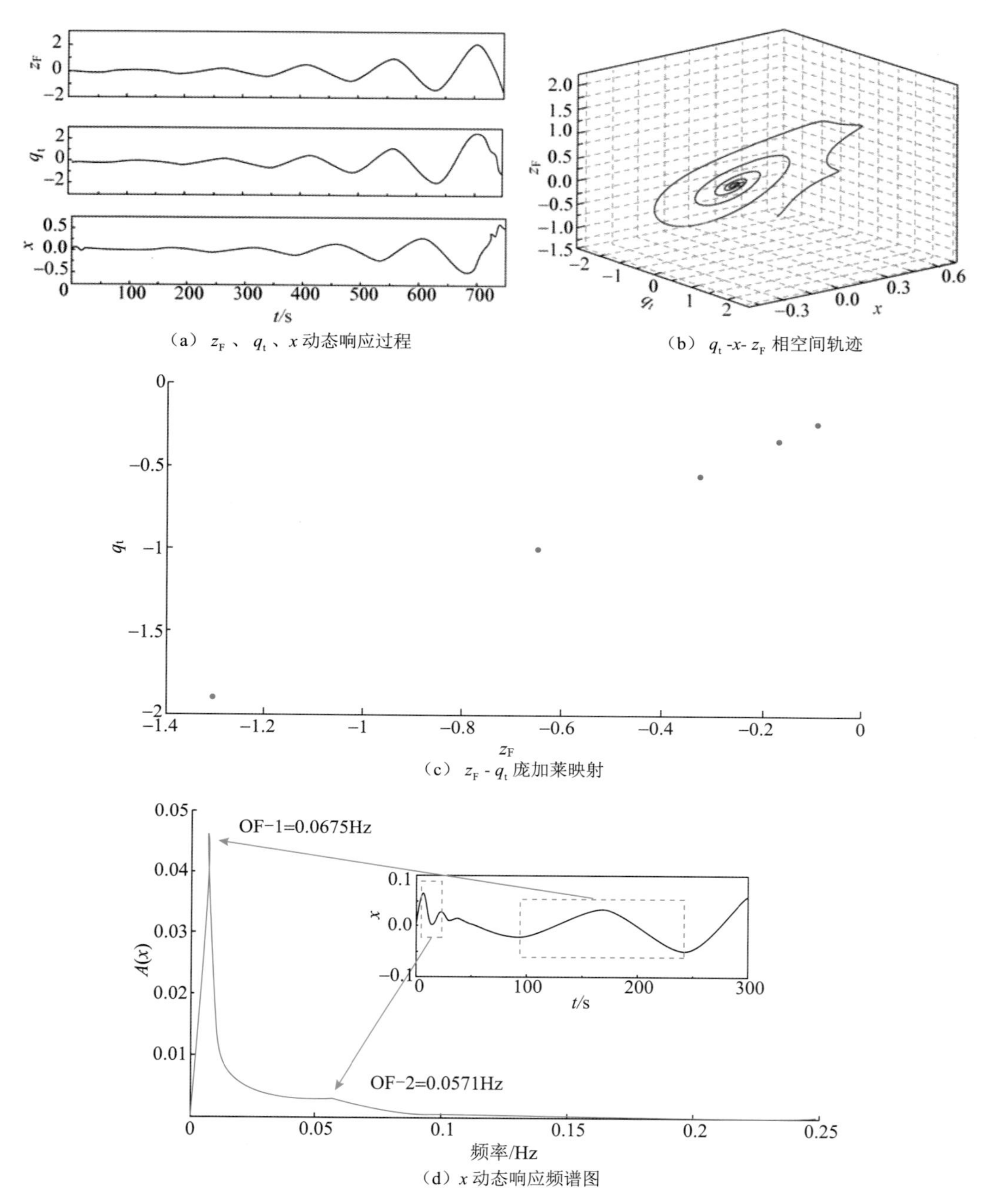

（a）z_F、q_t、x 动态响应过程

（b）q_t-x-z_F 相空间轨迹

（c）z_F - q_t 庞加莱映射

（d）x 动态响应频谱图

图 9.14　状态点 S_3 下水轮机调节系统的动态特性

图 9.15 给出了状态点 S_4 下水轮机调节系统的动态特性。从中可知：

（1）对于 z_F、q_t、x 的时域动态响应过程[即图9.15(a)]，整个振荡过程表现出明显的波动叠加特性。具体来说，谐波是等幅振荡，基波是发散的振荡。因为此，负荷扰动在起始时刻发生之后，z_F、q_t、x 的动态响应均会进入发散振荡状态。相应地，q_t - x - z_F 的相空间轨迹[即图9.15(b)] 表现为发散运动且存在两个持续的振荡周期，z_F - q_t 的庞加莱映射[即图9.15(c)] 平面上出现许多离散的无序的点。以上现象表明此时的水轮机调节系统已经失去了稳定。

（2）对于机组频率 x 的动态响应，频谱图如图 9.15（d）所示。基波与谐波的频率分别为 0.00675Hz、0.0527Hz，特别的是，相对于状态点 S_1 、 S_2 、 S_3 ，状态点 S_4 下谐波的振幅显著增大。

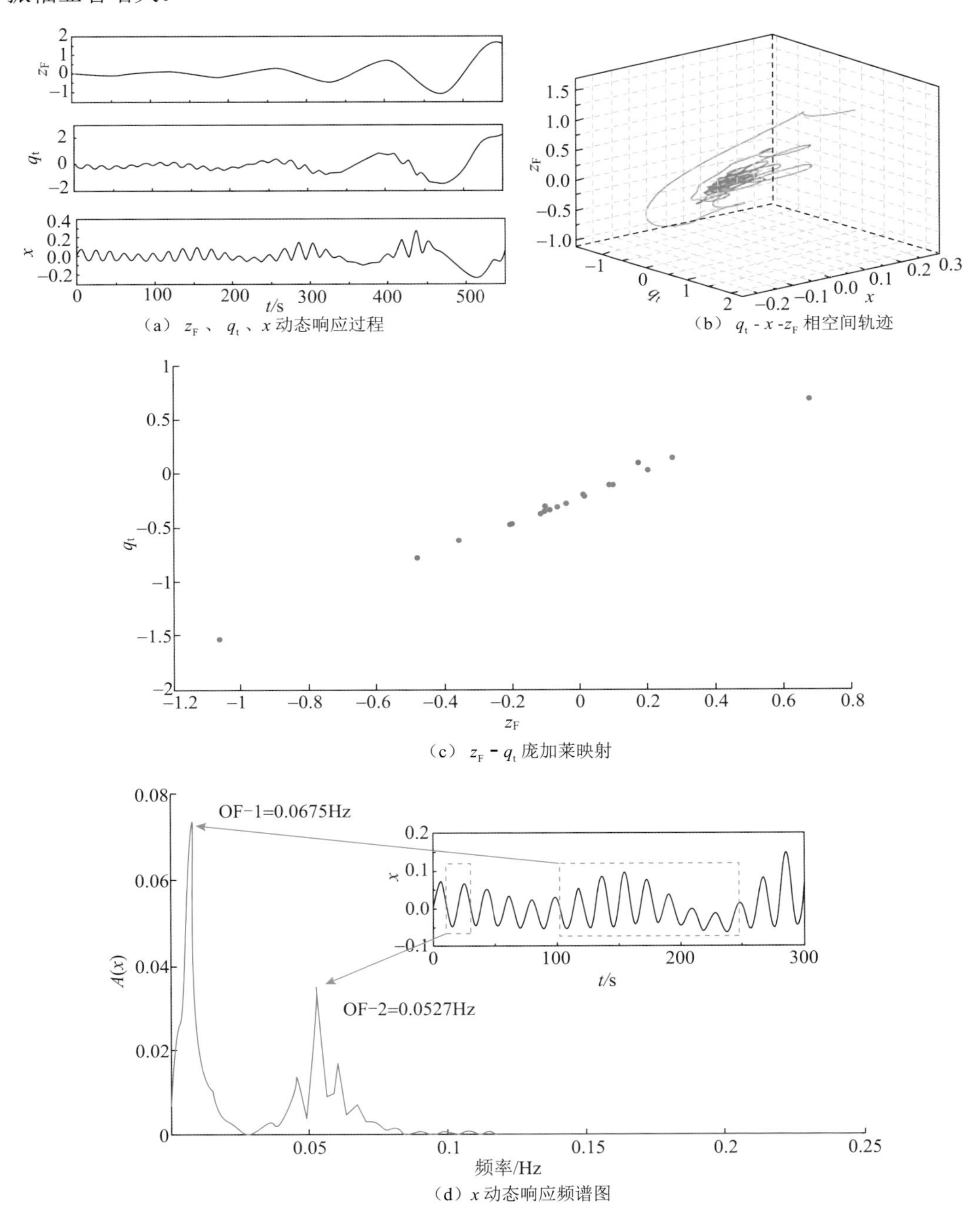

图 9.15　状态点 S_4 下水轮机调节系统的动态特性

图 9.16 给出了状态点 S_5 下水轮机调节系统的动态特性。从中可知：

对于 z_F、q_t、x 的时域动态响应过程[即图9.16(a)]，谐波与基波均是发散的振荡。q_t - x - z_F 的相空间轨迹[即图9.16(b)]、z_F - q_t 的庞加莱映射[即图9.16(c)]均与状态点 S_4 下的类似，表明这时的水轮机调节系统也已经失去了稳定。谐波的振幅进一步增大并大于基波的振幅，基波的频率仍然保持为 0.00675Hz，谐波的频率则变为 0.0575Hz。

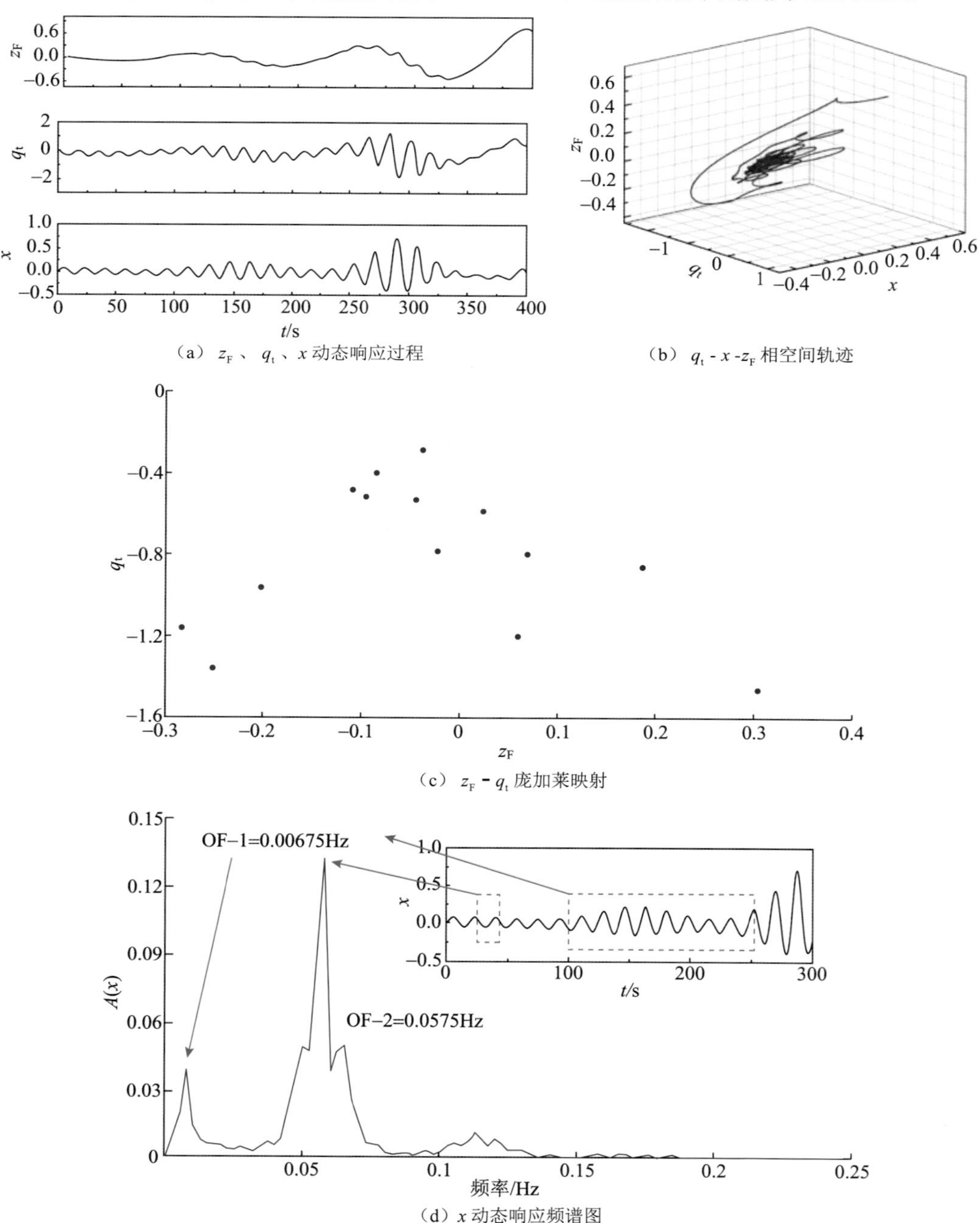

（a） z_F、q_t、x 动态响应过程

（b） q_t - x - z_F 相空间轨迹

（c） z_F - q_t 庞加莱映射

（d） x 动态响应频谱图

图 9.16　状态点 S_5 下水轮机调节系统的动态特性

9.2.2　上游调压室与变顶高尾水洞波动叠加对系统稳定性的影响

本节旨在揭示 $n_f = 0.5$ 下系统的两条分岔线与上游调压室和变顶高尾水洞的波动叠加间的关联，然后分析上游调压室与变顶高尾水洞的联合作用对水轮机调节系统稳定性的影响。

1. 上游调压室与变顶高尾水洞的波动叠加

在 9.2.1 小节，已经提及了调节系统动态响应特征变量的波动叠加现象，分别对应着低频响应和高频响应的基波与谐波已被阐明。为了更好地认识这一波动叠加现象，将特征变量的动态响应拆分成基波与谐波，然后依据基波与谐波各自的动态响应过程，可以重新绘制变量响应的相空间轨迹。以状态点 S_5[图9.16(a)、(b)] 为例，动态响应过程的分解结果如图 9.17 所示。

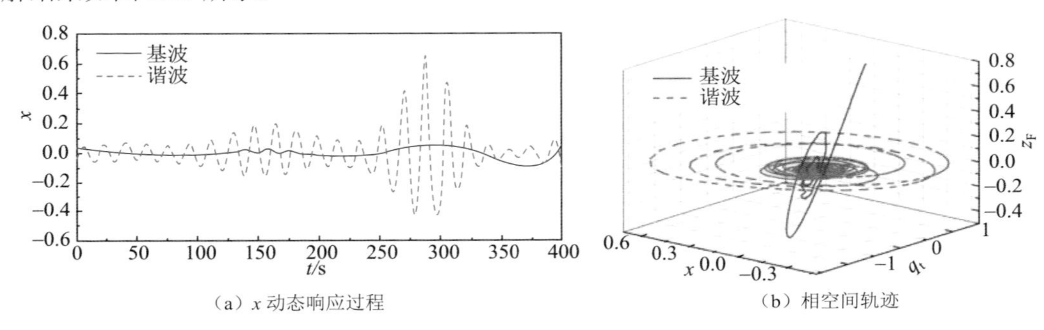

（a）x 动态响应过程　　（b）相空间轨迹

图 9.17　状态点 S_5 下变量动态响应过程的分解

从波动叠加的角度并依据 9.2.1 节的分析结果，可以得到状态点 S_1、S_2、S_3、S_4、S_5 下的波动分解结果，相应的基波与谐波的相空间轨迹结果见表 9.4。

表 9.4　状态点 S_1、S_2、S_3、S_4、S_5 下相空间轨迹状态分解结果

状态点/状态参数	S_1	S_2	S_3	S_4	S_5
基波	平衡点	极限环	极限环（起始发散）	极限环（起始发散）	极限环（起始发散）
$(K_i - K_{i\text{-}2}^*)$ /s^{-1}	−0.017	0	0.251	0.501	0.539
谐波	平衡点	平衡点	平衡点	极限环	极限环（起始发散）
$(K_i - K_{i\text{-}1}^*)$ /s^{-1}	−0.517	−0.501	−0.250	0	0.090

由表 9.4 可知：$K_i - K_i^*$ 取值的正负与基波、谐波的动态响应过程有着明确的对应关系。

（1）对于基波，如果 $K_i - K_{i\text{-}2}^* < 0$，相空间轨迹稳定在平衡点；如果 $K_i - K_{i\text{-}2}^* = 0$，相空间轨迹立即进入等幅振荡状态；如果 $K_i - K_{i\text{-}2}^* > 0$，相空间轨迹在起始阶段发散，之后发散振荡逐渐变成极限环。谐波和 $K_i - K_{i\text{-}1}^*$ 取值的对应关系与基波类似。

（2）基于以上分析结果、Hopf 分岔的存在性与分岔方向的代数判据，可以得到如下结论：分岔线 2 是基波稳定性的临界线，分岔线 1 是谐波稳定性的临界线。

对于设上游调压室与变顶高尾水洞的水轮机调节系统，由 9.1.4 节的分析可知基波是由上游调压室的水位波动引起的，谐波是由压力管道-变顶高尾水洞内的水流振荡引起的。因此，分岔线 2 代表了上游调压室水位波动的稳定性特性，而分岔线 1 则代表了压力管道-变顶高尾水洞内的水流振荡的稳定性特性。对于设上游调压室与变顶高尾水洞的水轮机调节系统，只有当基波与谐波均稳定时，系统才是稳定的。

当$n_f=1.5$时，上游调压室水位波动始终是稳定的。因此，这种情况下分岔线 2 没有出现在 PI 参数平面内（图 9.4）。此时水轮机调节系统的稳定性仅取决于分岔线 1 代表的压力管道-变顶高尾水洞内的水流振荡的稳定性特性，即图 9.4 中出现的分岔线。当$n_f=0.5$时，上游调压室水位波动是有条件稳定的，分岔线 2 对应着其临界稳定状态。上游调压室水位波动对于稳定性的要求高于压力管道-变顶高尾水洞内的水流振荡对于稳定性的要求，因此，PI 参数平面内出现了两条分岔线（图 9.10），且上游调压室水位波动成为了调节系统稳定性控制的关键方面。

2. 上游调压室与变顶高尾水洞联合作用下的系统稳定性

在机组负荷扰动或者其他扰动作用下，设上游调压室与变顶高尾水洞的水电站会同时产生上游调压室内的水位波动及变顶高尾水洞内的明满混合流动。上游调压室内的水位波动及变顶高尾水洞内的明满混合流动会产生相互影响，导致该类水电站的过渡过程非常复杂。为了指导水电站设计与运行，应该揭示上游调压室和变顶高尾水洞的联合作用机理与优化方法。包括如下两个方面：

（1）上游调压室或变顶高尾水洞的存在对于系统稳定性的影响。

（2）上游调压室的断面尺寸、变顶高尾水洞的洞顶倾角对于系统稳定性的影响。

基于以上考虑，选取 9.1.3 小节中的设上游调压室与变顶高尾水洞的水电站为算例，通过绘制稳定域的方式，探讨上游调压室与变顶高尾水洞对系统稳定性的联合作用机理，然后提出改善系统稳定性的具体方法。图 9.18 给出了下面分析用到的原始方案（记为 OC）与对比方案（分别记为 CC-A、CC-B、CC-C）的布置图。

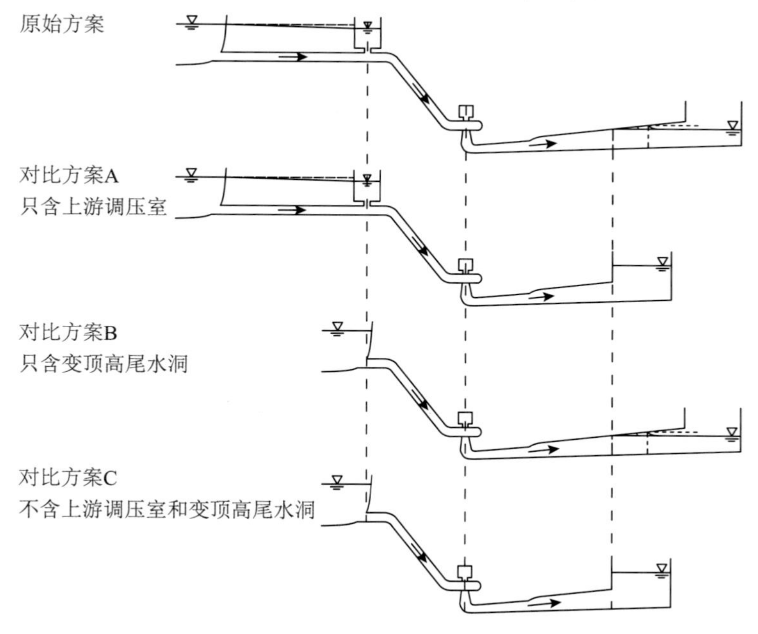

图 9.18 系统稳定性分析的原始方案与对比方案

1）上游调压室对系统稳定性的影响

分负扰 $m_g=-0.1$ 与正扰 $m_g=0.1$ 两种情况讨论上游调压室对系统稳定性的影响。调压室断面积以 n_f 表示，分别取为 0.5、1.0、1.5，$\tan\alpha$ 取为 0.03，剩余参数同 9.1.3 小节。系统的稳定域如图 9.19 所示。

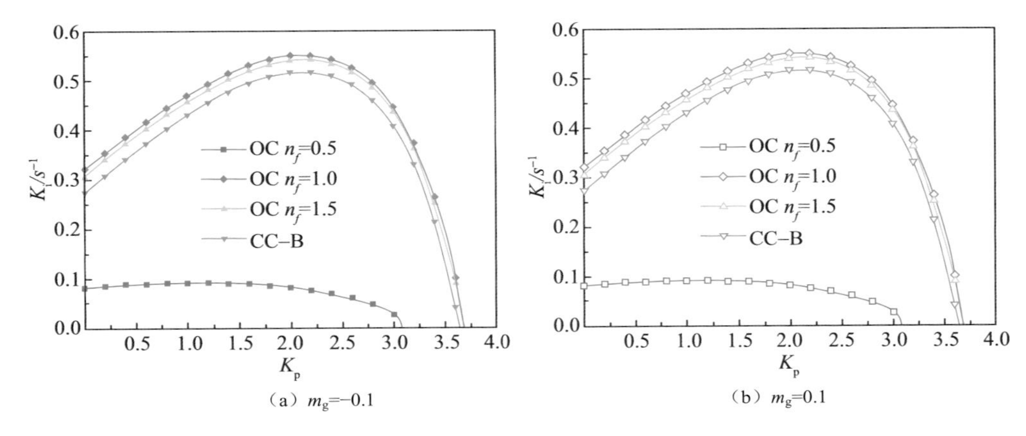

（a）m_g=−0.1　　（b）m_g=0.1

图 9.19　上游调压室对系统稳定性的影响

由图 9.19 可知：

（1）对于 $m_g=-0.1$ 的情况[即图9.19(a)]，当 n_f 依次取 0.5、1.0、1.5 时，OC 的稳定域先显著增大后略微减小。这一结果表明上游调压室断面积的增大只在 n_f 小于 1 时对系统稳定性有明显的改善作用；当 n_f 大于 1 时，上游调压室断面积的增大会对系统的稳定性有轻微的不利作用。通过对比 OC 与 CC-B 的稳定域，可知对于设变顶高尾水洞的水轮机调节系统，如果上游调压室能保证自身的稳定（如 n_f 取 1.0、1.5 的情况），那么调压室的引入会对系统的稳定性起有利作用；否则，调压室的引入会对系统的稳定性起不利作用，如 n_f 取 0.5 的情况。$m_g=0.1$[即图9.19(b)] 时可以得到相同的结论。

（2）对于 $|m_g|$ 相同的情况，OC 布置时负扰下系统的稳定域大于正扰，且 CC-B 布置也有相同的结论。这表明对于 OC、CC-B 布置，增负荷工况系统的稳定性好于减负荷工况。

根据以上两点，上游调压室对于设变顶高尾水洞的水轮机调节系统稳定性的影响主要取决于调压室的断面积。在能保证上游调压室自身稳定性的前提下，较小的调压室断面积是满足调节系统稳定特性要求的较优断面积。

2）变顶高尾水洞对系统稳定性的影响

变顶高尾水洞的洞顶坡度用 $\tan\alpha$ 来表示。分别取 $\tan\alpha$ 为 0.01、0.02、0.03、0.04、0.05，分负扰 $m_g=-0.1$ 与正扰 $m_g=0.1$ 两种情况讨论变顶高尾水洞对系统稳定性的影响。

$\tan\alpha$ 、n_f 之外的参数同 9.1.3 节。图 9.20、图 9.21 分别给出了 n_f 为 1.5、0.5 时系统的稳定域。

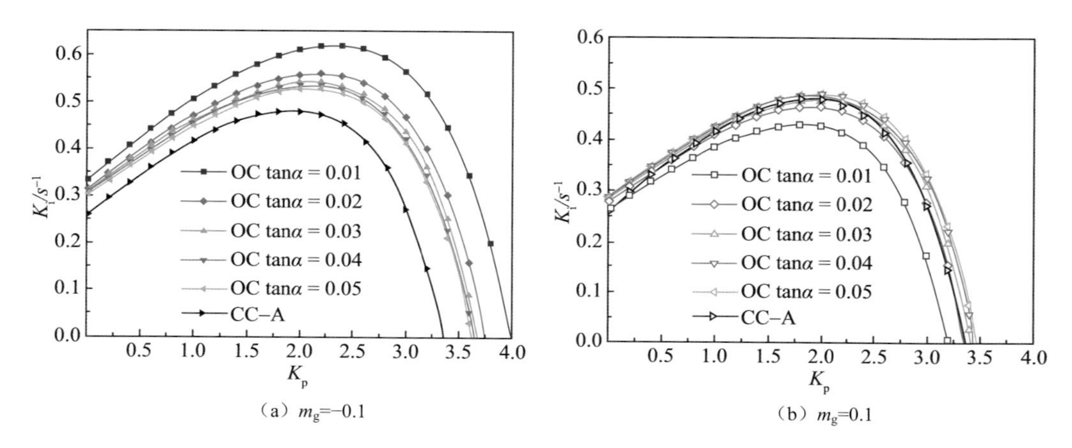

（a）m_g=−0.1　　（b）m_g=0.1

图 9.20　n_f=1.5 时变顶高尾水洞对系统稳定性的影响

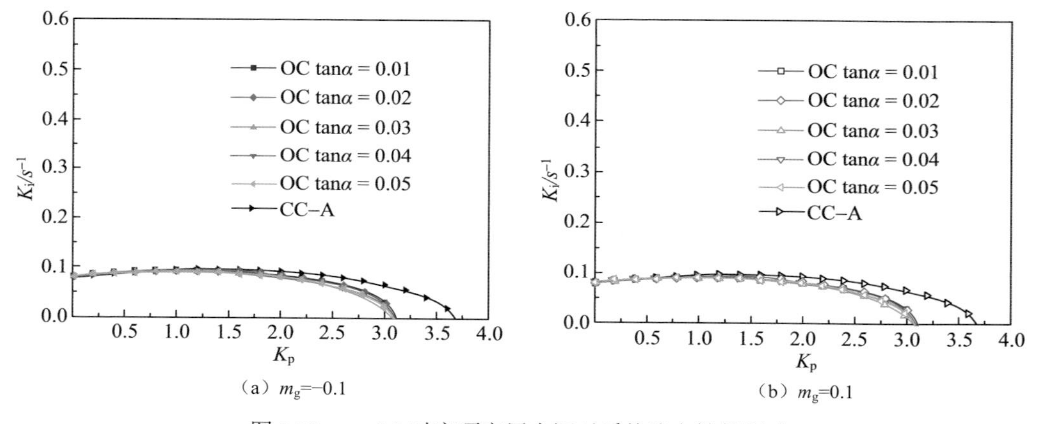

（a）m_g=−0.1　　（b）m_g=0.1

图 9.21　n_f=0.5 时变顶高尾水洞对系统稳定性的影响

当 $n_f=1.5$ 时，由图 9.20 可知：

（1）对于 $m_g=-0.1$ 的情况[即图9.20(a)]，当 $\tan\alpha$ 从 0.01 增加到 0.05 时，系统的稳定域逐渐缩小，且缩小的幅度逐渐变小。当 $\tan\alpha>0.03$ 时，增大洞顶坡度对于系统稳定性的恶化作用变得极其微弱。相反地，对于 $m_g=0.1$ 的情况[即图9.20(b)]，当 $\tan\alpha$ 从 0.01 增加到 0.05 时，系统的稳定域逐渐增大，且增大的幅度逐渐变小。当 $\tan\alpha>0.04$ 时，增大洞顶坡度对于系统稳定性的改善作用变得极其微弱。基于以上分析，并考虑系统的稳定性和尾水洞的开挖量，$\tan\alpha$ 取值为 0.03 对于 OC 布置是相对合理的。

（2）对于 CC-A 布置，由于该种情况下的水轮机调节系统是线性的，故 $m_g=-0.1$ 与 $m_g=0.1$ 下系统的稳定域是相同的。对比 OC 与 CC-A，对于设上游调压室的水轮机调节系统，当 $m_g=-0.1$（即负扰）时，$\tan\alpha$ 取 0.01、0.02、0.03、0.04、0.05，变顶高尾水洞的引入对于系统的稳定性都是有利的；当 $m_g=0.1$（即正扰）时，只有 $\tan\alpha$ 大于 0.02，变顶高尾水洞的引入对于系统的稳定性才是有利的。

由图 9.21 可知：

（1）当 $n_f=0.5$ 时，变顶高尾水洞洞顶坡度对系统的稳定性几乎没有影响，这与 $n_f=1.5$ 的情况不同。原因在于：当 $n_f=0.5$ 时，系统的稳定域取决于分岔线 2，即上游调压室水位波动。易知变顶高尾水洞洞顶坡度对上游调压室水位波动几乎不会产生影响，因为上游调压室水位波动主要取决于引水隧洞内的水体流动。因此，当变顶高尾水洞洞顶坡度变化时，系统稳定域几乎不变。当 $n_f=1.5$ 时，系统的稳定域取决于分岔线 1，即压力管道-变顶高尾水洞内的水流振荡。对于压力管道-变顶高尾水洞内的水流振荡，变顶高尾水洞洞顶坡度会有直接的显著的影响。因此，当变顶高尾水洞洞顶坡度变化时，系统稳定域显著变化。

（2）对于设上游调压室的水轮机调节系统，当 $n_f=0.5$ 时，变顶高尾水洞的引入对于系统的稳定性都是不利的。

根据以上分析，变顶高尾水洞对于设上游调压室的水轮机调节系统稳定性的影响主要取决于调压室断面积、负荷扰动类型与变顶高尾水洞洞顶坡度。对于受到负荷正扰或负扰的水电站，当系统的稳定域取决于分岔线 1 时，变顶高尾水洞洞顶坡度 $\tan\alpha$ 取值为 0.03 是较优的；当系统的稳定域取决于分岔线 2 时，不同的 $\tan\alpha$ 取值对于系统的稳定性的作用几乎没有差别。

3）上游调压室与变顶高尾水洞联合作用下的系统稳定性

分负扰 $m_g=-0.1$ 与正扰 $m_g=0.1$ 两种情况讨论上游调压室与变顶高尾水洞联合作用下的系统稳定性。调压室断面积 n_f 分别取为 1.5、0.5，$\tan\alpha$ 取为 0.03，剩余参数同 9.1.3 节。系统的稳定域分别如图 9.22、图 9.23 所示。

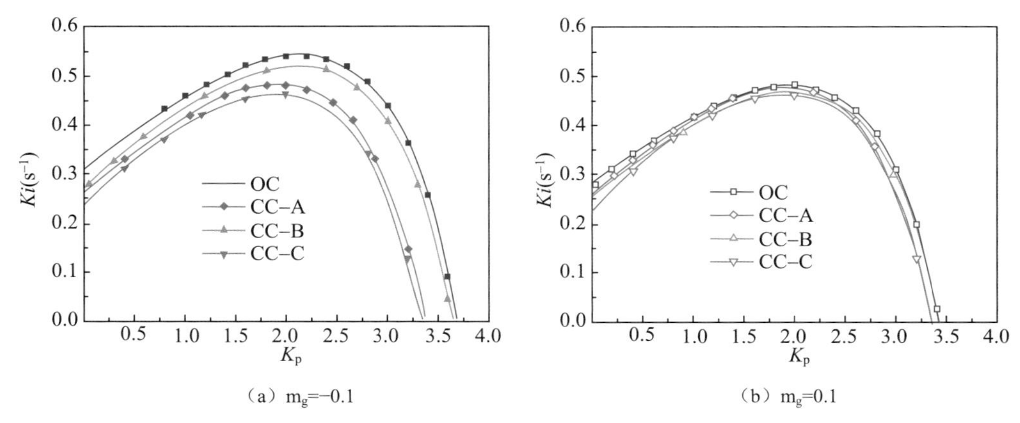

（a）$m_g=-0.1$　　（b）$m_g=0.1$

图 9.22　$n_f=1.5$ 时上游调压室与变顶高尾水洞联合作用下的系统稳定性

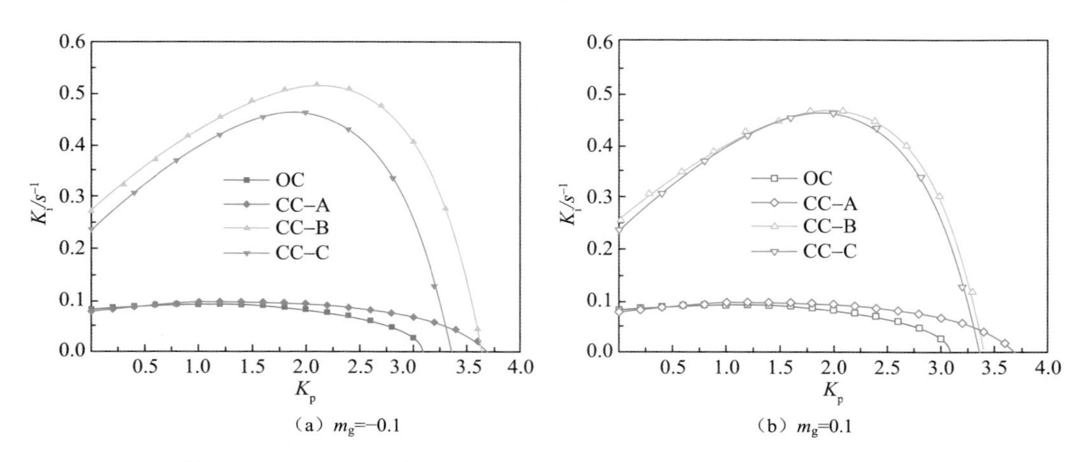

（a）m_g=−0.1　　（b）m_g=0.1

图 9.23　n_f=0.5 时上游调压室与变顶高尾水洞联合作用下的系统稳定性

图 9.22 表明：对于 CC-C，当$n_f = 1.5$的上游调压室与$\tan\alpha = 0.03$的变顶高尾水洞同时引入时，它们对于系统稳定性的作用是单独发挥、互不干扰的。上游调压室与变顶高尾水洞对系统稳定域的联合作用等于它们各自单独作用情况的线性叠加。$m_\mathrm{g} = -0.1$、$m_\mathrm{g} = 0.1$都能得到以上结果。由此可知：当系统的稳定域取决于分岔线 1 时，上游调压室的断面积与变顶高尾水洞的洞顶坡度分别同时取为各自的最优值，可使设上游调压室与变顶高尾水洞的水轮机调节系统的稳定性达到最优。

图 9.23 表明在$m_\mathrm{g} = -0.1$与$m_\mathrm{g} = 0.1$情况下，对于 CC-C，$n_f = 0.5$的上游调压室的引入使系统的稳定域边界线由分岔线 1 转变为分岔线 2。当$n_f = 0.5$时，变顶高尾水洞引入无上游调压室的水轮机调节系统，对于系统的稳定性是有利的。但是，对于有上游调压室的水轮机调节系统，变顶高尾水洞的引入对于系统的稳定性是不利的。这种情况下，即当系统的稳定域取决于分岔线 2 时，提高系统稳定性的有效途径是增加上游调压室的断面积。

9.3　本 章 小 结

本章运用 Hopf 分岔理论研究了设上游调压室和变顶高尾水洞水电站的水轮机调节系统的暂态特性与控制问题。基于联合作用与波动叠加的视角，分析了调速器的作用机理、上游调压室与变顶高尾水洞的联合作用机理、质量波与水击波/重力波的叠加机理及它们对调节系统暂态特性的影响，并且分析了基于调速器、上游调压室、变顶高尾水洞的系统动态特性的控制方法。

（1）对于设上游调压室与变顶高尾水洞的水电站，首先建立完整的水轮机调节系统非线性数学模型，将 Hopf 分岔理论应用到该类调节系统的暂态特性研究，进行调节系统的 Hopf 分岔分析；然后基于分岔分析结果研究系统的稳定性，引入稳定域、分岔图、动态响应来综合分析系统的非线性暂态特性；最后提出基于调速器参数的系统稳定性控制方法。结果表明：对于本章算例，水轮机调节系统的 Hopf 分岔是超临界的。系统参数位于稳定域内时，特征变量的相空间轨迹稳定在平衡点；位于分岔线和不稳定域内时，特征变量的相空间轨迹形成稳定的极限环。水轮机调节系统在负荷扰动下的特征变量响应过程呈现出明显的波动叠加特征。要使设上游调压室与变顶高尾水洞的水电站水轮机调节系统的动态响应过程稳定、快速衰减，需要把调速器参数（K_{p}、K_{i}）取在稳定域内，并尽量远离分岔线。

（2）上游调压室和变顶高尾水洞联合作用下的水轮机调节系统暂态特性与控制研究。首先对上游调压室断面积取小于托马稳定断面的情形进行了分析，揭示了水轮机调节系统新的暂态特性；然后在 PI 参数平面内，分析了两条分岔线和上游调压室与变顶高尾水洞的波动叠加间的关系，揭示了上游调压室与变顶高尾水洞的波动叠加机理及其对调节系统暂态特性的影响；最后提出了基于波动叠加的上游调压室与变顶高尾水洞的水力设计方法。结果表明：上游调压室与变顶高尾水洞联合作用下，在调压室临界稳定断面两侧，水轮机调节系统的暂态特性明显不同。当 $n_f < 1$（如 $n_f = 0.5$）时，调节系统在 PI 参数平面内有两条分岔线，分岔线 2 代表上游调压室水位波动的稳定性特性，分岔线 1 代表压力管道-变顶高尾水洞内水流振荡的稳定性特性；分岔线 2 是真正的临界线，决定了系统的稳定域。上游调压室对于设变顶高尾水洞的水轮机调节系统稳定性的影响主要取决于调压室的断面积，变顶高尾水洞对于设上游调压室的水轮机调节系统稳定性的影响主要取决于调压室断面积、负荷扰动类型与变顶高尾水洞洞顶坡度。

参 考 文 献

[1] 王明疆, 杨建东, 王煌. 含明渠尾水系统小波动调节稳定性分析. 水力发电学报, 2015, 34(1): 161-168.

[2] 杨建东, 陈鉴治, 陈文斌, 等. 水电站变顶高尾水洞体型研究. 水利学报, 1998, 3: 9-12, 21.

[3] 赖旭, 杨建东. 大型水电站变顶高尾水洞工作特性研究. 中国电力, 2001, 34(10): 24-27.

[4] GUO W C, YANG J D, CHEN J P, et al. Nonlinear modeling and dynamic control of hydro-turbine governing system with upstream surge tank and sloping ceiling tailrace tunnel. Nonlinear Dynamics, 2016, 84(3): 1383-1397.

[5] GUO W C, YANG J D. Combined effect of upstream surge chamber and sloping ceiling tailrace tunnel on dynamic performance of turbine regulating system of hydroelectric power plant. Chaos Solitons & Fractals, 2017, 99: 243-255.

[6] GUO W C, YANG J D, WANG M J, et al. Nonlinear modeling and stability analysis of hydro-turbine governing system with sloping ceiling tailrace tunnel under load disturbance. Energy Conversion and Management, 2015, 106: 127-138.

[7] 李进平. 水电站地下厂房变顶高尾水系统模型试验与数值分析. 武汉: 武汉大学, 2005.

[8] 刘启钊, 彭守拙. 水电站调压室. 北京: 水利电力出版社, 1995.

[9] ChAUDHRY M H. Applied Hydraulic Transients. New York: Springer-Verlag, 2014.

[10] KISHOr N, FRAILE-ARDANUY J. Modeling and Dynamic Behaviour of Hydropower Plants. Stevenage: The Institution of Engineering and Technology, 2017.

[11] TESCHL G. ORDINARY Differential Equations and Dynamical Systems. Providence: American Mathematical Society, 2012.

[12] JORDAN D W, SMITH P. Nonlinear Ordinary Differential Equations: an Introduction to Dynamical

SYSTEMS. Oxford : Oxford University Press, 1999.

[13] PERKO L. Differential Equations and Dynamical Systems. London: Springer Science & Business Media, 2013.

[14] VERHULST F. Nonlinear Differential Equations and Dynamical Systems. London: Springer Science & Business Media, 2006.

[15] HIRSCH M W, SMALE S, DEVANEY R L. Differential Equations, Dynamical Systems, and an Introduction to Chaos. Combridge: Academic Press, 2012.

[16] COHEN L. Time-Frequency Analysis. Englewood: Prentice hall, 1995.

[17] PAPANDREOU SUPPAPPOLA A. Applications in Time-Frequency Signal Processing. Boca Raton CRC press, 2002.

[18] STANKOVIC L, DAKOVIC M, THAYAPARAN T. Time-Frequency Signal Analysis with Applications. Artech house, 2014.

[19] AHMED W K. Advantages and disadvantages of using MATLAB/ode45 for solving differential equations in engineering applications. International Journal of Engineering, 2013, 7(1): 25-31.

[20] BUTCHER J. Numerical Methods for Ordinary Differential Equations. New York: John Wiley & Sons, 2008.

第 10 章　下游调压室和变顶高尾水洞联合作用下的水轮机调节系统暂态特性与控制

下游调压室与变顶高尾水洞联合布置方式通常适用于采用首部开发的地下水电站[1]。该类水电站具有如下特点：管道系统尾水部分较长、机组引用流量较大、水头较低、下游水位变幅很大。由于管道系统尾水部分较长、机组引用流量较大、水头较低，按照相关设计规程规范[2]，为了满足水电站调节保证计算和水电站安全稳定运行的要求，需要设置下游调压室，且调压室的面积通常非常大[3-4]。巨大的调压室与水电站的地下厂房、主变洞并行布置在狭小的范围内（为了减小机组和下游调压室间的水流惯性，下游调压室通常会靠近厂房布置），并与其他管洞纵横交错，无疑给地下洞室群围岩稳定、开挖支护、水工布置带来极大的困难或付出较大的经济代价。

为了解决下游调压室面积巨大而带来的地下洞室难于布置、施工的问题，将下游调压室后的尾水系统设计成变顶高尾水洞来减小下游调压室的临界稳定断面积是人们现在正在探索的方案之一。变顶高尾水洞的工作原理是利用下游水位的变化，来缩短尾水道有压段的长度；下游水位变幅越大，对有压尾水道的缩短作用越明显。但是由于下游调压室与变顶高尾水洞联合布置是一种新型布置型式，人们对于该类水电站的工作状态、运行特性的认识极少。该类水电站的水轮机调节系统动态特性如何?下游调压室与变顶高尾水洞间存在怎么样的相互作用?该相互作用对调节系统的稳定性有何影响?下游调压室及变顶高尾水洞应该如何设计以保证系统有较优的稳定性?都是实际应用中关心和亟待解决的问题。本章的目标正是试图建立描述设下游调压室与变顶高尾水洞水轮机调节系统动态特性的数学模型，并选取合适的数学分析理论，研究该类水电站水轮机调节系统的暂态特性与控制，回答上述问题，给该类水电站的设计、运行提供理论依据与技术指导。

本章分析思路如下：首先，建立设下游调压室与变顶高尾水洞水轮机调节系统的非线性数学模型。然后，应用 Hopf 分岔理论研究调节系统的非线性暂态特性，根据 Hopf 分岔分析结果探讨不同下游调压室断面积下调节系统的稳定性与动态响应特性。最后，揭示下游调压室与变顶高尾水洞对系统暂态特性的联合作用机理，提出下游调压室与变顶高尾水洞的水力设计方法。

10.1　水轮机调节系统非线性数学模型

考虑如图 10.1 所示的设下游调压室与变顶高尾水洞的水电站引水发电系统，对应的水轮机调节系统结构框图如图 10.2 所示。

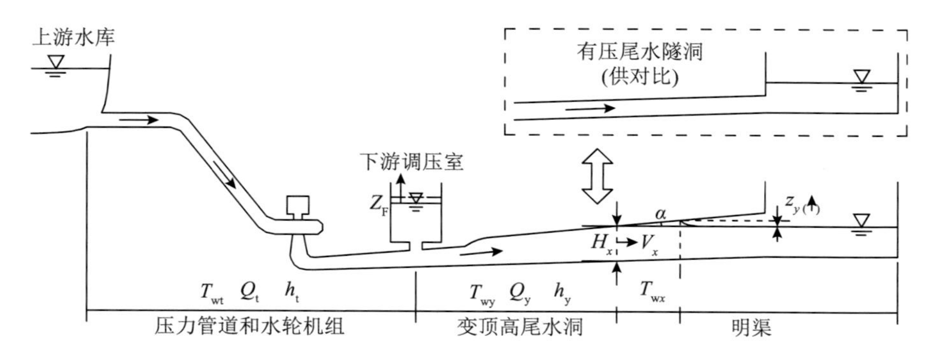

图 10.1　设下游调压室与变顶高尾水洞的水电站引水发电系统

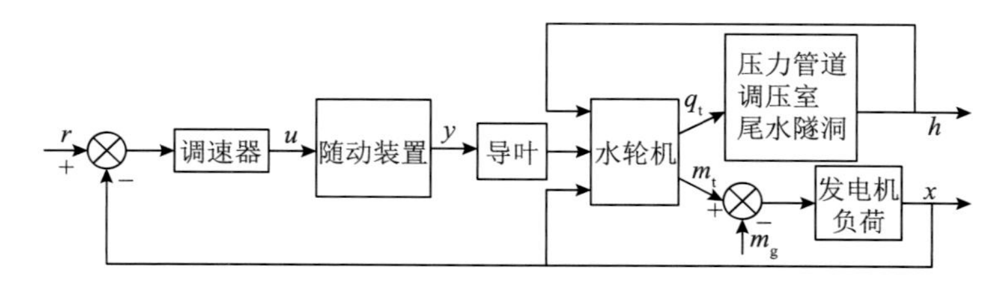

图 10.2　设下游调压室与变顶高尾水洞水电站水轮机调节系统结构框图

压力管道动力方程：

$$-h - z_F - \frac{2h_t}{H_0} q_t = T_{wt} \frac{dq_t}{dt} \tag{10.1}$$

下游调压室连续性方程：

$$q_y = q_t - T_F \frac{dz_F}{dt} \tag{10.2}$$

变顶高尾水洞动力方程：

$$z_F - \frac{2h_y}{H_0} q_y - z_y = (T_{wy} + T_{wx}) \frac{dq_y}{dt} \tag{10.3}$$

根据 6.1 节建立的变顶高尾水洞内水体的运动方程模型，有 $T_{wx} = \dfrac{\lambda Q_{y0} V_x}{gH_0 cB \tan\alpha} q_y$、$z_y = \dfrac{\lambda Q_{y0}}{H_0 cB} q_y$，据此可将式（10.3）转变为

$$z_F - \left(\frac{2h_y}{H_0} + \frac{\lambda Q_{y0}}{H_0 cB} \right) q_y = \frac{\lambda Q_{y0} V_x}{gH_0 cB \tan\alpha} q_y \frac{dq_y}{dt} + T_{wy} \frac{dq_y}{dt} \tag{10.4}$$

水轮机力矩方程、流量方程：

$$m_{\mathrm{t}} = e_h h + e_x x + e_y y \tag{10.5}$$

$$q_{\mathrm{t}} = e_{qh} h + e_{qx} x + e_{qy} y \tag{10.6}$$

发电机方程：

$$T_{\mathrm{a}} \frac{\mathrm{d}x}{\mathrm{d}t} = m_{\mathrm{t}} - (m_{\mathrm{g}} + e_{\mathrm{g}} x) \tag{10.7}$$

调速器方程：

$$\frac{\mathrm{d}y}{\mathrm{d}t} = -K_{\mathrm{p}} \frac{\mathrm{d}x}{\mathrm{d}t} - K_{\mathrm{i}} x \tag{10.8}$$

图 10.1、图 10.2、式（10.1）~式（10.8）及“注意”中：Q_{y} 为尾水隧洞流量，$\mathrm{m^3/s}$；Q_{t} 为压力管道流量（即机组引用流量），$\mathrm{m^3/s}$；h_{y} 为尾水隧洞水头损失，m；h_{t} 为压力管道水头损失，m；T_{wy} 为尾水隧洞水流惯性时间常数，s；T_{wt} 为压力管道水流惯性时间常数，s；$T_{\mathrm{w}x}$ 为尾水隧洞暂态水流惯性时间常数，s；V_x 为明满流分界面处的水流流速，m/s；H_x 为明满流分界面处水深，m；α 为变顶高尾水洞顶坡角，rad；$\tan\alpha$ 为变顶高尾水洞顶坡度；c 为明流段明渠波速，m/s；H 为机组工作水头，m；g 为重力加速度，$\mathrm{m/s^2}$；B 为变顶高尾水洞宽度，m；λ 为尾水洞断面系数；Z_y 为任意暂态时刻相对初始水位的明流段水位变化值，向上为正，m；Z_{F} 为任意暂态时刻相对初始水位的下游调压室水位变化值，向上为正，m；N 为机组转速，r/min；Y 为导叶开度，mm；r 为转速参考输入；u 为调速器调节输出；M_{t} 为水轮机动力矩，N·m；M_{g} 为水轮机阻力矩，N·m；e_h、e_x、e_y 为水轮机力矩传递系数；e_{qh}、e_{qx}、e_{qy} 为水轮机流量传递系数；T_{a} 为机组惯性时间常数，s；e_{g} 为负荷自调节系数；K_{p} 为比例增益；K_{i} 为积分增益，$\mathrm{s^{-1}}$；F 为调压室面积，$\mathrm{m^2}$；T_{F} 为调压室时间常数，s；F_{th} 为调压室临界稳定断面，$\mathrm{m^2}$；n_f 为调压室面积放大系数。

注意：

（1）$h=(H-H_0)/H_0$、$z_{\mathrm{F}}=Z_{\mathrm{F}}/H_0$、$z_y=Z_y/H_0$、$q_{\mathrm{t}}=(Q_{\mathrm{t}}-Q_{\mathrm{t0}})/Q_{\mathrm{t0}}$、$q_{\mathrm{y}}=(Q_{\mathrm{y}}-Q_{\mathrm{y0}})/Q_{\mathrm{y0}}$、$x=(N-N_0)/N_0$、$y=(Y-Y_0)/Y_0$、$m_{\mathrm{t}}=(M_{\mathrm{t}}-M_{\mathrm{t0}})/M_{\mathrm{t0}}$、$m_{\mathrm{g}}=(M_{\mathrm{g}}-M_{\mathrm{g0}})/M_{\mathrm{g0}}$ 为各自变量的偏差相对值，有下标“0”者为初始时刻之值。

（2）$c=\sqrt{gH_x}$，$V_x=Q_{\mathrm{y0}}/(BH_x)$，$T_{\mathrm{F}}=FH_0/Q_{\mathrm{y0}}$，$n_f=F/F_{\mathrm{th}}$，$Q_{\mathrm{t0}}=Q_{\mathrm{y0}}=Q_0$。$m_{\mathrm{g}}$ 可以认为是负荷扰动量。本节不考虑转速扰动，故 $r=0$。

将式（10.1）、式（10.2）、式（10.4）~式（10.8）综合为如下五维自治的非线性动力系统形式，该非线性状态方程模型反映在负荷扰动 m_{g} 作用下设下游调压室与变顶高尾水洞水电站水轮机调节系统的动态特性与非线性本质。

$$
\begin{cases}
\dot{q}_{\mathrm{y}}=\dfrac{z_{\mathrm{F}}-\left(\dfrac{2h_{\mathrm{y}}}{H_0}+\dfrac{\lambda Q_{\mathrm{y}0}}{H_0cB}\right)q_{\mathrm{y}}}{\dfrac{\lambda Q_{\mathrm{y}0}V_x}{gH_0cB\tan\alpha}q_{\mathrm{y}}+T_{\mathrm{wy}}}\\
\dot{z}_{\mathrm{F}}=\dfrac{1}{T_{\mathrm{F}}}(q_{\mathrm{t}}-q_{\mathrm{y}})\\
\dot{q}_{\mathrm{t}}=-\dfrac{1}{T_{\mathrm{wt}}}\left[z_{\mathrm{F}}+\left(\dfrac{2h_{\mathrm{t}}}{H_0}+\dfrac{1}{e_{qh}}\right)q_{\mathrm{t}}-\dfrac{e_{qx}}{e_{qh}}x-\dfrac{e_{qy}}{e_{qh}}y\right]\\
\dot{x}=\dfrac{1}{T_{\mathrm{a}}}\left[\dfrac{e_h}{e_{qh}}q_{\mathrm{t}}+\left(e_x-e_{\mathrm{g}}-\dfrac{e_h}{e_{qh}}e_{qx}\right)x+\left(e_y-\dfrac{e_h}{e_{qh}}e_{qy}\right)y-m_{\mathrm{g}}\right]\\
\dot{y}=-\dfrac{K_{\mathrm{p}}}{T_{\mathrm{a}}}\dfrac{e_h}{e_{qh}}q_{\mathrm{t}}-\left[\dfrac{K_{\mathrm{p}}}{T_{\mathrm{a}}}\left(e_x-e_{\mathrm{g}}-\dfrac{e_h}{e_{qh}}e_{qx}\right)+K_{\mathrm{i}}\right]x-\dfrac{K_{\mathrm{p}}}{T_{\mathrm{a}}}\left(e_y-\dfrac{e_h}{e_{qh}}e_{qy}\right)y+\dfrac{K_{\mathrm{p}}}{T_{\mathrm{a}}}m_{\mathrm{g}}
\end{cases}
\tag{10.9}
$$

10.2 水轮机调节系统的非线性动态特性分析

10.2.1 分析理论与方法

本节仍然采用 Hopf 分岔理论研究设下游调压室与变顶高尾水洞水电站水轮机调节系统的非线性动态特性。

分别选择 $\boldsymbol{x}=(q_{\mathrm{y}},z_{\mathrm{F}},q_{\mathrm{t}},x,y)^{\mathrm{T}}$ 与 μ 为状态向量与分岔参数，并将式（10.9）改写为 $\dot{\boldsymbol{x}}=f(\boldsymbol{x},\mu)$ 的形式。通过求解 $\dot{\boldsymbol{x}}=0$ 可得系统的平衡点 $\boldsymbol{x}_{\mathrm{E}}=(q_{\mathrm{yE}},z_{\mathrm{FE}},q_{\mathrm{tE}},x_{\mathrm{E}},y_{\mathrm{E}})^{\mathrm{T}}$：

$$
\begin{cases}
q_{\mathrm{yE}}=q_{\mathrm{tE}}=\dfrac{m_{\mathrm{g}}}{\dfrac{e_h}{e_{qh}}+\left(\dfrac{e_y}{e_{qy}}e_{qh}-e_h\right)\left(\dfrac{2h_{\mathrm{y}}+2h_{\mathrm{t}}}{H_0}+\dfrac{\lambda Q_{\mathrm{y}0}}{H_0cB}+\dfrac{1}{e_{qh}}\right)}\\
z_{\mathrm{FE}}=\dfrac{\left(\dfrac{2h_{\mathrm{y}}}{H_0}+\dfrac{\lambda Q_{\mathrm{y}0}}{H_0cB}\right)m_{\mathrm{g}}}{\dfrac{e_h}{e_{qh}}+\left(\dfrac{e_y}{e_{qy}}e_{qh}-e_h\right)\left(\dfrac{2h_{\mathrm{y}}+2h_{\mathrm{t}}}{H_0}+\dfrac{\lambda Q_{\mathrm{y}0}}{H_0cB}+\dfrac{1}{e_{qh}}\right)}\\
x_{\mathrm{E}}=0\\
y_{\mathrm{E}}=\dfrac{\dfrac{e_{qh}}{e_{qy}}\left(\dfrac{2h_{\mathrm{y}}+2h_{\mathrm{t}}}{H_0}+\dfrac{\lambda Q_{\mathrm{y}0}}{H_0cB}+\dfrac{1}{e_{qh}}\right)m_{\mathrm{g}}}{\dfrac{e_h}{e_{qh}}+\left(\dfrac{e_y}{e_{qy}}e_{qh}-e_h\right)\left(\dfrac{2h_{\mathrm{y}}+2h_{\mathrm{t}}}{H_0}+\dfrac{\lambda Q_{\mathrm{y}0}}{H_0cB}+\dfrac{1}{e_{qh}}\right)}
\end{cases}
\tag{10.10}
$$

在平衡点 $\boldsymbol{x}_{\mathrm{E}}$ 处，系统 $\dot{\boldsymbol{x}}=f(\boldsymbol{x},\mu)$ 的 Jacobian 矩阵 $\boldsymbol{J}(\mu)$ 及特征方程 $\det[\boldsymbol{J}(\mu)-\chi\boldsymbol{I}]=0$

分别为

$$\boldsymbol{J}(\mu)=\boldsymbol{D}f_x(\boldsymbol{x}_{\mathrm{E}},\mu)=\begin{bmatrix}\dfrac{\partial\dot{q}_{\mathrm{y}}}{\partial q_{\mathrm{y}}} & \cdots & \dfrac{\partial\dot{q}_{\mathrm{y}}}{\partial y}\\ \vdots & \ddots & \vdots\\ \dfrac{\partial\dot{y}}{\partial q_{\mathrm{y}}} & \cdots & \dfrac{\partial\dot{y}}{\partial y}\end{bmatrix} \tag{10.11}$$

$$\chi^5+a_1\chi^4+a_2\chi^3+a_3\chi^2+a_4\chi+a_5=0 \tag{10.12}$$

式（10.11）、式（10.12）中：$\dfrac{\partial\dot{q}_{\mathrm{y}}}{\partial q_{\mathrm{y}}}=\dfrac{-\left(\dfrac{2h_{\mathrm{y}}}{H_0}+\dfrac{\lambda Q_{\mathrm{y0}}}{H_0cB}\right)}{\dfrac{\lambda Q_{\mathrm{y0}}V_x}{gH_0cB\tan\alpha}q_{\mathrm{yE}}+T_{\mathrm{wy}}}$；$\dfrac{\partial\dot{q}_{\mathrm{y}}}{\partial z_{\mathrm{F}}}=\dfrac{1}{\dfrac{\lambda Q_{\mathrm{y0}}V_x}{gH_0cB\tan\alpha}q_{\mathrm{yE}}+T_{\mathrm{wy}}}$；

$\dfrac{\partial\dot{q}_{\mathrm{y}}}{\partial q_{\mathrm{t}}}=0$；$\dfrac{\partial\dot{q}_{\mathrm{y}}}{\partial x}=0$；$\dfrac{\partial\dot{q}_{\mathrm{y}}}{\partial y}=0$；$\dfrac{\partial\dot{z}_{\mathrm{F}}}{\partial q_{\mathrm{y}}}=-\dfrac{1}{T_{\mathrm{F}}}$；$\dfrac{\partial\dot{z}_{\mathrm{F}}}{\partial z_{\mathrm{F}}}=0$；$\dfrac{\partial\dot{z}_{\mathrm{F}}}{\partial q_{\mathrm{t}}}=\dfrac{1}{T_{\mathrm{F}}}$；$\dfrac{\partial\dot{z}_{\mathrm{F}}}{\partial x}=0$；$\dfrac{\partial\dot{z}_{\mathrm{F}}}{\partial y}=0$；$\dfrac{\partial\dot{q}_{\mathrm{t}}}{\partial q_{\mathrm{y}}}=0$；

$\dfrac{\partial\dot{q}_{\mathrm{t}}}{\partial z_{\mathrm{F}}}=-\dfrac{1}{T_{\mathrm{wt}}}$；$\dfrac{\partial\dot{q}_{\mathrm{t}}}{\partial q_{\mathrm{t}}}=-\dfrac{1}{T_{\mathrm{wt}}}\left(\dfrac{2h_{\mathrm{t}}}{H_0}+\dfrac{1}{e_{qh}}\right)$；$\dfrac{\partial\dot{q}_{\mathrm{t}}}{\partial x}=\dfrac{1}{T_{\mathrm{wt}}}\dfrac{e_{qx}}{e_{qh}}$；$\dfrac{\partial\dot{q}_{\mathrm{t}}}{\partial y}=\dfrac{1}{T_{\mathrm{wt}}}\dfrac{e_{qy}}{e_{qh}}$；$\dfrac{\partial\dot{x}}{\partial q_{\mathrm{y}}}=0$；$\dfrac{\partial\dot{x}}{\partial z_{\mathrm{F}}}=0$；

$\dfrac{\partial\dot{x}}{\partial q_{\mathrm{t}}}=\dfrac{1}{T_{\mathrm{a}}}\dfrac{e_h}{e_{qh}}$；$\dfrac{\partial\dot{x}}{\partial x}=\dfrac{1}{T_{\mathrm{a}}}\left(e_x-e_{\mathrm{g}}-\dfrac{e_h}{e_{qh}}e_{qx}\right)$；$\dfrac{\partial\dot{x}}{\partial y}=\dfrac{1}{T_{\mathrm{a}}}\left(e_y-\dfrac{e_h}{e_{qh}}e_{qy}\right)$；$\dfrac{\partial\dot{y}}{\partial q_{\mathrm{y}}}=0$；$\dfrac{\partial\dot{y}}{\partial z_{\mathrm{F}}}=0$；

$\dfrac{\partial\dot{y}}{\partial q_{\mathrm{t}}}=-\dfrac{K_{\mathrm{p}}}{T_{\mathrm{a}}}\dfrac{e_h}{e_{qh}}$；$\dfrac{\partial\dot{y}}{\partial x}=-\dfrac{K_{\mathrm{p}}}{T_{\mathrm{a}}}\left(e_x-e_{\mathrm{g}}-\dfrac{e_h}{e_{qh}}e_{qx}\right)-K_{\mathrm{i}}$；$\dfrac{\partial\dot{y}}{\partial y}=-\dfrac{K_{\mathrm{p}}}{T_{\mathrm{a}}}\left(e_y-\dfrac{e_h}{e_{qh}}e_{qy}\right)$；

$$a_1=-\left(\frac{\partial\dot{q}_{\mathrm{y}}}{\partial q_{\mathrm{y}}}+\frac{\partial\dot{q}_{\mathrm{t}}}{\partial q_{\mathrm{t}}}+\frac{\partial\dot{x}}{\partial x}+\frac{\partial\dot{y}}{\partial y}\right);\quad a_2=-\frac{\partial\dot{q}_{\mathrm{y}}}{\partial z_{\mathrm{F}}}\frac{\partial\dot{z}_{\mathrm{F}}}{\partial q_{\mathrm{y}}}-\frac{\partial\dot{z}_{\mathrm{F}}}{\partial q_{\mathrm{t}}}\frac{\partial\dot{q}_{\mathrm{t}}}{\partial z_{\mathrm{F}}}+\frac{\partial\dot{q}_{\mathrm{y}}}{\partial q_{\mathrm{y}}}\left(\frac{\partial\dot{q}_{\mathrm{t}}}{\partial q_{\mathrm{t}}}+\frac{\partial\dot{x}}{\partial x}+\frac{\partial\dot{y}}{\partial y}\right)-\left(\frac{\partial\dot{q}_{\mathrm{t}}}{\partial x}\frac{\partial\dot{x}}{\partial q_{\mathrm{t}}}\right.$$

$$\left.+\frac{\partial\dot{q}_{\mathrm{t}}}{\partial y}\frac{\partial\dot{y}}{\partial q_{\mathrm{t}}}+\frac{\partial\dot{x}}{\partial y}\frac{\partial\dot{y}}{\partial x}-\frac{\partial\dot{q}_{\mathrm{t}}}{\partial q_{\mathrm{t}}}\frac{\partial\dot{x}}{\partial x}-\frac{\partial\dot{q}_{\mathrm{t}}}{\partial q_{\mathrm{t}}}\frac{\partial\dot{y}}{\partial y}-\frac{\partial\dot{x}}{\partial x}\frac{\partial\dot{y}}{\partial y}\right);\ a_3=\frac{\partial\dot{q}_{\mathrm{y}}}{\partial z_{\mathrm{F}}}\frac{\partial\dot{z}_{\mathrm{F}}}{\partial q_{\mathrm{y}}}\left(\frac{\partial\dot{q}_{\mathrm{t}}}{\partial q_{\mathrm{t}}}+\frac{\partial\dot{x}}{\partial x}+\frac{\partial\dot{y}}{\partial y}\right)+\frac{\partial\dot{q}_{\mathrm{y}}}{\partial q_{\mathrm{y}}}\left(\frac{\partial\dot{q}_{\mathrm{t}}}{\partial x}\frac{\partial\dot{x}}{\partial q_{\mathrm{t}}}\right.$$

$$\left.+\frac{\partial\dot{q}_{\mathrm{t}}}{\partial y}\frac{\partial\dot{y}}{\partial q_{\mathrm{t}}}+\frac{\partial\dot{x}}{\partial y}\frac{\partial\dot{y}}{\partial x}-\frac{\partial\dot{q}_{\mathrm{t}}}{\partial q_{\mathrm{t}}}\frac{\partial\dot{x}}{\partial x}-\frac{\partial\dot{q}_{\mathrm{t}}}{\partial q_{\mathrm{t}}}\frac{\partial\dot{y}}{\partial y}-\frac{\partial\dot{x}}{\partial x}\frac{\partial\dot{y}}{\partial y}\right)-\left(\frac{\partial\dot{q}_{\mathrm{t}}}{\partial q_{\mathrm{t}}}\frac{\partial\dot{x}}{\partial x}\frac{\partial\dot{y}}{\partial y}-\frac{\partial\dot{q}_{\mathrm{t}}}{\partial q_{\mathrm{t}}}\frac{\partial\dot{x}}{\partial y}\frac{\partial\dot{y}}{\partial x}+\frac{\partial\dot{q}_{\mathrm{t}}}{\partial x}\frac{\partial\dot{x}}{\partial y}\frac{\partial\dot{y}}{\partial q_{\mathrm{t}}}\right.$$

$$\left.-\frac{\partial\dot{q}_{\mathrm{t}}}{\partial x}\frac{\partial\dot{x}}{\partial q_{\mathrm{t}}}\frac{\partial\dot{y}}{\partial y}+\frac{\partial\dot{q}_{\mathrm{t}}}{\partial y}\frac{\partial\dot{x}}{\partial q_{\mathrm{t}}}\frac{\partial\dot{y}}{\partial x}-\frac{\partial\dot{q}_{\mathrm{t}}}{\partial y}\frac{\partial\dot{x}}{\partial x}\frac{\partial\dot{y}}{\partial q_{\mathrm{t}}}\right)+\frac{\partial\dot{z}_{\mathrm{F}}}{\partial q_{\mathrm{t}}}\frac{\partial\dot{q}_{\mathrm{t}}}{\partial z_{\mathrm{F}}}\left(\frac{\partial\dot{q}_{\mathrm{y}}}{\partial q_{\mathrm{y}}}+\frac{\partial\dot{x}}{\partial x}+\frac{\partial\dot{y}}{\partial y}\right);$$

$$a_4=\frac{\partial\dot{q}_{\mathrm{y}}}{\partial z_{\mathrm{F}}}\frac{\partial\dot{z}_{\mathrm{F}}}{\partial q_{\mathrm{y}}}\left(\frac{\partial\dot{q}_{\mathrm{t}}}{\partial x}\frac{\partial\dot{x}}{\partial q_{\mathrm{t}}}+\frac{\partial\dot{q}_{\mathrm{t}}}{\partial y}\frac{\partial\dot{y}}{\partial q_{\mathrm{t}}}+\frac{\partial\dot{x}}{\partial y}\frac{\partial\dot{y}}{\partial x}-\frac{\partial\dot{q}_{\mathrm{t}}}{\partial q_{\mathrm{t}}}\frac{\partial\dot{x}}{\partial x}-\frac{\partial\dot{q}_{\mathrm{t}}}{\partial q_{\mathrm{t}}}\frac{\partial\dot{y}}{\partial y}-\frac{\partial\dot{x}}{\partial x}\frac{\partial\dot{y}}{\partial y}\right)+\frac{\partial\dot{q}_{\mathrm{y}}}{\partial q_{\mathrm{y}}}\left(\frac{\partial\dot{q}_{\mathrm{t}}}{\partial q_{\mathrm{t}}}\frac{\partial\dot{x}}{\partial x}\frac{\partial\dot{y}}{\partial y}-\frac{\partial\dot{q}_{\mathrm{t}}}{\partial q_{\mathrm{t}}}\frac{\partial\dot{x}}{\partial y}\frac{\partial\dot{y}}{\partial x}\right.$$

$$\left.+\frac{\partial\dot{q}_{\mathrm{t}}}{\partial x}\frac{\partial\dot{x}}{\partial y}\frac{\partial\dot{y}}{\partial q_{\mathrm{t}}}-\frac{\partial\dot{q}_{\mathrm{t}}}{\partial x}\frac{\partial\dot{x}}{\partial q_{\mathrm{t}}}\frac{\partial\dot{y}}{\partial y}+\frac{\partial\dot{q}_{\mathrm{t}}}{\partial y}\frac{\partial\dot{x}}{\partial q_{\mathrm{t}}}\frac{\partial\dot{y}}{\partial x}-\frac{\partial\dot{q}_{\mathrm{t}}}{\partial y}\frac{\partial\dot{x}}{\partial x}\frac{\partial\dot{y}}{\partial q_{\mathrm{t}}}\right)-\frac{\partial\dot{z}_{\mathrm{F}}}{\partial q_{\mathrm{t}}}\frac{\partial\dot{q}_{\mathrm{t}}}{\partial z_{\mathrm{F}}}\left[\frac{\partial\dot{q}_{\mathrm{y}}}{\partial q_{\mathrm{y}}}\left(\frac{\partial\dot{x}}{\partial x}+\frac{\partial\dot{y}}{\partial y}\right)+\left(\frac{\partial\dot{x}}{\partial x}\frac{\partial\dot{y}}{\partial y}-\frac{\partial\dot{x}}{\partial y}\frac{\partial\dot{y}}{\partial x}\right)\right];$$

$$a_5=\frac{\partial\dot{q}_{\mathrm{y}}}{\partial z_{\mathrm{F}}}\frac{\partial\dot{z}_{\mathrm{F}}}{\partial q_{\mathrm{y}}}\left(\frac{\partial\dot{q}_{\mathrm{t}}}{\partial q_{\mathrm{t}}}\frac{\partial\dot{x}}{\partial x}\frac{\partial\dot{y}}{\partial y}-\frac{\partial\dot{q}_{\mathrm{t}}}{\partial q_{\mathrm{t}}}\frac{\partial\dot{x}}{\partial y}\frac{\partial\dot{y}}{\partial x}+\frac{\partial\dot{q}_{\mathrm{t}}}{\partial x}\frac{\partial\dot{x}}{\partial y}\frac{\partial\dot{y}}{\partial q_{\mathrm{t}}}-\frac{\partial\dot{q}_{\mathrm{t}}}{\partial x}\frac{\partial\dot{x}}{\partial q_{\mathrm{t}}}\frac{\partial\dot{y}}{\partial y}+\frac{\partial\dot{q}_{\mathrm{t}}}{\partial y}\frac{\partial\dot{x}}{\partial q_{\mathrm{t}}}\frac{\partial\dot{y}}{\partial x}-\frac{\partial\dot{q}_{\mathrm{t}}}{\partial y}\frac{\partial\dot{x}}{\partial x}\frac{\partial\dot{y}}{\partial q_{\mathrm{t}}}\right)$$

$$+\frac{\partial \dot{q}_{\mathrm{y}}}{\partial q_{\mathrm{y}}}\frac{\partial \dot{z}_{\mathrm{F}}}{\partial q_{\mathrm{t}}}\frac{\partial \dot{q}_{\mathrm{t}}}{\partial z_{\mathrm{F}}}\left(\frac{\partial \dot{x}}{\partial x}\frac{\partial \dot{y}}{\partial y}-\frac{\partial \dot{x}}{\partial y}\frac{\partial \dot{y}}{\partial x}\right)。$$

假设以下两个条件在 $\mu=\mu_{\mathrm{c}}$ 时满足：

（1）$a_i>0$ （i=1，2，3，4，5）及

$$\varDelta_2=\begin{vmatrix} a_1 & 1 \\ a_3 & a_2 \end{vmatrix}>0$$

$$\varDelta_3=\begin{vmatrix} a_1 & 1 & 0 \\ a_3 & a_2 & a_1 \\ a_5 & a_4 & a_3 \end{vmatrix}>0$$

$$\varDelta_4=\begin{vmatrix} a_1 & 1 & 0 & 0 \\ a_3 & a_2 & a_1 & 1 \\ a_5 & a_4 & a_3 & a_2 \\ 0 & 0 & a_5 & a_4 \end{vmatrix}=0$$

（2）横截系数 $\sigma'(\mu_{\mathrm{c}})$ 以非零速度穿越虚轴，即 $\sigma'(\mu_{\mathrm{c}})=\mathrm{Re}(\frac{\mathrm{d}\chi}{\mathrm{d}\mu}\Big|_{\mu=\mu_{\mathrm{c}}})\neq 0$。

那么系统式（10.9）在 $\mu=\mu_{\mathrm{c}}$ 处产生 Hopf 分岔。并且，在 $\mu=\mu_{\mathrm{c}}$ 处，式（10.12）有一对纯虚特征根 $\chi_{1,2}=\pm\mathrm{i}\omega_{\mathrm{c}}$，其他特征根均有负实部。出现的 Hopf 分岔的极限环周期为 $T_{\mathrm{LC}}=2\pi/\omega_{\mathrm{c}}$。Hopf 分岔的类型与方向可根据表 10.1 判断。

表 10.1　Hopf 分岔的类型与方向判据

$\sigma'(\mu_{\mathrm{c}})$	Hopf 分岔类型	Hopf 分岔方向	
$\sigma'(\mu_{\mathrm{c}})>0$	超临界	$\mu<\mu_{\mathrm{c}}$	平衡点（稳定）
		$\mu\geqslant\mu_{\mathrm{c}}$	极限环（不稳定）
$\sigma'(\mu_{\mathrm{c}})<0$	亚临界	$\mu\leqslant\mu_{\mathrm{c}}$	极限环（不稳定）
		$\mu>\mu_{\mathrm{c}}$	平衡点（稳定）

10.2.2　系统稳定性分析与数值仿真

根据 10.2.1 小节的 Hopf 分岔分析，本节首先进行系统稳定性的分析，然后利用数值仿真验证稳定性分析的结果。

对于设下游调压室与变顶高尾水洞水电站，调压室位于机组与变顶高尾水洞中间。因此，下游调压室是压力管道、机组、下游调压室、变顶高尾水洞的联合作用的连接点。而且，调压室本身对于系统的稳定性有着显著的影响，且这种作用可以用 n_f 来衡量。对于单调压室系统，$n_f=1$ 是调压室水位波动的理论临界稳定状态。为了深入地分析设下

游调压室与变顶高尾水洞水电站水轮机调节系统的非线性动态特性，本节选取几个有代表性的调压室断面。

以一个设下游调压室与变顶高尾水洞水电站为算例。该水电站的基本资料如下：H_0=80.00m，Q_0=506.00m^3/s，T_a=9.52s，T_{wy}=2.10s，T_{wt}=3.45s，h_y=1.12m，h_t=1.46m，H_x=18.30m，B=7.19m，tanα=0.06，λ=3，e_g=0，g=9.81m/s^2，e_h=1.5，e_x=−1，e_y=1，e_{qh}=0.5，e_{qx}=0，e_{qy}=1。计算工况：机组额定出力正常运行发生负荷阶跃扰动，$m_g=-0.1$。选取三个下游调压室断面积：$n_f=1.3$、$n_f=0.7$、$n_f=0.3$。

1. n_f=1.3

将算例水电站基本资料数据代入 10.2.1 小节中的 Hopf 分岔条件（1）、（2），可以解出系统参数平面内的由所有分岔点组成的函数曲线。分岔点是系统稳定性的临界点，分岔点组成的函数曲线称为分岔线。选取 K_p - K_i 为参数平面，K_i 为分岔参数。当 $n_f=1.3$ 时，可求解得到系统的分岔线，如图 10.3（a）所示。根据图 10.3（a）中各个分岔点的坐标值，可以进一步求得所有分岔点对应的 $\sigma'(\mu_c)$ 值，结果如图 10.3（b）所示。

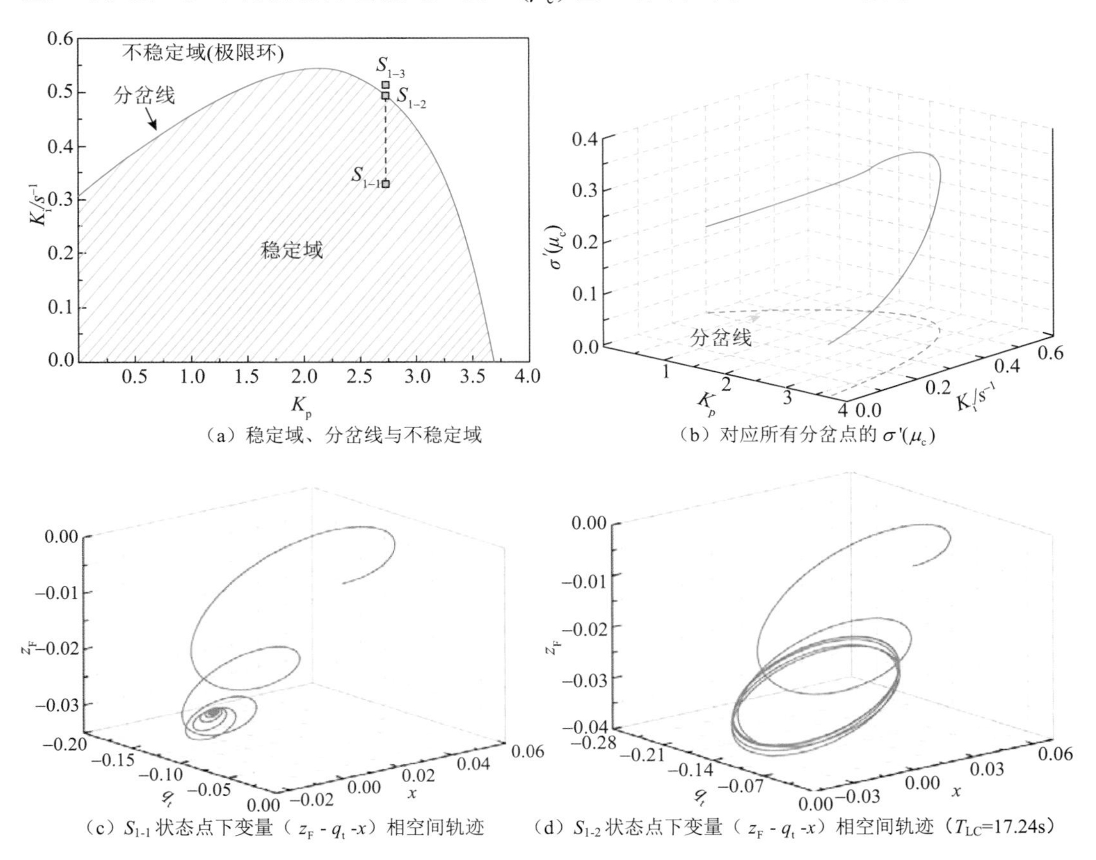

（a）稳定域、分岔线与不稳定域　（b）对应所有分岔点的 $\sigma'(\mu_c)$

（c）S_{1-1} 状态点下变量（z_F - q_t -x）相空间轨迹　（d）S_{1-2} 状态点下变量（z_F - q_t -x）相空间轨迹（T_{LC}=17.24s）

图 10.3　n_f=1.3 时水轮机调节系统的非线性动态特性

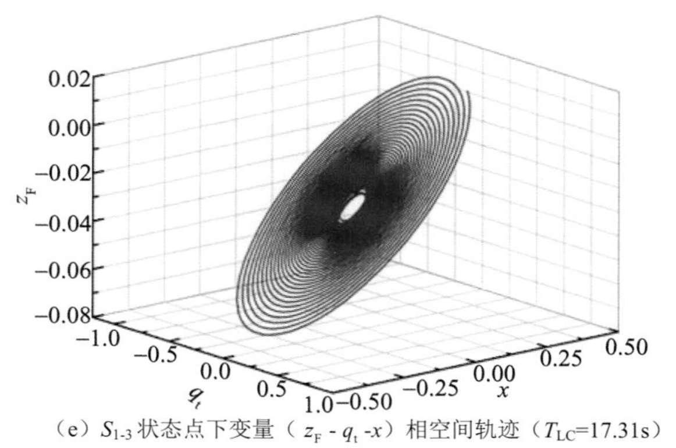

（e）$S_{1\text{-}3}$状态点下变量（z_F - q_t -x）相空间轨迹（T_{LC}=17.31s）

图 10.3　n_f=1.3 时水轮机调节系统的非线性动态特性（续）

从图 10.3（b）可知$\sigma'(\mu_c)>0$，表明$n_f=1.3$时系统的 Hopf 分岔是超临界的。根据表 10.1 可以确定出系统的稳定域、不稳定域的位置，结果如图 10.3（a）所示。

对于一个确定的状态点，其在K_p - K_i参数平面的坐标值是已知的，然后通过 MATLAB 求解式（10.9）可以得到状态向量$\boldsymbol{x}=(q_y,z_F,q_t,x,y)^T$的动态响应过程。根据$\boldsymbol{x}=(q_y,z_F,q_t,x,y)^T$的动态响应过程的仿真结果，可以进一步在空间坐标系中绘制特征变量（本节选取三个变量：z_F、q_t、x）的相空间轨迹来直观表示系统的稳定特性。

在图 10.3（a）中选取三个状态点：$S_{1\text{-}1}$、$S_{1\text{-}2}$、$S_{1\text{-}3}$，其中$S_{1\text{-}2}$为分岔点，$S_{1\text{-}1}$、$S_{1\text{-}3}$分别位于稳定域、不稳定域内。三个状态点下相空间轨迹的数值仿真结果如图 10.3（c）、图 10.3（d）、图 10.3（e）所示。结果表明：经过几个周期的运动后，$S_{1\text{-}1}$对应的相空间轨迹稳定在平衡点，$S_{1\text{-}2}$与$S_{1\text{-}3}$对应的相空间轨迹进入稳定的极限环。图 10.3（c）、图 10.3（d）、图 10.3（e）显示的系统稳定特性与图 10.3（a）中的理论分析结果是一致的。

2. n_f=0.7

采用与$n_f=1.3$时相同的方法与步骤，可以得到$n_f=0.7$时系统的分岔线、所有分岔点对应的$\sigma'(\mu_c)$值、选定的三个状态点（$S_{2\text{-}1}$、$S_{2\text{-}2}$、$S_{2\text{-}3}$）对应的变量z_F - q_t - x的相空间轨迹，结果如图 10.4 所示。其中，$S_{2\text{-}2}$为分岔点。

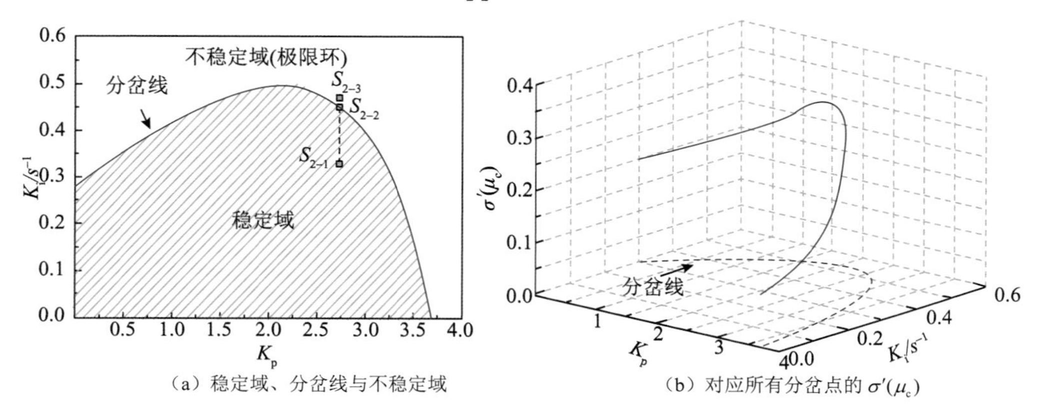

（a）稳定域、分岔线与不稳定域　　（b）对应所有分岔点的$\sigma'(\mu_c)$

图 10.4　n_f=0.7 时水轮机调节系统的非线性动态特性

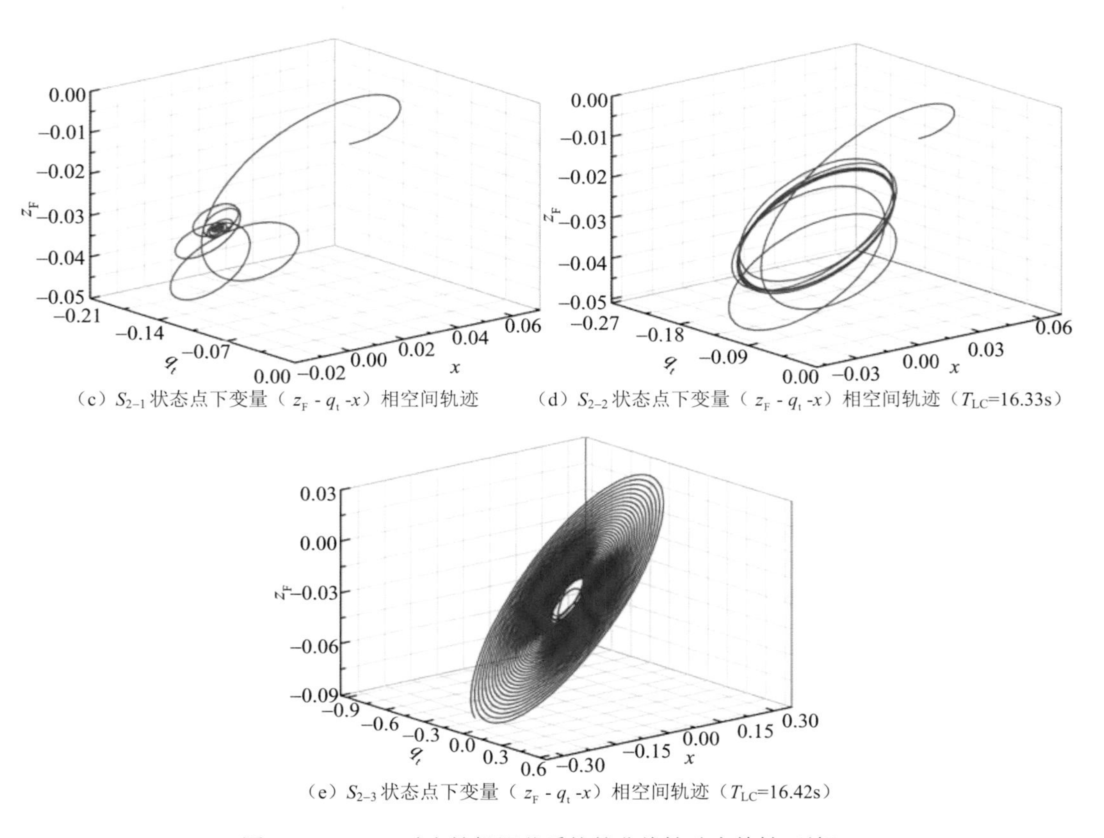

（c）$S_{2\text{-}1}$ 状态点下变量（z_F - q_t -x）相空间轨迹

（d）$S_{2\text{-}2}$ 状态点下变量（z_F - q_t -x）相空间轨迹（T_{LC}=16.33s）

（e）$S_{2\text{-}3}$ 状态点下变量（z_F - q_t -x）相空间轨迹（T_{LC}=16.42s）

图 10.4　n_f=0.7 时水轮机调节系统的非线性动态特性（续）

由图 10.4 可知：$n_f = 0.7$ 时系统的非线性动态特性分析结果与 $n_f = 1.3$ 类似。具体来说，只有一条分岔线，且其形状与 $n_f = 1.3$ 时的类似。因为 $\sigma'(\mu_c) > 0$，所以发生的 Hopf 分岔是超临界的，故 $S_{2\text{-}1}$ 位于稳定域内，$S_{2\text{-}3}$ 位于不稳定域内。$S_{2\text{-}1}$、$S_{2\text{-}2}$、$S_{2\text{-}3}$ 对应的变量 z_F - q_t - x 的相空间轨迹分别稳定在平衡点、极限环、极限环，与图 10.4（a）的理论分析结果一致。

3. n_f=0.3

对于 $n_f = 0.3$，系统的分岔线如图 10.5（a）所示。图 10.5（a）表明在 K_p - K_i 参数平面内共有三条分岔线，分别记为分岔线 1、分岔线 2、分岔线 3。这一现象与 $n_f = 1.3$、$n_f = 0.7$ 完全不同，而且分岔线 1 的形状与 $n_f = 1.3$、$n_f = 0.7$ 下的分岔线的形状类似。

图 10.5（b）给出了三条分岔线对应的 $\sigma'(\mu_c)$ 值及它们在 K_p - K_i 平面和 K_i - $\sigma'(\mu_c)$ 平面的投影。由图 10.5（b）可知：对于分岔线 1 与分岔线 2，$\sigma'(\mu_c) > 0$ 总成立，因此分岔线 1 与分岔线 2 对应的 Hopf 分岔均是超临界的；对于分岔线 3，有 $\sigma'(\mu_c) < 0$，因此分岔线 3 对应的 Hopf 分岔是亚临界的。依据以上分析及表 10.1，可以确定出系统的稳定域、不稳定域的位置，结果如图 10.5（a）所示。

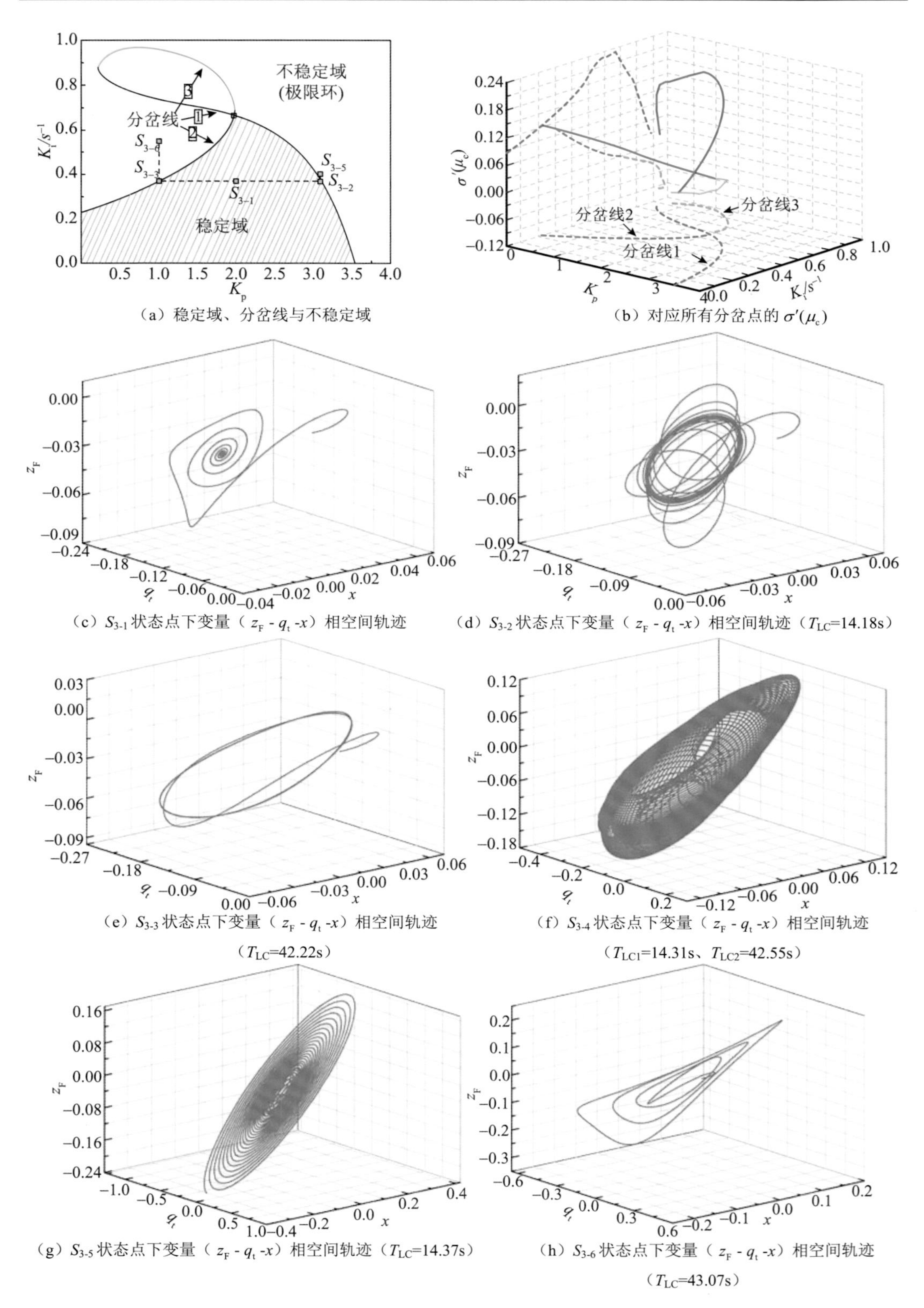

（a）稳定域、分岔线与不稳定域　（b）对应所有分岔点的 $\sigma'(\mu_c)$

（c）$S_{3\text{-}1}$ 状态点下变量（z_F - q_t -x）相空间轨迹　（d）$S_{3\text{-}2}$ 状态点下变量（z_F - q_t -x）相空间轨迹（T_{LC}=14.18s）

（e）$S_{3\text{-}3}$ 状态点下变量（z_F - q_t -x）相空间轨迹（T_{LC}=42.22s）　（f）$S_{3\text{-}4}$ 状态点下变量（z_F - q_t -x）相空间轨迹（T_{LC1}=14.31s、T_{LC2}=42.55s）

（g）$S_{3\text{-}5}$ 状态点下变量（z_F - q_t -x）相空间轨迹（T_{LC}=14.37s）　（h）$S_{3\text{-}6}$ 状态点下变量（z_F - q_t -x）相空间轨迹（T_{LC}=43.07s）

图 10.5　n_f=0.3 时水轮机调节系统的非线性动态特性

由于 $n_f = 0.3$ 时系统分岔线的特殊性，在图 10.5（a）中选取六个状态点（即 $S_{3\text{-}1}$、$S_{3\text{-}2}$、$S_{3\text{-}3}$、$S_{3\text{-}4}$、$S_{3\text{-}5}$、$S_{3\text{-}6}$）进行系统动态响应的数值仿真。这六个状态点中，$S_{3\text{-}1}$ 位于稳定域内，$S_{3\text{-}5}$、$S_{3\text{-}6}$ 位于不稳定域内，$S_{3\text{-}2}$ 是分岔线 1 上的分岔点，$S_{3\text{-}3}$ 是分岔线 2 上的分岔点，$S_{3\text{-}4}$ 是分岔线 1 与分岔线 2 的交点。六个状态点对应的变量 z_{F} - q_{t} - x 的相空间轨迹分别如图 10.5（c）~（h）所示。结果表明：经过几个周期的运动后，$S_{3\text{-}1}$ 对应的相空间轨迹稳定在平衡点，$S_{3\text{-}2}$、$S_{3\text{-}3}$、$S_{3\text{-}4}$、$S_{3\text{-}5}$、$S_{3\text{-}6}$ 对应的相空间轨迹进入稳定的极限环。图 10.5（c）~（h）显示的系统稳定特性与图 10.5（a）中的理论分析结果是一致的。

10.2.3　讨论

对比 10.2.2 小节中不同调压室面积下的稳定域可以发现：①随着调压室面积的减小，分岔线的位置与数量发生显著变化，对应的稳定域的大小与形状也发生改变[图 10.3（a）、图 10.4（a）、图 10.5（a）]；②对于构成稳定域边界的不同分岔线，其上的分岔点对应的系统变量动态响应的相空间轨迹的周期显著不同[图10.5（d）、图10.5（e）]。下面揭示这种现象产生的原因。

分别取 $S_{1\text{-}2}$、$S_{2\text{-}2}$、$S_{3\text{-}2}$、$S_{3\text{-}3}$ 四个分岔点，绘制对应的机组转速 x 动态响应过程曲线，如图 10.6 所示。

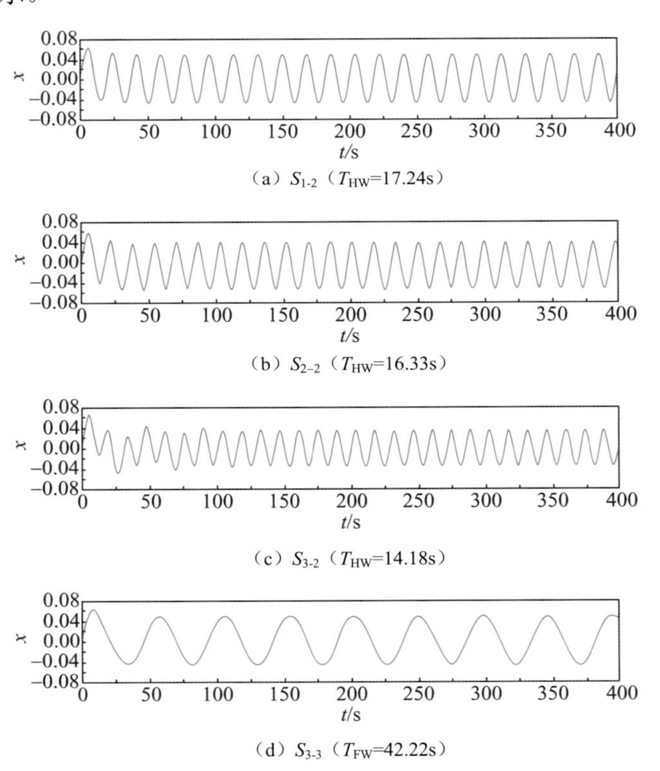

（a）$S_{1\text{-}2}$（T_{HW}=17.24s）

（b）$S_{2\text{-}2}$（T_{HW}=16.33s）

（c）$S_{3\text{-}2}$（T_{HW}=14.18s）

（d）$S_{3\text{-}3}$（T_{FW}=42.22s）

图 10.6　$S_{1\text{-}2}$、$S_{2\text{-}2}$、$S_{3\text{-}2}$、$S_{3\text{-}3}$ 下机组转速 x 动态响应过程

以图 10.6（c）为例，可以看出其对应的机组转速 x 动态响应波动过程具有明显的波

动叠加特性。对该波动过程进行分解，可以得到构成动态响应过程的谐波（高频波）和基波（低频波），分别如图 10.7（a）、（b）所示，其中谐波的波动周期 T_{HW} 为 14.18s，基波的波动周期 T_{FW} 为 41.89s。另外，由 $T_{LC}=\dfrac{2\pi}{\omega_c}$ 可计算得到系统发生 Hopf 时的相空间极限环的周期 T_{LC} 为 14.18s，由调压室水位波动周期的理论计算公式 $T_{ST}=2\pi\sqrt{\dfrac{L_y F}{g f_y}}$ 可计算得到调压室的水位波动周期 T_{ST} 为 37.69s。故在考虑此谐波的波动周期即相空间极限环的波动周期理论计算公式误差的前提下，可以认为 $T_{FW}\approx T_{ST}$。对于设下游调压室与变顶高尾水洞的水电站，其水轮机调节系统可以划分为两个相互作用的子系统：压力管道-机组子系统[图10.8(a)]和下游调压室-变顶高尾水洞子系统[图10.8(b)]，因为 $T_{FW}\approx T_{ST}$，所以可知基波是由下游调压室-变顶高尾水洞子系统产生的调压室水位波动作用到机组上引起的，进一步，谐波只有可能由另一子系统（压力管道-机组子系统）的水流振荡作用在机组上引起，且谐波的波动周期即为压力管道-机组子系统的水流振荡固有周期。

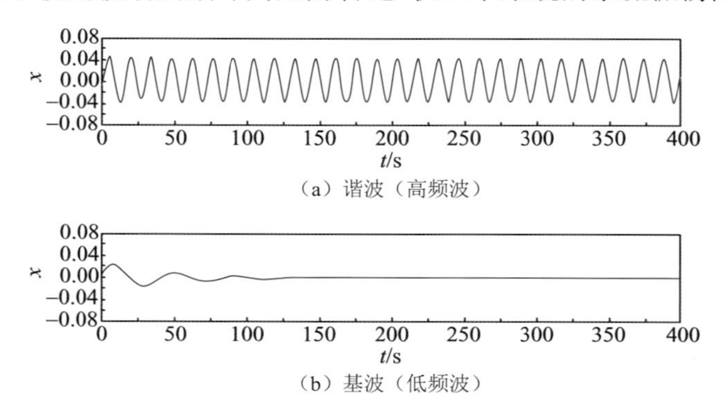

（a）谐波（高频波）

（b）基波（低频波）

图 10.7　$S_{3\text{-}2}$ 下机组转速 x 动态响应过程的分解

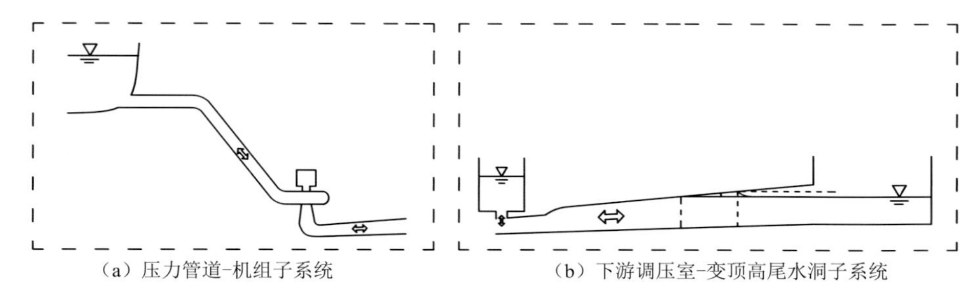

（a）压力管道-机组子系统　　（b）下游调压室-变顶高尾水洞子系统

图 10.8　水轮机调节系统子系统

再回到图 10.6。对于图 10.6（a）~（c），极限环对应的变量波动周期均为谐波周期，说明此三图对应的 $S_{1\text{-}2}$、$S_{2\text{-}2}$、$S_{3\text{-}2}$ 的分岔现象是由压力管道-机组子系统的水力振荡不衰减引起的，此时其对应的基波（即下游调压室水位波动）是衰减的；对于图 10.6（d），极限环对应的变量波动周期为基波周期，说明此种情况下 $S_{3\text{-}3}$ 的分岔现象是由下游调压室-变顶高尾水洞子系统的调压室水位波动不衰减引起的，而此时其对应的谐波（即压力管道-机组子系统水力振荡）是衰减的。进而可以得出：分岔点 $S_{1\text{-}2}$、$S_{2\text{-}2}$、$S_{3\text{-}2}$ 所在的分岔线是由压力管道-机组子系统处于临界稳定状态产生的，而分岔点 $S_{3\text{-}3}$ 所在的分岔线是由下游调压室-变顶高尾水洞子系统处于临界稳定状态产生的，两种类型的分岔线分别代表了两个子系统自身的动态特性，同时也构成了系统的稳定域边界。

为了说明分岔线位置随着调压室面积的变化规律，在 $n_f=1.3$ 、$n_f=0.7$ 、$n_f=0.3$ 的基础上再对 $n_f=1.0$ 、$n_f=0.4$ 、$n_f=0.35$ 情况下的系统分岔情况进行计算，得到分岔线，并与之前的结果综合起来进行对比，结果如图 10.9 所示。

由图 10.9 可知：

（1）随着调压室面积的减小，压力管道-机组子系统对应的分岔线与 K_p 、K_i 坐标轴所围区域越大，由该分岔线作为边界的系统稳定域越大。这一现象说明对压力管道-机组子系统而言，调压室面积越小，其稳定性越好。原因在压力管道-机组子系统的稳定性主要靠调速器调节来维持，调压室面积越小，调速器对压力管道内水流的调节就越容易。

（2）随着调压室面积的减小，下游调压室-变顶高尾水洞子系统对应的分岔线与 K_i 坐标轴所围区域越大，由该分岔线作为边界的系统稳定域越小。这一现象与调压室水位波动的稳定性理论是一致的，即影响调压室水位波动稳定性的主要因素是其断面积，断面积越大，稳定性越好。但此分岔线只在调压室面积较小（远小于托马稳定断面积）的情况才出现，说明下游调压室-变顶高尾水洞子系统的稳定特性有别于下游调压室-有压尾水洞情况，这一问题将在下一节详细讨论。

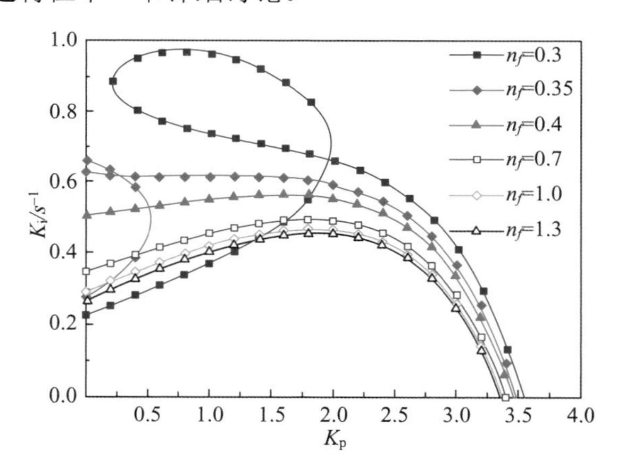

图 10.9　分岔线的位置随着调压室面积的变化

10.3　下游调压室与变顶高尾水洞联合作用下的系统稳定性

对于本节研究的水轮机调节系统，下游调压室和变顶高尾水洞在减小水电站过渡过程中的水击压力的同时，也将下游调压室的水位波动和变顶高尾水洞的水流惯性变化及明流段的水位波动引入了调节系统之中[5-10]，这些因素作为扰动一方面影响水轮机调节系统自身的稳定性，另一方面它们之间的相互作用使整个水电站的过渡过程动态特性更加复杂，进一步使系统的运行控制及下游调压室和变顶高尾水洞的设计更加复杂与困难。

这一节，首先揭示下游调压室与变顶高尾水洞的相互作用机理，以及该相互作用对调节系统稳定性的影响；然后基于此作用机理，从提高系统稳定性的角度出发，分析并提出下游调压室与变顶高尾水洞的最优设计方法。

为了分析变顶高尾水洞与下游调压室的相互作用，以本节研究的设下游调压室与变顶高尾水洞的水电站为原始布置（记为 OC），取设下游调压室与有压尾水洞的水电站为对比布置（记为 CC）。其中，OC 与 CC 除尾水洞外其余各部分均完全相同，且有压尾水洞的长度、断面积、水流流速、水流惯性和水头损失与变顶高尾水洞相同。

OC 与 CC 两种布置水轮机调节系统的唯一区别在于尾水洞的动力方程。对于 CC，该方程为

$$z_{\mathrm{F}}-\frac{2h_{\mathrm{y}}}{H_0}q_{\mathrm{y}}=T_{\mathrm{wy}}\frac{\mathrm{d}q_{\mathrm{y}}}{\mathrm{d}t} \tag{10.13}$$

对于 CC 布置下水轮机调节系统的动态特性分析，同样可以采用 10.2.1 节的理论与方法。

以 $n_f=0.7$ 为例，分别绘制 OC 与 CC 在 K_{p} - K_{i} 参数平面内的分岔线，如图 10.10 所示。从图 10.10 可知，CC 在 $n_f=0.7$ 下有两条分岔线：CC–分岔线 1、CC–分岔线 2。采用 10.2.2 小节的分析方法可知（具体分析过程在此处省去，直接给出分析结果）：两条分岔线对应的系统分岔都是超临界的，且 CC–分岔线 1 是由压力管道-机组子系统处于临界稳定状态产生的，而 CC–分岔线 2 是由下游调压室-有压尾水洞子系统处于临界稳定状态产生的。

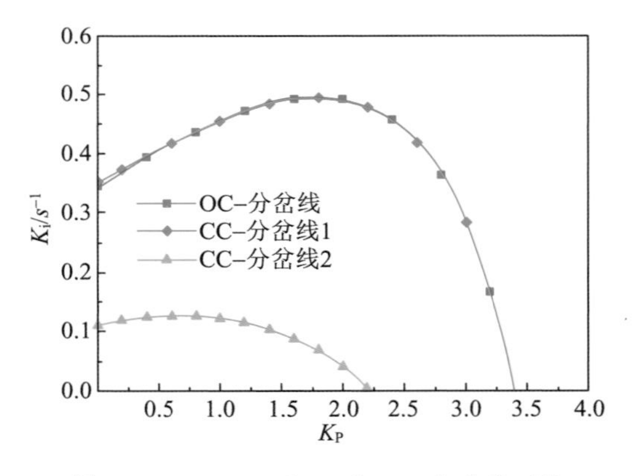

图 10.10　n_f=0.7 下 OC 与 CC 分岔线对比

对比 OC 与 CC，可知：

（1）两者的同样由压力管道-机组子系统处于临界稳定状态产生的分岔线（OC–分岔线、CC–分岔线 1）几乎重合，说明变顶高尾水洞并非不影响压力管道-机组子系统的动态特性，变顶高尾水洞与有压尾水洞两种情况下的压力管道-机组子系统稳定状态几乎一致；

（2）CC 系统的稳定域由 CC–分岔线 2 决定，远小于 OC 系统的稳定域，说明两者稳定性的差别在于下游调压室-变顶高尾水洞/有压尾水洞子系统，下游调压室-变顶高尾水洞子系统的稳定性远好于下游调压室-有压尾水洞子系统，在 CC–分岔线 1 与 CC–分岔线 2 之间的区域，下游调压室-变顶高尾水洞子系统中的调压室水位波动是衰减的，而下游调压室-有压尾水洞子系统的调压室水位波动是不衰减的。

总结以上分析可得：变顶高尾水洞对压力管道-机组子系统的稳定状态只有很微弱的影响，但可以通过影响下游调压室的水位波动来大大提高下游调压室水位波动的稳定性，从而提高整个调节系统的稳定性。

从图 10.10 选取 $K_p=1$ 、$K_i=0.1\mathrm{s}^{-1}$ 点，对比 OC 下的下游调压室水位 z_F 、变顶高明渠段水位 z_y 及 CC 下的下游调压室水位 z_F 波动过程，结果如图 10.11 所示。其中变顶内明渠段水位 z_y 波动过程根据 q_y 的波动过程通过 $z_y=\dfrac{\lambda Q_{y0}}{H_0 cB}q_y$ 计算得到。

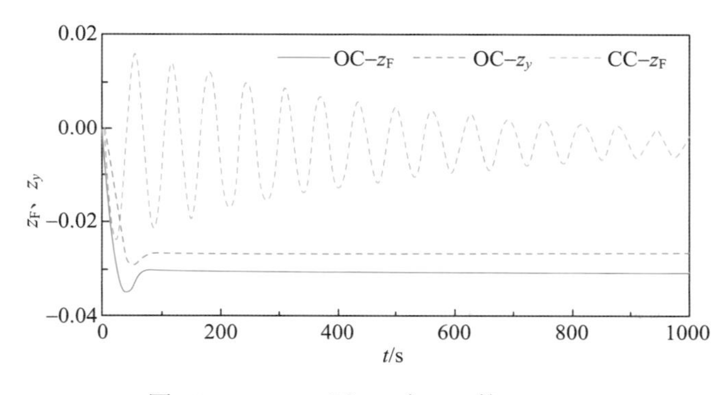

图 10.11　n_f=0.7 下 OC 与 CC 的 z_F 、 z_y

从图 10.11 可知：对于 OC，z_F 与 z_y 的波动过程类似，周期（都近视等于调压室水位波动理论周期 $T_{ST}=2\pi\sqrt{\dfrac{L_y F}{g f_y}}$ ）、振荡次数、稳定时间相同，只是 z_y 的波动略滞后于 z_F（两者有较小的相位差），说明在下游调压室-变顶高尾水洞子系统中，变顶高明渠段水位波动成为了调压室水位波动的一部分，变顶高的水位波动增大了下游调压室-变顶高尾水洞子系统内的能量损耗，故而大大加快了调压室内水位波动的衰减（OC–z_f 与 CC–z_f 对比）。所以，相同调压室面积下，下游调压室-变顶高尾水洞子系统的稳定性要明显好于下游调压室-有压尾水洞子系统。

对于实际设下游调压室与变顶高尾水洞的水电站，尾水位的变幅通常较大，如果有压流工况与明满流工况都会出现，下游调压室面积的选取要满足两类工况稳定运行的需求，而其中有压流工况的稳定性要求高于明满流工况，所以实际设计时可按照有压流工况为最不利的控制工况进行下游调压室面积的设计，此面积可以满足明满流工况的稳定性要求；如果只出现明满流工况，可以采用本节建立的模型，通过绘制稳定域的方法评价系统的稳定状态，确定调压室临界稳定断面，选取合理的面积值。

图 10.12 给出了 $n_f=0.3$ 时变顶高尾水洞高宽比与洞顶坡度对系统稳定性的影响。从

图中可以看出：较大的高宽比及较小的洞顶坡度都可以提高下游调压室-变顶高尾水洞子系统的稳定性。

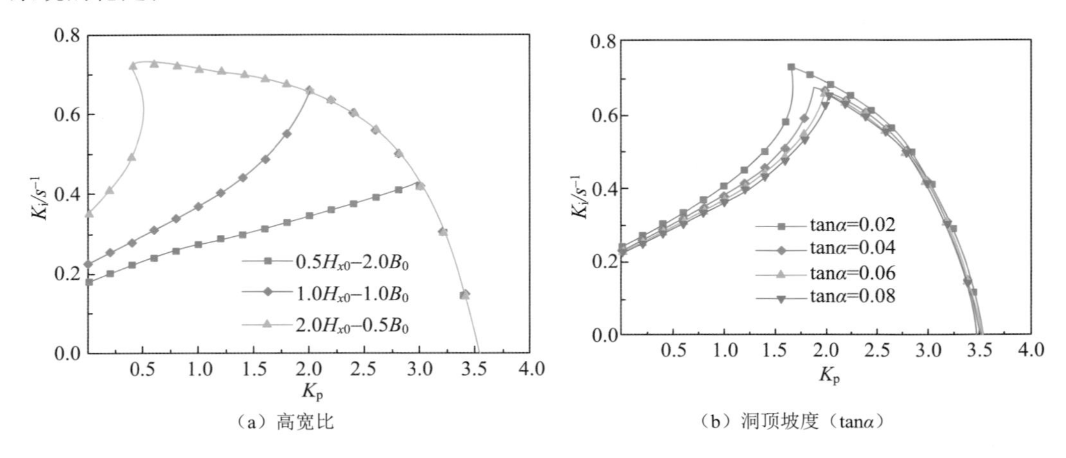

（a）高宽比　　（b）洞顶坡度（tanα）

图 10.12　n_f=0.3 时变顶高尾水洞高宽比与洞顶坡度对系统稳定性的影响

10.4　本 章 小 结

本章建立了设下游调压室与变顶高尾水洞水轮机调节系统的非线性数学模型，应用 Hopf 分岔理论研究了调节系统的非线性暂态特性，根据 Hopf 分岔分析结果探讨了不同下游调压室断面积下调节系统的稳定性与动态响应特性，揭示了下游调压室与变顶高尾水洞对系统暂态特性的联合作用机理，得到以下主要结论：

（1）设下游调压室与变顶高尾水洞水轮机调节系统的机组转速动态响应过程由谐波（高频波）和基波（低频波）叠加而成，基波是由下游调压室-变顶高尾水洞子系统产生的调压室水位波动作用到机组上引起的，谐波是由压力管道-机组子系统的水流振荡作用在机组上引起。

（2）处于临界稳定状态时，压力管道-机组子系统和下游调压室-变顶高尾水洞子系统分别对应着不同的分岔线，两种类型的分岔线分别代表了两个子系统自身的动态特性，同时也构成了系统的稳定域边界。对于压力管道-机组子系统，调压室面积越小，稳定性越好。对于下游调压室-变顶高尾水洞子系统，影响调压室水位波动稳定性的主要因素是其断面积，断面积越大，稳定性越好。但此分岔线只在调压室面积较小（远小于临界稳定断面）的情况才出现。

（3）变顶高尾水洞对压力管道-机组子系统的稳定状态只有很微弱的影响，但可以通过影响下游调压室的水位波动来大大提高下游调压室水位波动的稳定性，从而提高整个调节系统的稳定性。

（4）相同调压室面积下，下游调压室-变顶高尾水洞子系统的稳定性要明显好于下游调压室-有压尾水洞子系统。对于实际设变顶高尾水洞的水电站，实际设计时可按照有压流工况为最不利的控制工况进行下游调压室面积的设计，此面积可以满足明满流工况的稳定性要求。

（5）较大的高宽比及较小的洞顶坡度都可以提高下游调压室-变顶高尾水洞子系统的稳定性。

参 考 文 献

[1] 杨建东, 陈鉴治, 陈文斌, 等. 水电站变顶高尾水洞体型研究. 水利学报, 1998, 3: 9-12, 21.

[2] 国家能源局. 水电站调压室设计规范: NB/T 35021——2014. 北京: 新华出版社, 2014.

[3] CHAUDHRY M H. Applied Hydraulic Transients. New York: Springer-Verlag, 2014.

[4] 刘启钊, 彭守拙. 水电站调压室. 北京: 中国水利水电出版社, 1995.

[5] GUO W C, YANG J D, WANG M J, et al. Nonlinear modeling and stability analysis of hydro-turbine governing system with sloping ceiling tailrace tunnel under load disturbance. Energy Conversion and Management, 2015, 106: 127-138.

[6] GUO W C, YANG J D, CHEN J P, et al. Nonlinear modeling and dynamic control of hydro-turbine governing system with upstream surge tank and sloping ceiling tailrace tunnel. Nonlinear Dynamics, 2016, 84(3): 1383-1397.

[7] 郭文成, 杨建东, 王明疆. 基于 Hopf 分岔的变顶高尾水洞水电站水轮机调节系统稳定性研究. 水利学报, 2016, 47(2): 189-199.

[8] 程永光, 杨建东, 张师华, 等. 具有变顶高尾水洞的水电站明满流过渡过程. 水动力学研究与进展, 1998, 3: 1-6.

[9] 雷艳, 杨建东. 某电站变顶高尾水洞水力工作特性模型试验研究. 武汉水利电力大学学报, 1999, 32(6): 23-27.

[10] 赖旭, 杨建东. 大型水电站变顶高尾水洞工作特性研究. 中国电力, 2001, 34(10): 24-27.